普通高等学校规划教材

化工商品安全与贮运

郑 成　毛桃嫣　编

HUAGONG SHANGPIN
ANQUAN YU ZHUYUN

化学工业出版社

·北京·

本书较为全面地介绍了化工商品的安全知识与贮运技术，包括化学危险品的分类和特性，燃烧与爆炸，防火与防爆技术，静电危害与消除，灼烧、噪声、辐射与防护，安全装置与防护器具，化工商品的包装与贮运，化工安全分析与评价。

本书可作为高等院校化学化工、材料及化学制药类专业的教材，也可作为化工安全技术人员与工人的阅读参考材料。

图书在版编目（CIP）数据

化工商品安全与贮运/郑成，毛桃嫣编. —北京：化学工业出版社，2019.9

普通高等学校规划教材

ISBN 978-7-122-34809-8

Ⅰ.①化… Ⅱ.①郑…②毛… Ⅲ.①化工商品-危险物品管理-安全管理-高等学校-教材②化工商品-危险物品管理-贮运-高等学校-教材 Ⅳ.①TQ086.5

中国版本图书馆 CIP 数据核字（2019）第 136448 号

责任编辑：张双进　　装帧设计：王晓宇
责任校对：王　静

出版发行：化学工业出版社（北京市东城区青年湖南街 13 号　邮政编码 100011）
印　　刷：北京京华铭诚工贸有限公司
装　　订：三河市振勇印装有限公司
787mm×1092mm　1/16　印张 18　字数 448 千字　　2019 年 11 月北京第 1 版第 1 次印刷

购书咨询：010-64518888　　售后服务：010-64518899
网　　址：http://www.cip.com.cn
凡购买本书，如有缺损质量问题，本社销售中心负责调换。

定　　价：49.00 元

前言

PREFACE

现代人类的生活，包括衣食住行等各个方面都离不开化工商品。但是化工商品的生产原料、中间品或成品中有相当部分是易燃、易爆、有毒和腐蚀性物品，在研究、生产、管理、包装、贮存和运输过程中，若相关工作人员缺乏化工安全知识，操作不当，极易造成事故，轻则影响生产，造成经济损失，重则造成人员伤亡，严重污染环境。从事化工项目研究、进行化工生产、过程管理以及化工商品运输与贮运的人员必须了解化工安全与贮运基本知识，才能避免或者减少事故的发生。

本书较为全面地介绍化工商品的安全与贮运的基本知识，包括化学危险品的分类和特性，燃烧与爆炸，防火与防爆技术，静电危害与消除，灼烧、噪声、辐射与防护，安全装置与防护器具，化工商品的包装与贮运，化工安全分析与评价及附录。全书共分八章，广州大学毛桃嫣博士负责编写第一、二章，并且进行全书的校对工作，广州大学郑成教授负责第三~八章的编撰和全书统稿工作。

本书可作为高校化工、材料、化学制药、化工物流及相关专业的教材，也可作为化工安全技术人员、化工园区管理人员与化工相关企业工人的阅读材料和工具书，也可以作为化工安全评价的重要参考书。

编者

2019 年 9 月

目录
CONTENTS

第一章
危险化学品

第一节　危险化学品概念

一、化学品及危险化学品概念

1. 化学名称

化学名称是唯一标识一种化学品的名称。这一名称可以是符合国际纯粹与应用化学联合会（IUPAC）或美国化学文摘社（CAS）的命名制度的名称，也可以是一种技术名称。

2. 化学品

化学品是指物质或混合物。物质是指自然状态下通过任何制造过程获得的化学元素及其化合物，包括为保持其稳定性而有必要的任何添加剂和加工过程中产生的任何杂质，但不包括任何不会影响物质稳定性或不会改变其成分的可分离的溶剂。

3. 危险化学品

按照《危险化学品安全管理条例》危险化学品是指具有毒害、腐蚀、爆炸、燃烧、助燃等性质，对人体、设施、环境具有危害的剧毒化学品和其他化学品。如氯气有毒、有刺激性，硝酸有强烈腐蚀性，均属危险化学品。

二、危险化学品危害

危险化学品的危害主要包括燃爆危害、健康危害和环境危害。

1. 危险化学品燃爆危害

燃爆危害是指化学品能引起燃烧、爆炸的危险程度。化工、石油化工企业由于生产中使用的原料、中间产品及产品多为易燃、易爆物，一旦发生火灾、爆炸事故，会造成严重的后果。因此了解危险化学品火灾、爆炸危害，正确进行危害性评价，及时采取防范措施，对搞好安全生产，防止事故发生具有重要意义。

2. 危险化学品健康危害

健康危害是指接触危险化学品后能对人体产生危害的大小。由于危险化学品的毒性、刺激性、腐蚀性、麻醉性、窒息性等特性，导致人员中毒事故每年都在发生。由于化学物质非法滥用，导致诸多全国性食品和产品安全事件的发生：2005 年，中国发生波及全国的 PVC 保鲜膜致癌事件，2008 年，因非法使用和滥用化工原料三聚氰胺导致了中国奶制品污染重大事件。2000 年到 2002 年化学事故统计显示，由于危险化学品的毒性危害导致的人员伤亡占危险化学品安全事故伤亡的 50%左右，关注危险化学品健康危害，将是化学品安全管理的重要内容。

3. 危险化学品环境危害

环境危害是指危险化学品对环境影响的危害程度。随着工业发展，各种危险化学品的产量大量增加，新的危险化学品也不断涌现，人们在充分利用危险化学品的同时，也产生了大量的废物，其中不乏有毒有害物质。如何认识危险化学品污染危害，最大限度地降低危险化学品的污染，加强环境保护力度，已是人们亟待解决的问题。

三、危险化学品危害控制的一般原则

化学品危害预防和控制的基本原则一般包括两个方面：操作控制和管理控制。

操作控制的目的是通过采取适当的措施，消除或降低工作场所的危害，防止工人在正常作业时受到有害物质的侵害。采取的主要措施是替代、变更工艺、隔离、通风、个体防护和卫生。

管理控制是指通过管理手段按照国家法律和标准建立起来管理程序和措施，是预防危险化学品危害的重要方面。如作业场所进行危害识别、张贴标志、在危险化学品包装上粘贴安全标签、危险化学品运输、经营过程中附危险化学品安全技术说明书、从业人员进行安全培训和资质认定，采取接触监测、医学监督等措施均可达到管理控制的目的。

第二节　危险化学品分类及辨识

《危险化学品安全管理条例》规定，危险化学品目录，由国务院安全生产监督管理部门会同国务院工业和信息化、公安、环境保护、卫生、质量监督检验检疫、交通运输、铁路、民用航空、农业主管部门，根据化学品危险特性的鉴别和分类标准确定、公布，并适时调整。

危险化学品种类繁多，分类方法也不尽一致。依据化学品的物理危险、健康危害和环境危害，将化学品危险性分为 27 个种类。另外，在每一个种类中，依据各自的分类分级标准，又分为一个或多个级别，部分类别还进一步细分为多个子级别。

根据国家质量技术监督局发布的国家标准《化学品分类和危险性公示通则》(GB 13690—2009)，按理化危险特性把化学品分为 16 类：爆炸物；易燃气体；易燃气溶胶；氧化性气体；压力下气体；易燃液体；易燃固体；自反应物质或混合物；自燃液体；自燃固体；自燃物质和混合物；遇水放出易燃气体的物质或混合物；氧化性液体；氧化性固体；有机过氧化物；金属腐蚀剂。

依据化学品的健康危险，将化学品的危险性分为 10 个种类，分别为：急性毒性、皮肤腐蚀/刺激、严重眼损伤/眼刺激、呼吸或皮肤过敏、生殖细胞突变性、致癌性、生殖毒性、特异性靶器官系统毒性——次接触、特异性靶器官系统毒性—反复接触、吸入危险。

依据化学品的环境危险，化学品的危险性列为一个种类：危害水生环境。

一、理化危害

（一）爆炸物

1. 爆炸物质（或混合物）

能通过化学反应在内部产生一定速率、一定温度与压力的气体，且对周围环境具有破坏作用的一种固体或液体物质（或其混合物）。

（1）分类

爆炸物质的分类方法有多种。从爆炸物管理方面可分为以下几种。

① 起爆器材和起爆药。如雷管、雷汞 $Hg(ONC)_2$、叠氮铅 $Pb(N_3)_2$ 等。

② 硝基芳香类炸药。如三硝基甲苯 $CH_3C_6H_2(NO_2)_3$，即 T. N. T 等。

③ 硝酸酯类炸药。如季戊四醇四硝酸酯 $C(CH_2)_4(ONO_2)_4$，即 P. E. T. N 等。

④ 硝化甘油类混合炸药。

⑤ 硝酸铵类混合炸药。

⑥ 氯酸类混合炸药和过氯酸盐类混合炸药。

⑦ 液氧炸药。

⑧ 黑色火药。

也有按其物理状态分为固体爆炸物质的，如黑火药等；胶质炸药如胶质硝化甘油炸药、以及液体炸药如液氧炸药等。

（2）特性

爆炸物质的爆炸与气体混合物的爆炸不同，主要有下述三个特点。

① 化学反应速率极快。爆炸物质的爆炸反应速率极快，可在万分之一秒或更短的时间内反应爆炸，如 1kg 呈集中药包形的硝酸铵炸药，完成爆炸反应的时间，只有十万分之三秒。

② 反应过程中能放出大量的热。爆炸时的反应热一般可以放出数百到上万千焦的热量，温度可达数千摄氏度（℃），并产生高压，如 1kg 硝化甘油爆炸时能产生 6090～6600kJ 的热量，同时温度可达 4250℃，压力可达 900MPa，如此高温高压形成的冲击波，能使周围的建筑、设备等受到极大的破坏。

③ 能产生大量的气体产物。在爆炸的瞬间，固体状态的爆炸物，迅速转变为气体状态，使原来体积成百倍地增加，1kg 硝化甘油爆炸后所产生的气体有 716L。

（3）保管和贮存过程中应注意的特性

① 敏感度。炸药在外界作用影响下，发生爆炸反应的难易程度称为炸药的敏感度。敏感度的高低以引起炸药爆炸所需要的最小外界能量来表示，这能量称为起爆能。炸药的敏感度越高，所需要的起爆能就越小。在保管、贮运、使用爆炸物时对敏感度应有充分的了解，这关系到人身安全。在敏感度许可范围内，爆炸物是不会爆炸的。影响炸药敏感度的因素很多，有内部因素如化学组成与分子结构，还有外界因素如温度、杂质等，分别叙述如下。

a. 化学结构。爆炸物分子的化学结构是决定其敏感度的内部因素。炸药爆炸威力的大小、敏感度的高低等特性，可以从炸药本身的组成和结构来解释。炸药的不稳定性是由于分子含有某些“爆炸基团”（即原子团或官能团）所引起的，这种基团很容易被活化，在外界作用下，它的化学键很容易破裂，而激发起爆炸反应。如在三硝基甲苯（结构式：苯环上1,3,5位各连一个 NO_2）中有 $-N\langle^{O}_{O}$ 基，在叠氮钠 $Na-N=N\equiv N$ 中有 $-N\equiv N$ 基，在雷汞 $Hg\langle^{O-N\equiv C}_{O-N\equiv C}$ 中有 $-N\equiv C$ 基

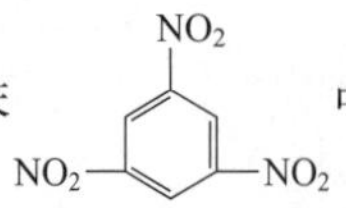

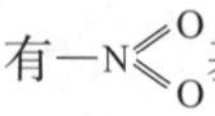

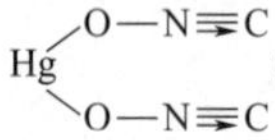

分子中爆炸基团越活泼，数目越多越敏感，如硝基化合物中的一硝基苯中只含一个硝基（$-NO_2$），加热可分解，但不易发生爆炸；二硝基苯中含有二个硝基，虽有爆炸性，但不敏感；三硝基苯中含有三个硝基，易爆炸。

b. 温度。外界温度升高，炸药本身具有的能量也会相应地增高，起爆时所需外界提供的起爆能量就可以相对地减少。故温度升高后，炸药敏感度也增高，如硝化甘油在16℃时，其起爆能为 $2J/cm^2$；在94℃起爆能为 $1J/cm^2$；到180℃时极微小的震动就会爆炸。爆炸性物质在贮运过程中，必须远离火源、热源，防止日光曝晒，其原因就是为了避免温度升高，导致敏感度增高而造成事故。

c. 杂质。杂质对炸药的敏感度也有很大的影响。特别是硬度高，有尖棱的杂质，使冲击能集中在尖棱上，以致产生无数的高能中心，而促使爆炸。如梯恩梯炸药在贮运过程中，由于包装破裂而使炸药撒漏，在搜集时混入砂粒，将提高其敏感度，容易引起爆炸。

② 不稳定性。爆炸物质除具有爆炸性和对撞击、摩擦、温度的敏感之外，还有遇酸分解、受光线照射分解与某些金属接触产生不稳定的盐类等特性。在这里将这些不同的特性归纳起来，称之为不稳定性。

雷汞遇浓硫酸会发生猛烈的分解而爆炸。叠氮铅遇浓硫酸或浓硝酸能引起爆炸。梯恩梯炸药受日光照射，会使敏感度增高，容易引起爆炸。苦味酸能与金属反应生成苦味酸盐，对摩擦、冲击的敏感度比苦味酸还要高，特别是重金属的苦味酸盐，受摩擦或冲击极易引起爆炸。

硝酸铵炸药易吸湿结块而变质，降低了爆炸能力甚至拒爆。但对已经结块的炸药，不得使用铁工具进行粉碎，以防发生爆炸。硝化甘油混合炸药，由于硝化甘油中的残酸未洗净，经长期贮存，温度过高时，就会自行分解，甚至发生爆炸。为了保持炸药自身的理化性质和爆炸能力，对不同种类的炸药，均规定有不同的保存期限，如硝化甘油炸药规定保存期一般不超过8个月。为了保证安全，工业用炸药必须在规定的保存期内使用。

③ 殉爆。爆炸物质有一种特殊的性质，就是当一个炸药包爆炸时，能引起另一个位于一定距离处的炸药包也发生爆炸，这种现象即殉爆。故在保管时应保持一定的距离，以避免发生殉爆。

2. 发火物质（或混合物）

能发生爆轰，自供氧放热化学反应的物质或混合物，并产生热、光、声、气、烟或几种效果的组合。发火物质无论其是否产生气体都属于爆炸物。

3. 爆炸性物品

包括一种或多种爆炸物质或其混合物的物品。

4. 烟火物品

当物品包含一种或多种烟火物质或其混合物时，称其为烟火物品。

爆炸物类别和标签要素的配置见表1-1。

表 1-1　爆炸物类别和标签要素的配置

不稳定的/1.1项	1.2项	1.3项	1.4项	1.5项	1.6项
危险 爆炸物； 整体爆炸危险	危险 爆炸物； 严重喷射危险	危险 爆炸物； 燃烧、爆轰或喷射危险	1.4 警告 燃烧或喷射危险	1.5 警告 燃烧中可爆炸	1.6

（二）易燃气体

易燃气体是在20℃和101.3kPa标准压力下，与空气混合有易燃范围的气体。

如：氢气、一氧化碳、甲烷等。

易燃气体分为以下两类。

① 在20℃和标准大气压101.3kPa时，在与空气的混合物中，按体积占13%或更少时可点燃的气体；无论易燃下限如何，可燃范围至少为12%的气体。

② 在20℃和标准大气压101.3kPa时，除①中的气体之外，与空气混合时有易燃范围的气体。

易燃气体极易燃烧，与空气混合能形成爆炸性混合物，如氢气、甲烷、乙炔等，常见易燃气体的特性见表1-2。

表 1-2　易燃气体的燃爆特性

名称	特征	密度/(g/L)或相对密度	自燃点/℃	爆炸极限/%
氢气	无色，无味，非常轻，与氯气混合遇光即爆炸	0.0899(0℃)	560	4.1～75
磷化氢	无色，有蒜臭味，微溶于水，能自燃，极毒	1.529(0℃)	100	2.12～15.3
硫化氢	无色，有臭鸡蛋味，有毒，与铁生成硫化亚铁，能自燃	1.539(0℃)	260	4～44
甲烷(沼气)	无色，无味，与空气混合见火发生爆炸，与氯气混合遇光能爆炸	0.415②(－164℃)	540	5.3～15
乙烷	无色，无臭	0.446②(0℃)	500～522	3.1～15
丙烷		0.5852②(－44.5℃)	446	2.3～9.5
丁烷	无色	0.599①(0℃)	405	1.5～8.5
乙烯	无色，有特殊甜味及臭味，与氯气混合受日光作用能爆炸	0.610①(0℃)	490	2.75～34
丙烯	无色	0.581②(0℃)	455	2～11
丁烯	无色，遇酸、碱、氧化物时能爆炸，与空气混合易爆炸	0.668①(0℃)	465	1.7～9

续表

名称	特征	密度/(g/L)或相对密度	自燃点/℃	爆炸极限/%
氯乙烯	无色，似氯仿香味，甜味，有麻酸性	0.9195[②](−15℃)	472	4～33
焦炉气	无色，主要成分为一氧化碳、氢气、甲烷等，有毒	<空气	640	5.6～30.4
乙炔(电石气)	无色，有臭味，加压加热起聚合加成反应，与氯气混合遇光即爆炸	1.173(0℃)	335	2.53～82
一氧化碳	无色，无臭，极毒	1.25(0℃)	610	12.5～79.5
氯甲烷	无色，有麻醉性	0.918[①](20℃)	632	8.2～19.7
氯乙烷	无色，微溶于水，燃烧时发绿色火焰，会形成光气，易液化	0.9214[②](0℃)	518.9	3.8～15.4
环氧乙烷	无色，易燃，有毒，溶于水	0.871[①](20℃)	429	3～80
石油气	无色，特臭，成分有丙烯、丁烷等气体		350～480	1.1～11.3
天然气	无色，有味，主要成分是甲烷及其他烃类化合物	<空气	570～600	5.0～16
水煤气	无色，主要成分为一氧化碳、氢气，有毒	<空气	550～600	6.9～69.5
发生炉煤气	无色，主要成分为一氧化碳、氢气、甲烷、二氧化碳等，有毒	<空气	700	20.7～73.7
煤气	无色，有特臭，主要成分是一氧化碳、甲烷、氢气，有毒	<空气	648.9	4.5～40
甲胺	无色气体或液体，有氨味，溶于水、乙醇，易燃、有毒	0.662[①](20℃)	430	4.95～20.75

① 相对于空气的密度。

② 相对于水的密度。

易燃气体类别和标签要素的配置见表1-3。

表1-3 易燃气体类别和标签要素的配置

类别1	类别2
危险 极易燃气体	无符号 警告 易燃气体

（三）易燃气溶胶

凡分散介质为气体的胶体物系为气溶胶，它们的粒子大小在100～1000nm，常用的气溶胶是指喷射罐（包括任何不可重新罐装的容器，该容器由金属、玻璃或塑料制成）内装有强制压缩、液化或溶解的气体，并配有释放装置以使内装物喷射出来，在气体中形成悬浮的固态、液态微粒或形成泡沫、膏剂、粉末或者以液态或气态形式出现。

① 如果气溶胶含有任何按GHS分类原则分类为易燃的成分时，该气溶胶应考虑分类为易燃的，即含易燃液体、易燃气体、易燃固体物质的气溶胶为易燃气溶胶。

易燃成分不包括自燃、自热物质或遇水反应物质，因为这些成分从来不用作气溶胶内装物。

② 易燃气溶胶根据其成分的化学燃烧热，如适用时根据其成分的泡沫试验（对泡沫气溶胶）以及点燃距离试验和封闭空间试验（对喷雾气溶胶）的结果分为两个类别，即极易燃烧的气溶胶和易燃气溶胶。

易燃气溶胶具有易燃液体、易燃气体、易燃固体物质所具有的特性。

易燃气溶胶类别和标签要素的配置见表1-4。

表1-4　易燃气溶胶类别和标签要素的配置

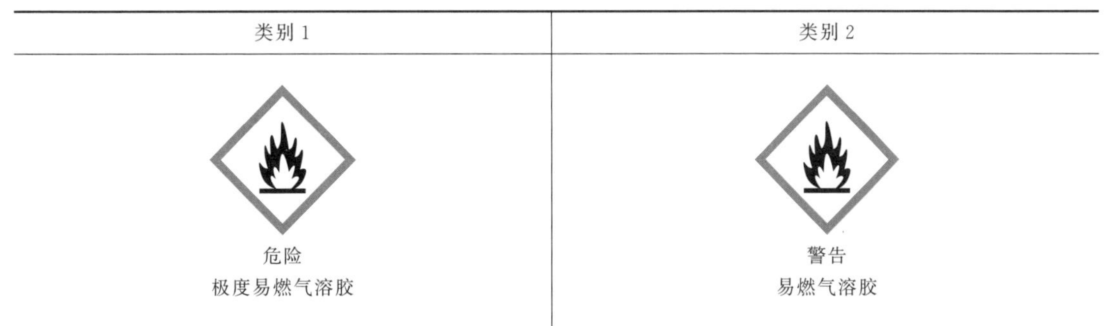

类别1	类别2
危险 极度易燃气溶胶	警告 易燃气溶胶

（四）氧化性气体

氧化性气体是一般通过提供氧气，比空气更能导致或促使其他物质燃烧的任何气体。例如，氮氧化物（NO、NO_2）、硫氧化物（SO_2、SO_3）等。

氧化性气体类别和标签要素的配置见表1-5。

表1-5　氧化性气体类别和标签要素的配置

类别1
 危险 会导致或加强燃烧；氧化剂

（五）压力下气体

压力下气体是指高压气体在压力等于或大于200kPa（表压）下装入容器中的气体，或是液化气或冷冻液化的气体。

压力下气体包括压缩气体、液化气体、溶解气体、冷冻液化气体。

压力下气体的特征如下。

① 可压缩性。一定量的气体在温度不变时，所施加的压力越大其体积就会变得越小，若继续加压会压缩成液态。

② 膨胀性。易燃气体在光照或受热后，温度升高，分子间的热运动加剧，体积增大，若在一定密闭容器内，气体受热的温度越高，其膨胀后形成的压力越大。一般盛装在密闭的容器内的气体，如果受高温、日晒，气体极易膨胀产生很大的压力。当压力超过容器的耐压强度时就会造成爆炸事故。

③ 与空气能形成爆炸性混合物，遇明火极易发生燃烧爆炸。

④ 除具有易燃性、毒性外，还有刺激性、致敏性、腐蚀性、窒息性等。

气体经施加压力或降低温度，使气体中分子与分子之间的距离大大缩小就成为压缩气体。对压缩气体继续施加压力，有时还要降低温度，则压缩气体就变成液体状态称为液化气体。另外还有一种气体极不稳定，需溶于溶剂中，如乙炔需溶解在丙酮中并贮存于钢瓶内，称为溶解气体。

1. 分类

按包装的物理状态，压力下气体可分为 4 类，见表 1-6。

表 1-6　压力下气体的分类

类别	分类
压缩气体	在压力下包装时，－50℃是完全气态的气体，包括所有具有临界温度不大于－50℃的气体
液化气体	在压力下包装时，温度高于－50℃时部分是液体的气体。它区分为： ①高压液化气：具有临界温度为－50℃和＋65℃之间的气体； ②低压液化气：具有临界温度高于＋65℃的气体
冷冻液化气体	包装时由于其低温而部分成为液体的气体
溶解气体	在压力下包装时溶解在液相溶剂中的气体

注：临界温度是指高于此温度无论压缩程度如何纯气体都不能被液化的温度。

2. 特性

① 一定量的气体在温度不变时，对它施加的压力越大，它的体积就会变得越小。气体的这一特性，说明气体是可以被压缩的，甚至可以再加压而压缩成液态，这就是气体的可压缩性。气体通常都以压缩或液化状态贮存在钢瓶中。但气体液化有一个极限压力和极限温度，若超过一定的温度，气体再加压也不能被液化，这一温度即临界温度，也就是该气体液化的最高温度。达到临界温度时所需要的压力为临界压力，也就是气体液化所需的最低压力。氢气在常温下，无论对其施以多大的压力，它仍然还是气体。要使它液化，就必须在压缩的同时使温度降低。当氢气温度降低到零下 239.9℃时，再加压后才能使它变成液态。一些气体的临界温度和临界压力可参见有关书籍。

临界温度比常温高的气体，可以用单纯压缩的方法使其液化。如氯气、氨气、二氧化硫等。而临界温度比常温低的气体，就必须在加压的同时，还需使温度降低到临界温度以下，才能使其液化。如氢气、氧气、一氧化碳等。

② 气体受热的温度越高，它膨胀后形成的压力越大，这就是气体受热的膨胀性。压缩

气体及液化气体盛装在容器内，如受高温、日晒气体就会急剧地膨胀，产生很大的压力，当压力超过容器的耐压强度，就会造成爆炸。如果气体钢瓶泄漏，气体就逸散到空气中，急剧地扩散，并能随风飘动，可燃气体容易与空气形成爆炸性混合气体，遇明火能引起燃烧、爆炸而且蔓延扩展。

压力下气体类别和标签要素的配置见表1-7。

表1-7 压力下气体类别和标签要素的配置

类别1	类别2	类别3	类别4
压缩气体	液化气体	冷冻液化气体	溶解气体
警告 装有加压气体； 如果加热会爆炸	警告 装有加压气体； 如果加热会爆炸	警告 装有冷冻气体； 会导致低温烧伤或损伤	警告 装有加压气体； 如果加热会爆炸

（六）易燃液体

易燃液体是指闪点不高于93℃的液体。常温下极易着火燃烧，如汽油、乙醇、苯等。

闪点：在规定条件下，可燃性液体加热到它的蒸气和空气组成的混合气体与火焰接触时能产生闪燃的最低温度，是易燃液体燃爆危险性的一个重要指标，闪点越低，燃爆危险性越大。

易燃液体具有以下特性。

（1）易燃易爆性　易燃液体大部分属于沸点低、闪点低、挥发性强的物质。随着温度的升高，蒸发速率加快，当蒸气与空气达到一定浓度时遇火源极易发生燃烧爆炸。

（2）高度流动性　易燃液体具有流动和扩散性，大部分黏度较小，易流动，有蔓延和扩大火灾的危险。

（3）受热膨胀性　易燃液体受热后，体积膨胀，液体表面蒸气压同时随之增加，部分液体挥发成蒸气。在密闭容器中贮存时，常常会出现鼓桶或挥发现象，如果体积急剧膨胀就会引起爆炸。

（4）带电性　大部分易燃液体为非极性物质，在管道、贮罐、槽车、油船的输送、灌装、摇晃、搅拌和高速流动过程中，由于摩擦易产生静电，当所带的静电荷聚积到一定程度时，就会产生静电火花，有引起燃烧和爆炸的危险。

（5）毒害性　大多数易燃液体都有一定的毒性，如甲醇、苯、二硫化碳等，对人体的内脏器官和系统有毒性作用。

1. 分类

易燃液体分为三类，见表1-8。

表 1-8　易燃液体的分类

类别	分类
甲类	闪点小于 28℃
乙类	闪点介于 28～60℃
丙类	闪点大于 60℃

注：1. 闪点范围在 55～75℃的燃料油、柴油和轻质加热油，在某些法规中可被视为一特定组。

2. 闪点高于 35℃的液体如果在联合国《关于危险货物运输的建议书　试验和标准手册》的 L.2 持续燃烧性试验中得到否定结果时，对于运输可看作为非易燃液体。

3. 对于运输黏稠的易燃液体如色漆、磁漆、喷漆、清漆、黏合剂和抛光剂将视为一特定组。

2. 特性

易燃液体的易燃程度，常用闪点表示，闪点越低，则表示该液体越容易燃烧。

易燃液体大都是些蒸发热（或称汽化热）较小的液体，极易挥发，易燃液体挥发出来的易燃蒸气与空气混合，达到爆炸极限范围内，遇明火会立即爆炸，这就是易燃液体蒸气的易爆性。

液体表面发生的汽化现象称为蒸发，也就是说，蒸发是液体分子从液体表面不断地进入气相而变为气体的过程。蒸发可以在沸点时或低于沸点时进行，前者速率较后者为快。

饱和蒸气压简称蒸气压，是指在一定温度下与液体相互平衡的蒸气所具有的压力。如果液体是水，便称为水蒸气压力，在 20℃ 时水的蒸气压是 17.7mmHg（1mmHg = 133.322Pa）。如果液体是乙醚，在 20℃时，乙醚的蒸气压是 432.7mmHg。蒸气压力随着液体的温度升高而增加。常用几种易燃液体的蒸气压力（即饱和蒸气压）见表 1-9。

表 1-9　几种易燃液体饱和蒸气压

液体名称	温度/℃								
	−20	−10	0	+10	+20	+30	+40	+50	+60
	饱和蒸气压/mmHg								
乙醚	67.0	112.3	184.39	286.8	432.7	634.8	907.0	1264.8	1623.2
二硫化碳	48.48	81.0	131.98	203.0	301.8	437.0	617.0	856.7	1170.4
丙酮	—	38.7	63.33	110.32	184.0	280.0	419.3	608.81	866.4
乙酸甲酯	19.0	35.15	62.10	104.8	169.8	265.0	—	—	—
车用汽油	—	—	40.0	50.0	70.0	98.0	136.0	180.0	—
甲醇	6.27	13.47	26.82	50.18	88.67	150.0	243.5	381.7	625.0
苯	7.43	14.63	26.6	44.75	74.8	118.4	181.5	268.7	392.5
乙酸乙酯	6.5	12.9	24.2	43.8	72.8	118.7	183.7	282.3	415.3
乙醇	2.5	5.6	12.2	23.8	44.0	78.1	133.4	219.8	351.5
甲苯	1.74	3.42	6.67	12.7	22.3	37.2	59.3	93.0	139.5

液体在蒸发过程中总是要从外界吸收一定的热量，一定量的液体在蒸发时所需要的热量，称为该液体的蒸发热。不同的液体，其蒸发热是不相同的。如乙醚的蒸发热为 370J/g、乙醇的蒸发热为 867J/g，这就说明乙醚易于挥发。某些易燃液体的蒸气与空气混合的爆炸极限其范围越大，爆炸下限越低，危险性就越大，也就容易发生爆炸。如乙醚的爆炸极限为 1.85%～36.5%、乙醇的爆炸极限为 3.28%～18.45%，乙醚的爆炸极限范围比乙醇大，爆

炸下限比乙醇低，相比之下，乙醚就比乙醇容易发生爆炸。

易燃液体受热后，本身体积要膨胀，同时其蒸气压力也随之增加，部分挥发成蒸气，因此整个气体的体积膨胀更为迅速。如贮存于密闭容器中，就会造成容器的破裂。夏季盛装易燃液体的铁桶，如果在阳光下暴晒受热，常常会出现鼓捅或爆裂的现象，就是因为受热膨胀的缘故。

此外易燃液体大部分黏度较小，很易流动。除醇类、醛类、酮类可以与水相溶外。大多数易燃液体是不溶于水的。了解易燃液体的水溶性，在一旦发生火灾时，可以正确地选用相适应的灭火剂。

大部分易燃液体如醚类、酮类、酯类、芳香烃、石油及其产品、一硫化碳等，都是电的不良导体，当其在管道、贮罐、槽车、油船的灌注、输送、喷溅和流动过程中，往往由于摩擦接触而产生静电。当静电荷聚积到一定程度时，就会放电而产生火花，有引起燃烧和爆炸的危险。

易燃液体类别和标签要素的配置见表1-10。

表1-10　易燃液体类别和标签要素的配置

类别1	类别2	类别3	类别4
危险 极度易燃液体和蒸气	危险 高度易燃液体和蒸气	危险 易燃液体和蒸气	无标识 危险 可燃液体

（七）易燃固体

易燃固体是容易燃烧或通过摩擦可能引燃或助燃的固体，如红磷、硫黄等。

易于燃烧的固体为粉状、颗粒状或糊状物质，它们在与燃烧着的火柴等火源短暂接触即可点燃和火焰迅速蔓延的情况下，都非常危险。

易燃固体的特征如下。

（1）遇水或酸反应性强　遇水、潮湿空气、酸能发生剧烈化学反应，放出易燃气体和热量，极易引起燃烧或爆炸。

（2）腐蚀性或毒性强　某些易燃固体具有腐蚀性或毒性，如硼氢类化合物、金属磷化物等。

1. 分类

根据易燃性和燃点高低，以及燃烧时的猛烈程度，易燃固体可划分为两级。

（1）一级易燃固体　此类物质燃点低，易燃烧或爆炸，燃烧速率快，并能放出剧毒气体，除金属粉末之外的物质或混合物，潮湿部分不能阻燃，而且燃烧时间小于45s或燃烧速率大于2.2mm/s。金属粉末燃烧时间不大于5min，按化学组成可分如下三类。

① 赤磷及含磷化合物，这些物质都具有一定的毒性。如赤磷、三硫化磷P_4S_3、五硫化

磷 P_2S_5 等。

② 硝基化合物，这些物质因含有硝基或亚硝基，很不稳定。燃烧过程中常发生爆炸。如二亚硝基戊次甲基四胺 $C_5H_{10}N_6O_2$（发泡剂 H）、二硝基苯 $C_6H_4(NO_2)_2$、二硝基萘 $C_{10}H_6(NO_2)_2$ 等。

③ 其他，此类物质除易燃外，大都有毒或有腐蚀性。如闪光粉（为镁粉与氯酸钾的混合物）、氨基化钠 $NaNH_2$、重氮氨基苯。

（2）二级易燃固体　此类物质的燃烧性比一些易燃固体差一些，燃烧速率略慢些，燃烧产物的毒性也比较小。除金属粉末之外的物质或混合物，潮湿部分可以阻燃至少 4min，而且燃烧时间小于 45s 或燃烧速率大于 2.2mm/s。金属粉末燃烧时间大于 5min 且不大于 10min。按化学组成可分为如下四类。

① 易燃金属粉末，这些物质不仅燃烧温度高，可达 1000℃以上，而且粉末飞扬后，能与空气形成爆炸性混合物，如镁粉、铝粉、锰粉等。

② 碱金属氨基化合物，如氨基化锂 $LiNH_2$、氨基化钙 $Ca(NH_2)_2$ 等。

③ 硝基化合物，如 2,4-二亚硝基间苯二酚 $(NO)_2C_6H_2(OH)_2$ 等。

④ 萘及其衍生物，如萘、甲基萘等。

⑤ 其他如硫黄、生松香、聚甲醛等。

2. 特性

易燃固体物质的燃烧方式，在常温下是固体，当受热后就熔化，它的燃烧有类似液体物质的燃烧。一般的燃烧过程是先受热熔化，然后蒸发汽化，再分解、氧化直到出现有火焰的燃烧，但易燃固体，由于其化学组成和性质不同，各有其不同的燃烧方式。

如萘为片状结晶，有易于升华的特点，当受热后即蒸发，可以不经过熔化而直接变为气体分子受氧化而燃烧。

某些金属粉末如镁粉、铝粉等，遇火源能与氧直接化合而燃烧，不会产生气体和火焰，只发出灼热的火光，燃烧时的温度可达 1000℃以上。在高温下能与水反应放出氢气，在粉尘飞扬时，遇火源还会发生爆炸。

易燃固体类别和标签要素的配置见表 1-11。

表 1-11　易燃固体类别和标签要素的配置

类别 1	类别 2
危险 高度易燃固体	警告 易燃固体

（八）自反应物质

是指热不稳定性液体或固体物质或混合物，即使没有氧（空气），也易发生激烈放热分解反应。这一概念不包括 GHS 分类为爆炸品、有机过氧化物或氧化物的物质和混合物。

当自反应物质或混合物具有在实验室试验以有限条件加热时易于爆炸、迅速爆燃或在封闭条件下加热时显现剧烈效应时，可认为其具有爆炸特性。

自反应物质和混合物按下列原则分为“A～G型”7个类型。

A型。任何自反应物质或混合物，如在运输包装中可能起爆或迅速爆燃，则定为A型自反应物质。

B型。具有爆炸性的任何自反应物质或混合物，如在运输包装中不会起爆或迅速爆燃，但在该包装中可能发生热爆炸，则定为B型自反应物质。

C型。具有爆炸性的任何自反应物质或混合物，如在运输包装中不可能起爆或迅速爆燃或发生热爆炸，则定为C型自反应物质。

D型。任何自反应物质或混合物，在实验室中试验时发生如下情况，则定为D型自反应物质。

① 部分起爆，不迅速爆燃，在封闭条件下加热时不呈现任何剧烈效应；

② 根本不起爆，缓慢爆燃，在封闭条件下加热时不呈现任何剧烈效应；

③ 根本不起爆或爆燃，在封闭条件下加热时呈现中等效应。

E型。任何自反应物质或混合物，在实验室中试验时，既绝不起爆也绝不爆燃，在封闭条件下加热时呈现微弱效应或无效应，则定为E型自反应物质。

F型。任何自反应物质或混合物，在实验室中试验时，既绝不在空化状态下起爆也绝不爆燃，在封闭条件下加热时只呈现微弱效应或无效应，而且爆炸力弱或无爆炸力，则定为F型自反应物质。

G型。任何自反应物质或混合物，在实验室中试验时，既绝不在空化状态下起爆也绝不爆燃，在封闭条件下加热时显示无效应，而且无任何爆炸力，则定为G型自反应物质。但该物质或混合物必须是热稳定的（50kg包件的自加速分解温度为60～75℃），对于液体混合物，所用脱敏稀释剂的沸点不低于150℃。如果混合物不是热稳定的，或所用脱敏稀释剂的沸点低于150℃，则定为F型自反应物质。

表1-12为有机物质中自反应特性的原子团。

表1-12 有机物质中自反应特性的原子团

结构特征	举例	结构特征	举例
相互作用的原子团	氨基腈类；卤苯胺类；氧化酸的有机盐类	紧绷的环	环氧化物；氮丙啶类
S═O	磺酰卤类；磺酰氰类；磺酰肼类	不饱和	链烯类；氰酸盐
P—O	亚磷酸盐		

自反应物质类别和标签要素的配置见表1-13。

（九）自热物质和混合物

自热物质和混合物是指除自燃液体或固体以外，与空气反应不需要能源供应就能够自己发热的固体或液体物质或混合物；这类物质或混合物与自燃液体或固体不同，因为这类物质只有数量很大（千克级）并经过长时间（几小时或几天）才会燃烧。

注意：物质或混合物的自热导致自发燃烧是由于物质或混合物与氧气发生反应并且所产生的热没有足够迅速地传导到外界而引起的，当热产生的速度超过热损耗的速度而达到自燃

表 1-13　自反应物质类别和标签要素的配置

A 型	B 型	C 型和 D 型	E 型和 F 型	G 型
危险 加热可引起爆炸	危险 加热可引起燃烧或爆炸	危险 加热可引起燃烧	警告 加热可引起燃烧	本类型无适用标签要素

温度时，自燃便会发生。

自热物质类别和标签要素的配置见表 1-14。

表 1-14　自热物质类别和标签要素的配置

类别 1	类别 2
危险 自热;可着火	警告 大量时自热;可着火

（十）自燃液体

自燃液体是即使数量小也能在与空气接触后 5min 之内着火的液体。

自燃液体类别和标签要素的配置见表 1-15。

表 1-15　自燃液体类别和标签要素的配置

类别 1
 危险 如暴露于空气中会自燃

（十一）自燃固体

自燃固体是即使数量小也能在与空气接触后5min之内着火的固体。

凡不需要外界火源的作用，由于本身受空气氧化而放出热量，或受外界温度影响而积热不散，达到自燃点而引起自行燃烧的物质，称为自燃物质。

1. 分类

按其氧化反应的速率及危险性大小分为以下两级。

（1）一级自燃物质 在空气中能剧烈氧化，反应速率极快，自燃点低，极易产生自燃且燃烧猛烈，危险性大。如黄磷、三乙基铝及铝铁熔剂等。

（2）二级自燃物质 在空气中氧化速率比较缓慢，在积热不散的条件下能产生自燃。如含油脂的物品、油布、油纸、作绝缘材料用的蜡布、蜡管、浸油的金属屑等。

2. 特性

自燃物质由于化学组成不同以及影响自燃的条件不同，故有各自不同的特性。

① 某些自燃物质的化学性质活泼，极易氧化而引起自燃。如黄磷，它的化学性质非常活泼，具有很强的还原性，接触空气能迅速与氧化合，产生大量的热，加之它的自燃点很低，只有34℃左右，能很快引起自燃。因此黄磷必须贮存在隔离空气的盛水容器中。

② 某些自燃物质的化学性质很不稳定，容易发生分解而导致自燃。如硝化纤维及其制品，由于本身有含氧的硝酸根（NO_3^-）很不稳定，在空气中甚至在常温下，也能发生缓慢分解，在阳光及潮解的作用下，会加速分解而析出一氧化氮（NO），后者与氧化合生成二氧化氮。而二氧化氮又与潮湿空气中的水化合，会生成硝酸或亚硝酸，硝酸及亚硝酸会进一步加速硝化纤维及其制品的分解，放出的热量也越来越多，因而引起自燃。硝化纤维自燃点也较低，为120～160℃，燃烧速率极快，火焰温度高，并产生有毒的氧化氮气体。

③ 某些自燃物质的分子中，含有较多的不饱和双键（—C═C—）由于双键的存在，使得它容易和空气中的氧产生氧化作用，因而放出热量，如果热量聚集不散，就会逐渐达到自燃点而引起自燃。如酮油虽不属于自燃物质，但制成油纸、油布、油绸等之后，桐油和空气的接触面增加很多，受空气的缓慢氧化作用产生的热量也就更多，而卷紧、堆压的油纸、油布、油绸等不传热又不散热，达到自燃温度而发生自燃。特别是在空气潮湿的情况下，温度逐渐升高而发生自燃。

自燃固体类别和标签要素的配置见表1-16。

表1-16 自燃固体类别和标签要素的配置

类别1
 危险 如暴露于空气中会自燃

（十二）遇水放出易燃气体的物质或混合物

遇水放出易燃气体的物质或混合物，是指通过与水作用，容易具有自燃性或放出危险数量的易燃气体的固态或液态物质或混合物。如钠、钾、镁等。

遇水燃烧物质，除遇水剧烈反应外，也能与酸类或氧化剂发生剧烈反应引起燃烧，并且发生燃烧爆炸的危险性比遇水时更大。

1. 分类

遇水放出易燃气体的物质或混合物根据联合国《关于危险货物运输的建议书　试验和标准手册》的33.4.1.4中N.5进行试验，按照表1-17分为3类。

表1-17　遇水放出易燃气体的物质和混合物的分类

类别	分类
1	在环境温度下与水剧烈反应所产生的气体通常显示自燃的倾向，或在环境温度下容易与水反应，放出易燃气体的速率大于或等于每千克物质，任何1min内释放10L的任何物质或混合物
2	在环境温度下易与水反应，放出易燃气体的最大速率大于或等于每小时20L/kg，并且不符合类别1准则的任何物质或混合物
3	在环境温度下与水缓慢反应，放出易燃气体的最大速率大于或等于每小时1L/kg，并且不符合类别1和类别2的任何物质或混合物

注：1. 如果在试验程序的任何一步中发生自燃，该物质就被分类为遇水放出易燃气体的物质或混合物。

2. 对于固体物质或混合物的分类试验而言，该试验应对其提交的物质或混合物的形态进行。例如如果对于供应或运输的目的，同样的化学品被提交的形态不同于试验时的形态并且认为其性能可能与分类试验有实质不同时，该物质或混合物还必须以新的形态试验。

2. 特性

这类物质共同的物性是遇水分解。

（1）活泼金属及其合金　如钾、钠、锂、铷、钠贡齐、钾钠合金等，遇水即发生剧烈反应。在夺取水中氧原子与之化合的同时，放出氢气和大量的热量，其热量能使氢气自燃或爆炸。对尚未来得及反应的金属，会随之燃烧或飞溅。如

$$2Na+2H_2O = 2NaOH+H_2\uparrow+371.2kJ$$

（2）金属氢化物　如氢化钠、氢化钙、氢化铝等，遇水能剧烈反应而放出氢气。如

$$2NaH+H_2O = 2NaOH+H_2\uparrow+132.2kJ$$

（3）硼氢化合物　如二硼氢、硼氢化钠等，遇水反应放出氢气。如

$$B_2H_6+6H_2O = 2H_3BO_3+6H_2\uparrow+418.4kJ$$

（4）碳的金属化合物　如碳化钙、碳化铝等，遇水反应剧烈，放出不同的可燃性气体乙炔、甲烷等。如

$$CaC_2+2H_2O = Ca(OH)_2+C_2H_2\uparrow$$

$$Al_4C_3+12H_2O = 4Al(OH)_3+3CH_4\uparrow$$

（5）磷化物　如磷化钙、磷化锌等，遇水生成磷化氢，在空气中能自燃。如

$$2Ca_3P_2+12H_2O = 6Ca(OH)_2+4PH_3\uparrow+\text{热量}$$

（6）其他　如保险粉和焊接用的镁铝粉等，遇水也能发生可燃气体，有火灾爆炸的危险，因此遇水燃烧物质，应避免与水或潮湿的空气接触，更应注意与酸和氧化剂隔离。

遇水放出易燃气体的物质类别和标签要素的配置见表1-18。

表 1-18　遇水放出易燃气体的物质类别和标签要素的配置

类别 1	类别 2	类别 3
危险 接触水释放 可自发燃着的易燃气体	危险 接触水释放 易燃气体	警告 接触水释放 易燃气体

（十三）氧化性液体

氧化性液体是本身未必燃烧，但通常因放出氧气可能引起或促使其他物质燃烧的液体。如次氯酸钠溶液、漂白粉溶液。

氧化性液体类别和标签要素的配置见表 1-19。

表 1-19　氧化性液体类别和标签要素的配置

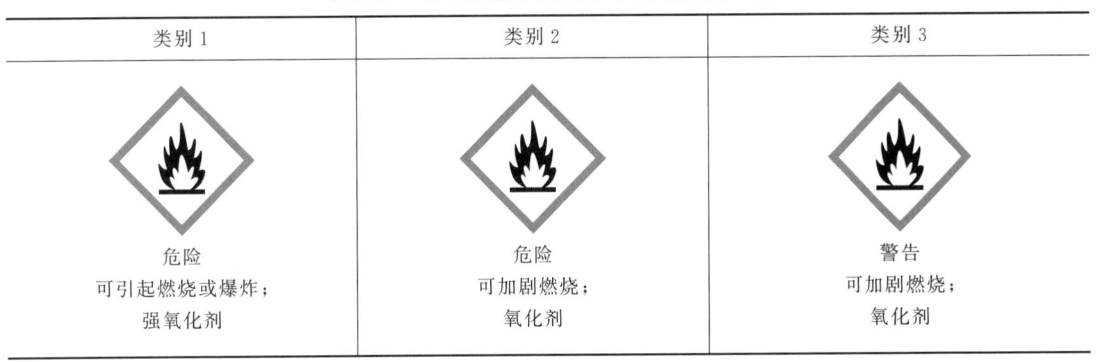

类别 1	类别 2	类别 3
危险 可引起燃烧或爆炸； 强氧化剂	危险 可加剧燃烧； 氧化剂	警告 可加剧燃烧； 氧化剂

（十四）氧化性固体

氧化性固体是本身未必燃烧，但通常因放出氧气可能引起或促使其他物质燃烧的固体。如高锰酸钾。

氧化性固体类别和标签要素的配置见表 1-20。

表 1-20　氧化性固体类别和标签要素的配置

类别 1	类别 2	类别 3
危险 会引起燃烧或者爆炸； 强氧化剂	危险 可加剧燃烧； 氧化剂	警告 可加剧燃烧； 氧化剂

（十五）有机过氧化物

有机过氧化物是指含有二价—O—O—结构的液态或固态有机物质，可以看做是一个或两个氢原子被有机基替代的过氧化氢衍生物，如过氧化苯甲酰、过氧化甲乙酮等。有机过氧化物是热不稳定物质或混合物，容易放热自加速分解，可能具有下列一种或几种性质。

① 易于爆炸分解。

② 迅速燃烧。

③ 对撞击或摩擦敏感。

④ 与其他物质发生危险反应。

凡能氧化其他物质而自身被还原，也就是在氧化还原反应中得到电子的物质称为氧化剂。不同的物质，得到电子的能力也不同，有的物质很容易得到电子，有的物质不容易得到电子，通常把得电子能力很强的物质，称强氧化剂，反之称弱氧化剂。

1. 分类

有机过氧化物根据联合国《关于危险货物运输的建议书　试验和标准手册》的第Ⅱ部分中所述试验系列 A～H，按下列原则分为七类。

① 任何有机过氧化物，如在包装件中，能起爆或迅速爆燃的，为 A 型有机过氧化物；

② 任何具有爆炸性的有机过氧化物，如在包装件中，既不起爆，也不迅速爆燃，但易在该包装内发生热爆者将被分类为 B 型有机过氧化物；

③ 任何具有爆炸性质的有机过氧化物，如在包装件中时，不可能起爆或迅速爆燃或发生热爆炸，则定为 C 型有机过氧化物；

④ 任何有机过氧化物，如果在实验室试验中：

a. 部分起爆，不迅速爆燃，在封闭条件下加热时不呈现任何剧烈效应；

b. 根本不起爆，缓慢爆燃，在封闭条件下加热时不呈现任何剧烈效应；

c. 根本不起爆或爆燃，在封闭条件下加热时呈现中等效应。

则定为 D 型有机过氧化物。

⑤ 任何有机过氧化物，在实验室试验中，既绝不起爆也绝不爆燃，在封闭条件下加热时只呈现微弱效应或无效应，则定为 E 型有机过氧化物；

⑥ 任何有机过氧化物，在实验室试验中，既绝不在空化状态下起爆也绝不爆燃，在封闭条件下时只呈现微弱效应或无效应，而且爆炸力弱或无爆炸力，则定为 F 型有机过氧化物；

⑦ 任何有机过氧化物，在实验室试验中，既绝不在空化状态下起爆也绝不爆燃，在封闭条件下时显示无效应，而且无任何爆炸力，则定为 G 型有机过氧化物，但该物质或混合物必须是热稳定的（50kg 包装件的自加速分解温度为 60℃或更高），对于液体混合物，所用脱敏稀释剂的沸点不低于 150℃。如果有机过氧化物不是热稳定的，或者所用脱敏稀释剂的沸点低于 150℃，则定为 F 型有机过氧化物。

注：1. G 型无指定的警示标签要素，但应考虑属于其他危险种类的性质。

2. A～G 型未必适用于所有体系。

有机过氧化物类别和标签要素的配置见表 1-21。

2. 应用

工业应用中按氧化性的强弱分为一级和二级，按其组成分为有机氧化剂和无机氧化剂。

表 1-21 有机过氧化物类别和标签要素的配置

A 型	B 型	C 型和 D 型	E 型和 F 型	G 型
危险 加热可引起爆炸	危险 加热会引起 燃烧或爆炸	危险 加热可引起燃烧	警告 加热可引起燃烧	此危险类型 无适用标签要素

(1) 一级无机氧化剂 这类氧化剂大多为碱金属（锂、钠、钾、铯）或碱土金属（镁、钙、锶）的过氧化物和盐类。它们的分子中含有过氧基（—O—O—）或高价态元素（N^{5+}、Mn^{7+}），性质不稳定、易分解、具有极强的氧化性。

① 过氧化物类。这类物质中含有过氧基（—O—O—）极不稳定，易放出具有强氧化性的原子氧。如过氧化钠 Na_2O_2、过氧化钾 K_2O_2 等。

② 氯的含氧酸及其盐类。这类物质中含有高价态氯原子（Cl^+、Cl^{3+}、C^{5+}、Cl^{7+}），易得电子变为低价态的氯原子（Cl^0、Cl^- 等），如高氯酸钠 $NaClO_4$，氯酸钾 $KClO_3$ 等。

③ 硝酸盐类。这类物质中含有高价态的氮原子（N^{5+}），易得电子而变为低价态的氮原子（N^0、N^{3-}），如硝酸钾 KNO_3、硝酸锂 $LiNO_3$ 等。

④ 高锰酸盐类。这类物质中含有高价态的锰原子（Mn^{7+}），它也易得电子变为低价态的锰原子（Mn^{2+}、Mn^{4+} 等），如高锰酸钾 $KMnO_4$、高锰酸钠 $NaMnO_4$ 等。

⑤ 其他如银、铝催化剂等。

(2) 二级无机氧化剂 除一级以外的所有无机氧化剂均属此类，也容易分解，但比一级氧化剂相对地说较为稳定，具有比较强的氧化性，也能引起燃烧。

① 硝酸盐及亚硝酸盐类。硝酸盐中含有 +5 价的氮原子（N^{5+}），亚硝酸盐中含有 +3 价的氮原子（N^{3+}），都能得到电子变为低价态的氮原子（N^0、N^{3-}）、如硝酸镧 $La(NO_3)_3$、亚硝酸钾 KNO_2 等。

② 过氧化物类。这类物质中含有过氧基（—O—O—），也容易放出原子氧，如过二硫酸钠 $Na_2S_2O_8$、过硼酸钠 $NaBO_3$ 等。

③ 卤素含氧酸及其盐类。是氯、溴、碘等的含氧酸及其盐类，这些物质中含有高价的卤素原子 $X^{7+\sim1+}$，故易得电子变为低价态，如溴酸钠 $NaBrO_3$、高碘酸 HIO_4 等。

④ 高价态金属的酸及其盐类。这类物质中含有高价态的金属原子（Cr^{6+}、Mn^{7+}、Re^{7+} 等）易得电子变为低价态的金属原子，如铬酸 H_2CrO_4、重铬酸钠 $NaCr_2O_7$、高锰酸银 $AgMnO_4$、高铼酸钾 $KReO_4$ 等。

⑤ 其他氧化物。这些物质不稳定，易分解放出氧，如氧化银 Ag_2O，五氧化二碘 I_2O_5 等。

（3）一级有机氧化剂　这些氧化剂大多数为有机过氧化物或硝酸化合物，都含有极不稳定的氧原子，具有极强的氧化性，能引起燃烧或爆炸。

① 有机过氧化物类。这类物质中含有过氧基（—O—O—），受到光和热的作用，很容易分解放出氧，常因此发生燃烧和爆炸。故对一些极不稳定的有机氧化剂必须加入稳定剂后方可贮运，如过氧化苯甲酰 $(C_6H_5CO)_2O_2$ 受热、摩擦、撞击就发生爆炸，与硫酸能发生剧烈反应，引起燃烧并放出有毒气体，含有 30%水分时就比较稳定。

② 有机硝酸盐类。这类物质也同无机硝酸盐相似，含有高价态的氮原子，易得电子变为低价态，如硝酸胍 $H_2NC(NH)NH_2 \cdot HNO_3$、硝酸脲 $CO(NH_2)_2HNO_3$ 等。

（4）二级有机氧化剂　此类氧化剂均为有机的过氧化物，也易分解放出氧和进行自身的氧化还原反应，如过氧乙酸 CH_3COOOH 等。

3. 特性

在无机化学反应中，可以由电子的得失或化合价的变化来判断氧化还原反应。但在有机化学反应中，由于大多数有机化合物，都是以共价键组成的，它们分子内的原子间没有明显的电子得失，很少有化学价的变化。所以不能用电子的得失或化合价的变化来判断有机化学反应是否为氧化还原反应。

但是在有机化学反应中的氧化还原反应，都和氧的得失或氢的得失有关。所以在有机化学反应中常把与氧的化合或失去氢的反应称为氧化反应，而将与氢的化合或失去氧的反应称为还原反应，把在反应中失去氧或获得氢的物质称为氧化剂，把获得氧或失去氢的物质称为还原剂。例如：

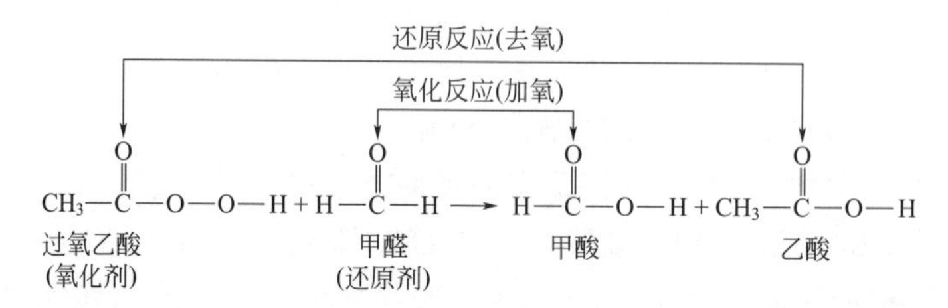

自偶氧化还原反应是指同一种物质分子内进行的氧化还原反应，使分子内某些部分被氧化，另一些部分被还原，例如：

$$\overset{+5\ -2}{2KClO_3} = \overset{-1}{2KCl} + \overset{0}{3O_2}$$

自偶氧化还原反应又称歧化反应。很多爆炸反应都属于这类反应。氧化剂的危险性也往往是由于它们能进行歧化反应的缘故。

氧化剂氧化性的强弱是有一定的规律的，如下所述。

① 对于元素，一般来说，非金属性越强，其氧化性就越强，因为非金属性元素具有获得电子的能力，如

$$\xrightarrow[\text{非金属性越强，其氧化性就增强}]{I_2, Br_2, Cl_2, F_2}$$

② 对于离子所带的正电荷越多，获得电子就越容易，即氧化性也就越强，如四价的锡离子比二价的锡离子就具有更强的氧化性。

$$\xrightarrow[\text{所带的正电荷越多,氧化性也就增强}]{Sn^{2+},\qquad Sn^{4+}}$$

③ 对于化合物，若其中含有高价态（即化合价较高的）的元素，而且这个元素化合价越高，其氧化性就越强。如

$$\xrightarrow[\text{氮的化合价越高,其氧化性就增强}]{\overset{3-}{N}H_3,Na\overset{3+}{N}O_2,Na\overset{5+}{N}O_3}$$

NH_3 中的氮是－3 价，它已经得到 3 个电子达到外层“八个电子稳定结构”，它不可能再得到电子，所以氨不具有氧化性。

硝酸钠 $NaNO_3$ 中氮是＋5 价，它失去 5 个电子，强烈地希望夺回这些电子，所以氧化性较强。

亚硝酸钠 $NaNO_2$ 中的氮是＋3 价，处于中间状态，故其氧化性在硝酸钠与氨之间。

氧化剂的氧化性强弱，不仅取决于其元素的非金属性强弱和原子的价态高低，而且在一定程度上，也受其中金属原子活泼性的影响。一般来说，含有活泼金属原子，如钾、钠、锂的氧化剂其氧化性就强一些，含有活泼性差一些的金属原子，如镁、铅、铁的氧化剂其氧化性就弱一些。

上述规律虽不严格，但可以进一步认识氧化剂强弱的特性。此外大多数氧化剂还有遇热分解的特性。硝酸盐类遇热能放出氧和氧化氮气体，遇有机物、易燃物能引起燃烧，如硝酸铵与易燃物混合受热分解即燃烧或爆炸。其次大多数氧化剂会遇酸分解，反应常常是很猛烈的，往往引起爆炸。如过氧化钠遇强酸，能引起燃烧或爆炸。再次，有些氧化剂容易吸水分解变质，如三氧化铬吸水后变成铬酸，高锰酸锌吸水后的液体接触有机物能立即引起爆炸。次氯酸钙遇水后放出大量的热及原子氧，当接触有机物后会引起燃烧和爆炸。特别是活泼金属的过氧化物，如过氧化钠遇水或吸收空气中的水蒸气甚至二氧化碳就能分解而放出助燃气体，遇有机物、易燃物即引起燃烧。

（十六）金属腐蚀物

金属腐蚀物是指通过化学作用显著损坏或毁坏金属的物质或混合物。

金属腐蚀物的特征如下。

（1）强烈的腐蚀性　化学灼伤和烧伤、烫伤不同；除腐蚀金属，还腐蚀木材、纸张、皮革等有机物（氢氟酸用塑料容器装，因其腐蚀玻璃）。

（2）毒性　如氢氟酸、五溴化磷等。

（3）易燃性　遇明火易燃烧，如冰醋酸、苯酚等。

（4）氧化性　浓盐酸、浓硝酸、浓硫酸（强氧化剂）。

凡是能使人体、金属或其他物质发生腐蚀的物质，称为腐蚀性物质。

1. 分类

金属腐蚀物质或混合物按在试验温度 55℃，钢或铝表面的腐蚀速率超过 6.25m/a，分为一个类别。

工业上按腐蚀性的强弱分为两级，按其酸碱性及有机物、无机物则分为八类。

（1）一级无机酸性腐蚀物质　此类物质具有强烈的腐蚀性，以及酸性。主要的是一些具有氧化性的强酸。如硝酸、硫酸、氯磺酸等。还有遇水能生成强酸的物质。如二氧化硫、三氧化硫、五氧化二磷等。

（2）一级有机酸性腐蚀物质　具有强腐蚀性及酸性的有机物。如甲酸 HCOOH、溴乙酰 CH_3COBr 等。

（3）二级无机酸性腐蚀物质　主要是一些氧化性较差的强酸，如盐酸、中强酸如磷酸，以及与水接触能部分生成酸的物质。如四氯化锡等。

（4）二级有机酸性腐蚀物质　主要是一些较弱的有机酸。如乙酸 CH_3COOH、氯乙酸 $CH_2C1COOH$ 等。

（5）无机碱性腐蚀物质　具有碱性的无机腐蚀物质。主要为强碱，如氢氧化钠，以及与水作用能生成碱性的腐蚀物质。如硫化钠、氧化钙、硫化钙等。

（6）有机碱性腐蚀物质　具有碱性的有机腐蚀物质，主要是有机碱金属化合物和胺类。如丙醇钠 CH_3CH_2ONa，二乙醇胺 $HN(CH_2CH_2 \cdot OH)_2$ 等。

（7）其他无机腐蚀物质　如次氯酸钙 $Ca(OCl)_2$、次氯酸钠 NaClO、三氯化锑 $SbCl_3$ 等。

（8）其他有机腐蚀物质　如苯酚 C_6H_5OH、甲醛 HCHO 等。

2. 特性

腐蚀物质中的酸和碱，都能使金属遭受不同程度的腐蚀。特别是无机酸，如盐酸、硝酸等以及挥发出来的酸蒸气，对金属包装容器及车辆船舶的金属结构、仓库等建筑物的钢筋混凝土结构、门窗、照明灯具、排风设备等，都有腐蚀和破坏作用。

腐蚀物质对有机物也能引起腐蚀。如浓氢氧化钠溶液接触棉花，能使其纤维组织溶解。

腐蚀物质接触人的皮肤，眼睛或进入肺部、食道等，会引起表皮细胞组织发生破坏作用而造成灼伤。内部器官被灼伤时，严重的会引起炎症，如肺炎等，甚至会造成死亡。固体腐蚀物质，如氢氧化钠能直接灼伤表皮，而液体及气体状态的腐蚀物质，如氢氟酸、硫酸、四氧化二氮等，能很快地进入人体内部器官。

此外，腐蚀性物质还有很多是具有毒性和易燃性的。

金属腐蚀物类别和标签要素的配置见表 1-22。

表 1-22　金属腐蚀物类别和标签要素的配置

类别 1
 警告 可以腐蚀金属

二、健康危害

（十七）急性毒性

急性毒性是指在单剂量或在24h内多剂量口服或皮肤接触的一种物质，或吸入接触4h之后出现的有害影响。

急性毒物分类标准见表1-23。

表1-23　急性毒物分类标准

危害类别	标准
1	经口 LD_{50}≤5mg/kg 经皮肤 LD_{50}≤50mg/kg 吸入（气体）LC_{50}≤0.1mL/L 吸入（蒸气）LC_{50}≤0.5mg/L 吸入（粉尘、烟雾）LC_{50}≤0.05mg/L
2	经口 5mg/kg＜LD_{50}≤50mg/kg 经皮肤 50mg/kg＜LD_{50}≤200mg/kg 吸入（气体）0.1mg/L＜LC_{50}≤0.5mL/L 吸入（蒸气）0.5mg/L＜LC_{50}≤2.0mg/L 吸入（粉尘、烟雾）0.05mg/L＜LC_{50}≤0.05mg/L
3	经口 50mg/kg＜LD_{50}≤300mg/kg 经皮肤 200mg/kg＜LD_{50}≤1000mg/kg 吸入（气体）0.5mg/L＜LC_{50}≤2.5mL/L 吸入（蒸气）2.0mg/L＜LC_{50}≤10.0mg/L 吸入（粉尘、烟雾）0.5mg/L＜LC_{50}≤1.0mg/L
4	经口 300mg/kg＜LD_{50}≤2000mg/kg 经皮肤 1000mg/kg＜LD_{50}≤2000mg/kg 吸入（气体）2.5mg/L＜LC_{50}≤20.0mL/L 吸入（蒸气）10.0mg/L＜LC_{50}≤20.0mg/L 吸入（粉尘、烟雾）1mg/L＜LC_{50}≤5mg/L
5	经口或经皮肤 2000mg/kg＜LD_{50}≤5000mg/kg 吸入气体、蒸气和/或粉尘/烟雾 LC_{50} 在与经口和经皮肤 LD_{50} 的等效毒性范围内（2000～5000mg/kg）另见附加标准： a）显著的人类毒性效应指标 b）类别4造成的死亡率 c）类别4造成的明显的临床症状 d）来自其他研究的指标

注：经口和经皮肤急性毒性数据单位中（kg）特指体重。

急性毒性类别和标签要素的配置见表1-24（1）、表1-24（2）、表1-24（3）。

凡少量进入人畜肌体内或接触皮肤能与肌体组织发生作用，破坏正常生理功能，引起肌体暂时或永久病理变态，甚至死亡的物质，称为毒害物质。

表 1-24(1)　急性毒性类别和标签要素的配置——口服

类别 1	类别 2	类别 3	类别 4	类别 5
危险 吞咽致死	危险 吞咽致死	危险 吞咽会中毒	警告 吞咽有害	不使用 警告 吞咽可能有害

表 1-24(2)　急性毒性类别和标签要素的配置——皮肤

类别 1	类别 2	类别 3	类别 4	类别 5
危险 皮肤接触致死	危险 皮肤接触致死	危险 皮肤接触会中毒	警告 皮肤接触有害	不使用 警告 皮肤接触可能有害

表 1-24(3)　急性毒性类别和标签要素的配置——吸入

类别 1	类别 2	类别 3	类别 4	类别 5
危险 吸入致死	危险 吸入致死	危险 吸入会中毒	警告 吸入有害	不使用 警告 吸入可能有害

1. 分类

毒害物质的种类很多，按化学结构可分为有机毒物及无机毒物，按其毒性大小（致死中量，即半致死量）又分为剧毒品和有毒品。

（1）无机毒害品（包括剧毒品及有毒品）

① 氰化物如氰化钠、氰化钾、氰氢酸（氰化氢水溶液）等。

② 砷及其含砷化合物如砷、砷酸钾、三氧化二砷（砒霜）等。

③ 硒及其含硒化合物如硒、二氧化硒、亚硒酸钠等。

④ 汞、锇、锑、铍、铊、钡、铅、氟、磷、碲及其他化合物等。如氯化汞、锇酸酐（四氧化锇）、三氟锑、氧化铍、氯化铊、铬酸铅、氯化钡、氟化镉、磷化锌、碲酸[$H_2TeO_4 \cdot 2H_2O$ 或 H_6TeO_6、$Te(OH_6)$]等。

(2) 有机毒害品（包括剧毒品及有毒品）

① 卤代烃如硝基三氯甲烷、溴甲烷、四氯乙烯等。

② 脂类如硫酸二甲酯、氯甲酸丁酯等。

③ 有机农药、杀虫剂和杀菌剂如敌百虫、敌敌畏、乐果、对硫磷、六六六等。

④ 植物碱如马钱子碱［士的宁（Strychnine）］等。

⑤ 卤代酮和醇如氯化醇、氯丙酮等。

⑥ 腈类如丁腈、二氯丁腈等。

⑦ 硫醚、硫醇、硫酚。

⑧ 酚酰基类如二氯苯酚、硝基苯甲酰氯等。

⑨ 苯胺、苯肼类如硝基苯二胺、硝基代苯甲酰肼等。

⑩ 杂环化合物及其他如喹啉、乙基吡啶等。

2. 特性

毒害物质在水中的溶解度越大，毒性也越大。如氯化钡易溶于水，毒性就大。而硫酸钡在水中和脂肪中均不溶解故无毒性。有的虽不溶于水，但能溶于脂肪也有毒，称为脂肪性毒物。

毒性与化学结构或组成有关。

（十八）皮肤腐蚀/刺激

皮肤腐蚀是对皮肤造成不可逆损伤；即施用试验物质达到 4h 后，可观察到表皮和真皮坏死。

腐蚀反应的特征是溃疡、出血、有血的结痂，而且在观察期 14d 结束时，皮肤、完全脱发区域和结痂处由于漂白而褪色。

皮肤刺激是施用试验物质达到 4h 后对皮肤造成的可逆损伤。

皮肤腐蚀/刺激类别和标签要素的配置见表 1-25。

表 1-25　皮肤腐蚀/刺激类别和标签要素的配置

类别 1A	类别 1B	类别 1C	类别 2	类别 3
				无标识
危险 引起严重的皮肤灼伤和眼睛损伤	危险 引起严重的皮肤灼伤和眼睛损伤	危险 引起严重的皮肤灼伤和眼睛损伤	警告 引起皮肤刺激	警告 引起轻微的皮肤刺激

（十九）严重眼损伤/眼刺激

严重眼损伤是在眼前部表面施加试验物质之后，对眼部造成在施用 21d 内并不完全可逆的组织损伤，或严重的视觉物理衰退。

眼刺激是在眼前部表面施加试验物质之后，在眼部产生在施用 21d 内完全可逆的变化。

严重眼睛损伤/眼睛刺激性类别和标签要素的配置见表 1-26。

表 1-26 严重眼睛损伤/眼睛刺激性类别和标签要素的配置

类别 1	类别 2A	类别 2B
危险 引起严重眼睛损伤	警告 引起严重眼睛刺激	无标识 警告 引起眼睛刺激

(二十) 呼吸或皮肤过敏

呼吸过敏物是吸入后会导致气管发生过敏反应的物质。皮肤过敏物是皮肤接触后会导致过敏反应的物质。

呼吸或皮肤过敏类别和标签要素的配置见表 1-27。

表 1-27 呼吸或皮肤过敏类别和标签要素的配置

类别 1	类别 1
呼吸道过敏性物质	皮肤过敏性物质
危险 吸入可能引起过敏或哮喘症状或呼吸困难	警告 可能引起皮肤过敏性反应

(二十一) 生殖细胞突变性

生殖细胞突变性：主要是指可引起人体生殖细胞突变并能遗传经后代的化学品。然而，物质和混合物分类在这一危害类别时还要考虑体外致突变性/遗传毒性试验和哺乳动物体细胞体内试验。“突变”被定义为细胞中遗传物质的数量或结构发生的永久性改变。

生殖细胞突变性类别和标签要素的配置见表 1-28。

表 1-28 生殖细胞突变性类别和标签要素的配置

类别 1A	类别 1B	类别 2
危险 可引起遗传性 缺陷	危险 可引起遗传性 缺陷	警告 怀疑可致 遗传性缺陷

（二十二）致癌性

致癌性：能诱发癌症或增加癌症发病率的化学物质或化学物质的混合物。在操作良好的动物实验研究中，诱发良性或恶性肿瘤的物质通常可认为或可疑为人类致癌物，除非有确切证据表明形成肿瘤的机制与人类无关。

致癌性类别和标签要素的配置见表1-29。

表1-29　致癌性类别和标签要素的配置

类别1A	类别1B	类别2
危险 可致癌	危险 可致癌	警告 怀疑致癌

（二十三）生殖毒性

生殖毒性：对成年男性或女性的性功能和生育力的有害作用，以及对子代的发育毒性。在此分类系统中，生殖毒性被细分为两个主要部分：对生殖或生育能力的有害效应和对子代发育的有害效应。

① 对生殖能力的有害效应：化学品干扰生殖能力的任何效应，这可包括，但不仅限于，女性和男性生殖系统的变化，对性成熟期开始的有害效应、配子的形成和输送、生殖周期的正常性、性功能、生育力、分娩、未成熟生殖系统的早衰和与生殖系统完整性有关的其他功能的改变。

② 对子代发育的有害效应：就最广义而言，发育毒性包括妨碍胎儿无论出生前后的正常发育过程中的任何影响，而影响是无论来自在妊娠前其父母接触这类物质的结果，还是子代在出生前发育过程中，或出生后至性成熟时期前接触的结果。

发育毒性的主要表现包括：

① 发育中的生物体死亡。

② 结构异常畸形。

③ 生长改变。

④ 功能缺陷。

生殖毒性类别和标签要素的配置见表1-30。

表1-30　生殖毒性类别和标签要素的配置

类别1A	类别1B	类别2	附加类别
危险 可能损害生育力或胎儿	危险 可能损害生育力或胎儿	警告 怀疑损害生育力或胎儿	可能对母乳喂养的儿童造成损害

（二十四）特异性靶器官系统毒性——一次接触

特异性靶器官系统毒性一次接触：由一次接触产生特异性的、非致死性靶器官系统毒性的物质。包括产生即时的和/或迟发的、可逆性和不可逆性功能损害的各种明显的健康效应。

特异性靶器官系统毒性一次接触类别和标签要素的配置见表 1-31。

表 1-31　特异性靶器官系统毒性一次接触类别和标签要素的配置

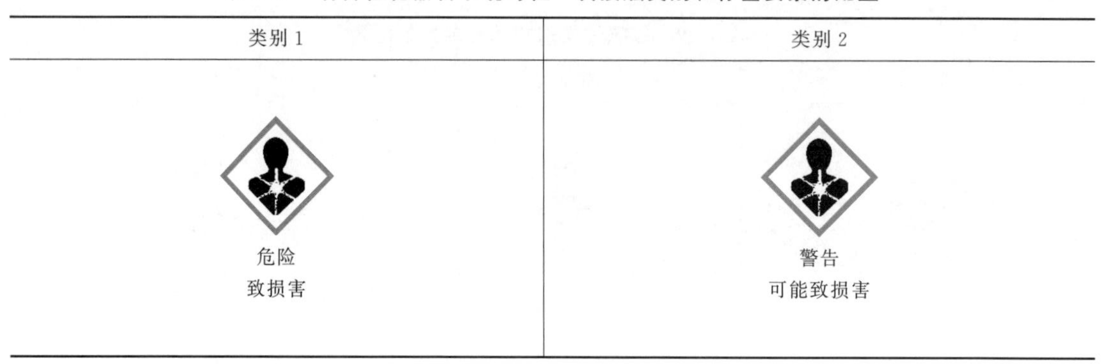

类别 1	类别 2
危险 致损害	警告 可能致损害

（二十五）特异性靶器官系统毒性——反复接触

特异性靶器官系统毒性反复接触：由反复接触而引起特异性的、非致死性靶器官系统毒性的物质。包括能够引起即时的和/或迟发的、可逆性和不可逆性功能损害的各种明显的健康效应。

特异性靶器官系统毒性反复接触类别和标签要素的配置见表 1-32。

表 1-32　特异性靶器官系统毒性反复接触类别和标签要素的配置

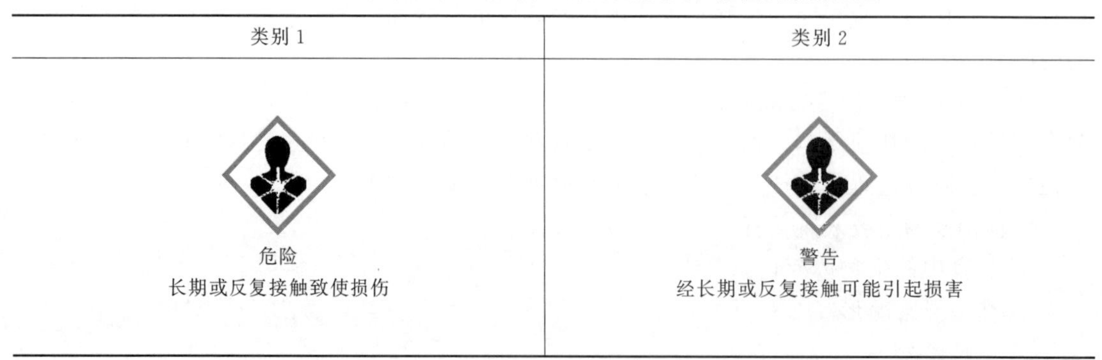

类别 1	类别 2
危险 长期或反复接触致使损伤	警告 经长期或反复接触可能引起损害

（二十六）吸入危险

该危险性在我国还未转化成为国家标准，在此暂不介绍。

三、环境危害

（二十七）对水环境的危害

① 急性水生生物毒性：是指物质对短期接触它的生物体造成伤害的固有性质。

② 慢性水生生物毒性：物质在与生物生命周期相关的接触期间对水生生物产生有害影响的潜在或实际的性质。

对水环境的急性和慢性危害类别和标签要素的配置分别见表 1-33(1) 和表 1-33(2)。

表 1-33(1)　对水环境的急性危害类别和标签要素的配置

类别 1	类别 2	类别 3
警告 对水生生物毒性非常大	不使用 无 对水生生物有毒	不使用 无 对水生生物有害

表 1-33(2)　对水环境的慢性危害类别和标签要素的配置

类别 1	类别 2	类别 3	类别 4
警告 对水生生物 毒性非常大,具有 长期持续影响	无 对水生生物有 毒,并具有 长期持续影响	不使用 无 对水生生物 有害,并具有长 期持续影响	不使用 无 可能对水生生物 造成长期 持续的有害影响

第三节　化学危险物质的处理

有一些化学危险物质在仓库、贮罐或气瓶中，贮存时间久变质或超过规定的保证期限，用时有可能发生事故。所以应按规定予以销毁处理。对一些车船运输化学危险物质后，应该加以消毒。贮存场所或运输工具清洗后的污水，不能直接排入江河而污染水源，以致对人畜及农作物、环境保护造成危害。故对一些化学危险物质，必须按照其危险特性，采取相应的处理方法。兹将处理方法分述如下。

一、对爆炸性物质的销毁

凡确认不能使用的、必须予以销毁的爆炸性物质，在销毁前应报告当地公安机关，选择适当的地点、时间及销毁方法。一般有四种方法。

1. 爆炸法

将需要销毁处理的爆炸性物质，选择适当的场所用药包爆炸，最好用电雷管起爆。

2. 烧毁法

将需要销毁处理的爆炸性物质，取出其中的一定数量，铺成薄薄一层，用导火线把炸药引燃而使全部烧毁。但这种方法，对于由燃烧可以转为爆炸的物品是不宜采用的。如起爆药、雷管的销毁，就不可用烧毁法。黑色火药可以用导火线点燃，但一次销毁的数量不宜太多，应作分批处理。

3. 溶解法

将能溶于水而能使其失掉爆炸性能的炸药，放进水里使其永远失去爆炸性能。

4. 化学分解法

有一些爆炸性物质，与其他化学物质发生作用而进行分解，使其失去原有的爆炸性能。如起爆药二硝基重氮酚（DDNP）有遇碱分解的特性，常用10%～15%碱溶解来冲洗和处理。硝化甘油可以用酒精或碱液进行破坏处理。

二、对放射性废物的处理

放射性工作单位排出的液体、固体和气体等废物必须经过处理，对接触的表面污染也应消除，否则将污染外界环境。现将处理方法分述如下。

1. 液体废物的处理

（1）放置法　将半衰期小于15d的放射性废液，贮存在槽、缸、桶等容器内，放置10个半衰期后，作为一般废液排入下水道。如钠24半衰期15h，放置150h（即6d）；碘131半衰期8.3d，放置期限为83d即可排入下水道。

（2）稀释法　先将污水用清洁水稀释到一定程度，然后排入下水道。对于放射性低的污水可采用此法，但因未经过处理，易在下水道沉积，故对这些地点应进行定期抽样测定。

（3）凝集沉淀法　利用凝集剂在水中形成絮状物，吸附水中微小悬浮物，包括放射性物质，使其凝聚下沉然后用滤料进行过滤，即可达到净化目的。常用的凝集剂有硫酸铝、硫酸亚铁等。滤料可用活性炭离子交换树脂等。

2. 固体废物的处理

（1）放置法　将半衰期小于15d的固体放射性废物放入密闭的废物桶、塑料袋或牛皮纸袋内，放置10个半衰期，可作一般垃圾处理。

（2）焚烧法　适用于处理容积大的、易于燃烧的被放射污染的有机废物。如污染的纸、木器、动物尸体等。焚烧时排出的气体，应采用过滤等方法加以处理。对空气的污染，不得超过最大容许浓度。

（3）埋藏法　用来处理放射性强度大、而半衰期又长的放射性废物。如放射性污水处理后的沉淀物焚化后的剩灰，可用废矿井等改成放射性废物的埋藏处。

3. 气体废物的处理

（1）高空稀释法　将含有放射性气体和灰尘的空气，通过烟囱排入高空，将浓度冲淡，适用于处理放射性浓度较低的废气。

（2）离心分离法　清除排出物中较大的灰尘微粒，作初步的净化，然后进入高效净化装置，如静电除尘器等。

（3）过滤法　用过滤器处理排出物中的放射性灰尘。过滤材料有石棉纤维、玻璃纤维等。

4. 对表面污染的清除

放射性物质与物体表面的结合，有化学结合（化学吸收离子交换）、物理结合（吸附）和机械结合三种形式。

（1）清除皮肤污染　可以用水和肥皂清洗来清除微量的污染，严重的污染可以用1%柠檬酸或0.5%乙二胺四乙酸钠（依他酸钠EDTA-Na_2）的液体来清洗。

（2）清洗衣服污染　0.02mol/L的盐酸是一种有效的酸性洗涤剂。1%草酸或1%草酸与1%六偏磷酸钠的混合液，也是有良好效果的去污洗涤剂。清洗步骤是先用水浸泡洗涤，然后用肥皂和洗涤剂浸洗，再用水漂洗数次，总共时间为40～50min，最后把洗涤干净的衣服晒干，再测量放射性情况。

（3）清洗玻璃和陶瓷器皿污染　可先用水冲洗，如不能除净，则可将物件浸入3%盐酸或10%柠檬酸溶液中，1h之后取出，再用清水冲洗，然后再浸入重铬酸钾和浓硫酸饱和液中15min，最后用水清洗干净。

（4）清除金属表面污染　先用水冲洗，然后用2%依他酸钠溶液冲洗，再用水清洗后擦干。

（5）清洗运输工具污染　微量污染用水冲洗，比较严重的污染，可先用热水清洗，再用柠檬酸或依他酸钠清洗。

三、对一些毒害物质污染的处理

清除有害物质污染的措施，主要是用有一定压力的水进行喷射冲洗，或用热水冲洗，也可用蒸汽熏蒸，或用药物进行中和、氧化或还原，以破坏或减弱其危害性。对黏稠状的污染物，如涂料等不易冲洗时，可用砂揉搓和铲除。对渗透污染物，如联苯胺、煤焦油等，经洗刷后再用蒸汽促其蒸发来清除污染。

① 对氰化钠、氰化钾及其他氰化物的污染，可用硫代硫酸钠的水溶液浇在污染处，因为硫代硫酸钠与氰化物反应，可以生成毒性低的硫氰酸盐。然后用热水冲洗，再用冷水冲洗干净。也可用硫酸亚铁（$FeSO_4$）、高锰酸钾（$KMnO_4$）、次氯酸钠（NaClO）代替硫代硫酸钠。

② 对硫、磷及其他有机磷剧毒农药，如苯硫磷、敌死通等撒漏时，首先用生石灰将撒漏的药液吸干，然后用碱水湿透污染处，用热水冲洗后再用冷水冲洗干净。因为有机磷农药属于磷酸酯类或硫代磷酸酯类、氟代磷酸酯类。在碱性溶液中会迅速分解，使其受破坏而失去毒性。

③ 硫酸二甲酯［$(CH_3)_2SO_4$］撒漏后，先将氨水洒在污染处，使其起中和作用，也可用漂白粉或五倍水浸湿污染处，再用碱水浸湿，最后用热水和冷水各冲洗一次。

④ 甲醛撒漏后，可用漂白粉加五倍水浸湿污染处，因为甲醛可以被漂白粉氧化成甲酸再用水冲洗干净。

⑤ 苯胺撒漏后，可用稀盐酸溶液浸湿污染处，再用水冲洗。因为苯胺呈碱性，能与盐酸反应生成盐酸盐，如与硫酸化合，可生成硫酸盐。

⑥ 汞撒漏后可先行收集，然后在污染处用硫黄粉覆盖，因汞挥发出来的蒸气遇硫黄生成硫化汞而不致逸出。最后冲洗干净。

⑦ 磷容器破漏露出水面，将会产生燃烧，应先戴好防毒用具，用工具将黄磷移放到完

好的盛器中，切勿用手接触。污染处用石灰乳浸湿，再用水冲洗。被黄磷污染的用具，可用5%硫酸铜溶液冲洗。

⑧ 砷撒漏后可用碱水和氢氧化铁解毒，再用水冲洗。

⑨ 溴撒漏后可用氨水使其生成铵盐，再用水冲洗。

上述只是部分毒害物质污染的处理方法，应根据贮运和使用单位的各自情况，配备必要的设备和药剂，以便进行污染处理和急用。

第二章
燃烧与爆炸

第一节　燃烧及燃烧过程

一、燃烧及燃烧条件

1. 燃烧

燃烧是一种同时伴有发光、发热的激烈的氧化反应。在化学反应中，失掉电子的物质被氧化，而获得电子的物质被还原。所以，氧化不仅限于同氧化合。例如，氢在氯中燃烧生成氯化氢，其中氯为－1 价，而氢为＋1 价。氢失掉一个电子，氯得到一个电子，氢被氧化氯被还原。同样，金属钠在氯气中燃烧，炽热的铁在氯气中燃烧等，它们虽然没有同氧化合，但所发生的反应却是一个激烈的氧化反应，并伴有光和热发生。

在铜与稀硝酸的反应中，反应结果生成硝酸铜，其中铜失掉二个电子被氧化，但在该反应中没有同时产生光和热，所以不能称它为燃烧。灯泡中的灯丝通电后虽然同时发光、发热，但它也不是燃烧，因为它不是一种激烈的氧化反应，而是由电能转变为光能的一种物理现象。

2. 燃烧条件

燃烧必须同时具备下列三个条件：

① 有可燃物质存在，如木材、乙醇、丙酮、甲烷、乙烯等；

② 有助燃物质存在，常见的为空气和氧气、氯气等；

③ 有能导致燃烧的能源，即点火源，如撞击、摩擦、明火、高温表面、自燃发热、绝热压缩、电火花、光和射线等。

可燃物、助燃物和点火源是构成燃烧的三个要素，缺少其中任何一个燃烧便不能发生。然而，燃烧反应在温度、压力、组成和点火能等方面都存在着极限值。在某些情况下，如可燃物未达到一定浓度，助燃物数量不够，点火源不具备足够的温度和热量，即使具备了燃烧的三个条件，燃烧也不会发生。对于已经进行着的燃烧，若消除其中任何一个条件，燃烧便会终止，这就是灭火的基本原理。

近代燃烧理论用连锁反应来解释物质燃烧的本质，认为燃烧是一种自由基的连锁反应，即多数可燃物质的氧化反应不是直接进行的，而是经过自由基团和原子这些中间产物，通过连锁反应进行。因此，有的学者提出了燃烧的四面体学说（tetrahedron theory），这种学说认为燃烧除应具备可燃物、助燃物和点火源外，还必须保证可燃物与助燃物之间的反应不受干扰，即“不受抑制的连锁反应”。

二、燃烧过程

大多数可燃物质的燃烧是在蒸气或气体状态下进行的。由于可燃物的状态不同，其燃烧的特点也不同。

气体最容易燃烧，只要达到其本身氧化分解所需的热量便能迅速燃烧，在极短的时间内全部烧光。

液体在火源作用下，首先使其蒸发，然后蒸气氧化分解进行燃烧。

固体燃烧，如果是简单物质，如硫、磷等，受热时首先熔化，然后蒸发、燃烧，没有分解过程。如果是复杂物质，在受热时，首先分解生成气态和液态产物，然后气态产物和液态产物的蒸气着火燃烧。如木材在火源作用下，温度小于110℃时只放出水分，130℃开始分解，到150℃变色，在150～200℃时其分解产物主要是水和二氧化碳，但不能燃烧。在200℃以上分解出一氧化碳、氢和烃类化合物，故木材的燃烧实际上是从此时开始的。到300℃时析出的气体产物最多，因此燃烧也最激烈。

各种物质的燃烧过程如图2-1所示。从中可知，任何可燃物的燃烧必须经过氧化、分解和燃烧等阶段。

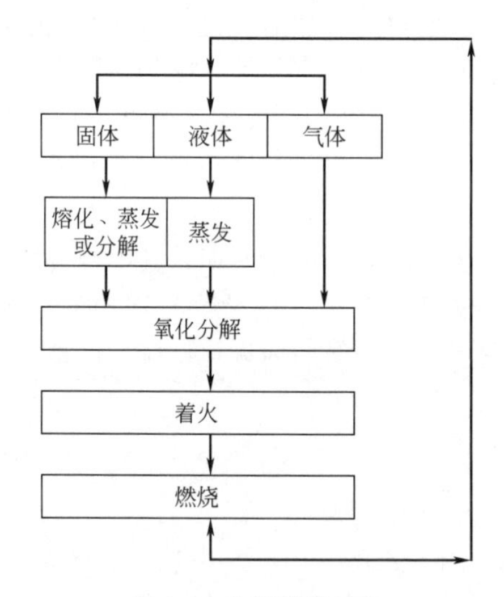

图2-1　物质燃烧过程

物质在燃烧时，其温度变化也是很复杂的。如图2-2所示，$T_{初}$ 为可燃物开始加热的温度。最初一段时间，加热的大部分热量用于熔化或分解，故可燃物温度上升较缓慢。之后到 $T_{氧}$（氧化开始温度）时，可燃物开始氧化。由于温度尚低，故氧化速率不快，氧化所产生的热量尚不足以克服系统向外界放热。若此时停止加热，仍不能引起燃烧。如继续加热，则温度上升很快，到 $T_{自}$，氧化产生的热量和系统向外界散失的热量相等。若温度再稍升高，超过这种平衡状态，即使停止加热，温度也能自行升高，到 $T'_{自}$ 就出现火焰并燃烧起来。因此，$T_{自}$ 为理论上的自燃点。$T'_{自}$ 为开始出现火焰的温度，即通常测得的自燃点。$T_{燃}$ 为物

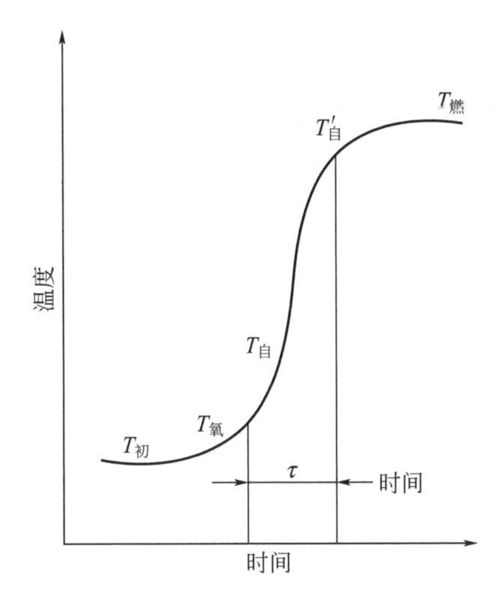

图 2-2　物质燃烧时温度变化

质的燃烧温度。$T_{自}\sim T'_{自}$ 这一段延滞时间称诱导期。诱导期在安全上有实际意义。

第二节　燃烧形式及种类

一、燃烧形式

由于可燃物质存在的状态不同，所以它们的燃烧形式是多种多样的。

1. 均相燃烧和非均相燃烧

按产生燃烧反应相的不同，可分为均一系燃烧和非均一系燃烧。均一系燃烧系指燃烧反应在同一相中进行，如氢气在氧气中燃烧，煤气在空气中燃烧等均属于均一系燃烧。与此相反，即为非均一系燃烧，在石油、木材和塑料等液体和固体的燃烧属于非均一系燃烧。与均一系燃烧比较，非均一系燃烧较为复杂，必须考虑到可燃液体及固体物质的加热，以及由此而产生的相变化。

2. 混合燃烧和扩散燃烧

根据可燃性气体的燃烧过程，又有混合燃烧和扩散燃烧两种形式。将可燃性气体预先同空气（或氧气）混合，在这种状况下发生的燃烧称为混合燃烧。可燃性气体由管中喷出，同周围空气（或氧气）接触，可燃性气体分子同氧分子由于相互扩散，一边混合、一边燃烧，这种形式的燃烧叫做扩散燃烧。

混合燃烧反应迅速、温度高、火焰传播速率也快，通常的爆炸反应即属于这一类。在扩散燃烧中，由于氧进入反应带只是部分参加反应，所以经常产生不完全燃烧的炭黑。

3. 蒸发燃烧、分解燃烧和表面燃烧

在可燃液体燃烧中，通常液体本身并不燃烧，而只是由液体产生的蒸气进行燃烧。因此，这种形式的燃料叫做蒸发燃烧。

很多固体或不挥发性液体，由于热分解而产生可燃性气体，把这种气体的燃烧称为分解燃烧。如木材和煤大多是由分解产生可燃气体再行燃烧，因此是分解燃烧的一种。像硫黄和

萘这类可燃固体的燃烧，是先熔融、蒸发，而后进行燃烧，因此可看作蒸发燃烧。

可燃固体和液体的蒸发燃烧和分解燃烧，均有火焰产生，因此属火焰型燃烧。当可燃固体燃烧到最后，分解不出可燃气体时，就剩下炭和灰，此时没有可见火焰，燃烧转为表面燃烧或叫均热型燃烧。金属的燃烧是一种表面的燃烧，无气化过程，燃烧温度较高。

此外，根据燃烧反应的进行程度（燃烧产物）还可分为完全燃烧与不完全燃烧。

二、闪燃和闪点

各种液体的表面都有一定量的蒸气存在，蒸气的浓度取决于该液体的温度。可燃液体表面或容器内的蒸气与空气混合而形成混合可燃气体，遇火源即发生燃烧。在形成混合可燃气体的最低温度时所发生的燃烧只出现瞬间火苗或闪光，这种现象叫做闪燃。引起闪燃时的温度叫做闪点。当可燃液体温度高于其闪点时则随时都有被火点燃的危险。

闪点这个概念主要适用于可燃性液体，某些可燃固体，如樟脑和萘等，也能在室温下挥发或缓慢蒸发，因此也有闪点。

闪点数据通过标准仪器测定，有开杯式和闭杯式两种。闭杯闪点数据普遍用于确定在常温下有闪燃的液体的分类。对于闪点较高的液体，则经常用开杯容器测试。

用开杯测试仪试验时，若出现的火焰继续燃烧，则把能持续燃烧 5s 钟以上时的最低温度叫做“火焰点”[1]。火焰点比闪点通常高 5～20℃，但闪点在 100℃以下时，两者往往相同。在没有闪点数据的情况下，也可用火焰点表示物质的火灾危险性。某些可燃液体的闪点见表 2-1。

表 2-1　易燃液体和可燃液体的闪点

名称	闪点/℃	名称	闪点/℃	名称	闪点/℃
一硝基二甲苯	35	乙基吗啡啉	32	二甲基苯胺	62.8
乙醚	−45	乙二胺	33.9	二氯异丙醚	85
乙基氯	−43	乙酰乙酸乙酯	35	二乙二醇乙醚	94
乙烯醚	−30	二氯乙烯	14	二苯醚	115
乙基溴	−25	二氯丙烯	15	丁醇醛	82.7
乙胺	−18	二氯乙烷	21	丁二酸酐	88
乙烯基氯	−17.8	二甲苯	25	丁二烯	41
乙醛	−17	二甲基吡啶	29	十氢化萘	57
乙烯正丁醚	−10	二异丁胺	29.4	三甲基氯化硅	−18
乙烯异丁醚	−10	二甲氨基乙醇	31	三氟甲基苯	−12
乙硫醇	<0	二乙基乙二酸酯	44	三乙胺	4
乙基正丁醚	1.1	二乙基乙烯二胺	46	三聚乙醛	26
乙腈	5.5	二聚戊烯	46	三甘醇	166
乙醇	14	二丙酮	49	三乙醇胺	179.4
乙苯	15	二氯乙醚	55	己烷	−23

[1] 火焰点一词，有的出版物称为“燃点”，或“着火点”，这同燃点（ignition point）的概念容易混淆并造成数据混乱，故订名为火焰点。

续表

名称	闪点/℃	名称	闪点/℃	名称	闪点/℃
己胺	26.3	二甲胺	-6.2	丁酸异戊酯	62
己醛	32	二甲基呋喃	7	丁酸	77
己酮	35	二丙胺	7.2	冰醋酸	40
己酸	102	甲基戊酮醇	8.8	吡啶	20
汽油	-50	甲酸丁酯	17	间二甲苯	25
反二氯乙烯	6	甲酸戊酯	22	间甲酚	36
丙酸甲酯	-3	甲基异戊酮	23	辛烷	16
丙烯酸甲酯	-2.7	甲酸	69	环氧丙烷	-37
丙酸乙酯	12	甲基丙烯酸	76.7	环己烷	-18
丙醛	15	戊烷	-42	环氧氯丙烷	32
丙烯酸乙酯	16	戊烯	17.8	环己酮	40
丙胺	<20	戊酮	15.5	邻甲苯胺	85
丙烯醇	21	戊醇	49	松节油	32
丙醇	23	对二甲苯	25	松香水	62
丙苯	30	正丁烷	-60	苯	-14
丙酸丁酯	32	正丙醇	22	苯乙烯	38
丙酸正丙酯	40	四氢呋喃	-15	苯甲醛	62
丙酸异戊酯	40.5	四氢化萘	77	苯胺	71
丙酸戊酯	41	甘油	160	苯甲醇	96
丙烯酸丁酯	48.5	异戊二烯	-42	氧化丙烯	-37
丙烯氯乙醇	52	异丙苯	34	六氢吡啶	16
丙酐	73	异戊醛	39	六氢苯酸	68
丙二醇	98.9	丁烯	-80	火棉胶	17.7
石油醚	-50	丁酮	-14	煤油	18
乙酸	38	丁胺	-12	水杨醛	90
乙酰丙酮	40	丁烷	-10	水杨酸甲酯	101
乙基丁醇	58	丁基氯	-6.6	水杨酸乙酯	107
乙二醇丁醚	73	丁醛	-16	巴豆醛	12.8
乙醇胺	85	丁烯酸乙酯	2.2	壬烷	31
乙二醇	100	丁烯醛	13	壬醇	83.5
二硫化碳	-45	丁酸甲酯	14	双甘醇	124
二乙烯醚	-30	丁烯酸甲酯	<20	丙醚	-26
二乙胺	-26	丁酸乙酯	25	丙基氯	-17.8
二甲醇缩甲醛	-18	丁烯醇	34	丙烯醛	-17.8
二氯甲烷	-14	丁醇	35	丙酮	-10
二甲二氯硅烷	-9	丁醚	38	丙烯醚	-7
二异丙胺	-6.6	丁苯	52	丙烯腈	-5

续表

名称	闪点/℃	名称	闪点/℃	名称	闪点/℃
酚	79	溴丙烯	−1.5	甲苯	4
硝酸甲酯	−13	溴苯	65	甲基乙烯甲酮	6.6
硝酸乙酯	1	碳酸乙酯	25	甲醇	7
硝基丙烷	31	原油	−35	甲酸异丁酯	8
硝基甲烷	35	石脑油	25.6	乙酸甲酯	−13
硝基乙烷	41	甲乙醚	−37	乙酸乙烯	−7
硝基苯	90	甲酸甲酯	−32	乙酸乙酯	−4
氯乙烷	−43	甲基戊二烯	−27	乙酸丙酯	20
氯丙烯	−32	甲酸乙酯	−20	乙酸丁酯	22.2
氯丙烷	−17.7	甲硫醇	−17.7	乙酸酐	40
氯丁烷	−9	甲基丙烯醛	−15	樟脑油	47
氯苯	27	甲乙酮	−14	噻吩	−1
氯乙醇	55	甲基环己烷	−4	糠醛	66
硫酸二甲酯	83	甲酸正丙酯	−3	糠醇	76
氢氰酸	−17.5	甲酸丙酯	−3	缩醛	−2.8
溴乙烷	−25	甲酸异丙酯	−1	绿油	65

可燃液体的闪点是随其浓度的变化而变化的。如表2-2所示，当乙醇含量为100%时，闪点只有9℃，当含量是80%时，闪点增至19℃，当含量是5%时，闪点为62℃，含量为3%时，没有闪燃现象。

表2-2 乙醇水溶液的闪点

溶液中乙醇含量/%	闪点/℃	溶液中乙醇含量/%	闪点/℃
100	9.0	20	36.75
80	19.0	10	49.0
60	22.75	5	62.0
40	26.75	3	—

三、自燃与自燃点

自燃是物质自发的着火燃烧，通常是由缓慢的氧化作用而引起，即物质在无外界火源的条件下，在常温中自行发热，由于散热受到阻碍，使热量积蓄，逐渐达到自燃点而引起的燃烧。

1. 受热自燃

可燃物质在外部热源作用下，使温度升高，当达到其自燃点时，即着火燃烧，这种现象称为受热自燃。

可燃物质与空气一起被加热时，首先开始缓慢氧化，氧化反应产生的热量使物质温度升高，同时，也有部分散热损失。若物质受热少，则氧化反应速率慢，反应所产生的热量小于热散失量。则温度不再会上升。若物质继续受热，氧化反应加快，当反应所产生的热量超过热散失量时，温度逐步升高，达到自燃点而自燃。

在化工生产中，可燃物由于接触高温表面、加热或烘烤过度、冲击摩擦等，均可导致自燃。

2. 自热燃烧

某些物质在没有外来热源影响下，由于物质内部所发生的化学、物理或生化过程而产生热量，这些热量在适当条件下会逐渐积聚，使物质温度上升，达到自燃点而燃烧。这种现象称为自热燃烧。

造成自热燃烧的原因有氧化热、分解热、吸附热、聚合热、发酵热等。自热燃烧的物质可分为：自燃点低的物质；遇空气、氧气发热自燃的物质；自燃分解发热的物质；易产生聚合热或发酵热的物质。能引起本身自燃的物质常见的有植物类、油脂类、煤、硫化铁及其他化学物质等。

（1）自燃点低的物质　例如，磷、磷化氢。

（2）遇空气、氧气发热自燃的物质

① 油脂类。油脂类自燃主要是由于氧化作用所造成的，但与所处条件有关。油脂盛于容器中或倒出成薄膜状时不能自燃。但如浸渍在棉纱、锯木屑、破布等物质中形成很大的氧化表面时，则能引起自燃。油脂的自燃能力与不饱和程度有关，不饱和的植物如亚麻油等具有较大的自燃可能性，动物油次之，矿物油一般不能自燃。

② 金属粉尘及金属硫化物类。如锌粉、铝粉、金属硫化物等。这类物质很危险，现以硫化铁为例说明。

铁的硫化物（FeS、Fe_2S_3）极易自燃，其中最危险的是设备受腐蚀后生成的硫化铁。在硫化染料、二硫化碳、石油产品与某些气体燃料的生产中，由于硫化氢的存在，使铁制设备或容器的内表面腐蚀而生成一层硫化铁。如容器或设备未充分冷却便敞开，则它易与空气接触，便能自燃。如有可燃气体存在，则可形成火灾爆炸事故。硫化铁类自燃的主要原因是在常温下发生（与空气）氧化。其主要反应式如下：

$$FeS_2 + O_2 \longrightarrow FeS + SO_2 + 222.32kJ$$

$$FeS + 1\frac{1}{2}O_2 \longrightarrow FeO + SO_2 + 49.00kJ$$

$$2FeO + \frac{1}{2}O_2 \longrightarrow Fe_2O_3 + 270.89kJ$$

$$Fe_2S_3 + 1\frac{1}{2}O_2 \longrightarrow Fe_2O_3 + 3S + 586.15kJ$$

在化工生产中由于硫化氢的存在，所以生成硫化铁的机会较多，例如：

设备腐蚀（常温下）　$2Fe_2(OH)_3 + 3H_2S \longrightarrow Fe_2S_3 + 6H_2O$

高温下（310℃以上）　$2H_2S + O_2 \longrightarrow 2H_2O + 2S$

$$Fe + S \longrightarrow FeS$$

300℃左右　　　$Fe_2O_3+4H_2S+2FeS_2+3H_2O+H_2\uparrow$

防止硫化铁等物质自燃的措施详见第三章。

③ 活性炭、木炭、油烟类。

④ 其他类。例如鱼粉、原棉、骨粉、石灰等。

(3) 自然分解发热物质　如硝化棉。

(4) 产生聚合热、发酵热物质　例如，植物类产品像未充分干燥的干草、湿木屑等，由于水分的存在，植物细菌活动便产生热量，若散热条件不良，热量逐渐积聚而使温度上升，当达到70℃后，植物产品中的有机物便开始分解而析出多孔性炭，再吸附氧气继续放热，最后使温度提高到250～300℃而自燃。

煤的自燃是由于氧化与吸附作用的结果，尤以前者为主。煤中含挥发物越多越易自燃，故烟煤易自燃而焦炭不易自燃。烟煤的粉碎程度越高，氧化与吸附表面越大，则越易自燃。煤中含水分多，可促使其中所含的硫化铁氧化生成体积疏松的硫酸盐，使煤松散并且暴露的表面增多，也容易自燃。此外煤的贮存条件对自燃也有很大影响。

自燃点也叫做燃点，指物质（不论是固态、液态或气态）在没有外部火花或火焰的条件下，能自动引燃和燃烧的最低温度。一些可燃气体、液体、粉体及常见物品的自燃点见表2-3～表2-5。各种可燃物质的自燃点见附录九。

表 2-3　某些气体及液体的自燃点

化合物	分子式	自燃点/℃		化合物	分子式	自燃点/℃	
		空气中	氧气中			空气中	氧气中
氢	H_2	572	560	丙烯	C_3H_6	458	—
一氧化碳	CO	609	588	丁烯	C_4H_8	443	—
氨	NH_3	651	—	戊烯	C_5H_{10}	273	—
二硫化碳	CS_2	120	107	乙炔	C_2H_2	305	296
硫化氢	H_2S	292	220	苯	C_6H_6	580	566
氢氰酸	HCN	538	—	环丙烷	C_3H_8	498	454
甲烷	CH_4	632	556	环己烷	C_6H_{12}	—	296
乙烷	C_2H_6	472	—	甲醇	CH_4O	470	461
丙烷	C_3H_8	493	468	乙醇	C_2H_6O	392	—
丁烷	C_4H_{10}	408	283	乙醛	C_2H_4O	275	159
戊烷	C_5H_{12}	290	258	乙醚	$C_4H_{10}O$	193	182
己烷	C_6H_{14}	248	—	丙酮	C_3H_6O	561	485
庚烷	C_7H_{16}	230	214	醋酸	$C_2H_4O_2$	550	490
辛烷	C_8H_{18}	218	208	二甲醚	C_2H_6O	350	352
壬烷	C_9H_{20}	285	—	二乙醇胺	$C_4H_{11}NO_2$	662	—
癸烷(正)	$C_{10}H_{22}$	250	—	甘油	$C_3H_8O_3$	—	320
乙烯	C_2H_4	490	485	石脑油	—	277	—

表 2-4　一些粉末的自燃点（云状粉尘）

名称	自燃点/℃	名称	自燃点/℃	名称	自燃点/℃
铝	645	有机玻璃	440	合成硬橡胶	320
铁	315	六次甲基四胺	410	棉纤维	530
镁	520	碳酸树脂	460	烟煤	610
锌	680	邻苯二甲酸酐	650	硫	190
醋酸纤维	320	聚苯乙烯	490	木粉	430

表 2-5　某些常见物品的自燃点

名称	燃点/℃	名称	燃点/℃
松节油	53	蜡烛	190
樟脑	70	布匹	200
灯油	86	麦草	200
赛璐珞	100	硫黄	207
纸张	130	豆油	220
棉花	150	无烟煤	280～500
漆布	165	涤纶纤维	390

四、自燃点的影响因素

影响可燃物质自燃点的因素很多。例如，压力对自燃点就有很大的影响，压力越高，则自燃点越低。苯在 0.1MPa 时自燃点为 680℃，在 1.0MPa 下为 569℃，在 2.5MPa 下为 490℃。

可燃气体与空气混合时的自燃点随其组成而变化，当混合物的组成符合于化学计算量时自燃点最低。混合气体中氧浓度增高，也将使自燃点降低。如果可燃气体与氧气（或空气）以适当的比例混合，则燃烧可在混合物中高速扩展，以至达到爆炸的速率。

催化剂对液体及气体的自燃点也有很大影响。活性催化剂降低物质的自燃点，钝性催化剂催能提高物质的自燃点。例如，汽油中加入防爆剂四乙基铅［$Pb(C_2H_5)_4$］就是一种钝性催化剂。另外，容器壁与加热面也有催化性能，因而材质不同的仪器所测得的自燃点数值也不一样，这种现象称为接触影响。例如，汽油的自燃点在铁管中测得的是 685℃，在石英管中测得的是 585℃，而在铂坩埚中测得的是 390℃。此外，容器的直径与容积大小也影响物质的自燃点。容器的直径很小时，由于热损失太大，可燃性混合物一般不能自行着火。

受热后能熔融并汽化的固体物质，其自燃点的影响因素与液体相似。受热后能分解并析出可燃气体产物的固体，则析出挥发物越多者，自燃点越低。例如木材的自燃点为 250～350℃，煤为 400～500℃、焦炭则在 700℃以上。各种固体粉碎得越细，自燃点也越低。硫铁矿粉自燃点随粒度变化情况见表 2-6。

表 2-6　硫铁矿矿粉的自燃点

分级	筛子网眼尺寸/mm	自燃点/℃	分级	筛子网眼尺寸/mm	自燃点/℃
1	0.20～0.15	406	3	0.10～0.086	400
2	0.15～0.10	401	4	0.086	340

此外有机物的自燃点还有以下的特点。

① 每一同系物的第一个化合物具有比其他化合物较高的自燃点。同系物中，自燃点随分子量增加而减少。如甲烷的自燃点高于乙烷、丙烷的自燃点。

② 正位结构的自燃点低于其异构物的自燃点。如正丙醇的自燃点为540℃，而异丙醇的自燃点则为620℃。

③ 饱和烃类化合物的自燃点比相当于它的不饱和烃类化合物的自燃点为高。如乙烯的自燃点425℃，高于乙炔的自燃点305℃，而低于乙烷的自燃点515℃。

④ 苯系的低烃类化合物自燃点高于有同样碳原子数的脂肪族烃类化合物。如苯（C_6H_6）与甲苯（C_7H_8）的自燃点分别高于己烷（C_6H_{14}）、庚烷（C_7H_{16}）的自燃点。

此外，自燃点还与测定时的条件有关，不同的仪器、不同的测试步骤和测试条件有不同的结果。如二甲醚在空气中测定的自燃点为350℃，而在氧气中则为250℃，其他物质也具有上述性质。

一般说来，液体密度越大，闪点越高、而自燃点越低。例如各种油类的密度，汽油＜煤油＜轻柴油＜重柴油＜蜡油＜渣油，其闪点依次升高；而自燃点依次降低，见表2-7。

表2-7 几种液体燃料的自燃点和闪点比较

物质	闪点/℃	自燃点/℃	物质	闪点/℃	自燃点/℃
汽油	＜28	510～530	重柴油	＞120	300～330
煤油	28～45	380～425	蜡油	＞120	300～320
轻柴油	45～120	350～380	渣油	＞120	230～240

五、闪点的测定

目前，常用测定闪点的方法有开口式和闭口式两种。

1. 开口式

如图2-3所示。被测试样在规定条件下加热到它的蒸气与火焰接触发生闪火时所测得的最低温度，即为开口法闪点。

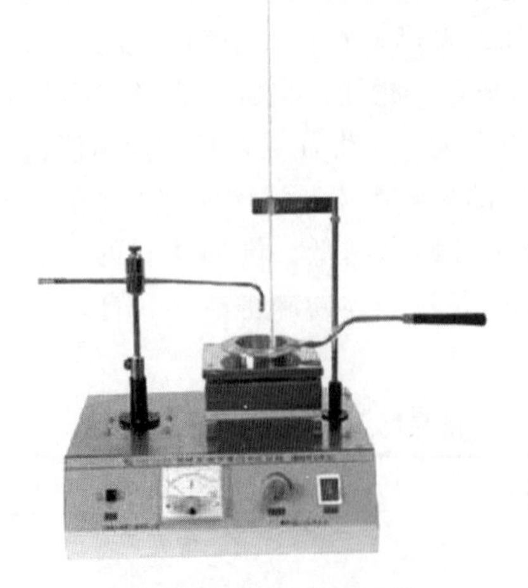

图2-3 开口闪点测定器

图2-4 闭口闪点测定器

2. 闭口式

如图 2-4 所示。被测试样在规定条件下加热到它的蒸气与火焰接触发生闪火时所测得的最低温度为闭口法闪点。闪点数据标有“OC”（Open Cup）是指开口法闪点。由于试验仪器不同，对同一物质，所测得的数据也是有区别的，开口闪点总是稍高于闭口闪点数据，但对于某些具有相对高闪点的物质，选用开口闪点试验较为准确。

第三节 燃烧理论

一、活化能理论

物质分子间发生化学反应，首要的条件是相互碰撞。在标准状态下，单位时间、单位体积内气体分子相互碰撞约 10^{28} 次。但互相碰撞的分子不一定发生反应，而只有少数具有一定能量的分子相互碰撞才会发生反应。这种分子称为活化分子。活化分子所具有能量要比普通分子超出一定值。这种超过分子平均能量的定值，可使分子活性化并参加反应，使普通分子变为活化分子所必需的能量称为活化能。

活化能的概念可用图 2-5 加以说明，纵坐标表示所研究系统分子能量，横坐标表示反应过程。假若系统由状态Ⅰ转变为状态Ⅱ，由于状态Ⅰ的能量大于状态Ⅱ的能量，所以该过程是放热的，其反应热效应等于 Q_v，Q_v 即等于状态Ⅰ与状态Ⅱ的能级差。状态 K 的能级大小相当于使反应发生所必需的能量，所以状态 K 的能级与状态Ⅰ的能级之差等于正向反应的活化能（ΔE_1），状态 K 与状态Ⅱ的能级之差等于逆向反应的活化能（ΔE_2），ΔE_1 与 ΔE_2 之差（$\Delta E_2-\Delta E_1$）等于反应热效应。

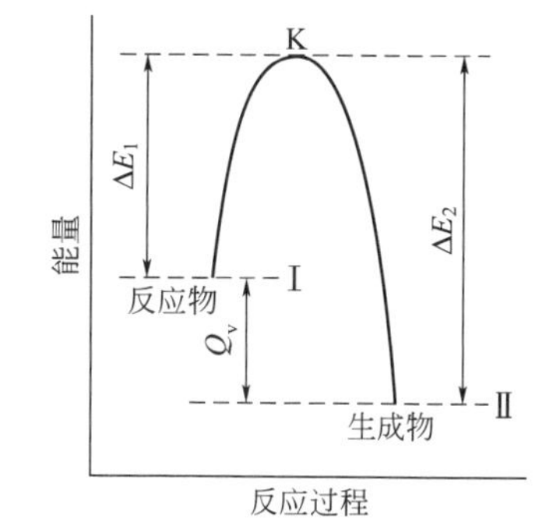

图 2-5 活化能示意图

当明火接触可燃物质时，部分分子获得能量成为活化分子，有效碰撞次数增加而发生燃烧反应。例如，氧原子同氢反应的活化能为 25.10kJ/mol，在 27℃时，仅有十万分之一碰撞有效，当然不能引起燃烧反应。而当明火接触时，活化分子增多，有效碰撞次数增加便发生燃烧反应。

二、过氧化物理论

气体分子在各种能量（热能、辐射能、电能、化学反应能等）作用下可被活化。在燃烧反应中，首先是氧分子在热能作用下活化，被活化的氧分子形成氧键—O—O—，这种基团加在被氧化物的分子上而成为过氧化物。此种过氧化物是强氧化剂，不仅能氧化形成过氧化物的物质，而且也能氧化其他较难氧化的物质。

如在氢和氧的反应中，先生成过氧化氢，而后是过氧化氢再与氢反应生成 H_2O。其反应式如下：

$$H_2+O_2 \longrightarrow H_2O_2$$
$$H_2O_2+H_2 \longrightarrow 2H_2O$$

在有机过氧化物中，通常可看作是过氧化氢 H—O—O—H 的衍生物，即在其中有一个或两个氢原子被烷基所取代而成 H—O—O—R。所以过氧化物是可燃物质被氧化的最初产物，是不稳定的化合物。能在受热、撞击、摩擦等情况下分解甚至引起燃烧或爆炸。如蒸馏乙醚的残渣中常由于形成过氧乙醚（$C_2H_5—O—O—C_2H_5$）而引起自燃或爆炸。

在饱和烃类化合物中，甲烷最稳定，只有在400℃以上的温度时才发生氧化，乙烷在400℃时就强烈地氧化，己烷在300℃以上，正辛烷在250℃时就已经发生氧化。一般芳香烃的氧化温度比饱和烃类化合物要高，如苯要在500℃以上时才发生氧化反应。

三、连锁反应理论

根据上述原理，一个活化分子（基）只能与一个分子起反应。但为什么在氯化氢的反应中，引入一个光子能生成十万个氯化氢分子，这就是由于连锁反应的结果。根据连锁反应理论，气态分子间的作用，不是两个分子直接作用得出最后产物，而是活性分子自由基与另一分子起作用，作用结果产生新基，新基又迅速参与反应，如此延续下去而形成一系列的连锁反应。氯与氢的反应就是这样：

连锁反应通常分直链反应与支链反应两种。氯和氢反应是典型的直链反应。直链反应的基本特点如下。

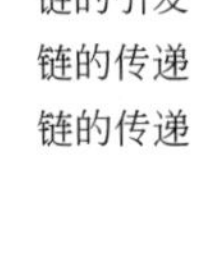
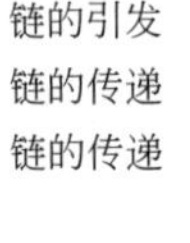

$Cl_2 + h\nu \longrightarrow 2\dot{Cl}$　　链的引发

$\dot{Cl} + H_2 \longrightarrow HCl + \dot{H}$　　链的传递

$\dot{H} + Cl_2 \longrightarrow HCl + \dot{Cl}$　　链的传递

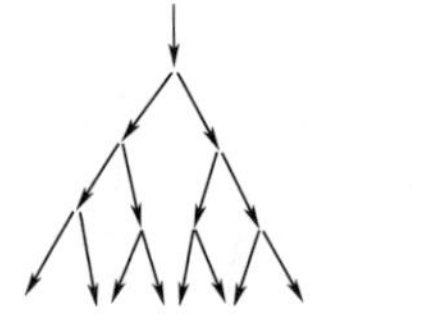

图 2-6　支链反应图

① 每一个活化粒子（自由基）与作用分子反应后，仅生成一个新的活性粒子，自由基（或原子）与价饱和的分子反应时自由基不消化；

② 自由基（或原子）与价饱和的分子反应时活化能很低。

氢和氧是典型的支链反应，在支链反应中，一个活性粒子（自由基）能生成一个活性粒子以上的中心，如图 2-6 所示。任何连锁反应都由三个阶段构成，即链的引发、链的传递（包括支化）和链的终止。以氢和氧的支链反应为例：

链的引发
$$H_2+O_2 \xrightarrow{\triangle} 2\dot{O}H \tag{1}$$

$$H_2+M \xrightarrow{\triangle} 2\dot{H}+M(M\text{为惰性分子}) \tag{2}$$

链的传递
$$\dot{O}H+H_2 \longrightarrow \dot{H}+H_2O \tag{3}$$

链的支化
$$\dot{H}+O_2 \longrightarrow \dot{O}+\dot{O}H\text{（慢）} \tag{4}$$

$$\dot{O}+H_2 \longrightarrow \dot{H}+\dot{O}H\text{（快）} \tag{5}$$

链的终止
$$2\dot{H} \longrightarrow H_2 \tag{6}$$

$$2\dot{H}+O_2+M \longrightarrow H_2O_2+M \tag{7}$$

慢速传递
$$\dot{H}O_2+H_2 \longrightarrow \dot{H}+H_2O_2 \tag{8}$$

$$\dot{H}O_2+H_2O \longrightarrow \dot{O}H+H_2O_2 \tag{9}$$

链的起始，需要有外来能源激发，使分链破坏，生成第一个自由基，如式(1)、式(2)。链的传递（包括支化）即自由基与分子反应，如式(4)、式(5)、式(8)、式(9)。在这种连锁发展过程中所生成的中间产物——自由基，称为连锁载体或作用中心。链的终止，就是引向自由基消失的反应，如式(6)、式(7)。活化中心为器壁所消失或在气相中消失。如活化中心与混合中的杂质撞击，活化中心与非活性的同类分子或惰性分子互撞而将能量分散等。

连锁反应的速率 w，可用下式表示：

$$w=\frac{F(c)}{f_s+f_c+A(1-\alpha)}$$

式中　$F(c)$ ——反应物浓度函数；

f_s——链在器壁上销毁因素；

f_c——链在气相中销毁因素；

A——与反应物浓度有关的函数；

α——链的分支数，在直链反应中 $\alpha=1$，支链反应中 $\alpha>1$。

连锁反应中，若反应系统所处的条件（包括温度、压力、杂质、容器材料、大小、形状等），都能影响反应速率。在一定条件下，如当 $f_s+f_c+A(1-\alpha)\rightarrow 0$ 时，就会发生爆炸。故应用连锁反应理论，可以对燃烧过程中许多现象加以圆满的解释。

第四节　燃烧速率及热值

一、气体燃烧速率

由于气体的燃烧不需要像固体、液体那样经过熔化、蒸发等过程，所以燃烧速率很快。气体的燃烧速率随物质的组成不同而异。单质气体燃烧如氢气只需受热、氧化等过程；而化合物气体如天然气、乙炔等则要经过受热、分解、氧化过程才能开始燃烧。因此，单质的气体比化合物气体燃烧速率快。在气体燃烧中，扩散燃烧速率取决于气体扩散速率，而混合燃烧速率则取决于本身的化学反应速率。在通常情况下混合燃烧速率高于扩散燃烧速率。

气体的燃烧性能也常以火焰传播速率表征，火焰传播速率有时也称为燃烧速率。燃烧速率是指燃烧表面的火焰沿垂直于表面的方向向未燃烧部分传播的速率。在多数火灾或爆炸情况下，已燃和未燃气体都在运动，燃烧速率和火焰传播速率并不相同。这时的火焰传播速率等于燃烧速率和整体运动速率的和。一些可燃气体在直径 25.4mm 管道中火焰传播速率的试验数据见表 2-8。

表 2-8　一些可燃气体在直径 25.4mm 管道中火焰传播速率

气体名称	最大火焰传播速率/(m/s)	可燃气体在空气中的含量/%	气体名称	最大火焰传播速率/(m/s)	可燃气体在空气中的含量/%
氢	4.83	38.5	丁烷	0.82	3.6
一氧化碳	1.25	45	乙烯	1.42	7.1
甲烷	0.67	9.8	炼焦煤气	1.70	17
乙烷	0.85	6.5	发生炉煤气	0.73	48.5
丙烷	0.82	4.6	水煤气	3.1	43

火焰传播速率在不同直径的管道中测试时其值不同，一般随着管道直径增加而增加，当达到某个直径时速率就不再增加。同样，随着管道直径的减少而减少，并在达到某种小的直径时火焰在管中就不再传播。如表 2-9 所示为甲烷和空气混合物在不同管径下的火焰传播速率。

表 2-9 甲烷和空气混合物在不同管径时的传播速率

甲烷/%	管径/cm					
	2.5	10	20	40	60	80
	传播速率/(cm/s)					
6	23.5	43.5	63	95	118	137
8	50	80	100	154	183	203
10	65	110	136	188	215	236
12	35	74	80	123	163	185
13	22	45	62	104	130	138

此外在管道中测试火焰传播速率时还与管子材料以及火焰的重力场有关。如10%甲烷与空气的混合气，管子平放时，火焰传播速率为65cm/s，向上垂直放置时为75cm/s，而向下垂直放为59.5cm/s。

如果在大管径中燃烧的混合物在小管径中熄灭，这种现象是由于在管子直径减小时增加了热损失所致。按热损失观点来分析，那么加热区域与反应区域的比例是：

$$\frac{2\pi rh}{\pi r^2 h}=\frac{2}{r} \quad 或 \quad \frac{4}{d} \tag{2-1}$$

式中 d——管道直径；

r——管道半径；

h——反应区长度。

对于直径为10cm的管子，这个比例等于0.4，而对于直径为2cm的管子这个比例等于2。由此可见，随着管子直径的减小，热损失就逐步加大，燃烧温度与火焰传播速率就相应降低，直到停止传播。阻火器就是根据这一原理制成的。

二、液体燃烧速率

液体燃烧速率取决于液体的蒸发。其燃烧速率有两种表示方法。

① 质量速率。是以每平方米面积上，1h烧掉液体的质量表示，单位kg/(m² · h)。

② 一种是以1h烧掉液体层的高度来表示，单位m/h，叫做液体燃烧的直线速率。

易燃液体的速率与很多因素有关，如液体的初温、贮罐直径、罐内液面的高低，液体中水分含量等。初温越高，燃烧速率越快，贮罐中低液位燃烧比高液体燃烧的速率要快。含水的比不含水的石油产品燃烧速率要慢。

液体燃烧前需先蒸发而后燃烧。易燃液体在常温下蒸气压就很高，因此有火星、灼热物体等靠近时便能着火，之后，火焰便很快沿液体表面蔓延，其速率可达0.5～2m/s。另一类液体则必须在火焰或灼热物体长久作用下，使其表面层强烈受热而大量蒸发后才能着火。故在常温下生产，使用这类液体的厂房没有火灾爆炸危险。这类液体着火后只在不大的地段上燃烧，火焰在液体表面上蔓延得很慢。

为了使液体燃烧继续下去，必须向液体传入大量热，使表层的液体被加热并蒸发。火焰向液体传热的途径是辐射。故火焰沿液面蔓延的速率除决定于液体的初温、热容、蒸发潜热外还决定于火焰的辐射能力。如苯在初温为16℃时燃烧速率为165.37kg/(m² · h)；而在40℃时为177.18kg/(m² · h)；60℃时为193.3kg/(m² · h)。此外，风速对火焰蔓延速率也有很大影响。几种易燃液体的燃烧速率见表2-10。

表 2-10 几种易燃液体的燃烧速率

液体名称	燃烧速率		相对密度
	直线速率/(cm/h)	质量速率/[kg/(m²·h)]	
苯	18.9	165.37	$d_{16}=0.875$
乙醚	17.5	125.84	$d_{15}=0.715$
甲苯	16.08	138.29	$d_{17}=0.86$
喷气燃料	12.6	91.98	$d_{16}=0.73$
车用汽油	10.5	80.85	
二硫化碳	10.47	132.97	$d=1.27$
丙酮	8.4	66.36	$d_{18}=0.79$
甲醇	7.2	57.60	$d_{16}=0.8$
煤油	6.6	55.11	$d_{10}=0.835$

三、固体物质的燃烧速率

固体物质的燃烧速率，一般要小于可燃气体和液体。不同的固体物质其燃烧速率有很大差异。如萘及其衍生物，三硫化磷、松香等在常温下是固体，燃烧过程是受热熔化、蒸发、汽化、分离氧化、起火燃烧，一般速率较慢。有的如硝基化合物、含硝化纤维素的制品等，本身含有不稳定的基团，燃烧是分解式的，燃烧比较剧烈、速率很快。

对于同一种固体可燃物质其燃烧速率还取决于燃烧比表面积。即燃烧的表面积与体积的比例越大，则燃烧速率越大；反之，燃烧速率越小。

四、燃烧热与燃烧温度

所谓燃烧热，就是单位质量或单位体积的可燃物质，在完全烧尽时所放出的热量。可燃物燃烧爆炸时所能达到的最高温度、最高压力及爆炸力与物质的燃烧热有关。

燃烧热数据是用热量计在常压下测得的。高热值是指单位质量的燃料完全燃烧，生成的水蒸气也全部冷凝成水时所放出的热量；低热值是指单位质量的燃料完全燃烧生成的水蒸气不冷凝成水时所放出的热量。

燃烧温度实质上就是火焰温度。因为可燃物质燃烧所产生的热量是在火焰燃烧区域内析出的，因而火焰温度也就是燃烧温度。一些物质的燃烧温度及可燃气体燃烧热见表 2-11、表 2-12。

表 2-11 一些物质的燃烧温度

物质	燃烧温度/℃	物质	燃烧温度/℃
甲醇	1100	乙炔	2127
乙醇	1180	氢	2130
丙酮	1000	煤气	1600～1850
乙醚	2861	一氧化碳	1680
原油	1100	硫化氢	—
汽油	1200	天然气	2020
煤油	700～1030	石油气	2120
重油	1000	甲烷	1800
木材	1000～1177	乙烷	1895
二硫化碳	2195	氨	700

表 2-12 可燃气体燃烧热

气体	高热值		低热值		气体	高热值		低热值	
	kJ/kg	kJ/m³	kJ/kg	kJ/m³		kJ/kg	kJ/m³	kJ/kg	kJ/m³
甲烷	55723	39861	50082	35823	丙烯	48953	87027	45773	81170
乙烷	51664	65605	47279	58158	丁烯	48367	115060	45271	107529
丙烷	50208	93722	46233	83471	乙炔	49848	57873	48112	55856
丁烷	49371	121336	45606	108366	氢	141955	12770	119482	10753
戊烷	49162	149787	45396	133888	一氧化碳	10155	12694		
乙烯	49857	62354	46631	58283	硫化氢	16778	25522	15606	24016

第五节 爆炸及其种类

爆炸是物质发生急剧的物理、化学变化，在瞬间释放出大量能量并伴有巨大声响的过程。在爆炸过程中，爆炸物质所含能量的快速释放，变为对爆炸物质本身、爆炸产物及周围介质的压缩能或运动能。物质爆炸时，大量能量极短的时间在有限体积内突然释放并聚积，造成高温高压，对邻近介质形成急剧的压力突变并引起随后的复杂运动。爆炸介质在压力作用下，表现出不寻常的运动或机械破坏效应，以及爆炸介质受震动而产生的音响效应。

爆炸常伴随发热、发光、高压、真空、电离等现象，并且具有很大的破坏作用。爆炸的破坏作用与爆炸物质的数量和性质、爆炸时的条件以及爆炸位置等因素有关。如果爆炸发生在均匀介质的自由空间，在以爆炸点为中心的一定范围内，爆炸力的传播是均匀的，并使这个范围内的物体粉碎、飞散。

爆炸的威力是巨大的。在遍及爆炸起作用的整个区域内，有一种令物体震荡、使之松散的力量。爆炸发生时，爆炸力的冲击波最初使气压上升，随后气压下降使空气振动产生局部真空，呈现出所谓的吸收作用。由于爆炸的冲击波呈升降交替的波状气压向四周扩散，从而造成附近建筑物的震荡破坏。

化工装置、机械设备、容器等爆炸后，变成碎片飞散出去会在相当大的范围内造成危害。化工生产中因爆炸碎片造成的伤亡占很大比例。爆炸碎片的飞散距离一般可达100～500m。

爆炸气体扩散通常在爆炸的瞬间完成，对一般可燃物质不致造成火灾，而且爆炸冲击波有时能起灭火作用。但是爆炸的余热或余火，会点燃从破损设备中不断流出的可燃液体蒸气而造成火灾。

一、爆炸分类

（一）按爆炸性质分类

爆炸可分为物理性爆炸和化学性爆炸两种。

1. 物理性爆炸

物理性爆炸是由物理变化而引起的，物质因状态或压力发生突变而形成爆炸的现象称为物理性爆炸。例如容器内液体过热汽化引起的爆炸，锅炉的爆炸，压缩气体、液化气体超压引起的爆炸等，都属于物理性爆炸。物理性爆炸前后物质的性质及化学成分均不改变。

2. 化学性爆炸

化学性爆炸是由于物质发生极迅速的化学反应，产生高温、高压而引起的爆炸称为化学性爆炸。化学爆炸前后物质的性质和成分均发生了根本的变化。化学爆炸按爆炸时所发生的化学变化，可分为以下三类。

（1）简单分解爆炸　引起简单分解爆炸的爆炸物在爆炸时并不一定发生燃烧反应，爆炸所需的热量，是由于爆炸物质本身分解时产生的。属于这一类的有叠氮铅、乙炔银、乙炔酮、碘化氮、氯化氮等。这类物质是非常危险的，受轻微震动即引起爆炸，如

$$PbN_6 \longrightarrow Pb + 3N_2$$

$$Ag_2C_2 \longrightarrow 2Ag + 2C$$

某些气体由于分解产生相当多的热量，在一定条件下可能产生分解爆炸。尤其在有压力存在的情况下，这种分解爆炸很容易发生，如乙炔在压力下的分解爆炸即属于这一类。

（2）复杂分解爆炸　这类爆炸性物质的危险性较简单分解爆炸物低，所有炸药均属于这种。这类物质爆炸时伴有燃烧现象。燃烧所需之氧由本身分解时供给。各种氮及氯的氧化物、苦味酸等都属于这一类。

（3）爆炸性混合物爆炸　所有可燃气体、蒸气及粉尘与空气混合所形成的混合物的爆炸均属于此类。这类物质爆炸需要一定条件，如爆炸性物质的含量、氧气含量及激发能源等。因此其危险性虽较前二类为低，但极普遍，造成的危险性也较大。此外，爆炸还可按引起爆炸反应的相分为：气相爆炸、液相爆炸和固相爆炸三种。

① 气相爆炸。包括可燃性气体和助燃性气体混合物的爆炸，物质的热分解爆炸，可燃性粉尘引起的爆炸以及可燃性液体的雾滴所引起的爆炸（雾爆炸）等。其中分解爆炸是不需要助燃性气体的。气相爆炸的分类如表 2-13 所示。

表 2-13　气相爆炸

类别	爆炸原理	举例
混合气体爆炸	可燃性气体和助燃气体以适当的浓度混合，由于燃烧波或爆炸波的传播而引起的爆炸	空气和氢气、丙烷、乙醚等混合气的爆炸
气体的分解爆炸	单一气体由于分解反应产生大量的反应热引起的爆炸	乙炔、乙烯、氯乙烯等在分解时引起的爆炸
粉尘爆炸	空气中飞散的易燃性粉尘，由于剧烈燃烧引起的爆炸	空气中飞散的铝粉、镁粉等引起的爆炸
喷雾爆炸	空气中易燃液体被喷成雾状物在剧烈的燃烧时引起的爆炸	油压机喷出的油珠、喷漆作业引起的爆炸

② 液相爆炸。包括聚合爆炸、蒸发爆炸以及由不同液体混合所引起的爆炸。如表 2-14 所示。

③ 固相爆炸。在固相爆炸中，包括爆炸性物质的爆炸、固体物质的混合、混融所引起的爆炸，以及由于电流过载所引起的电缆爆炸等，如表 2-14 所示。

表 2-14　液相、固相爆炸

类别	爆炸原因	举例
混合危险物质的爆炸	氧化性物质还原性物质或其他物质混合引起爆炸	硝酸和油脂、液氧和煤粉、高锰酸钾和浓酸、无水顺丁烯二酸和烧碱等混合时引起的爆炸
易爆化合物的爆炸	有机过氧化物、硝基化合物、硝酸酯等燃烧引起爆炸和某些化合物的分解反应引起爆炸	丁酮过氧化物、三硝基甲苯、硝基甘油等的爆炸；偶氮化铅、乙炔酮等的爆炸
导线爆炸	在有过载电流流过时，使导线过热，金属迅速气化而引起爆炸	导线因电流过载而引起的爆炸
蒸气爆炸	由于过热，发生快速蒸发而引起爆炸	熔融的矿渣与水接触，钢水与水混合爆炸
固相转化时造成爆炸	固相相互转化时放出热量，而造成空气急速膨胀而引起爆炸	无定形锑转化成结晶形锑时由于放热而造成爆炸

（二）按爆炸速率分类

1. 轻爆

爆炸传播速率在每秒零点几米至数米之间的爆炸过程。

2. 爆炸

爆炸传播速率在每秒十米至数百米之间的爆炸过程。

3. 爆轰

爆炸传播速率在每秒 1km 至数千米以上的爆炸过程。

（三）按爆炸反应物质分类

1. 纯组元可燃气体热分解爆炸

纯组元气体由于分解反应产生大量的热而引起的爆炸。

2. 可燃气体混合物爆炸

可燃气体或可燃液体蒸气与助燃气体，如空气按一定比例混合，在火源的作用下引起的爆炸。

3. 可燃粉尘爆炸

可燃固体的微细粉尘，以一定浓度呈悬浮状态分散在空气等助燃气体中，在引火源作用下引起的爆炸。

4. 可燃液体雾滴爆炸

可燃液体在空气中被喷成雾状剧烈燃烧时引起的爆炸。

5. 可燃蒸气云爆炸

可燃蒸气云产生于设备蒸气泄漏喷出后所形成的滞留状态。密度比空气小的气体浮于上方，反之则沉于地面，滞留于低洼处。气体随风漂移形成连续气流，与空气混合达到其爆炸极限时，在引火源作用下即可引起爆炸。

二、常见爆炸类型

（一）分解爆炸性气体爆炸

1. 单一气体分解爆炸

具有分解爆炸特性的气体一般指的是此种气体分解可以产生相当数量的热量。当分解热达到 80～120kJ/mol 的物质在一定条件下点火之后火焰就能传播开来。分解热在这个范围以上的气体，其爆炸是很激烈的。

在高压下容易引起分解爆炸的物质，当压力降至某数值时，火焰便不再传播，这个压力叫做分解爆炸的临界压力。

众所周知的“乙炔压缩就会爆炸”，它表明高压下乙炔非常危险，其原因是高压下乙炔的分解爆炸。其反应式如下：

$$C_2H_2 \longrightarrow 2C(\text{固})+H_2+226\text{kJ}$$

乙炔分解爆炸的临界压力是 0.14MPa，在这个压力以下贮存就不会发生分解爆炸。除此以外，乙炔类化合物也同样具有分解爆炸性能。乙烯基乙炔分解爆炸的临界压力是 0.11MPa，甲基乙炔温度为 20℃时分解爆炸临界压力是 0.44MPa，120℃时是 0.31MPa。

高压下乙烯的分解反应可用下式表示：

$$C_2H_4 \longrightarrow C(\text{固})+CH_4+127.4\text{kJ}$$

分解爆炸所需要的能量，随压力升高而降低，若有氯化铝存在时，分解爆炸就更容易发生。乙烯在 0℃下分解爆炸临界压力是 4MPa，故在高压下使用乙烯，具有像可燃气体-空气混合物同样的危险性。

氮氧化物在一定压力下也可以产生分解爆炸，分解反应式如下：

$$N_2O \longrightarrow N_2+\frac{1}{2}O_2+81.6\text{kJ}$$

$$NO \longrightarrow \frac{1}{2}N_2+\frac{1}{2}O_2+90.4\text{kJ}$$

N_2O 的临界压力是 0.25MPa，NO 的临界压力是 1.5MPa，在此条件下，90%以上可以分解成 N_2 和 O_2。

环氧乙烷的分解反应如下式：

$$C_2H_4O \longrightarrow CH_4+CO+134.3\text{kJ}$$

$$2C_2H_4O \longrightarrow C_2H_4+2CO+2H_2+33.4\text{kJ}$$

上述两个反应同时进行引起分解爆炸，临界压力 0.4MPa。

2. 单一气体分解爆炸压力

单一气体分解爆炸和其他混合气体爆炸情况一样，根据火焰传播速率不同有燃烧和爆炸两种状态。在燃烧的情况下，可由分解热导致分解的气体膨胀而产生爆炸压力。此时初压对爆炸压力有很大影响。环氧乙烷在 125℃下当初压由 0.25MPa 增至 1.2MPa 时，最大爆炸压力 p_E 和初压 p_1 之比，由 2 倍增至 5.6 倍以上。

乙炔分解爆炸产生的热量是 226kJ/mol，假定没有热损失，火焰温度可达 3100℃，可是在此温度下有 $2C+H_2 \rightleftharpoons C_2H_2$ 的平衡反应，乙炔浓度可达 6%。在容积 1.2L 的容器中测定乙炔分解爆炸产生的压力是初压的 9～10 倍；达到最高压力的时间，初压为 0.2MPa

时，时间是0.18s；初压为1.0MPa时，时间是0.03s。这样，如在一定的管径里试验，则分解爆炸的诱导距离与压力有关。压力越高，诱导距离就越短。表2-15为乙炔分解爆炸初压与诱导距离的关系。

表2-15 乙炔在直径2.5cm的管里爆炸诱导距离

初压(绝压)/MPa	0.35	0.38	0.50	2.0
距离/m	9.1	6.7	3.7	0.9～1.0

从表2-15中可以看出，若压力升至2.0MPa时，经过非常短的距离就爆炸了。

（二）爆炸性混合物爆炸

如果可燃的气体或蒸气预先按一定比例与空气均匀混合，然后点燃，则因比较缓慢的气体扩散过程已经在燃烧以前完成，燃烧的速率取决于化学反应速率。在这样的条件下，气体的燃烧就有可能达到爆炸的程度。这种气体或蒸气与空气的混合物，称为爆炸性混合物。爆炸性混合物的爆炸与燃烧并没有明显区别。例如，以煤气作燃料时，煤气从喷嘴送出以后，在火焰外层与空气混合，这时燃烧的速率取决于扩散的速率，作用比较缓慢，所进行的燃烧是扩散燃烧。但若令煤气预先与空气混合并达到适当的比例，燃烧的速率就不再取决于气体扩散的速率而取决于化学反应的速率，后者速率比前者速率大得多，这就成为爆炸。所以可燃性混合物的爆炸和可燃性气体的燃烧之不同点就在于爆炸是在瞬间完成的化学反应。

在化工生产中，可燃性气体和蒸气与空气形成爆炸性混合物的机会是很多的，如有可燃气体或蒸气从工艺装置、设备管线泄漏到厂房中，或空气漏入存有这种气体的设备内，都可以形成爆炸性混合物，遇到火种，便会造成爆炸事故。在化工生产中所发生的爆炸事故，大都是爆炸性混合物的爆炸事故。

从机理上来说，爆炸性混合物与火源接触，便有原子或自由基生成而成为连锁反应的作用中心。爆炸混合物在一点上着火后，热以及连锁载体都向外传播，促使邻近的一层爆炸混合物起化学反应，然后这一层又成为热和连锁载体的源泉而引起另一层爆炸混合物的反应。火焰是以一层层同心圆球面的形式往各方面蔓延的。火焰的速率，在距离着火地点0.5～1m处是固定的，只以每秒若干米计或者还要小一些，但以后即逐渐加速，达每秒数百米（爆炸）以至数千米（爆轰）。若在火焰扩散的路程上有遮挡物，则由于气体温度的上升以及从而引起的压力的急剧增加，可造成极大的破坏作用。

可燃气体或蒸气与空气的混合物中，火焰蔓延速率主要决定于混合物的形成，但其他因素也有影响。例如，同一组成的混合物，在狭窄的管子内着火后，火焰只是缓慢地蔓延，但若在一定大小的密闭容器内着火，燃烧可以加速到使压力急剧提高而呈现出爆炸的特征。因此，一般很难将可燃性混合物与爆炸性混合物加以严格的区别，这两个名词有时也就是指同一样东西。

（三）热爆炸和支链爆炸

当某一燃烧反应在一定空间内进行，如散热困难，反应温度则不断提高，而温度提高又加快了反应速率，这样最后就发展成爆炸。这种爆炸是由于热效应而引起的，称为热爆炸。故反应时的热效应是判断物质能否爆炸的一个重要条件。但当氢和溴的混合物在较低温度下爆炸时，反应热总共只有35.1kJ/mol。氮和氢反应热是104.5kJ/mol，但它们的混合物不仅不爆炸，而且在无催化作用下也不生成氨；再如二氧化硫和氧也不会发生爆炸，尽管其反应热是 125.4kJ/mol；还有些爆炸性混合物可借加入少量正负催化剂而加速或抑制爆炸的发生，这种爆炸就不能完全用热爆炸来解释，只有用化学动力学观点来说明，这就是在前面提到过的支链反应所引起的，所以称做支链爆炸。

支链爆炸的条件，就在控制链反应速率上，只有当 $f_s+f_c+A(1-\alpha)\rightarrow 0$ 时，就会发生爆炸。

由此可见，爆炸性混合物发生爆炸的原因是热反应和支链反应造成的。至于在什么情况下发生热反应，什么情况下发生支链反应，要看具体情况，甚至同一混合物有时在不同条件也有不同。如氢和氧的爆炸，在恒定浓度下改变系统温度和压力，人们研究发现有第三爆炸极限存在。这个反应不是在所有情况下都能发生，只有在图 2-7 中所示的爆炸半岛的阴影区内才发生。在很低的压力下（接近 A 点，此处压力为 133.3Pa），自由基很容易扩散到器壁上销毁，此时壁面上销毁速率大于支链产生速率，因而反应进行较慢。当压力升高后，产生支链速率加快。当产生支链速率大于销毁速率时就会发生支链爆炸，如图中 B 点。当压力进一步增加至 C 点以后，由于系统内分子的浓度很高，容易发生如式(7) 所示的三分子碰撞反应，结果使自由基销毁速率又超过链产生速率，反应进入慢速区。

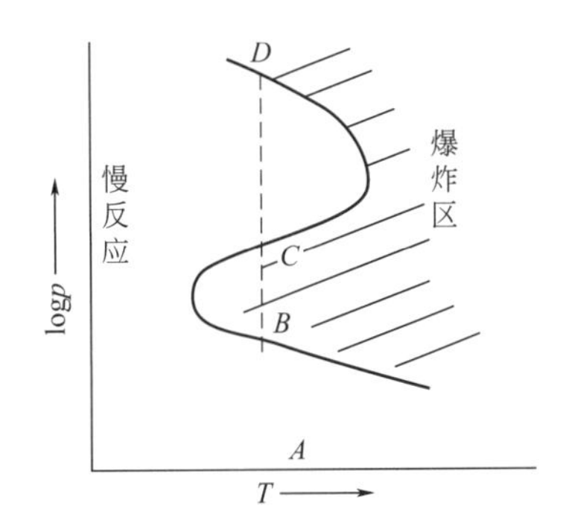

图 2-7　$H_2:O_2$（2∶1）混合气的爆炸极限

由于链反应需有一定的活化能，其速率随温度升高而增加。而式(7) 所示三分子反应却随温度升高而降低，故升高温度对链反应有利，结果使爆炸极限变宽，在图 2-7 上呈现半岛形状。

第三爆炸极限的存在是 $\dot{H}O_2$ 不活泼性的结果，在 C、D 的压力范围内，$\dot{H}O_2$ 能一直扩散到器壁上。当压力再升高时，反应（8）和（9）开始同 $\dot{H}O_2$ 的扩散相竞争，并释出自由基 $\dot{H}$ 和 $O\dot{H}$。这两个反应是放热的，结果使反应释出的热量大于从器壁散失的热量，从而使混合物的温度升高进一步加快反应，又释出更多的热量，最后就发生了热爆炸。

（四）爆轰

燃烧速率极快的爆炸性混合物，在全部或部分封闭的状况下，或处于高压下燃烧时，假如混合物的组成或预热条件适宜，可以产生一种与一般爆炸根本不同的现象，称为爆轰。爆轰的特点是具有突然引起的极高的压力，其传播是通过超音速的“冲击波”，每秒可达 2000～3000m 以上，爆轰是在极短时间内发生的，燃烧的产物以极高的速率膨胀，像活塞一样挤压其周围空气。化学反应所产生的能量有一部分传给这压紧的空气层，于是造成了冲击波。冲击波传播极快，以至于物质的燃烧也落在它的后面，所以它的传播并不需要物质的完全燃烧，而是由它本身的能量所支持的。这样，冲击波便能远离爆轰发源地而独立存在，并能引起该处其他炸药的爆炸，称为诱发爆炸，也就是所谓“殉爆”。

几种气体混合物的爆轰范围和爆轰速率见表2-16、表2-17。

表2-16　几种气体混合物的爆轰范围

可燃气体	助燃气体	爆轰范围(体积分数)/%		可燃气体	助燃气体	爆轰范围(体积分数)/%	
		下限	上限			下限	上限
氢	空气	18.3	59.0	乙炔	氧	3.5	92.0
氢	氧	15.0	90.0	丙烷	氧	3.2	39.0
一氧化碳	氧	38.0	90.0	乙醚	空气	2.8	45
氨	氧	25.4	76.0	乙醚	氧	2.6	74.0
乙炔	空气	4.2	50.0				

表2-17　几种气体混合物的爆轰速率

混合气体	混合百分数/%	爆轰速率/(m/s)	混合气体	混合百分数/%	爆轰速率/(m/s)
乙醇-空气	6.2	1690	甲烷-氧	33.3	2146
乙烯-空气	9.1	1734	苯-氧	11.8	2206
一氧化碳-氧	66.7	1264	乙炔-氧	40.0	2716
二硫化碳-氧	25.0	1800	氢-氧	66.7	2821

为防止“殉爆”的发生，其安全间距用下式计算（空气波失去殉爆能力的距离）。

$$s=K\sqrt{g} \tag{2-2}$$

式中　s——不引起殉爆的安全距离，m；

g——爆炸物的质量，kg；

K——系数，与建筑物四周有无将波向上引的围墙有关，并与爆炸物特性有关。K平均值为1～5（有围墙取1，无围墙取5）。

对周围建筑物防止冲击波破坏的安全距离也可用式(2-2)求出。安全系数取决于安全等级（可能的破坏程度）及厂房有无防爆土堤，参见表2-18选用。

表2-18　空气冲击波安全系数

安全等级	可能破坏的程度	安全系数		安全等级	可能破坏的程度	安全系数	
		无土堤	有土堤			无土堤	有土堤
1	安全无破坏	50～150	10～40	5	破坏不坚固的砖石及木结构建筑物，颠覆铁路车辆、破坏输电线	1.5～2	0.5～1
2	偶然破坏玻璃窗	10～30	5～9				
3	玻璃窗完全破坏，门及窗框局部破坏，墙内有破裂	5～8	2～4	6	穿透坚固的砖墙、完全破坏城市建筑及工业构筑物	1.4	
4	破坏内隔墙、窗框、门板房及板棚等	2～4	1.1～1.9				

三、影响爆炸破坏作用的因素

一般爆炸常伴随有发热、发光、压力上升、真空和电离等现象，具有很大的破坏作用。

爆炸的破坏作用与下列因素有关。

1. 爆炸物的数量和性质

主要表现为单位质量的爆炸物爆炸威力的相对比较。

2. 爆炸时的条件

震动大小、受热情况、爆炸初期的压力、空气混合物的均匀程度等。

3. 爆炸位置

在设备内部或均匀介质的自由空间，周围的环境和障碍物。当爆炸发生在均匀介质的自由空间时，从爆炸中心点起，在一定范围内，破坏力的传播是均匀的，并使这个范围内的物体粉碎、飞散。

四、爆炸破坏的主要形式

1. 震荡作用

在遍及破坏作用的区域内，有一个能使物体震荡、使之松散的力量。

2. 冲击波

随爆炸的出现，冲击波最初出现正压力，而后又出现负压力。负压力是气压下降后空气振动产生局部真空而形成所谓吸收作用。由于冲击波产生正负交替的波状气压向四周扩散，从而造成附近建筑物的破坏。建筑物的破坏程度与冲击波的能量大小、本身的坚固性和建筑物产生冲击波的中心距离有关。因此，可以根据建筑物在各个距离上受到的不同破坏程度来计算产生的冲击波的能量。但实际上往往同样的建筑物在同一距离内由于冲击波扩散所受到的阻挡作用不同而破坏的程度也不一样。冲击波对建筑物的破坏还与其形状及大小有关，如果建筑物的宽和高都不大，冲击波易于绕过，则破坏较轻，反之则破坏较重。因此，想通过爆炸时附近建筑物的被破坏程度来精确计算产生冲击波的能量是比较困难的，比较实用的是用近似法，即根据相似法计算气浪压力和用经验公式直接进行计算。

3. 碎片冲击

机械设备、装置、容器等爆炸以后，变成碎片飞散出去会在相当广的范围内造成危害，化工生产中属于爆炸碎片造成的伤亡占很大的比例。碎片飞散一般可达 100～500m。

4. 造成火灾

通常爆炸气体扩散只发生在极其短促的瞬间，对一般可燃物质来说，不足以造成起火燃烧，而且有时冲击波还能起灭火作用。但是，建筑物内遗留大量的热或残余火苗，还会把从破坏的设备内部不断流出的可燃气体或易燃可燃液体的蒸气点燃，使厂房可燃物起火，加重爆炸的破坏力。

第六节　爆炸极限理论及计算

一、爆炸极限理论

可燃性气体或蒸气与空气组成的混合物，并不是在任何混合比例下都可以燃烧或爆炸的，而且混合的比例不同，燃烧的速率（火焰蔓延速率）也不同。由实验得知，当混合物中可燃气体含量接近于化学计算量时（即理论上完全燃烧时该物质的含量），燃烧最快或最剧烈。若含量减少或增加，火焰蔓延速率则降低，当浓度低于或高于某一极限值，火焰便不再蔓延。可燃性气体或蒸气与空气组成的混合物能使火焰蔓延的最低浓度，称为该气体或蒸气的爆炸下限；同样能使火焰蔓延的最高浓度称爆炸上限，浓度若在下限以下及上限以上的混合物则不会着火或爆炸[1]。但上限以上的混合物在空气中是能燃烧的。

爆炸极限一般可用可燃性气体或蒸气在混合物中的体积百分数来表示，有时也用单位体积气体中可燃物的含量来表示（g/m^3 或 mg/L）。混合物浓度在爆炸下限以下时含有过量空气，由于空气的冷却作用，阻止了火焰的蔓延，此时，活化中心的销毁数大于产生数。同样，浓度在爆炸上限以上，含有过量的可燃性物质，空气非常不足（主要是氧不足），火焰也不能蔓延。但此时若补充空气同样有火灾爆炸的危险。故对上限以上的混合气不能认为是安全的。

燃烧与爆炸从化学反应角度上来看是没有什么区别的，当混合气燃烧时，其波面上的反应如下式：

$$\mathrm{A}+\mathrm{B} \longrightarrow \mathrm{C}+\mathrm{D}+Q \tag{2-3}$$

式中　A，B——反应物；

C，D——生成物；

Q——反应热（燃烧热），kJ/mol。

A、B、C、D不一定是稳定分子，也可以是原子或自由基。反应前后的能量变化如图2-8所示。图中Ⅰ是反应物（A+B），当给予活化能 E kJ/mol，成为活化状态Ⅱ，反应结果变为生成物Ⅲ(C+D)，此时放出能量为 W，则反应热 $Q=W-E$，或 $W=Q+E$。

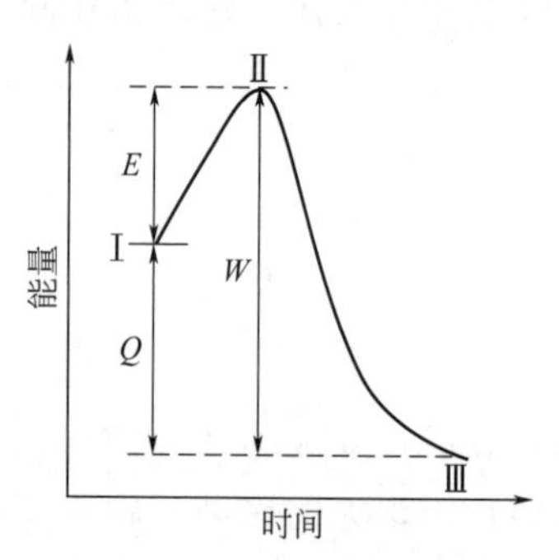

图 2-8　反应过程能量变化

如将燃烧波的基本反应浓度作为 n（每单位体积内发生反应的分子数），则单位体积放出能量为 nW。如燃烧波连续不断，放出的能量作为新反应中的活化能，将 α 作为活化概率（$\alpha \leqslant 1$），则第二批单位体积内得到活化的基本反应数为 $\alpha nW/E$。第二批再放出能量为 $\alpha nW^2/E$。

前后两批分子反应时放出的能量为

$$\beta=\frac{\alpha nW^2/E}{nW}=\alpha \frac{W}{E}=\alpha\left(1+\frac{Q}{E}\right) \tag{2-4}$$

[1] 上限以上爆炸性混合物不会着火或爆炸，指的是当火焰深入爆炸性混合物内部时，情况如火焰伸入氢气中时一样是不会引起燃烧和爆炸的。但当上限以上的爆炸性混合物漏入空气时，此时浓度发生变化，当达到爆炸上下限时，是同样能燃烧或爆炸的。

现在探讨 β 的数值。当 $\beta<1$ 时，表示反应系统在受能源激发后，放热越来越少，也就是说，引起反应的分子数越来越少，最后反应停止，不能形成燃烧或爆炸。当 $\beta=1$ 时，表示反应系统在受能源激发后能均衡放热，有一定数量的分子在持续进行反应。这就是决定爆炸性极限的条件（严格说 β 稍微超过 1 时才能爆炸）。当 $\beta>1$ 时，表示放热量越来越大，反应分子越来越多，形成爆炸。

在爆炸极限时，$\beta=1$

则

$$\alpha=\left(1+\frac{Q}{E}\right)=1$$

设爆炸下限为 $L_{下}$（体积分数）与反应概率 α 成正比，

即

$$\alpha=KL_{下}$$

式中，K 为比例常数。

因此

$$\frac{1}{L_{下}}=K\left(1+\frac{Q}{E}\right) \tag{2-5}$$

当 Q 与 E 相比较大时，式(2-5) 可近似写做

$$\frac{1}{L_{下}}=K\frac{Q}{E}$$

上式进一步表明爆炸下限 $L_{下}$ 与燃烧热 Q 和活化能 E 间的相互关系。如各可燃气体的活化能变化不大，可大体上得出：

$$L_{下}Q=常数 \tag{2-6}$$

这说明爆炸下限 $L_{下}$ 与可燃性气体的燃烧热 Q 近于成反比，就是说可燃性气体分子燃烧热越大，爆炸下限就越低。从烷烃 $L_{下}Q$ 值接近 4565 常数可证明上面的结论是正确的。表 2-19 是可燃物质的燃烧热和爆炸极限的乘积。

表 2-19　可燃物质的燃烧热与爆炸极限的乘积

物质名称	燃烧热 Q/(kJ/mol)	爆炸下限与燃烧热的乘积 $L_{下}Q$	爆炸上限与燃烧热的乘积 $L_{上}Q$
甲烷	799.1	3995.7	11987.2
乙烷	1405.8	4522.9	17501.7
丙烷	2025.1	4799.0	19238.0
丁烷	2652.7	4932.9	22309.0
异丁烷	2635.9	4744.7	22141.7
戊烷	3238.4	4531.3	25258.8
异戊烷	3263.5	4309.5	—
己烷	3828.4	4786.5	26413.6
庚烷	4451.8	4451.8	26710.7
辛烷	5050.1	4799.0	—
壬烷	5661.0	4698.6	—
癸烷	6250.9	4188.2	—
乙烯	1297.0	3564.8	37095.3
丙烯	1924.6	3849.3	21363.5
丁烯	2556.4	4347.2	188238.8

续表

物质名称	燃烧热 Q/(kJ/mol)	爆炸下限与燃烧热的乘积 $L_{下}Q$	爆炸上限与燃烧热的乘积 $L_{上}Q$
戊烯	3138.0	5020.8	—
乙炔	1259.4	3150.6	100750.7
苯	3138.0	4426.7	21183.6
甲苯	3732.1	4740.5	28924.0
二甲苯	4343.0	4343.0	26058.0
环丙烷	1945.6	4669.3	20233.8
环己烷	3661.0	4870.2	30568.3
甲基环己烷	4255.1	4895.3	—
松节油	5794.8	4635.9	—
乙酸甲酯	1460.2	4602.4	22777.7
乙酸乙酯	2066.9	4506.2	23564.3
乙酸丙酯	2648.5	5430.8	—
异乙酸丙酯	2669.4	5338.8	—
乙酸丁酯	3213.3	5464.3	—
乙酸戊酯	4054.3	4460.1	—
甲醇	623.4	4188.2	22752.6
乙醇	1234.3	4050.1	23388.6
丙醇	1832.6	4673.5	—
异丙醇	1807.5	4790.7	—
丁醇	2447.6	4163.1	—
异丁醇	2447.6	4160.9	—
丙烯醇	1715.4	4117.1	—
戊醇	3054.3	3635.9	—
异戊醇	2974.8	3569.0	—
乙醛	1075.3	4267.7	61291.4
巴豆醛	2133.8	4522.9	33074.5
糠醛	2251.0	4727.9	—
三聚乙醛	3297.0	4284.4	—
甲乙醚	1928.8	3857.6	19480.7
二乙醚	2502.0	4627.5	91324.2
二乙烯醚	2380.7	4045.9	64278.8
丙酮	1652.7	4213.3	21154.3
丁酮	2259.4	4087.8	21463.9
2-戊酮	2853.5	4422.5	23254.7
2-己酮	3476.9	4242.6	27815.2
氰酸	644.3	3606.6	25773.4

续表

物质名称	燃烧热 Q/(kJ/mol)	爆炸下限与燃烧热的乘积 $L_{下}Q$	爆炸上限与燃烧热的乘积 $L_{上}Q$
乙酸	786.6	3184.0	—
甲酸甲酯	887.0	4481.1	20133.4
甲酸乙酯	1502.1	4129.6	24631.2
氢	238.5	954.0	17694.1
一氧化碳	280.3	3502.0	20798.6
氨	318.0	4769.8	8585.6
吡啶	2728.0	4932.9	33827.6
硝酸乙酯	1238.5	4707.0	—
亚硝酸乙酯	1280.3	3853.5	64015.0
环氧乙烷	1175.7	3527.1	94056.3
二硫化碳	1029.3	1284.5	51463.2
硫化氢	510.4	2196.6	23225.4
氧硫化碳	543.9	6472.6	15501.7
氯甲烷	640.2	5280.2	11970.4
氯乙烷	1234.3	4937.1	18267.3
二氯乙烯	937.2	9091.8	11995.5
溴甲烷	723.8	9773.8	10493.5
溴乙烷	1334.7	9004.0	15012.2

对其他可燃性气体，也有此常数，如醇类、醚类、酮类、烯烃类等接近于1000，而氯代和溴代烷烃类，$L_{下}Q$ 值较高，这是由于引入了卤素原子，因而大大提高了爆炸下限的缘故。利用爆炸下限与燃烧热乘积成常数的关系，可以来推算同系物的爆炸下限。但不能应用于氢、乙炔、二硫化碳等可燃气体。

如以 mg/L 为单位来表示爆炸下限，即 $L'_{下}$(mg/L)。

式(2-5) $1/L_{下}=K\left(1+\dfrac{Q}{E}\right)$，式中 $L_{下}$ 为以体积分数表示的爆炸下限。

在20℃时两者关系：

$$L'_{下}=\frac{L_{下}}{100}\times\frac{1000M}{22.4}\times\frac{273}{273+20}=L_{下}\frac{M}{2.4} \tag{2-7}$$

式中　M——可燃气体分子量。

将 $L'_{下}$ 代入式(2-7)，

$$L'_{下}=\frac{2.4KQ}{ME} \tag{2-8}$$

若设 $\dfrac{Q}{M}=q$，q 相当于1g可燃性气体的燃烧热。

如令 $2.4K=K'$，则式(2-8) 为

$$\frac{1}{L'_{下}}=K'\frac{q}{E} \tag{2-9}$$

此式与式(2-5)完全同形，如以烃类化合物为例，Q 随碳氢链长短而异，但每 1g 物质的燃烧热 q 则大致相同。$q=42\sim62$kJ/g，几乎为一常数。

由于烃类化合物的活化能 E 几乎相同，则以 mg/L 为单位表示的爆炸下限 $L'_{下}$ 基本相等。$L'_{下}=40\sim50$mg/L$=40\sim45$g/m^3。

因此，$L_{下}\ q=1674\sim2092$kJ/m^3。

二、爆炸极限的影响因素

爆炸极限不是一个固定值，它随着各种因素而变化。但如果掌握了外界条件变化对爆炸极限的影响，则在一定条件下所测得的爆炸极限，仍有其普遍的参考价值。

影响爆炸极限的主要因素有以下几点。

1. 初始温度

爆炸性混合物的初始温度越高，则爆炸极限范围越大，即爆炸下限降低而爆炸上限增高。因为系统温度升高，其分子内能增加，使原来不燃的混合物成为可燃、可爆系统，所以温度升高使爆炸危险性增大。

温度对甲烷爆炸上、下限的影响试验结果，如图 2-9 所示。从图中可以看出，甲烷的爆炸范围随温度的升高而扩大，其变化接近直线。

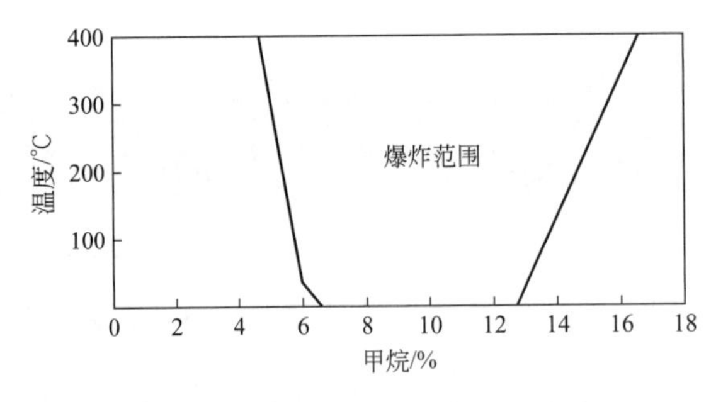

图 2-9 温度对甲烷爆炸极限的影响

关于温度对爆炸极限的影响还可以见表 2-20、表 2-21。

表 2-20 温度对丙酮爆炸极限的影响

混合物温度/℃	爆炸下限/%	爆炸上限/%
0	4.2	8.0
50	4.0	9.8
100	3.2	10.0

表 2-21 煤气温度与爆炸极限的关系

混合物温度/℃	爆炸下限/%	爆炸上限/%
20	6.00	13.4
100	5.45	13.5
200	5.05	13.8
300	4.40	14.25
400	4.00	14.70
500	3.65	15.35
600	3.35	16.40
700	3.25	18.75

2. 初始压力

混合物的初始压力对爆炸极限有很大的影响，在增压的情况下，其爆炸极限的变化也很复杂。

一般压力增大，爆炸极限扩大。这是因为系统压力增高，其分子间距更为接近，碰撞概率增高，因此使燃烧的最初反应和反应的进行更为容易。

压力降低，则爆炸极限范围缩小。待压力降至某值时，其下限与上限重合，将此时的最低压力称为爆炸的临界压力。若压力降至临界压力以下，系统便成为不爆炸。因此，于密闭容器内进行减压（负压）操作对安全生产有利。如图 2-10 和图 2-11 所示。

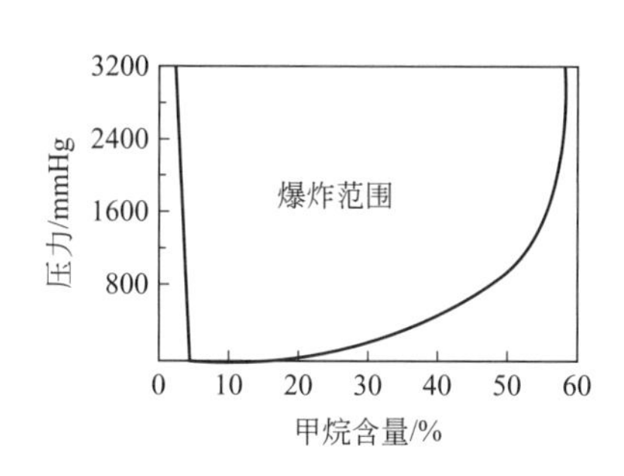

图 2-10 甲烷-空气混合物爆炸极限（大气压以上）

（1mmHg=133.322Pa，下同）

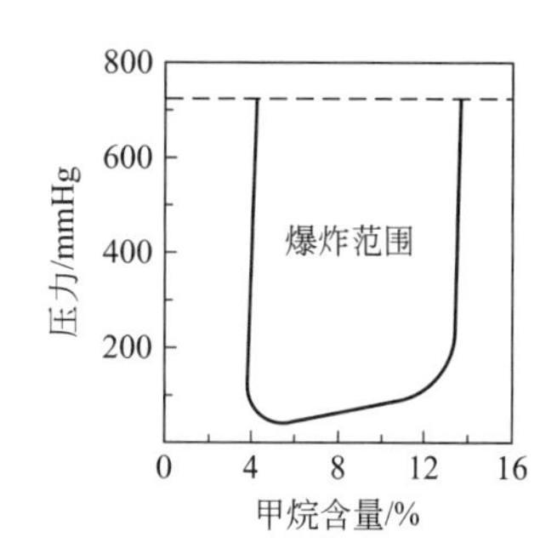

图 2-11 甲烷-空气混合物爆炸极限（大气压以下）

图 2-12 为不同压力下乙烷、丙烷、丁烷、戊烷的爆炸极限。

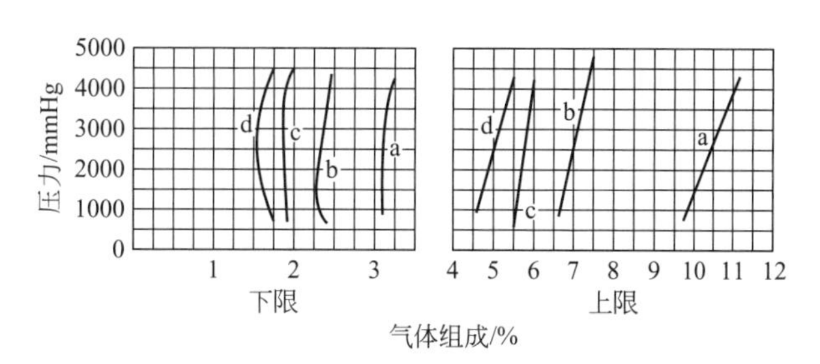

图 2-12 不同压力下，乙烷(a)、丙烷(b)、丁烷(c)、戊烷（d）的爆炸极限

从图 2-10、图 2-11 和表 2-22 中可以看出，压力对爆炸上限的影响十分显著，而对下限影响较小。

表 2-22 压力对甲烷爆炸极限的影响

初始压力/MPa	爆炸下限 $L_下$/%	爆炸上限 $L_上$/%
0.1013	5.6	14.3
1.013	5.9	17.2
5.065	5.4	29.4
12.66	5.7	45.7

3. 惰性介质及杂质

若混合物中所含惰性气体的含量增加，爆炸极限的范围缩小，惰性气体的含量提高到某一数值，可使混合物不爆炸。

如在甲烷的混合物中加入惰性气体（氮、二氧化碳，水蒸气、氩、氦、四氯化碳等），对爆炸极限的影响，可以从图 2-13 中看出，随着混合物中惰性气体量的增加，对上限的影响较之对下限的影响更为显著。因为惰性气体含量加大，表示氧的含量相对减少，而在上限中氧的含量本来已经很小，故惰性气体含量稍为增加一点，即产生很大影响，而使爆炸上限剧烈下降。

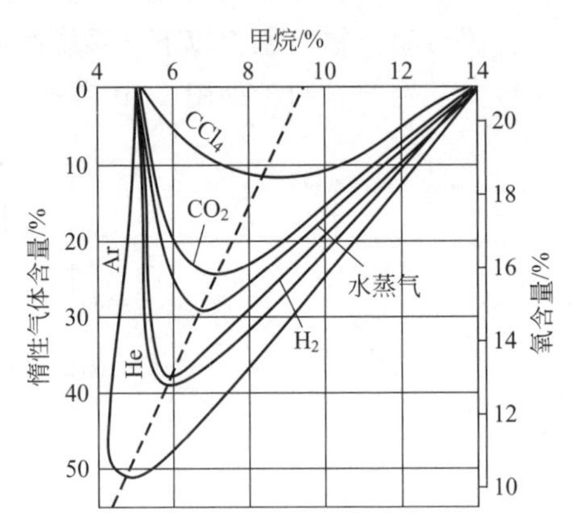

图 2-13　各种惰性气体浓度对甲烷爆炸极限的影响

对于有气体参与的反应，杂质也有很大的影响。例如，如果没有水，干燥的氯没有氧化的性能，干燥的空气也完全不能氧化钠或磷。干燥的氢和氧的混合物在较高的温度下不会产生爆炸[1]。痕量的水会急剧加速臭氧、氯氧化物等物质的分解。少量的硫化氢会大大降低水煤气和混合物的燃点，并因此促使其爆炸。

4. 容器

充装容器的材质、尺寸等，对物质爆炸极限均有影响。试验证明，容器管子直径越小，爆炸极限范围越小。同一可燃物质，管径越小，其火焰蔓延速率亦越小。当管径（或火焰通道）小到一定程度时，火焰即不能通过。这一间距称最大灭火间距，也称临界直径。当管径小于最大灭火间距，火焰因不能通过而被熄灭。

容器大小对爆炸极限的影响也可以从器壁效应得到解释。燃烧是由自由基产生一系列连锁反应的结果，只有当新生自由基大于消失的自由基时，燃烧才能继续。但随着管道直径（尺寸）的减小，自由基与管道壁的碰撞概率相应增大。当尺寸减少到一定程度时，即因自由基（与器壁碰撞）销毁大于自由基产生，燃烧反应便不能继续进行。

关于材料的影响，例如氢和氟在玻璃器皿中混合，甚至放在液态空气温度下于黑暗中也会发生爆炸。而在银制器皿中，一般温度下才能发生反应。

5. 能源

火花的能量、热表面的面积、火源与混合物的接触时间等，对爆炸极限均有影响。如甲烷对电压为 100V，电流强度为 1A 的电火花，无论在何种比例下都不爆炸；如电流强度为 2A 时其爆炸极限为 5.9％～13.6％；3A 时为 5.85％～14.8％。因此各种爆炸混合物都有一个最低引爆能量（一般在接近于化学理论量时出现）。部分气体的最低引爆能量见表 2-23。

[1] 干燥的氢和氧在 1000℃也不能爆炸，这里指的是自行爆炸。

表 2-23　部分气体最低引爆能量

名称	体积分数/%	最低引爆能量/(mJ/mol)	名称	体积分数/%	最低引爆能量/(mJ/mol)
CS_2	6.52	0.015	甲醇	12.24	0.215
H_2	29.2	0.019	甲烷	8.5	0.28
		0.0013*	丙烯	4.44	0.282
C_2H_2	7.73	0.02	乙烷	4.02	0.031
		0.0003*			0.031*
C_2H_4	6.52	0.016	乙醛	7.72	0.376
		0.001*	丁烷	3.42	0.38
环氧乙烷	7.72	0.015	苯	2.71	0.55
甲基乙炔	4.97	0.152	氨	21.8	0.77
丁二烯	3.67	0.17	丙酮	4.87	1.15
氧化丙烯	4.97	0.190	甲苯	2.27	2.50

注：带*者为可燃气体、蒸气与氧混合时的最低引爆能量，其余为与空气混合时的最低引爆能量。

除上述因素外，光对爆炸极限也有影响。众所周知，在黑暗中氢与氯的反应十分缓慢，但在强光照射下则发生连锁反应导致爆炸。又如甲烷与氯的混合物，在黑暗中长时间内不发生反应，但在日光照射下，便会引起激烈的反应，如果两种气体的比例适当则会发生爆炸。另外，表面活性物质对某些介质也有影响，如在球形器皿内于530℃时，氢与氧完全无反应，但是向器皿中插入石英、玻璃、铜或铁棒时，则发生爆炸。

三、爆炸极限的计算

1. 爆炸性气体完全燃烧时的化学理论计量计算

爆炸性气体完全燃烧时化学计量浓度可以用来确定链烷烃类的爆炸下限，其计算公式为

$$L_{下}=0.55C_0 \tag{2-10}$$

式中　0.55——为常数；

C_0——爆炸性气体完全燃烧时化学计量浓度，见表 2-24。

表 2-24　可燃气体完全燃烧时浓度和所需氧分子数的关系

氧分子数 n_0	氧原子数 $2n_0$	可燃性气体浓度/%	
		空气中 $C_0=\frac{20.9}{n_0+0.209}$	纯氧中 $Z_0=\frac{100}{1+n_0}$
1	0.5	45.5	80.0
	1.0	29.5	66.7
	1.5	11.8	57.2
	2.0	17.3	50.0
2	2.5	14.3	44.5
	3.0	12.2	40.0
	3.5	10.7	36.4
	4.0	9.5	33.3
3	4.5	8.5	30.3
	5.0	7.7	28.6
	5.5	7.1	26.7
	6.0	6.5	25.0

续表

氧分子数 n_0	氧原子数 $2n_0$	可燃性气体浓度/%	
		空气中 $C_0=\frac{20.9}{n_0+0.209}$	纯氧中 $Z_0=\frac{100}{1+n_0}$
4	6.5	6.1	23.5
	7.0	5.6	22.2
	7.5	5.3	21.1
	8.0	5.0	20.0
5	8.5	4.7	19.0
	9.0	4.5	18.2
	9.5	4.2	17.4
	10.0	4.0	16.7

根据验证结果，按此式计算值与试验值比较，误差不超过10%。现以甲烷为例，其燃烧反应为

$$CH_4+2O_2 \longrightarrow CO_2+2H_2O$$

如空气中氧含量为20.9%，则 C_0 可用下式确定：

$$C_0=\frac{1}{1+\frac{n_0}{0.209}}\times 100\%=\frac{20.9}{0.209+n_0}$$

式中　n_0——1分子可燃气体完全燃烧时所需氧分子数，这里 $n_0=2$。

则

$$L_{下}=0.55C_0=0.55\times\frac{20.9}{0.209+2}=5.2$$

因此，甲烷的爆炸下限值确定为5.2%。此值比试验值5.0%相差不超过10%。此式也可用以估算链烷烃类以外的其他有机可燃气体爆炸极限，但当估算 H_2、C_2H_2 以及含 N_2、Cl_2、S等有机可燃性气体时出入较大，不可应用。

如表2-24所示为可燃性气体在空气或氧气中完全燃烧时浓度（C_0 或 Z_0）和所需分子数的关系。表2-25为一些可燃物的爆炸极限。

2. 用爆炸下限计算爆炸上限

大气压下、25℃时，用体积表示的上限和下限之间有如下的关系

$$L_{上25°}=7.1L_{下25°}^{0.56} \tag{2-11}$$

在爆炸上限附近不伴有冷火焰时，此式的简单关系式：

$$L_{上25°}=6.51\sqrt{L_{下25°}} \tag{2-12}$$

代入式(2-10)

则

$$L_{上}\approx 4.81\sqrt{C_0} \tag{2-13}$$

式中　C_0——可燃物在空气中完全燃烧时的化学计量量浓度，可由表2-24查得。

表 2-25　一些可燃物的爆炸极限性质

类别	物质名称	分子式	爆炸极限/%		可燃物在空气中完全燃烧时理论浓度/%	爆炸下限与可燃物%之比(4栏与6栏之比)	爆炸上限与可燃物%之比(5栏与6栏之比)
			最低	最高			
1	2	3	4	5	6	7	8
饱和烃类化合物	甲烷	CH_4	5.00	15.00	9.45	0.53	1.58
	乙烷	C_2H_6	3.22	12.45	5.64	0.57	2.21
	丙烷	C_3H_8	2.37	9.50	4.02	0.59	2.36
	丁烷	C_4H_{10}	1.86	8.41	3.12	0.60	2.70
	异丁烷	C_4H_{10}	1.80	8.40	3.12	0.58	2.71
	戊烷	C_5H_{12}	1.40	7.80	2.55	0.55	3.06
	异戊烷	C_5H_{12}	1.32	—	2.55	0.52	—
	己烷	C_6H_{14}	1.25	6.90	2.16	0.58	3.19
	庚烷	C_7H_{16}	1.00	6.00	1.87	0.53	3.21
	辛烷	C_8H_{18}	0.95	—	1.65	0.58	—
	壬烷	C_9H_{20}	0.83	—	1.33	0.50	—
	癸烷	$C_{10}H_{22}$	0.67	—	1.33	0.50	—
烯烃	乙烯	C_2H_4	2.75	28.60	6.52	0.42	4.39
	丙烯	C_3H_6	2.00	11.10	4.44	0.45	2.50
	丁烯	C_4H_8	1.70	9.00	3.37	0.50	2.67
	戊烯	C_5H_{10}	1.60	—	2.71	0.59	—
芳香烃	乙炔	C_2H_2	2.50	80.00	7.72	0.32	10.36
	苯	C_6H_6	1.41	6.75	2.71	0.52	2.49
	甲苯	C_7H_8	1.27	7.75	2.27	0.56	2.97
	二甲苯	C_8H_{10}	1.00	6.00	1.95	0.51	3.08
环族烃类化合物	环丙烷	C_3H_6	2.45	10.40	4.44	0.54	2.34
	环己烷	C_6H_{12}	1.30	8.35	2.27	0.59	3.68
	甲基环己烷	C_7H_{14}	1.13	—	1.95	0.59	—
萜烯类	松节油	$C_{10}H_{16}$	0.80	—	1.47	0.55	—
	醋酸甲酯	$C_3H_6O_2$	3.15	15.60	5.64	0.56	2.77
	醋酸乙酯	$C_4H_8O_2$	2.18	11.40	4.02	0.54	2.84
	醋酸丙酯	$C_5H_{10}O_2$	2.05	—	3.12	0.66	—
	醋酸丁酯	$C_6H_{12}O_2$	1.70	—	2.55	0.67	—
	醋酸戊酯	$C_7H_{14}O_2$	1.10	—	2.16	0.51	—
醇类	甲醇	CH_3OH	6.72	36.50	12.24	0.55	2.98
	乙醇	C_2H_5OH	3.28	18.95	6.52	0.50	2.91
	丙醇	C_3H_8O	2.55	—	4.44	0.57	—
	异丙醇	C_3H_8O	2.65	—	4.44	0.60	—
	丁醇	$C_4H_{10}O$	1.70	—	3.37	0.50	—
	异丁醇	$C_4H_{10}O$	1.68	—	3.37	0.50	—
	丙烯醇	C_3H_6O	2.40	—	4.97	0.48	—
	戊醇	$C_5H_{12}O$	1.19	—	2.71	0.44	—
	异戊醇	$C_5H_{12}O$	1.20	—	2.71	0.44	—
醛类	乙醛	C_2H_4O	3.97	57.00	7.72	0.51	7.38
	巴豆醛	C_4H_6O	2.12	15.50	4.02	0.53	3.86
	糠醛	$C_5H_4O_2$	2.10	—	4.02	0.52	—
	三聚乙醛	$C_6H_{12}O_3$	1.80	—	2.71	0.48	—
醚类	甲乙醚	C_3H_8O	2.00	10.10	4.44	0.45	2.27
	二乙醚	$C_4H_{10}O$	1.85	36.50	3.37	0.55	10.83
	二乙烯醚	C_4H_6O	1.70	27.00	4.02	0.42	6.72
酮类	丙酮	C_3H_6O	2.55	12.80	4.97	0.51	2.58
	丁酮	C_4H_8O	1.81	9.50	3.67	0.49	2.59
	2-戊酮	$C_5H_{10}O$	1.55	8.15	2.90	0.53	2.81
	2-己酮	$C_6H_{12}O$	1.22	8.00	2.40	0.51	3.33
酸类	氰酸	HCN	5.60	40.0	14.34	0.39	2.79
	醋酸	$C_2H_4O_2$	4.05	—	9.49	0.43	—

续表

类别	物质名称	分子式	爆炸极限/%		可燃物在空气中完全燃烧时理论浓度/%	爆炸下限与可燃物%之比(4栏与6栏之比)	爆炸上限与可燃物%之比(5栏与6栏之比)
			最低	最高			
1	2	3	4	5	6	7	8
—	甲酸甲酯	$C_2H_4O_2$	5.05	22.70	9.47	0.53	2.40
—	甲酸乙酯	$C_3H_6O_2$	2.75	16.40	5.64	0.49	2.91
—	氢	H_2	4.00	74.20	29.50	0.42	2.52
氮化物	氨	NH_3	15.50	27.00	21.82	0.71	1.24
	吡啶	C_5H_5N	1.81	12.40	3.24	0.56	3.83
	亚硝酸乙酯	$C_2H_5NO_2$	3.01	50.00	8.51	0.35	5.83
	硝酸乙酯	$C_2H_5NO_3$	3.80	—	10.68	0.36	—
氧化物	环氧乙烷	C_2H_4O	3.00	80.00	7.72	0.39	10.36
	环氧丙烷	C_3H_6O	2.00	22.00	4.97	0.40	4.43
	过氧化二乙基	$C_4H_{10}O_2$	2.34	—	3.67	0.64	—
硫化物	二硫化碳	CS_2	1.25	50.00	6.52	0.19	7.67
	硫化氢	H_2S	4.30	45.50	13.24	0.35	3.72
	氧硫化碳	COS	11.90	28.50	12.24	0.97	2.33
含氯化合物	氯甲烷	CH_3Cl	8.25	18.70	12.24	0.67	1.53
	氯乙烷	C_2H_5Cl	4.00	14.80	6.52	0.61	2.27
	氯化戊烷	$C_5H_{11}Cl_2$	1.40	—	2.71	0.52	—
	二氯乙烯	$C_2H_2Cl_2$	9.70	12.80	9.47	1.02	1.35
含溴化合物	溴甲烷	CH_2Br	13.50	14.50	12.24	1.10	1.18
	溴乙烷	C_2H_5Br	6.76	11.25	6.52	1.04	1.73

3. 根据含碳原子数计算爆炸极限

脂肪族烃类化合物爆炸极限的计算，也可以根据脂肪族烃类化合物含碳原子数 n_c 与其爆炸上限 $L_上$（%）、爆炸下限 $L_下$（%）的关系式求得：

$$\frac{1}{L_下}=0.1347\times n_c+0.04343 \tag{2-14}$$

$$\frac{1}{L_上}=0.01337\times n_c+0.05151 \tag{2-15}$$

4. 北川彻三法

日本安全工学博士北川彻三提出不同气体的爆炸上限可用特定公式来计算，方法如下：先根据不同可燃气体从表 2-26 查出 $2n$ 计算公式，然后再从表 2-24 查出 C_0。

例如计算 C_2H_6 爆炸上限：

$\alpha=2$，$2n=0.5\alpha+2.0=3.0$，查表 2-25，爆炸上限=12.2%。

5. 经验公式

爆炸极限也可以用经验公式计算，但在经验公式中只考虑到极限中混合物的组成，而无法考虑其他一系列的因素。因此，计算数据与实测数据可能有出入，但也可供参考。

计算爆炸下限的公式：

按体积分数（%）

$$L_下=\frac{100}{4.76(n_0-1)+1} \tag{2-16}$$

按含量（g/L）

$$L_下=\frac{M}{[4.76(n_0-1)+1]V_t} \tag{2-17}$$

表 2-26　不同气体 $2n$ 计算公式表 α 值为每一可燃气体分子中 C 原子数

项目	可燃性气体名称	$2n$ 计算公式	备注
空气中	有机可燃性气体	$2n=a\alpha+b$	
	烷烃	$2n=0.5\alpha+2.5$	$\alpha\geqslant3$
	烷烃 烯烃 脂肪族、环状烃 芳香烃 酮类	$2n=0.5\alpha+2.0$	$\alpha=1\sim2$
	胺类 卤素烃	$2n=0.5\alpha+1.5$	$\alpha=1\sim2$
	有机酸	$2n=\alpha$	
	酯类 醇类	$2n=\alpha-0.5$	
氧气中	烷烃	$2n=0.5\alpha$	
	链烷烃 脂肪族、环状烃	$2n=0.5\alpha-0.5$	

计算爆炸上限公式

按体积分数（%）

$$L_{上}=\frac{4\times100}{4.76n_0+4} \tag{2-18}$$

按含量（g/L）

$$L_{上}=\frac{4M}{(4.76n_0+4)V_t} \tag{2-19}$$

式中　n_0——一分子可燃性气体完全燃烧时所必需的氧原子数；

M——可燃性气体的分子量；

V_t——可燃性气体摩尔体积，L/mol。

链烷烃类爆炸极限的实测值与计算值见表 2-27。

6. 根据闪点计算爆炸极限

因为闪点表示可燃液体表面蒸气与空气构成一种能引起瞬时燃烧的混合物的最低浓度，而爆炸限则表示该混合物能着火时的最低蒸气浓度，所以易燃液体的闪点和爆炸极限可互相推算。根据闪点，查该温度（闪点）下易燃液体的饱和蒸气压进行求取。

$$L_{下}=100\times p_{闪}/p_{总} \tag{2-20}$$

式中　$L_{下}$——爆炸下限，%；

$p_{闪}$——闪点下易燃液体的饱和蒸气压，Pa；

$p_{总}$——混合气体总压力，一般取 101.325Pa。

表 2-27 链烷烃类爆炸极限的实测值与计算值

气体名称	α	化学理论量		下限		$2n$②	上限	
		$2n_0$①	C_0/%（计算）	$L_下$/%（实测）	$L_下$/%③（计算）		$L_上$/%（实测）	$L_上$/%④（计算）
甲烷	1	4	9.5	5.0	5.2	2.5	14.0	14.30
乙烷	2	7	5.6	3.0	3.1	3.0	12.5	12.2
丙烷	3	10	4.0	2.1	2.2	4.0	9.5	9.5
丁烷	4	13	3.1	1.8	1.7	4.5	8.5	8.5
异丁烷	4	13	3.1	—	1.7	4.5	8.4	8.5
戊烷	5	16	2.5	1.4	1.4	5.0	7.8	7.7
异戊烷	5	16	2.5	—	1.4	5.0	7.6	7.7
己烷	6	19	2.2	1.2	1.2	5.5	7.5	7.1
庚烷	7	22	1.9	1.05	1.0	6.0	6.7	6.5
辛烷	8	25	1.6	0.95	0.9	6.5	6.0	6.1
壬烷	9	28	1.5	0.85	0.8	7.0	5.6	5.6
癸烷	10	31	1.3	0.75	0.7	7.5	5.4	5.3

① $2n_0$ 为链烷烃完全燃烧时所需的氧原子数。

② $2n=0.5\alpha+2(\alpha=1\sim2)$；$2n=0.5\alpha+2.5(\alpha\geqslant3)$。

③ $L_下=0.55C_0$。

④ $L_上$ 系按北川彻三法计算。

例如苯闪点是－14℃，查得－14℃时苯的饱和蒸气压力为1467Pa，则苯的爆炸下限为

$$L_下=100\times\frac{1467}{101325}=1.45\%$$

试验数据为1.4%。

7. 复杂组成的可燃性气体混合物的爆炸极限

复杂组成可燃性气体混合物爆炸极限，可根据各组分已知的爆炸极限求之。该计算适于各组分间不反应，且燃烧时无催化作用的可燃气体混合物。

计算公式如下：

$$L_m=\frac{100}{\dfrac{V_1}{L_1}+\dfrac{V_2}{L_2}+\dfrac{V_3}{L_3}\cdots}\tag{2-21}$$

式中 L_m——混合气体的爆炸极限，%；

L_1，L_2，L_3——形成混合气体的各单独组分的爆炸极限，%；

V_1，V_2，V_3——各单独组分在混合气体中的体积分数，%，$V_1+V_2+V_3+\cdots=100$。

其原理如下，由式：$$\frac{1}{L}=K\left(1+\frac{Q}{E}\right)$$

则 $$\frac{1}{L_1}=K_1\left(1+\frac{Q_1}{E_1}\right),\ \frac{1}{L_2}=K_2\left(1+\frac{Q_2}{E_2}\right)$$

同样　$$\sum\frac{V_1}{L_1}=\sum V_1K_1\left(1+\frac{Q_1}{E_1}\right)$$

当 $K_1-K_2-\cdots K_m$，$Q_1=Q_2=\cdots Q_m$，$E_1=E_2=\cdots E_m$ 时

即　反应概率、燃烧热、活化能都很接近时，

则　$\sum\frac{V_1}{L_1}=K_m\left(1+\frac{Q_m}{E_m}\right)$因为 $V_1+V_2+V_3+\cdots=1$ 或 100%

所以　$$\frac{V_1}{L_1}+\frac{V_2}{L_2}+\cdots=\frac{1}{L_m}$$

整理　$$L_\text{m}=\frac{1}{\frac{V_1}{L_1}+\frac{V_2}{L_2}+\frac{V_3}{L_3}\cdots}\qquad \sum V=1$$

或　$$L_\text{m}=\frac{100}{\frac{V_1}{L_1}+\frac{V_2}{L_2}+\frac{V_3}{L_3}\cdots}\qquad \sum V=100$$

上式适用于计算活化能 E、摩尔燃烧热 Q、反应概率 K 相接近的可燃性气体或蒸气爆炸性混合物的爆炸极限。故在计算烃类化合物混合气体时比较准确，对其他大多数可燃性气体混合物的计算，会出现一些偏差，不过也有一定的参考价值。

如，某天然气其组成如下；甲烷 80%（下限＝5.0%），乙烷 15%（下限＝3.22%），丙烷 4%（下限＝2.87%），丁烷 1%（下限＝1.86%），则天然气的爆炸极限为

$$L_{下}=\frac{100}{\frac{80}{5.0}+\frac{15}{3.22}+\frac{4}{2.37}+\frac{1}{1.86}}=4.37\%$$

此式也可以用来计算混合气的爆炸上限，L_1、L_2、L_3 则为各组分的爆炸上限，当混合气体积分数变化时，要重新计算。

可燃气体氢气、一氧化碳、甲烷混合气爆炸极限的实测值和计算值列于表 2-28 中。

8. 可燃气体和惰性气体混合物爆炸极限计算

在可燃气体混合物中混入氮、二氧化碳等惰性气体而计算其爆炸极限时，可将惰性气体和可燃气体混合分成若干组，每一组由一种可燃组分与另一种非可燃组分组成，然后分别进行计算。

例如，净化系统的烟气中，除含有 CO、H_2 等可燃气体之外，往往还会有相当比例的 CO_2、N_2 等非可燃性气体成分，这种含有数种非可燃成分的可燃气体，其爆炸极限的计算方法如下。

首先将烟气组分分为若干个混合组分。根据各混合组分的混合比$\left(即\frac{非可燃气体体积}{可燃气体体积}\right)$由图 2-14 可查得各混合组分的爆炸极限（上限或下限），然后再代入公式计算烟气的爆炸极限。

表 2-28 氢气、一氧化碳、甲烷混合气的爆炸极限

可燃气的组成体积/%			爆炸极限/%		可燃气的组成体积/%			爆炸极限/%	
H_2	CO	CH_4	实测值	计算值	H_2	CO	CH_4	实测值	计算值
100	0	0	4.1～75	—	0	0	100	5.6～15.1	—
75	25	0	4.7	4.9	25	0	75	4.7	约 5.1
50	50	0	6.05～71.8	6.2～72.2	50	0	50	6.4	约 4.75
25	75	0	8.2	8.3	75	0	25	4.1	约 4.4
10	90	0	10.8	10.4	90	0	10	4.1	约 4.2
0	100	0	12.5～73.0	—	33.3	33.3	33.3	5.7～26.9	6.6～324
0	75	25	9.5	9.6	55	15	30	4.7	约 5.0
0	50	50	7.7～22.8	7.75～25.0	48.5	0	51.5	33.6	约 24.5
0	25	75	6.4	6.5					

【例 1】 某回收煤气的平均成分为：

组分气体名称	CO	CO_2	N_2	O_2	H_2
体积分数/%	58	19.4	20.7	0.4	1.5

试求此煤气的爆炸极限。

解 先将可燃组分与非燃组分合成下列两组混合组分。

① CO 及 CO_2

$$58(CO)+19.4(CO_2)=77.4(CO+CO_2)$$

其中，$\frac{CO_2}{CO}=\frac{19.4}{58}=0.33$

查图 2-14 得 $L_上=70\%$，$L_下=17\%$

② N_2 及 H_2 组分

$$1.5(H_2)+20.7(N_2)=22.2(H_2+N_2)$$

其中，$\frac{N_2}{H_2}=\frac{20.7}{1.5}=13.8$

查图 2-14 得 $L_上=76\%$，$L_下=64\%$。

将上述计算所得的 $L_上$ 和 $L_下$ 代入公式即可求出煤气的爆炸极限。

$$L_上=\frac{77.4+22.2}{\frac{77.4}{70}+\frac{22.2}{76}}=71.5\%$$

$$L_下=\frac{77.4+22.2}{\frac{77.4}{17}+\frac{22.2}{64}}=20.3\%$$

上述算法，当 O_2 含量不大时误差不大。较为准确的算法，应如下：

先将组分调整为

组分气体名称	CO	CO_2	N_2	$(4N_2+O_2)$	H_2
体积分数/%	58	19.4	$20.7-4\times0.4=19.1$	$4\times0.4+0.4=2.0$	1.5

再按上法计算

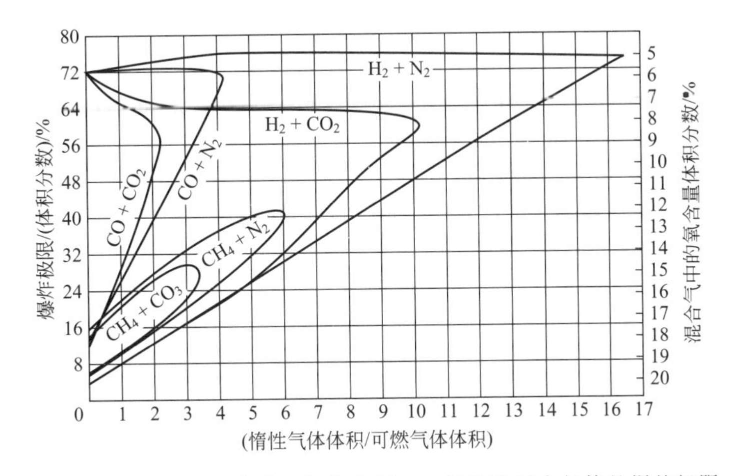

图 2-14 氢气、一氧化碳、甲烷和氮、二氧化碳混合气体的爆炸极限

① CO 及 CO_2 组分

$$58(CO)+19.4(CO_2)=77.4(CO+CO_2)$$

其中 $\frac{CO_2}{CO}=\frac{19.4}{58}=0.33$

查图得 $L_上=70.0\%$ $L_下=17.0\%$。

② N_2 及 H_2 组分

$$19.1(N_2)+1.5(H_2)=20.6(N_2+H_2)$$

其 $\frac{N_2}{H_2}=\frac{19.1}{1.5}=12.7$

查图得 $L_上=76.0\%$ $L_下=60.0\%$

代入公式，得此煤气的爆炸极限为

$$L_上=\frac{77.4+20.6}{\frac{77.4}{70}+\frac{20.2}{76.0}}=71.2\%$$

$$L_下=\frac{77.4+20.6}{\frac{77.4}{17.0}+\frac{20.2}{60.0}}=20.0\%$$

对于有惰性气体混入的多组分可燃气体混合物的爆炸根限，也可以用下式进行计算。

$$L_m=L_f\frac{\left(1+\frac{B}{1-B}\right)\times100}{100+L_f\frac{B}{1-B}} \tag{2-22}$$

式中 L_m——含有惰性气体的爆炸极限，%；

L_f——混合物中可燃部分的爆炸极限，%；

B——惰性气体含量，%。

由于不同的惰性气体其阻燃或阻爆能力不一，因而计算结果不如上法准确，但仍不失其参考价值。

【例 2】 某干馏气体的成分为：

$$\left.\begin{array}{ll} C_nH_m & 1\% \\ CH_4 & 3\% \\ CO & 3\% \\ H_2 & 10\% \end{array}\right\}\text{可燃气体 }17\%$$

$$\left.\begin{array}{ll} CO_2 & 18\% \\ N_2 & 65\% \end{array}\right\}\text{惰性气 }83\%$$

其中，可燃部分（100%）中：

$$C_nH_m \quad 1\% \qquad 占\frac{\frac{1}{100}}{\frac{17}{100}}=5.9\%$$

$$CH_4 \quad 3\% \qquad 占\frac{\frac{3}{100}}{\frac{17}{100}}=17.6\%$$

$$CO \quad 3\% \qquad 占\frac{\frac{3}{100}}{\frac{17}{100}}=17.6\%$$

$$H_2 \quad 10\% \qquad 占\frac{\frac{10}{100}}{\frac{17}{100}}=58.8\%$$

混合物可燃部分的爆炸下限：

$$L_{f下}=\frac{100}{\frac{17.6}{5}+\frac{5.9}{3.1}+\frac{17.6}{12.5}+\frac{58.8}{4.1}}=4.7\%$$

混合物的爆炸下限：

$$L_{f下}=4.7\times\frac{\left(1+\frac{0.83}{1-0.83}\right)\times 100}{100+4.7\times\frac{0.83}{1-0.8}}=22.5\%$$

混合可燃部分的爆炸上限：

$$L_{f上}=\frac{100}{\frac{5.9}{28.6}+\frac{17.6}{15}+\frac{17.6}{74.2}+\frac{58.8}{74.2}}=41.5\%$$

混合物爆炸上限：

$$L_{上}=41.5\times\frac{\left(1+\frac{0.83}{1-0.83}\right)\times 100}{100+\frac{0.83}{1-0.8}\times 41.5}=80.5\%$$

其他可燃气体，例如乙烷、丙烷、丁烷和二氧化碳、氮混合物的爆炸极限的计算可用图2-15进行。

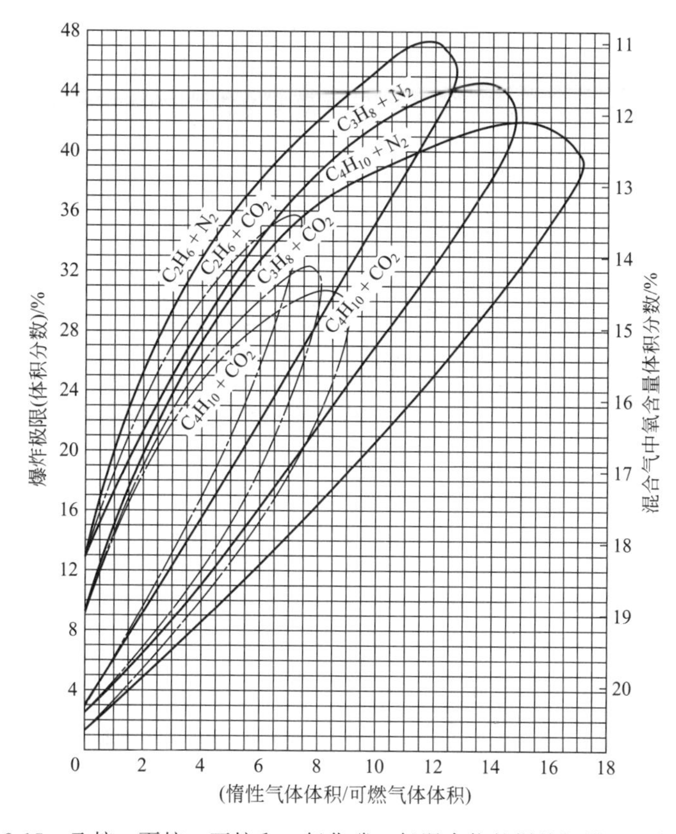

图 2-15 乙烷、丙烷、丁烷和二氧化碳、氮混合物的爆炸极限（空气中）

9. 高压下的爆炸极限

火焰传播不但与物质的化学性质有关，而且依赖于周围条件。压力直接影响反应速率，热损失对压力又有影响，所以此时影响因素之间变得很复杂。目前还不能用一般定量关系来说明。

在定性方面，由于压力升高，物质的分子浓度增大，反应速率增大，放热量增多。在大气压以上时，一般爆炸极限多数变宽。压力对爆炸范围的影响，在已知气体当中，只有 CO 例外，是随着压力增加，爆炸范围变窄。

爆炸极限随压力的变化，从燃烧速率对压力的依存性方面试图用理论推导，但不能得到满意的结果。从烃类化合物在氧气中的爆炸上限的研究结果认为，在 0.1～1.0MPa 范围内适合于以下的实验式：

$$CH_4 \quad L_{上}=56.0(p-0.9)^{0.040} \tag{2-23}$$

$$C_2H_6 \quad L_{上}=52.5(p-0.9)^{0.045} \tag{2-24}$$

$$C_3H_8 \quad L_{上}=47.5(p-0.9)^{0.042} \tag{2-25}$$

$$C_3H_4 \quad L_{上}=64.0(p-0.2)^{0.083} \tag{2-26}$$

$$C_3H_6 \quad L_{上}=43.5(p-0.2)^{0.095} \tag{2-27}$$

式中 $L_{上}$——气体的爆炸上限，%；

p——大气压，101325Pa。

为判断高压气体使用过程中的爆炸危险性，确定不同压力下的爆炸极限是很重要的。但又不是简单的取值，因为大多数情况是在高温及组成复杂的情况下，所以根据实测数据作成爆炸极限图十分必要。C_2H_4-O_2-N_2 的测定结果见图 2-16。

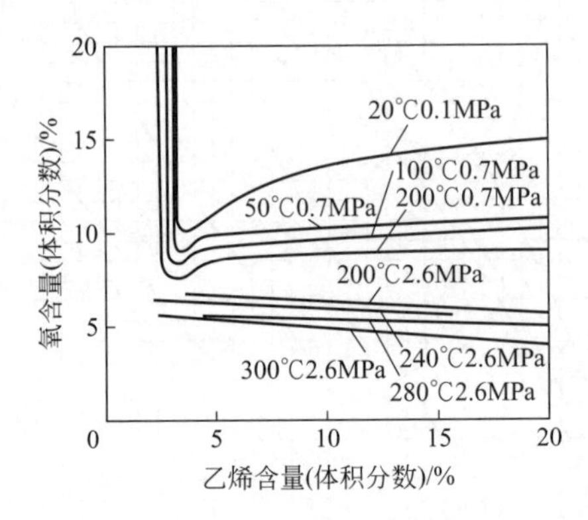

图 2-16 乙炔-氧-氮在各种压力、温度下爆炸极限图

高压下爆炸极限的测定容器如图 2-17 和图 2-18 所示。图 2-17 主要是用在可燃性气体-助燃气体系以及分解爆炸性气体-惰性气体体系；在压力 10MPa、温度 200℃条件下进行测定。图 2-18 主要是用在可燃蒸气-助燃气体系、可燃气体-空气-水蒸气体系，在压力 5MPa、温度 200℃条件下的测定。测定容器附有爆炸压力计、测定点火时压力变化的示波器等，以判定爆炸时的情况。

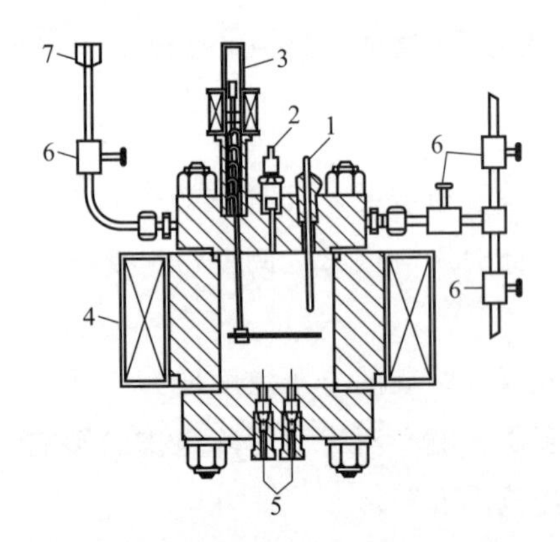

图 2-17 爆炸极限测定器（爆炸容器直径，10cm）

1—热电偶保护管；2—爆炸压力表；3—搅拌装置；4—电弧炉；5—高压阀；6—压力表安装部位；7—管接头

高压下点火源可采用高熔点金属铂线通过电流熔断方法实现。

10. 图示法

此法计算较为简单，并可立即得出不同比例混合气的爆炸极限。从理论上说可求多种气体组成的混合气，但实际作图有困难，一般只应用在三成分系，即用三角形坐标法来计算。除空气外，最多能含两种可燃性气体，利用图示法可得出几个有用的结论。

下面专门讨论三成分系混合气爆炸范围。一般三成分系有如下三种组成：

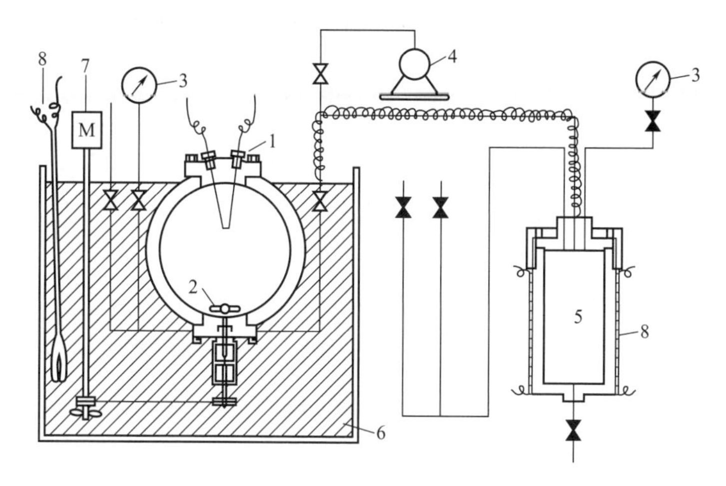

图 2-18 爆炸极限测定装置

1—导火线；2—搅拌叶片；3—压力表；4—真空泵；
5—水蒸气发生器；6—油浴；7—电动机；8—加热器

① 由可燃性气体 F、助燃气体 S、惰性气体 1 各一种组成；

② 由两种可燃性气体 F_1、F_2 同助燃气体 S 组成；

③ 由可燃性气体 F、同两种助燃性气体 S_1、S_2 组成。

将三成分系混合气的组成用三角坐标图表示，见图 2-19(a)(1)、(2)、(3)。图中斜线部分相当于爆炸范围。x_1，x_2；x_1'，x_2'；X_1，X_2；表示可燃性气体的爆炸上下限。

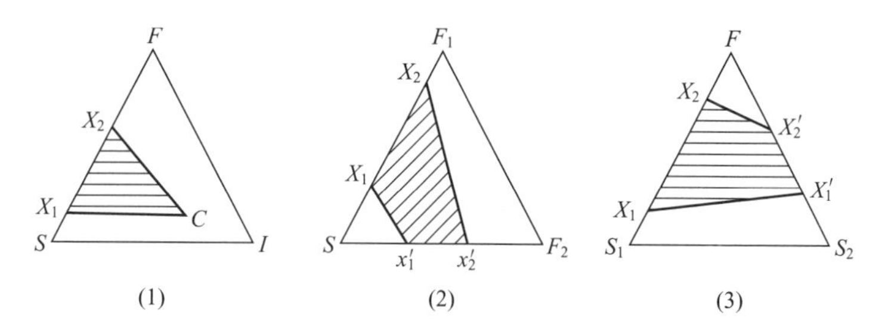

图 2-19(a) 三成分系混合气组成三角坐标

三角坐标图读法，见图 2-19(b)。在图内任何一点，即表示三成分不同体积分数。其读

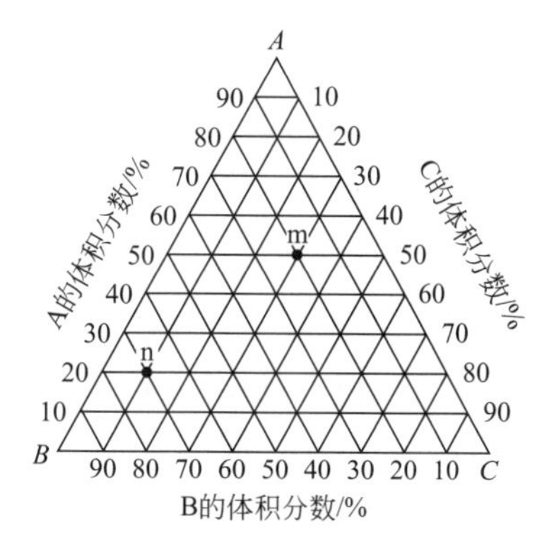

图 2-19(b) 三成分系混合气组成三角坐标

法是在点上作三条平行线，分别与三边平行，从三条平行线与相应边的交点可读出其含量。如图中 m 点 $A(50)$、$B(20)$、$C(30)$、n 点 $A(20)$、$B(70)$、$C(10)$，如点在 AC 线上，则 B 为 0，余类推。

四成分混合气的组成是在三成分混合气中任加一种成分，此时可用三角锥表示其组成。爆炸范围呈一个立体图形，比较复杂。但一般混合气均可按上述有关原理简化成可燃性气体、助燃性气体及惰性气体三成分系。

图 2-20 表示最基本的情况，三角坐标上表示由任意可燃性气体 F、助燃性气体 O 及惰性气体 N 组成的三成分系混合气的组成，底边上 A 点表示空气组成（O_2 21%，N_2 79%）。F 在氧气中爆炸下限 $\overline{X}_1$、上限 $\overline{X}_2$；在空气中的下限为 X_1、上限为 X_2。连上限 $\overline{X}_2X_2$、下限 $\overline{X}_1X_1$ 得交点 C，C 是爆炸的临界点。$\overline{X}_1\overline{X}_1$ 几乎与底边平行，表示爆炸下限在一定范围内不受氧含量的影响，$\overline{X}_2\overline{X}_1$、$C$ 的三角形内部是爆炸范围。

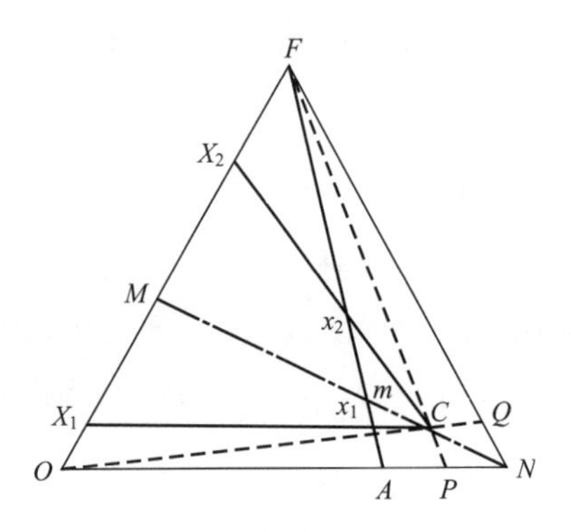

图 2-20　可燃、助燃和惰性气体三组分气体爆炸范围图

如果可燃气体在氧或空气中的化学计算比值分别为 M 及 m，则 $NCmM$ 各点大体呈一直线。但在实测时 C 点多数在直线的稍上方。自 F 向 C 引直线与底边交点 P，P 即为氧气的极限浓度（理论值）。即在 PN 间的气体介质中，无论可燃气体浓度多大，都不会发生爆炸。

再如从 O 向 C 引直线，在 FN 线交点为 Q，以惰性气体 N 稀释可燃性气体至 QN 间的组成与空气混合成任何浓度都不发生爆炸。$F\overline{X}_2CQ$ 不等边形范围内组成的气体，在密封容器内不爆炸，但此气体从容器泄漏到空气中时，能引起燃烧或爆炸。

总之，图上可分成三个部分，$F\overline{X}_2CQ$ 有可燃性，即与空气混合点火可能燃烧而无爆炸，$\overline{X}_2\overline{X}_1C$ 有爆炸性，$\overline{X}_2ONQC$ 则完全不燃烧又不爆炸。

根据上述原理，只要已知可燃性气体在氧或空气中的爆炸极限就很容易绘出三成分系混合气爆炸范围图，从而判定爆炸的可能程度。利用三成分系爆炸范围图还可方便地查得在不同比例时的爆炸范围。图 2-21 为 H_2、CO、C_2H_2、C_2H_4、CH_4 等可燃性气体与空气及氮气三成分系混合气爆炸范围图。图 2-22 为氢-氨-空气混合气的爆炸极限，图 2-23 为氨-氧-氮混合气的爆炸极限，图 2-24 为氨-氮-氧及氢-氮-氧混合气的爆炸极限。

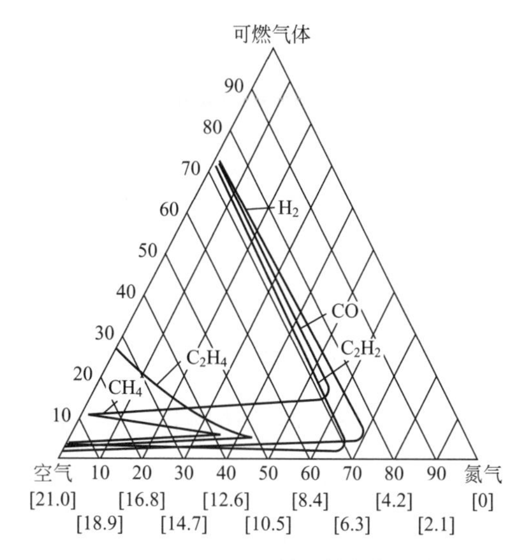

图 2-21 H_2、CO、C_2H_2、CH_4、C_2H_4 等可燃气与空气及氮气三成分系混合气爆炸范围图（括号内数据为 O_2 的体积分数/%）

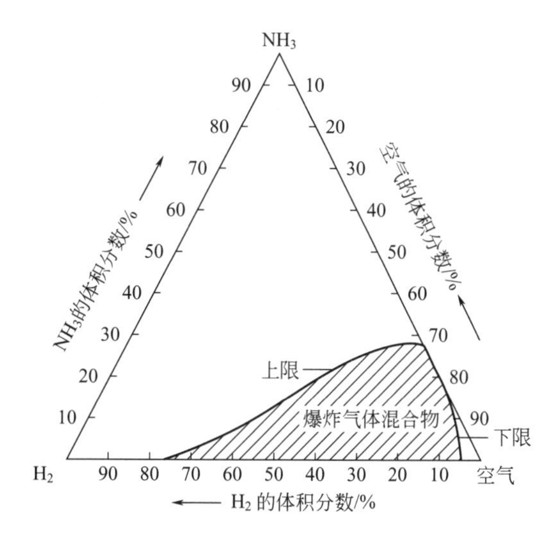

图 2-22 氢-氨-空气混合气的爆炸极限

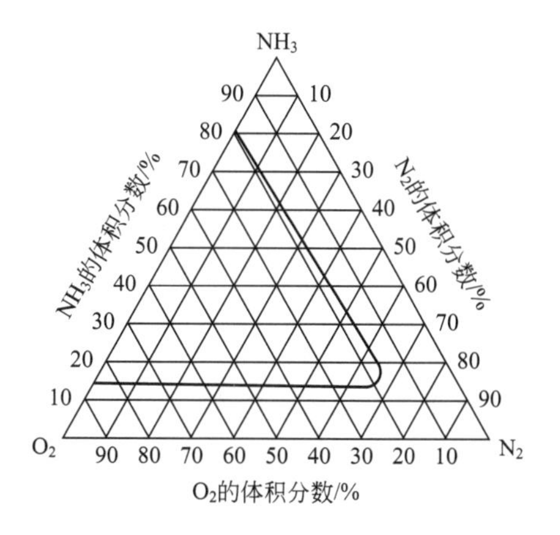

图 2-23 氨-氧-氮混合气的爆炸极限（常温、常压）

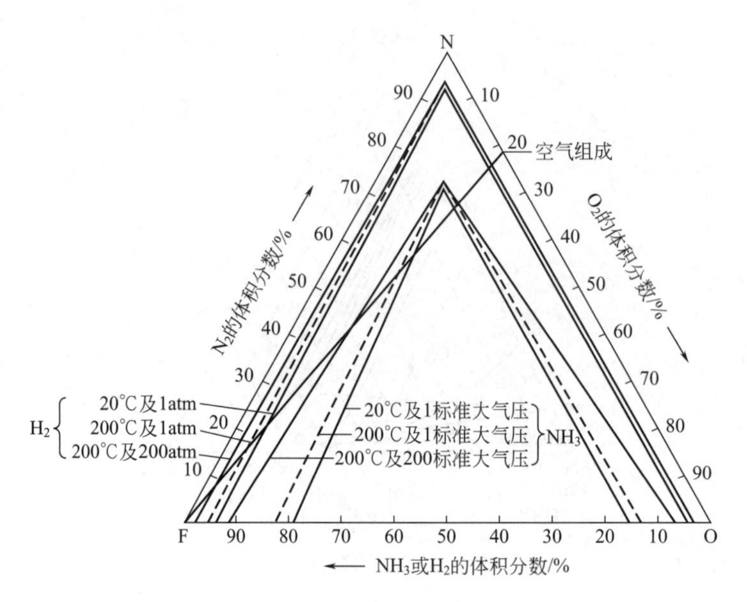

图 2-24　氨-氮-氧及氢-氮-氧混合气的爆炸极限

第七节　爆炸力计算

一、爆炸温度与压力

理论上的爆炸最高温度可根据反应热计算。以乙醚为例，先列出燃烧反应方程式，并将空气中的氮量也列入。

$$C_4H_{10}O+6O_2+22.6N_2 \longrightarrow 4CO_2+5H_2+22.6N_2$$

式中氮量按空气中 $N_2:O_2=79:21$，所以 $6O_2$ 对应的 N_2 为 $6\times\frac{79}{21}=22.6$

由方程式可见，爆炸前的分子数为 29.6，爆炸后为 31.6。

查表 2-29 并计算产物的热容：

表 2-29　气体平均定容分子热容计算式

气体	$\overline{C_v}$/[kJ/(kg·℃)]	气体	$\overline{C_v}$/[kJ/(kg·℃)]
单原子气体(Ar,He,金属蒸气)	20.85	H_2O,H_2S	$16.75+0.0090t$
双原子气体(N_2、O_2、H_2、CO、HO)	$20.09+0.00188t$	所有四原子气体(NH_3 及其他)	$41.86+0.00188t$
CO_2、SO_2	$37.68+0.00242t$	所有 5 原子气体(CH_4 及其他)	$50.24+0.00188t$

N_2 的分子热容为　$20.09+0.00188t$　kcal/(kg·℃)；

H_2O 的分子热容为　$16.75+0.0090t$　kcal/(kg·℃)；

CO_2 的分子热容为　$37.68+0.00242t$　kcal/(kg·℃)。

燃烧产物的热容为

$22.6(20.09+0.00188t)=454.18+0.0425t$

$$\begin{array}{r} 5(16.75+0.0090t)=83.75+0.0450t \\ +4(37.68+0.00242t)=150.72+0.00968t \\ \hline 688.65+0.09718t \end{array}$$

所以燃烧产物的热容为 688.65＋0.09718t。这里的热容是用定体积热容，符合于密闭容器中爆炸情况。

已知乙醚的燃烧热为 2722676kJ/kg。因爆炸速率很快，基本是在绝热情况下进行的。故燃烧热全部用于提高燃烧产物的温度，也就等于燃烧产物热容与温度的乘积。

$$2722676=(688.65+0.09718t)t$$

解上式得爆炸最高温度为

$$t_{最高}=\frac{-688.65+\sqrt{(688.65)^2+4\times0.09718\times2722676}}{2\times0.09718}=2826℃$$

上面的计算是将原始温度为 0℃，因最高温度非常高，故正常室温虽与 0℃有若干度的差数，对计算结果的准确性无显著影响。

爆炸的最大压力，可根据最高温度用下式求得：

$$p_{最大}=\frac{T_{最高}}{T_0}p_0\frac{n}{m} \quad 或 \quad T_{最高}=\frac{p_{最大}}{p_0}T_0\frac{m}{n}$$

式中 p_0，$p_{最大}$——原始压力与爆炸最大压力，Pa；

T_0、$T_{最高}$——原始温度与爆炸最高温度，K；

m，n——爆炸前与爆炸后的物质的量，mol。

代入后求得最大压力如下：

$$p_{最大}=\frac{2826+273}{273}\times101325\times\frac{31.6}{29.6}=12.2\times10^5\text{Pa}$$

上式计算中没有考虑热损失，是按理论的空气量计算的，所以是最大的。

爆炸性气体混合物的爆炸温度与压力，也可以根据燃烧反应方程式与气体的内能进行计算。

如，甲烷的燃烧反应式为

$$CH_4+2O_2+2\times3.76N_2 \longrightarrow CO_2+2H_2O+7.52N_2$$

已知甲烷燃烧热 $Q_{燃}$ 为 890.3kJ/mol，设原始温度为 300K，再计算燃烧产物内能，则

$$\sum u_2=Q_{燃}+\sum u_1=890.3+6.94+2\times7.48+7.52\times6.23=959.05\text{kJ}$$

式中，6.94、7.48、6.23 分别为 CO_2、H_2O、N_2 在 300K 时的内能，见表 2-30。$\sum u_1$、$\sum u_2$ 为燃烧前后内能的总和。先试取 3000K 为燃烧后的温度，则在爆炸后其全部内能为

$$\begin{array}{lr} CO_2 & 1\times137.94=137.94\text{kJ} \\ H_2O & 2\times109.93=219.86\text{kJ} \\ +N_2 & 7.52\times76.49=575.23\text{kJ} \\ \hline & 933.03\text{kJ} \end{array}$$

此热量少于$\sum u_2$值，因而爆炸温度高于 3000K。再选用 3200K 作为爆炸温度，得其全部内能为 1007.2kJ，用补差法确定真正的爆炸温度为

$$T=\frac{959.05-933.03}{1007.2-933.03}\times200+3000=3070\text{K}$$

$$t=3070-273=2797℃$$

表 2-30　某些物质不同温度下的内能　　单位：kJ/mol

温度/K	H_2	O_2	N_2	CO_2	H_2O
300	6.02	6.23	6.23	6.94	7.48
400	8.11	8.36	8.28	10.03	10.07
600	12.29	12.92	12.58	17.30	15.09
800	16.51	17.85	17.05	25.54	21.19
1000	20.82	23.03	21.82	34.49	27.50
1400	29.89	33.94	31.98	53.50	39.38
1800	39.63	45.14	42.64	73.99	57.27
2200	49.74	57.27	53.92	94.89	73.99
2400	55.18	63.12	59.36	105.34	82.76
2600	60.61	69.39	65.21	116.20	91.54
2800	66.46	75.24	70.64	127.07	100.74
3000	71.90	81.51	76.49	137.94	109.93
3200	77.75	88.20	82.35	148.81	119.55

所以爆炸温度是 2797℃。由于是按完全燃烧反应式计算，故所得为最高爆炸温度。

爆炸的最大压力根据前式进行计算。

二、爆炸力的计算

发生化学爆炸常常是容器内部或在某一局限的空间。这种化学反应所放出的能量可根据参与反应的可燃气体量和这种气体的燃烧热（高热值）直接计算而得。

$$L=VH \tag{2-28}$$

式中　L——化学爆炸时的爆炸力，kJ；

V——参与反应的高热气体体积（标准状态下），m^3；

H——可燃气体的高燃烧值，kJ/m^3。

不过，在一般情况下，参与反应的可燃气体是难以弄清楚的。所以只能进行估算，即估算混入多少可燃气体或混入的氧气（空气）可与多少可燃气体进行反应。或者根据容器的压力及容积计算氧气与可燃气体适当的比例时最大可能参与反应的气量。发生在容器外空间的化学爆炸；虽然容器内部的可燃性气体已经全部逸出，但一般不全部参与反应，因为喷出的气体呈球状进入空间大气，只是外围的一部分可燃气体与空气混合形成爆炸性气体。

例如，1kg 汽油蒸气与空气混合并达到爆炸极限，遇火花在 1s 内发生爆炸，试求爆炸所作的功。

$$1kW=1000N\cdot m/s$$

1kg 汽油蒸气的燃烧热为 43054kJ

因此，$\dfrac{43054}{1\times1000}=4.31\times10^4 kW$

就是说爆炸将会产生 43100kW 的功率。这个功率足以破坏容器。产生如此大的功率主要因为是在 1s 之内产生爆炸的结果。假若在十分之一秒内发生爆炸，则功率又大 10 倍，将达到 43100kW。相反，如果作用在 10min 内发生，功率则降为 72kW。

因此，爆炸之所以有这么大的摧毁力，主要因为爆炸反应是在瞬间（1/10s、1/100s……）发生的。

第八节 粉尘爆炸

一、粉尘爆炸的危险性

很早人们就注意到煤尘有发生爆炸的危险性。煤尘爆炸一直是煤矿发生重大破坏、火灾及造成工人伤亡事故的主要原因之一。此后在机械化的磨粉厂、谷仓、制萘与可可的工厂及铝、镁、碳化钙等工厂中，陆续发现悬浮于空气中的细微粉尘有极大的爆炸危险性。

在一般情况下，粉尘爆炸事故与由可燃性气体和易燃液体造成的爆炸事故比较，发生次数与损害程度是很少的。随着近代工业的发展，如塑料、有机合成，粉末金属等生产，多采用粉体为原料。由于粉尘种类的扩大，使用量的增加，工艺的连续化等，便增大了粉尘爆炸的潜在危险。

前面已经提到，像镁粉、碳化钙粉尘等与水接触后会引起自燃或爆炸。这类粉尘在生产过程中，要防止与水接触；有些粉尘，如硫铁矿粉、煤尘等，在空气中达到一定浓度时，在外界高温、摩擦、振动、碰撞以及放电火花等作用下，会引起爆炸；有些粉尘相互接触或混合会引起爆炸，如溴与磷、锌粉、镁粉的接触混合。

粉尘在空气中只有达到一定的浓度范围，才能引起爆炸。可燃性粉尘直径可小到10^{-5}cm以下，呈悬浮状态分散在空气中。粉尘爆炸的可能性与粉尘物理化学性质有关，即与粉尘的可燃性、浮游状态、在空气（或氧气）中的含量以及点火能源的强度等因素有关。

粉尘爆炸是粉尘粒子表面和氧作用的结果，此时有可燃性气体产生。粉尘爆炸所需要的引爆能量比起气体爆炸、火药爆炸所需要的引爆能量更大。

粉尘爆炸的过程：

① 热能加在粒子表面，温度逐渐上升；

② 粒子表面的分子热分解或者引起干馏作用，在粒子周围产生气体；

③ 这些气体和空气混合，便生成爆炸性混合气体同时发生火焰而燃烧；

④ 由于燃烧产生的热量，更进一步促进粉尘分解，不断地放出可燃性气体和空气混合而使火焰传播。

因此，粉尘爆炸实质上就是气体爆炸，可认为是可燃性气体贮藏在粉尘自身之中。但是，应该提醒的是使粒子表面温度上升的原因，主要是热辐射的作用，这一点与气体爆炸不同，因为气体燃烧热的供给主要靠热传导。

二、粉尘爆炸的影响因素

1. 物理化学性质

燃烧热越大的物质越易引起爆炸，例如煤尘、碳、硫等；氧化速率大的物质越易引起爆炸，如镁、氧化亚铁、染料等；容易带电的粉尘越易引起爆炸，粉尘在其生产过程中，由于相互碰撞、摩擦、放射线照射、电晕放电及接触带电体等原因，几乎总是带有一定的电荷。粉尘带电荷之后，将改变其某些物理性质，如凝聚性、附着性等，同时对人体的危险也将增大。粉尘的荷电量随着温度升高而提高，随表面积增大及含水量减少而增大。粉尘爆炸还与其所含挥发物有关，如当煤粉中挥发物低于10%时就不会发生爆炸。而焦炭是不会有爆炸危险的。

2. 颗粒大小

所有的粉尘都可能以极其细微的固体颗粒悬浮于空气中。雾化的物质有很大的表面积，这是粉尘造成爆炸的原因之一。粉尘的表面上吸附了空气中的氧，而氧在这种情况下具有极大的活力，易于与雾化的物质发生化学反应。粉尘的颗粒越细，氧就吸附得越多。因而越易发生爆炸。随着粉尘颗粒的减小，不仅其化学活性增加，而且还可能有静电电荷的形成。有爆炸危险的粉尘颗粒的大小，对于不同的物质，变动范围在 0.1～0.0001mm。一般粉尘越细，燃点越低，粉尘的爆炸下限越小。粉尘的粒子越干燥，燃点越低，危险性就越大。

一定体积的固体粉尘其粉碎后的颗粒数量、粒度大小和表面积之间的关系，可以用表 2-31 表示。

表 2-31　1cm³ 正四面体（表面积 6cm²）粉碎后表面积变化情况

颗粒数量/m³	边长/mm	表面积/cm²
1→1000 个	1	0.006
10000 个	0.1	0.06
10 万个	0.01	0.6
100 万个	0.001	6.0

从表 2-31 中可以看出，固体粉碎后，随着颗粒个数的增加，边长越来越小，其总表面积越来越大。

粉尘体积和表面积之间的关系用比表面积表示，同样体积的粉尘，表面积越大说明粒度越细，颗粒越多说明比表面积也就越大。粉尘颗粒的比表面积可由式(2-29) 求得：

$$S=\frac{nK_{s}d^{2}}{n\rho K_{v}d^{3}}=\frac{\Psi}{\rho d} \tag{2-29}$$

式中　S——比表面积；

Ψ——$\frac{K_s}{K_v}$的比值；

d——平均粒子直径；

n——粉尘粒子数；

ρ——粉尘密度；

K_s，K_v——形状系数，球状粒子 $K_s=\pi$，$K_v=\frac{\pi}{6}$。

粉尘颗粒的粒径和点火能量、爆炸极限及升压速度间的关系，可以用雾状铝粉为例说明，如图 2-25 所示。从图中看出，随着粉尘粒径的增大，最小点火能量上升；爆炸下限在 50μm 以上有明显的上升；最大爆炸压力稍有降低；升压速度有明显的下降。

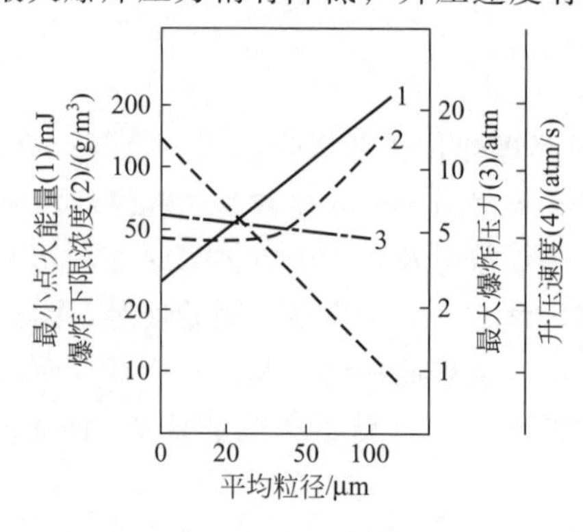

图 2-25　雾状铝粉平均粒径和爆炸参数间的关系

3. 粉尘的浮游性

粉尘在空气中停留时间的长短与粒径、密度、温度等有关。粉尘在空气中停留的时间越长，其危险性增加。如表 2-32 所示为空气中粉尘自由落下速度（cm/s）与粒径、密度及温度的关系。

表 2-32 空气中自由落下速度与粒径、密度及温度的关系 单位：cm/s

粒径/μm	粉尘密度 ρ/(g/cm³)					
	$\rho=1$			$\rho=2$		
	温度/℃			温度/℃		
	20	177	370	20	177	370
5	0.075	0.05	0.043	0.150	0.109	0.085
10	0.030	0.22	0.17	0.60	0.44	0.34
30	2.68	1.96	1.53	5.32	3.91	3.06
50	7.25	5.39	4.24	14.1	10.7	8.43
70	13.5	10.4	8.23	25.4	20.1	16.3
100	24.7	20.1	16.4	45.6	37.6	31.7
200	68.5	62.9	55.2	115	108	101
500	200	199	116	316	328	325
1000	390	415	426	594	642	685
5000	1160	1420	1650	1680	2070	2390

4. 粉尘与空气混合的浓度

粉尘与空气混合物仅在悬浮于空气中的固体物质的颗粒足够细小且有足够的浓度时，才能发生爆炸。与蒸气与气体爆炸一样，粉尘爆炸同样有上下限。混合物中氧气浓度越高，则燃点越低，最大爆炸压力和压力上升速率越高，因而越易发生爆炸，并且爆炸越激烈。在粉尘爆炸范围内，由于最大爆炸压力和压力上升速率是随浓度变化的，因而当浓度不同时，爆炸的剧烈程度也不同。但在一般资料中，多数只列出粉尘的爆炸下限，这是由于粉尘爆炸的上限较高；在通常情况下是不易达到的。表 2-35 为粉尘爆炸的一些特性。

应当注意造成粉尘爆炸并不一定要在所有场所的整个空间都形成有爆炸危险的浓度，一般只要粉尘在房屋中成层地附着于墙壁、天花板、设备上就可能引起爆炸。

三、粉尘爆炸的特性

前面已经提到，粉尘在空气或氧气中，同样有爆炸极限。粉尘爆炸下限 $L_{下}$ 与燃烧热的乘积同样接近于一个常数。

$$L_{下}Q=K$$

式中 $L_{下}$——粉尘爆炸下限，%；

Q——燃烧热，kJ/mol；

K——常数。

爆炸下限与爆炸概率的关系可以从图 2-26 中看出，当粉尘含量增高时，爆炸概率也逐渐上升。粒径越小，在同样爆炸概率情况下粉尘的含量也越少。表 2-33 为火焰长 1.5m 情况下，爆炸概率、爆炸极限的关系。

粉尘爆炸压力的大小与粉尘的化学组成、颗粒大小浓度、物理状态、湿度以及热源的强度和作用时间等有关，同时也决定于爆炸空间的容积、形式与坚固性。理论上也可以用燃烧

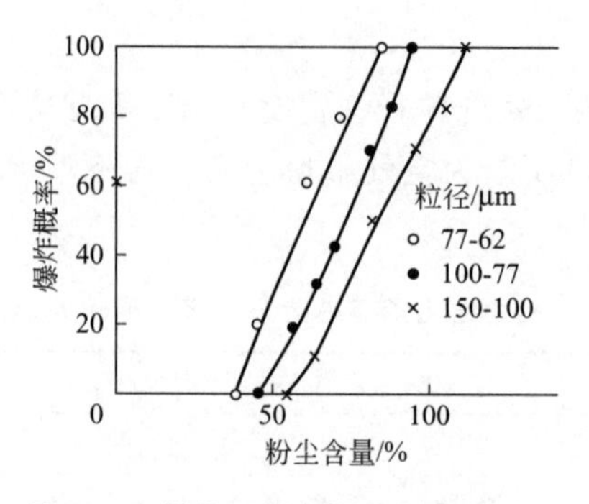

图 2-26　爆炸下限与爆炸概率的关系

表 2-33　火焰长 1.5m 情况下，爆炸概率、爆炸极限的关系（煤尘）

概率	爆炸下限		爆炸上限	
	浓度/(g/L)	标准偏差	浓度/(g/L)	标准偏差
0.10	0.15	0.03	1.32	0.07
0.20	0.21	0.02	1.22	0.05
0.25	0.23	0.02	0.18	0.06
0.30	0.25	0.02	1.14	0.06
0.40	0.28	0.02	1.08	0.08
0.50	0.31	0.02	1.02	0.10
0.60	0.34	0.03	0.96	0.12
0.75	0.39	0.04	0.87	0.16
0.80	0.42	0.04	0.83	0.17
0.90	0.47	0.05	0.73	0.21

热的公式进行计算，但由于粉尘爆炸是不完全燃烧，所以最大爆炸压力随粉尘粒径的增大而减小。如表 2-34 所示，铝粉由于颗粒大小而引起的最大爆炸压力的变化。

表 2-34　铝粉在不同粒径下的最大爆炸压力

平均颗粒大小/cm	最大爆炸压力/MPa
1.6×10^{-3}	0.78
0.6×10^{-3}	0.91
0.5×10^{-3}	1.18

粉尘爆炸破坏力与爆炸压力和压力上升速度有关。图 2-27 表示爆炸压力和时间的关

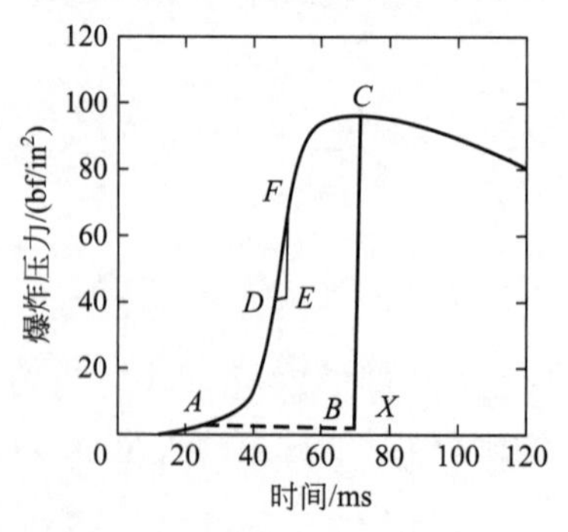

图 2-27　爆炸压力-时间关系图

（注　$1bf/in^2=6894.76Pa$，下同）

系。图中$\overline{BC}$表示最大爆炸压力；$\overline{BC}/\overline{AB}$表示平均压力上升速度；$\overline{EF}/\overline{DE}$表示最大压力上升速度；$\overline{BX}$表示初压。

部分物质粉尘爆炸资料如表 2 35 所示。

表 2-35 粉尘爆炸资料

名称	云状粉尘自燃点/℃	最低引爆能量/mJ	爆炸下限/(mg/L)	最大爆炸压力/(N/m^2)
铝(喷雾)	700	50	40	38.73
铝(研雾)	645	20	35	59.79
铁(氢还原)	315	160	120	19.42
镁(喷雾)	600	240	30	37.95
镁(磨)	520	80	20	43.44
锌	680	900	50	8.82
铝-镁齐(50-50)	535	80	50	43.64
醋酸纤维	320	10	25	54.72
六次甲基四胺	410	10	15	42.66
甲基丙烯酸甲酯	440	15	20	37.95
碳酸树脂	460	10	25	40.70
邻苯二甲酸酐	650	15	15	32.66
聚乙烯塑料	450	80	25	55.21
聚苯乙烯	470	120	20	29.32
松香、虫胶	310	10	15	36.78
合成硬橡胶	320	30	30	39.32
硫黄	190	15	35	27.36
烟煤	610	40	35	30.69

第三章
防火防爆技术

防火防爆技术是化工安全技术的重要内容之一。为了保证安全生产，首先应做好预防工作，消除可能引起燃烧爆炸的危险因素，这是最根本的解决方法。从理论上讲，使可燃物质不处于着火和爆炸危险状态，或者消除一切着火源，这两个措施，只要控制其一，就足以防止火灾、爆炸事故的发生。但由于有时受到生产条件的限制，或受某些不可控制的因素影响，仅采取一种措施是不够的，往往需要同时采取两方面的措施，以提高其安全程度。另外还应当考虑其他各种辅助措施，以便在万一发生火灾爆炸事故时，减少危害，把损失降到最低限度。

第一节　火灾爆炸危险性的分析

火灾爆炸危险性的分析，在于了解和掌握生产过程中的危险因素，弄清各种危险因素之间的联系和它们之间的变化规律，从而采取相应的措施以防止事故的发生。

火灾爆炸危险性取决于生产装置区域及厂房空间的大小；可燃物的种类、性质及用量，生产装置的技术状态和先进程度，通风换气条件和设备，以及装置破损泄漏和误操作的可能性等。这首先要对生产过程中所使用物料的危险性进行分析，并掌握这些物料在生产过程中的变化规律。例如，在研究某种易燃液体的危险性时，不仅要知道它的闪点、自燃点、爆炸极限、临界常数值等，而且要了解它的膨胀、扩散等特性；不仅要知道它的一般物理化学性质，而且要了解它在特殊情况下的危险性。对于气体，不仅要了解它在常温常压下的性质，而且要了解它在高温高压下的性质。对于反应装置和工艺过程的危险性，要根据装置的工艺流程和机器、设备、管线、电器、仪表等配置系统，将每一个机、泵、塔、罐的运行特性、结构特点、作用原理、物料性质、工艺控制参数（如温度、压力、物料配比及投料速度等）等进行综合分析。对收集到的工艺过程数据、资料、图表以及事故案例进行研究。对应该采取和已经采取的预防事故措施要进行比较，对可能发生事故的原因要进行预测性分析。

一、物质火灾爆炸危险性的评定

1. 气体

爆炸极限和自燃点是评定气体火灾爆炸危险的主要指标。由第二章可知，气体的爆炸极限越宽，爆炸下限越低，其火灾爆炸危险性越大；气体的自燃点越高，其火灾爆炸危险性越小。除此之外，气体的扩散、压缩和膨胀等特性以及临界状态参数等也都影响其危险性。

(1) 扩散性 扩散性系指物质在空气以及其他介质中的扩散能力。可燃气体或蒸气在空气中的扩散速率越快，火灾蔓延扩展的危险性就越大。比空气轻的可燃气体在空气中顺风漂移，扩散速率就比较快。比空气重的可燃气体泄漏出来，往往沉积于地表、沟渠和死角地域，而不易扩散。

气体的扩散速率取决于扩散系数的大小，扩散系数可按下式计算。

气体、蒸气在空气中的扩散系数

$$D=D_0\frac{p_0}{p}\left(\frac{T}{T_0}\right)^{3/2} \tag{3-1}$$

式中 D——在温度 T 及压力 p 下的气体扩散系数，m^2/h。

某些气体及蒸气在标准状态下在空气中的扩散系数列于表 3-1 中。

表 3-1 某些气体及蒸气在标准状态下在空气中的扩散系数

气体与蒸气	$D_0/(m^2/h)$	气体与蒸气	$D_0/(m^2/h)$	气体与蒸气	$D_0/(m^2/h)$
氧	0.064	氨	0.0612	二硫化碳	0.0321
氮	0.0475	水蒸气	0.079	乙醚	0.028
氢	0.22	苯	0.0277	氯化氢	0.0467
二氧化碳	0.0497	甲醇	0.0478	三氧化硫	0.034
二氧化硫	0.037	乙醇	0.0367		

气体 A 在气体 B 中的扩散系数

$$D=\frac{0.0101T^{3/2}}{p(V_A^{1/3}+V_B^{1/3})^2}\sqrt{\frac{1}{M_A}+\frac{1}{M_B}} \tag{3-2}$$

式中 p——总压，Pa；

T——热力学温度，K；

M_A、M_B——气体 A 和 B 的分子量；

V_A、V_B——气体 A 和 B 的摩尔体积，cm^3/mol（它是指 1mol 物质在其正常沸点下呈液态时的体积）。

除简单气体外，1mol 体积可视为各元素原子体积之和。某些元素的原子体积列于表 3-2 中。

表 3-2 某些元素的原子体积

元素	原子体积/(cm^3/mol)	元素	原子体积/(cm^3/mol)
溴	27.0	氟	8.7
氧	12.8	氢	3.7
碳	14.8	碘	37.0
氯在一端的 RCl	21.6	在仲胺中	12.0
在中间如 R—C(Cl)H—R′	24.6	硅	32.0
		三元环，如环氧乙烷	减去 6
与其他两元素相连	7.4	四元环，如环丁烷	减去 8.5
在甲酯中	9.1	五元环，如呋喃	减去 11.5
在甲醚中	9.9	六元环，如苯、环己烷	减去 15
在较高醚和酯中	11.0	萘环	减去 30
在酸中	12.0	杂环	减去 47.5
与硫、酸、氮相连	8.3		

简单气体的摩尔体积不能用原子加合法，而应从表 3-3 中直接查出。

表 3-3 简单气体的分子体积

气体	摩尔体积/(cm^3/mol)	气体	摩尔体积/(cm^3/mol)	气体	摩尔体积/(cm^3/mol)
空气	29.9	氢	14.3	氨	25.8
溴	53.2	水蒸气	32.9	氧化氮	23.6
氯	48.4	硫化氢	32.9	一氧化二氮	36.4
一氧化碳	30.7	碘	71.5	氧	25.6
二氧化碳	34	氮	31.2	二氧化硫	44.8

当气体 B 是混合气体时，则 M_B 采用混合气体的平均分子量，而摩尔体积符合分子加合法。

$$V_B=\sum x_i V_i \tag{3-3}$$

式中 x_i——混合气体中组分 i 的摩尔分数；

V_i——混合气体中组分 i 的摩尔体积。

一些物质在空气中的扩散系数见表 3-4，气体的扩散系数见表 3-5。

表 3-4 一些物质在空气中的扩散系数（101.325kPa，25℃） 单位：cm^2/s

物质	扩散系数 $\times10^{-2}$	物质	扩散系数 $\times10^{-2}$	物质	扩散系数 $\times10^{-2}$
戊烷	8.42	丙烯醇	10.21	丙烯腈	10.59
己烷	7.32	丙酮	10.49	溴	10.64
辛烷	6.16	甲酸	15.30	二硫化碳	10.45
苯	9.32	乙酸	12.35	汞	14.23
甲苯	8.49	甲酸甲酯	10.90	二氧化硫(0℃)	10.30
苯乙烯	7.01	乙酸乙酯	8.61	氨(0℃)	17.00
乙苯	7.55	四氯化碳	8.28	三氧化硫(0℃)	9.50
邻二甲苯	7.27	氯仿	8.88	氯化氢(0℃)	13.00
氯苯	7.47	1,1-二氯乙烷	9.19	二氧化碳(0℃)	13.80
硝基苯	7.21	3-氯丙烯	9.25	氧(0℃)	17.80
苯胺	7.35	乙二醇	10.05	氮(0℃)	13.20
甲醇	15.20	乙二胺	10.09	氢(0℃)	61.10
乙醇	11.81	二乙胺(0℃)	9.93		

表 3-5 气体的扩散系数（0℃，101.325kPa） 单位：cm^2/s

物质名称	氢	二氧化碳	空气	物质名称	氢	二氧化碳	空气
氢		0.550	0.611	氯			0.108
氧	0.697	0.139	0.178	氨			0.198
氮	0.674		0.202	溴	0.563	0.0363	0.086
一氧化碳	0.651	0.137	0.202	碘			0.097
二氧化碳	0.550		0.138	氰化氢			0.033
二氧化硫	0.479		0.103	硫化氢			0.151
一氧化二氮	0.536	0.096		甲烷	0.625	0.153	0.223
水蒸气	0.7516	0.1387	0.220	乙烷	0.505	0.096	0.152
空气	0.611	0.138		苯	0.294	0.0527	0.0751
氯化氢			0.156	乙醇	0.378	0.0685	0.1016
甲醇	0.5001	0.880	0.1325	乙醚	0.296	0.0552	0.0775

【例】 计算0℃、101.325kPa下乙醇蒸气在空气中的扩散系数。

解　已知 $V_{C_2H_5OH}=14.8\times2+3.7\times6+12.8-64.6\text{cm}^3/\text{mol}$

$$V_{空气}=29.9\text{cm}^3/\text{mol}$$

$$M_{C_2H_5OH}=46$$

$$M_{空气}=29$$

代入式(3-2)

$$D=0.0101\frac{T^{3/2}}{p(V_A^{1/3}+V_B^{1/3})^2}\sqrt{\frac{1}{M_A}+\frac{1}{M_B}}$$

$$=0.0101\times\frac{(273)^{3/2}}{101325(64.6^{1/3}+29.9^{1/3})^2}\sqrt{\frac{1}{46}+\frac{1}{29}}$$

$$=0.0908\text{cm}^2/\text{s}$$

(2) 压缩性和受热膨胀性　气体有很大的弹性，在外部因素，如压力与温度的影响下，易于改变自身体积。气体经加压和降温后，其分子密度加大，体积大大缩小，成为压缩气体，如继续增加压力，降低温度，则气体就变成液态，称为液化气体。

气体体积缩小和所承受的压力有一定的关系。在相同压力下，温度越低，则气体的体积越小。不同气体其性质各异，受压力和温度影响也不一样。有的气体很容易被液化，如氨在常压下，只要温度降低至零下33.4℃，就能液化成为液氨。可是有些气体必须在很大压力和很低的温度时才能液化成为液体。氢需要在1.3MPa、－239℃时，才能液化。

气体受热膨胀，在容积不变时，温度与压力成正比，气体受热温度越高，它膨胀后形成的压力也越大。因此，气体的可压缩性和受热膨胀性是随温度、压力的变化而变化的。理想气体状态方程式即温度、压力、体积之间的关系可用下式表示：

$$pV=nRT \tag{3-4}$$

式中　p——气体压力，Pa；

V——气体体积，m^3 或 L；

n——气体的物质的量，mol；

R——摩尔气体常数，8.314J/(mol·K)；

T——热力学温度，K。

理想气体状态方程式与真实气体的 p-V-T 关系有误差；而且随着气体压力的升高，误差往往加大，如表3-6列出了1mol二氧化碳在40℃、不同压力下的 pV 值（对于1mol或1mol气体 $pV=RT$，此时 V 代表1mol或1mol气体的体积），与其在40℃、1atm气压下按理想气体状太方程式计算的 pV 值（为25.7atm·m^3）有很大的误差。

表3-6　40℃时1mol CO_2 的 pV 测定值

p/atm	1	10	25	50	80	100
pV/atm·m^3	25.57	24.49	22.50	19.00	9.54	6.93

从表3-6的数据中可算出理想气体状态方程式计算值的误差在常压下为0.51%，10atm时为4.95%，100atm时误差高达271%。

(3) 临界状态参数　为了加强对物质临界状态的理解，现以 CO_2 为例说明之。

从图3-1中可以看到，当压力升高到p_e时，开始有液体的CO_2出现，这是由于随着压力升高，比容减少，分子间距也相应减少，同时分子间引力逐渐增大。当分子间引力增大到不允许分子作类似自由运动，而只能在一定的平均距离保持相对的运动时，气体就液化了。在e点气体CO_2和液体CO_2共存，这时的压力p_e就是0℃时液体CO_2的饱和蒸气压。

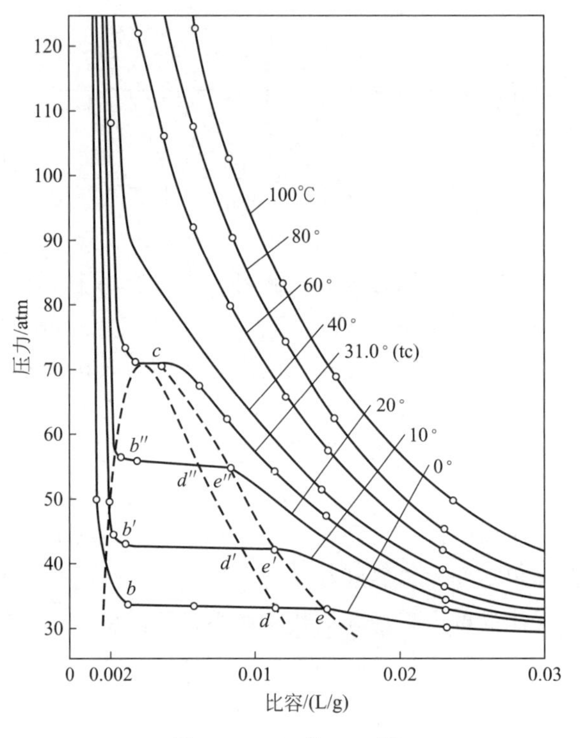

图3-1　CO_2的p-V图

在31℃等温线上有一个特殊点c，其压力为72.8atm。即在31℃下当压力升到72.8atm时气体CO_2开始液化，这时液态CO_2的比容和气体CO_2的比容相等。实验中还发现当高于这个温度时，不论加多大压力也不能使CO_2气体液化，该温度是CO_2液化所允许的最高温度，称为临界温度，常用T_c或t_c表示之。在临界温度下，气体液化所需施加的最小压力，称为临界压力，常用p_c表示。气体在临界温度和临界压力下的比容，称为临界比容，以v_c表示。图3-1中c点就是CO_2在临界温度下刚开始液化的状态，所以该点的压力即临界压力p_c，比容即临界比容v_c。临界点是气与液比容差开始消失的那一点。在其他流体性质上，如热学、光学、电学等性质，也都可发现在临界点时气、液差别消失。临界温度就是气、液特性差别消失的温度，在这个温度以上，液体则不存在。

常用物质的临界值可参考有关手册。

2. 液体

评定液体火灾爆炸危险的主要指标是闪点和爆炸极限。闪点越低，则表示该液体越易起火燃烧（详见第二章）。

前已述及，易燃、可燃液体的蒸气和气体一样，在空气中达到一定浓度，遇火源即能发生燃饶或爆炸。爆炸范围除用浓度表示的方法外，也可用温度极限表示。温度极限也有上、下限之分，这是由于液体的蒸气浓度与温度有相互关系，两者在本质上是一致的，只是表示方法不同。例如，酒精的爆炸浓度范围是3.3%～18%，这个爆炸范围是在11～40℃时形成的，所以11～40℃就是酒精的爆炸温度极限。爆炸温度下限即是液体的闪点，因此测定它们在容器中的温度即可得知蒸气浓度是否达到爆炸危险。温度是可以随时测定的，故有实际应用意义。

除上述因素之外，液体的饱和蒸气压、受热膨胀性、分子量、化学结构等也影响液体的火灾爆炸危险性。

(1) 饱和蒸气压 液体的饱和蒸气压主要决定于温度，它随温度升高而上升。饱和蒸气压与液体表面及此表面运动状态无关，但在容器中如果液体表面很大且在剧烈地搅动，使其表面增大，都可能更快地达到饱和蒸气压。几种易燃液体的饱和蒸气压见表3-7。

表3-7 几种易燃液体的饱和蒸气压 单位：kPa

液体名称	温度/℃								
	−20	−10	0	10	20	30	40	50	60
丙酮	—	5.159	8.443	14.708	24.531	37.330	55.902	81.168	115.510
苯	0.991	1.951	3.546	5.966	9.973	15.785	24.198	35.824	52.329
乙酸丁酯	—	0.480	0.933	1.853	3.333	5.826	9.453	—	—
航空汽油	—	—	11.732	15.199	20.532	27.998	37.730	50.262	—
车用汽油	—	—	5.333	6.666	9.333	13.066	18.132	23.998	—
甲醇	0.836	1.796	3.576	6.690	11.822	19.998	32.464	50.889	83.326
二硫化碳	6.464	10.800	17.596	27.064	40.237	58.262	82.260	114.213	156.040
松节油	—	—	0.276	0.392	0.593	0.916	1.440	2.264	—
甲苯	0.232	0.456	0.889	1.693	2.978	4.960	7.906	12.399	18.598
乙醇	0.333	0.747	1.627	3.173	5.887	10.413	17.785	29.304	46.863
乙醚	8.933	14.972	24.583	38.237	57.688	84.633	120.923	168.626	216.408
乙酸乙酯	0.867	1.720	3.226	5.839	9.706	15.825	24.492	37.637	55.369
乙酸甲酯	2.533	4.686	8.279	13.972	22.638	35.330	—	—	—
丙醇	—	—	0.436	0.952	1.933	3.706	6.773	11.797	19.598
丁醇	—	—	—	0.271	0.628	1.227	2.387	4.412	7.892
戊醇	—	—	0.080	0.173	0.369	0.739	1.409	2.581	4.546
乙酸丙酯		—	0.933	2.173	3.418	6.433	9.453	16.185	22.918

可燃液体的饱和蒸气压在化工生产中对安全有实际的意义，其应用列举如下。

① 求蒸气在空气中的浓度

$$C=\frac{p_{蒸气}\times 100}{p_{混}} \tag{3-5}$$

式中 C——混合物中的蒸气浓度，%；

$p_{蒸气}$——在给定温度下的蒸气压力，Pa；

$p_{混}$——混合物的压力，Pa。

如果 $p_{混}$ 等于大气压即 101325Pa，则式(3-5) 可简化为

$$C=\frac{p_{蒸气}}{1013.25} \tag{3-6}$$

【例】 桶装甲苯的温度为 20℃，而大气压力为 101325Pa，试求甲苯的饱和蒸气浓度。

解 先从表 3-7 中查出甲苯在 20℃时的饱和蒸气压力 $p_{蒸气}=2.978\text{kPa}$。把已知值代入式(3-6) 中即得：

$$C=\frac{2978\times 100}{101325}\approx 2.93\%$$

桶装甲苯在 20℃时的蒸气浓度与其爆炸浓度极限 1.2%～7%相比较，就可知道甲苯在 20℃时具有爆炸危险。

② 测定闪点和爆炸温度极限。

【例】 已知乙醇的爆炸极限为 3.3%～18%，试求乙醇的闪点和爆炸温度极限。

解 先按式(3-6) 求出乙醇的闪点和爆炸温度下限

$$C=\frac{p_{蒸气}}{1013.25}$$

$$p_{蒸气}=3.3\times 1013.25=3343.7\text{Pa}$$

从表 3-7 中查得乙醇蒸气压力为 3343.7Pa，其温度处于 10～20℃，可用内插法求其温度。

已知 在 10℃和 20℃时蒸气压分别等于 3173Pa 和 5887Pa

$$10+\frac{(3343.7-3173)\times 10}{5887-3173}=10+0.6=10.6℃$$

再按式(3-6) 求出乙醇的爆炸温度上限

$$C=\frac{p_{蒸气}}{1013.25}$$

$$p_{蒸气}=18\times 1013.25=18.2385\text{kPa}$$

从表 3-7 中查得乙醇 18.2385kPa 蒸气压力时的温度约等于 40℃。

所以，乙醇的闪点约为 10.6℃，其爆炸温度下限是 10.6℃，爆炸温度上限是 40℃。

③ 确定贮存和使用易燃液体的安全温度和压力。

【例 1】 有一个苯罐，温度为 10℃，确定是否有爆炸危险？如有爆炸危险，需要选择什么样的贮存温度比较安全？

解 先求出苯在 10℃时的蒸气浓度。从表 3-7 中查得苯在 10℃时的蒸气压力是 3.546kPa，代入式(3-6)，则得：

$$C=\frac{p_{蒸气}}{7.6}=\frac{3.546}{1013.25}=5.89\%$$

已知苯的爆炸浓度极限为 1.5%～9.5%，故苯在 10℃时的蒸气浓度 5.8%有爆炸危险。

消除形成爆炸浓度的温度可能有两个，一是低于闪点温度，二是高于爆炸上限温度。但由于苯的闪点为－14℃，其凝固点为 5.5℃，贮存温度略低于闪点，就会凝固，因此安全的贮存温度应高于爆炸上限温度。

$$C=\frac{p_{蒸气}}{1013.25}$$

$$p_{蒸气}=9.5\times1013.25=9.626\text{kPa}$$

从表 3-7 中查到苯蒸气压力 9.626kPa 处于 10～20℃范围内，用内插法求出真实温度：

$$10+\frac{(9.626-5.966)\times10}{9.973-5.966}=10+9=19℃$$

所以在罐内贮存苯时，为防止爆炸的温度应高于 19℃。

【例 2】 某工厂在生产中使用丙酮作溶剂，操作压力为 5066.25kPa，操作温度为 25℃，问丙酮在该压力和温度下有无爆炸危险，如有爆炸危险，应选择何种操作压力比较安全。

解　从表 3-7 中查得在 25℃时丙酮的蒸气压力等于 30930Pa，可求出丙酮在 5066.25kPa 下的蒸气浓度：

$$C=\frac{p_{蒸气}}{p_{总}}=\frac{30930\times100}{5066250}=6.1\%$$

查得丙酮的爆炸浓度极限为 2%～13%，故 6.1%的浓度正处在爆炸范围内，所以有爆炸危险。

在温度不变的情况下，安全操作压力可以有两种选择：一是常压，一是负压。

选择常压，则浓度为

$$C=\frac{p_{蒸气}}{1013.25}=\frac{30930}{1013.25}=30.5\%$$

选择负压，如真空为 39996Pa，则浓度为

$$C=\frac{p_{蒸气}}{p_{总}}=\frac{30930\times100}{101325-39996}=50.4\%$$

在选择的两种压力下，丙酮的蒸气浓度都超过爆炸上限，无爆炸危险。但相比之下，负压生产比较安全。

为确定气体或蒸气浓度是否达到爆炸极限，也可用下式进行计算。

$$C=\frac{Mp\times10^3}{RT} \tag{3-7}$$

式中　C——浓度，mg/L 或 g/m^3；

M——分子量；

p——饱和蒸气压，Pa；

R——摩尔气体常数；

T——绝对温度（因为室内爆炸浓度是在正常的生产温度即 10～20℃范围内产生的，所在上列公式中温度取 283℃，对结果影响不大）。

（2）受热膨胀性　受热时体积膨胀，冷却时体积收缩，这是一般物质的共性。各种易燃及可燃液体受热后体积膨胀值可用下式计算。

$$V_t=V_0(1+\beta t) \tag{3-8}$$

式中　V_t——为 t℃时的液体体积；

V_0——0℃时的液体体积；

β——体积膨胀系数，即温度升高 1℃时，单位体积的数量；

t——液体受热后的温度，℃。

液体分子间的引力比气体大得多，作为分子间引力的量度，液体的内压力一般可达30～

600MPa，有的液体甚至高达几万个大气压。这样大的分子间引力使液体的体积随温度的变化比气体小得多。而压力对液体的体积影响就更小了。在较低的压力下，压力对液体体积影响可以忽略不计。在接近临界点因液体与气体性质相近，需考虑压力对液体体积的影响。

液体随着温度升高体积增大，密度减小；随着压力升高体积减小，密度增大。液体密度随温度的变化如下式所示。

$$\rho_t = \rho_o + \alpha t + \beta t^2 + \gamma t^3 \tag{3-9}$$

式中 ρ_t——温度为 t℃时液体的密度；

t——温度，℃；

ρ_o，α，β，γ——常数（可以从有关工程手册中查取）。

在高温高压下，常常要同时考虑温度与压力对液体体积或密度的影响，此时最简便的方法是应用对应状态原理。不过此时不用压缩系数，而用对比密度 ρ_t。

$$\rho_t = \frac{\rho}{\rho_c} \tag{3-10}$$

式中，ρ_c 为临界密度，其数值较小，测定起来不像 T_c 那样准确，而液体在室温下（20℃或 25℃）的密度很大又易测量，因此常用与一个已知点的密度对比的方法来求高温高压下的密度。

几种易燃与可燃液体的受热膨胀系数列于表 3-8 中，根据此数据，即可计算出某种液体的体积膨胀数值。

表 3-8　几种液体的受热膨胀系数 β 值

液体名称	体积膨胀系数/(1/℃)	液体名称	体积膨胀系数/(1/℃)	液体名称	体积膨胀系数/(1/℃)
乙醚	0.00160	乙醇	0.00110	氯仿	0.00126
丙酮	0.00140	二硫化碳	0.00121	硝基苯	0.00830
苯	0.00124	戊烷	0.00160	甘油	0.00053
甲苯	0.00109	煤油	0.00090	苯酚	0.00093
二甲苯	0.00101	石油	0.00070		
甲醇	0.00122	醋酸	0.00107		

【例】 有一玻璃瓶体积为 44L，装乙醚后留有 5%的空间，如果加热至 60℃，试问乙醚膨胀后的体积。

解　从表 3-8 中查得乙醚膨胀系数为 0.00160，乙醚受热至 60℃时的总体积为

$$V_t = V_o(1+\beta t) = (24-24\times5\%)\times(1+0.00160\times60)$$
$$=22.8(1+0.096)=24.988\text{L}$$

乙醚膨胀后的体积为 24.988L。已知乙醚排斥体积为 22.8L，则胀出的体积为

$$24.988-22.8\approx2.19\text{L}$$

乙醚瓶原留有 5%的空间，体积为 $24\times5\%=1.2$L。显然，胀出的体积已超过预留空间。

$$2.19-1.2=0.99\text{L}$$

所以是危险的。

(3) 分子量　同类有机化合物，如石蜡烃的化合物、烃的含氧衍生物，其分子量越大，沸点越高，闪点也越高，火灾危险性较小。但是分子量大的液体，一般发热量高，蓄热条件

好，自燃点低，受热易自燃。现以醇类为例，见表 3-9，从甲醇到戊醇的分子量、沸点、闪点以及热值都是随着分子量的增加而增大，而自燃点相应逐渐降低。

表 3-9 醇类分子量与闪点、自燃点、热值的关系

醇类同系物	分子式	分子量	沸点/℃	闪点/℃	自燃点/℃	热值/(kJ/kg)
甲醇	CH_3OH	32	64.7	7	455	23849
乙醇	C_2H_5OH	46	78.4	11	414	30970
丙醇	C_3H_7OH	60	87.4	23.5	404	34769
丁醇	C_4H_9OH	74	118.0	36	345	37648
戊醇	$C_5H_{11}OH$	88	137.0	46.5	305	46484

(4) 化学结构　在烃的含氧衍生物中，醚、醛、酮、酯、醇、羧酸等的火灾危险性是依次降低的。

不饱和的有机化合物比饱和的有机化合物的火灾危险性大。例如乙炔＞乙烯＞乙烷。有机化合物中的异构体比正构体的闪点低，火灾危险性大。在芳烃中，以某种基团取代苯环上氢的各种衍生物，火灾危险性一般是下降的。取代基越多，则火灾危险性越低，如氯、羟基、氨基等都是如此。但硝基相反，取代基越多，爆炸危险则越大。

(5) 其他

① 如黏度，它影响液体的流动性、扩散性，也影响液体的自燃点。

② 电阻率。电阻率的大小是液体能否产生静电的重要条件，醚类、酮类、酯类、芳香烃、石油及其产品、二硫化碳等，大部分易燃与可燃液体的电阻率在 $10^{10}\sim10^{15}\Omega\cdot cm$ 范围内，它们在灌注、运输、喷溅和流动过程中易于产生静电。当静电荷聚积到一定程度时就会放电产生火花，有引起火灾和爆炸的危险。醇类、醛类、羧酸类电阻率较低，一般不易产生静电积聚。

3. 固体

固体物质的火灾危险性主要决定于固体的熔点、燃点、自燃点、比表面积及热分解性等。

(1) 熔点　固体物质由固态转变为液态的最低温度，叫做熔点。固体物质燃烧一般都要在汽化状态下进行。因此，熔点低的固体物质容易蒸发或汽化，燃点较低，燃烧速率较快。许多低熔点的易燃固体还有闪燃现象，其闪点大都在 100℃以下。

(2) 自燃点　固体物质的自燃点越低，越容易着火。

由于固体物质组成中分子间隔小，密度大，受热时蓄热条件好，所以它们的自燃点一般都低于可燃液体和气体的自燃点，大体上介于 180～400℃。固体物质的自燃点越低，其受热自燃的危险性越大。粉状固体的自燃点比块状固体低一些，其受热自燃的危险性更大。

(3) 比表面积　同样的固体物质，单位体积的表面积越大，其危险性就越大。因为固体物质的氧化燃烧首先是从物质表面上开始的，而后逐渐深入物质的内部，所以物质的表面积越大，和空气中氧接触的机会越多，氧化作用越容易，燃烧也就越容易、越快。例如，铝、硫粉容易燃烧，就是由于氧化表面增大的结果。粉状固体悬浮在空气中还有爆炸危险（详见第二章）。

（4）热分解　许多化合物的分子中含有容易游离的氧原子或含有不稳定的单体，受热后极易分解并产生大量气体和放出分解热，从而引起燃烧和爆炸，如硝基化合物、硝酸酯、高氯酸盐、过氧化物等。物质的受热分解温度越低，其火灾危险性就越大，例如，硝酸纤维在40℃时开始分解，180℃就开始燃烧。

二、化工生产中的火灾爆炸危险

化工工艺过程的危险因素很多，由于采用高温、高压、低温、负压、高流速等工艺条件，从而增加了生产过程中的危险性。

高温高压下气体的爆炸极限加宽，易引起分解爆炸性气体的爆炸，设备材料容易损坏，可燃物大量泄漏的概率增加，反应物料温度高，甚至超过自燃点，一旦泄漏遇空气会立即自燃。有些工艺要求的物料配比就在可燃物的爆炸极限边缘，如果操作不当，即可发生爆炸。有些在低温下贮存，又在高温下反应，温差高达千摄氏度以上。有些易燃气体为便于贮存，通常将气体加压液化装瓶，一旦泄漏立即产生大量气体，造成火灾或爆炸，其后果是很严重的。

由于化工生产的发展，装置的大型化、自动化和连续化，生产中物料的容量不断加大，一旦发生事故，其危害就很严重。现代化工的发展对安全技术提出了更高的要求，对工艺的可靠性以及操作技术的熟练程度，提出了更严格的要求。

为了适应工艺条件的需要，对生产过程所采用的机械设备要求在耐腐蚀、耐高温、耐高压以及密闭程度等方面具有良好性能。如发生化学腐蚀可能造成物料泄漏，材质不合要求可造成设备力学性能差等，这些都可成为事故隐患。

生产性质不同，其危险特点就不同。例如，在烃类加工中，经常发生的事故如容器超压爆炸，外部起火，反应失去控制，出口堵塞，蒸馏塔内的回流故障，热交换器或恒温反应器管道故障，液体受热膨胀或泄漏后汽化以及冷却系统、动力系统、仪表气源系统故障等。由上述情况所导致的事故，有的仅限于单个容器或设备，有的可能引起区域性危险。某些公用工程故障将会危及几个装置或整个系统的安全。

工艺装置的潜在危险在于所加工介质的性质和数量以及工艺装置的技术状况、控制操作水平等。对物质的危险性质、操作条件及装置情况进行综合分析，对化工生产安全意义很大。在进行这项工作时，可以将各种危险因素划分为不同的级别或给定指数，然后进行综合分析和评定。

例如，爆炸上、下限可用危险度表示。危险度 H 是爆炸上、下限之差与爆炸下限之比值。其计算公式为 $H=\frac{L_{上}-L_{下}}{L_{下}}$。$H$ 数值越大，其危险性越大。

如果将其自燃点划分为4级，即

＞450℃	300～450℃	200～299℃	＜200℃
1级	2级	3级	4级

危险性增大方向→

将最低引爆能量划分为四级，则分级情况如下：

10mJ	1～10mJ	＜0.9mJ	＜0.1mJ
1级	2级	3级	4级

危险性增大方向→

如果将闪点划分为四级则分级情况如下：

>70℃　20～70℃　0～19℃　<0℃

1级　2级　3级　4级

危险性增大方向→

其危险因素，如蒸气密度、溶解度、液体密度、操作温度、压力、危险物质使用量、换气条件、腐蚀情况、连续性、密闭性、泄漏情况等，可依此类推。

第二节　点火源的控制

在化工生产中，引起火灾爆炸的点火能源有明火、高热物及高温表面、电气火花、静电火花、冲击与摩擦、绝热压缩、自然发热、化学反应热以及光线和射线等。在有火灾爆炸危险的生产过程中，应对各种点火能源进行研究，采取措施，严格控制。

一、明火

化工生产中的明火主要是指生产过程中的加热用火、维修用火及其他火源。

加热易燃液体时，应尽量避免采用明火，而采用蒸汽、过热水、中间载热体或电热等。如果必须采用明火，设备应严格密闭，燃烧室应与设备分开建筑或隔离，砖砌物宜包在铁壳之内，并刷白色，以便于辨别是否有漏烟处。为了防止易燃物滴入燃烧室，设备应定期做强度和密闭性试验。

凡是用明火加热的装置必须与有火灾爆炸危险的生产装置相隔一定距离，防止装置泄漏而引起着火。实验时不允许用明火加热易燃液体，一般宜采用油浴。在采用油浴时，要有防止油蒸气起火的措施。

在有火灾爆炸危险场所的槽和管道内部，不得用蜡烛和普通电灯照明，必须采用防爆电器。工艺装置中明火设备布置，应远离可能泄漏的可燃气体或蒸气的工艺设备及罐区。

在有火灾爆炸危险的厂房内，应尽量避免焊割作业，最好将需要检修的设备或管段拆卸至安全地点修理。进行切割或焊接作业时应严格执行动火安全规定。

在积存有可燃气体、蒸气的管沟、深坑、下水道内及其附近，没有消除危险之前，不能有明火作业。

电线破残应及时更换或修理，不能利用其与易燃易爆生产设备有联系的金属件作为电焊地线，以防止在电器通路不良地方产生高温或电火花。

对熬炼设备要经常检查，防止烟道蹿火和熬锅破漏。盛装物料不要过满，防止溢出。在锅灶设计上可采用“死锅活灶”的方法，以便随时撤出灶火。在生产区熬炼时，应注意熬炼地点的选择。

喷灯是一种轻便的加热用具，主要用于维修方面。在有火灾爆炸危险场所使用喷灯，应按动火制度进行并将可燃物清理干净。

烟囱飞火，汽车、拖拉机、柴油机等的排气管喷火，都可能引起可燃气体、易燃蒸气燃烧爆炸。为防止烟囱飞火，炉膛内燃烧要充分，烟囱要有足够的高度，周围一定距离内，不搭建易燃建筑，不堆放易燃易爆物质。

二、摩擦与撞击

化工生产中，摩擦与撞击往往成为火灾、爆炸的起因，如机器上轴承等转动部分摩擦发热起火；金属零件、铁钉等落入粉碎机、反应器、提升机等设备内，由于铁器和机件撞击起火；由于轴箱缺乏润滑油摩擦发热起火；磨床、砂轮等摩擦及铁器工具相撞击或与混凝土地坪撞击发生火花；导管或铁制容器裂开，内部溶液和气体喷射时摩擦起火；在某种条件下产生简单的分解爆炸物如乙炔酮、过氧化醚一经摩擦和撞击即起爆。

机器上的轴承缺油、润滑不均会摩擦发热，能引起附着的可燃物着火。因此，对轴承要及时添油，保持良好润滑，并经常清除附着的可燃污垢。

凡是撞击或摩擦的两部分都应采用不同的金属（铜与钢、铝与钢等）制成。铅、铜和铝不发生火花。铍青铜和铍镍硬度不逊于钢，也同样不产生火花，为避免撞击打火，工具应用铍青铜或镀铜的钢。

当钢管裂开时，排出的可燃气体冲击破裂管端同样能着火。为了防止金属零件落入机器、设备内发生撞击产生火花，应在设备上安装磁力离析器。不宜使用磁力离析器的，如特别危险的物质（硫、碳化钙等）的破碎，应采用惰性气体保护。

有时由于铁制容器和铁盖之间摩擦，在倾倒可燃液体或者在抽取可燃液体时，设备与金属容器壁相碰撞而发生火花，引起易燃蒸气的爆炸。为了避免这类事故发生，应采用不产生火花的材料将设备可能撞击的部位覆盖起来。搬运盛装有可燃气体和可燃液体的金属容器时，不要抛掷、拖拉、震动，防止互相撞击，以免产生火花。

机件摩擦部分如搅拌机和通风机上的轴承，应采用有色金属制成的轴（或塑料风扇）；通风机翼片应用铜、铝合金板，铜、锡合金或其他在撞击时不起火花的材料制成；粉碎机等应安装磁力离析器；并且也要采取措施防止螺钉等异物进入气力输送系统。

防爆生产厂房应禁止穿带钉子的鞋，地面应铺设不发生火花的软质材料。

三、高热物及高温表面

化工生产中，加热装置、高温物料输送管线及机泵等，其表面温度都较高，应该防止可燃物落在上面，引燃着火。可燃物的排放口应远离高温表面。如果高温管线及设备与可燃物装置较接近，高温表面应有隔热措施。加热温度高于物料自燃点的工艺过程，应严防物料外泄或空气进入系统。

四、电气火花

1. 化工生产中电火花的危险

电气设备所引起的爆炸事故，多由电弧、电火花、电热或漏电造成。

电火花能否构成危险主要取决于火花能量即引火电流、电压及作用时间；断路电感；产生电弧或电火花的电极大小、材质和形状；混合物的化学性质及其最小点火能。

（1）火花能量　可燃性气体发生爆炸所需的点火能量是很小的，电弧与电火花所具有的能量决定于电流、电压以及作用时间。引火电流（经过铁质电极放电所得实验数据）如表3-10所示。

电压的影响可由下列数据看出，4.5V电压与1.5A电流的手电筒，在触头分离时不会引起氢与空气混合物着火，但当灯泡破裂时，其白炽灯丝能使混合物着火。如电压稍大于4.5V而电流为0.5A时，可以达到氢与空气混合物的最低引火能量，可能着火。在引火电流被切断时（尤其是短路电流），即使电压不大的电源（约2V），也可使多数有爆炸危险的混合物着火。

表 3-10　物质的引火电流

物质名称	引火电流/A	物质名称	引火电流/A
乙醇	1.40	一氧化碳	0.90
丁烷	1.05	苯	0.90
甲烷	1.00	丙烷	0.86
乙烷	0.97	乙醚	0.66
甲醇	0.95	二硫化碳	0.34

电弧、电火花能够引火，不仅是由于热的作用，而且也由于电的作用。譬如钢与金刚砂冲击所产生的火，虽然十分强烈，但它不能引爆那些能量比它小的电火花所能引爆的物质。

（2）电路电感　具有极大电感的电路被切断时，将在断开的触头上产生强烈电弧。电路电感越大，触头间瞬时电压值越大，甚至超过电网运行电压。由实验得知，35mH 电感的电铃，在 4.5V 电压及 1A 电流时其触头间造成的电火花，足以使大多数有爆炸危险的气体着火。

（3）电极的大小、形状与材料　在任一气体容器中，存在一定数量的自由分子电荷，在电压作用下，触头之间的这些电荷具有动能，可引起冲击电离。如触头间电场强度达某瞬间值，则是很危险的。

当电场强度具有最大值时，触头之间将发生火花放电现象。如果触头温度达到极大值，触头间由于热电子放射，会产生大量自由电子，此时则发生电弧放电。触头受热、热电子放射以及电弧强度均明显与触头材料和形状大小有关。触头尺寸较小，不能导出所形成的热量。形状不合适，将在触头间造成不均匀的电场和火花放电。而触头如为低熔点材料，则有助于形成电火花与电弧。

2. 电气设备的防爆措施

电气设备所产生的电弧、电火花或电气设备表面温度过高均能引起爆炸性混合物爆炸。因此，根据电气设备产生火花、电弧的情况和电气设备表面的发热温度，采取各种防爆措施，使这些电气设备能在有爆炸危险的场所中使用，达到安全生产的目的。

3. 火灾爆炸危险场所的电气设备

在选择爆炸危险场所内的电气设备时，根据实际情况，在不致引起运行上特殊困难时，应首先考虑把电气设备安装在爆炸危险场所以外或另室隔离，这是选用非防爆电气设备的主要方法，而且在爆炸危险场所内，应尽量少用携带式电气设备。

采用机械传动或气压控制，即用拉线、铜杆等机械传动，或用气压操纵安装在室外的非防爆开关等；将防雨瓷拉线开关放入塑料容器内，注入变压器油，使油面具有足够的高度，防止尘土落入，并及时换油，可作为临时防爆措施。将一般日光灯装入高强度玻璃管内，两端由橡胶塞密封，也可以作为临时防爆措施。小型非防爆电气设备用塑料袋密封，也是临时防爆措施的一种，但应注意塑料袋的使用期限和坚固程度，以及时更换。

在 Q-1 级、Q-2 级或 G-1 级爆炸危险场所内，采用非防爆型照明灯具时，可按下述方式之一进行照明设计。

① 在场所外面设置玻璃密封的腰窗。Q-1、G-1 级场所，应用两层玻璃；对 Q-2 级场所

可用一层玻璃。

② 设置嵌有双层玻璃并有清洁空气自然通风的壁龛或天窗。

③ 装在用清洁空气通风的密封匣子里。

防爆电气设备须在+40℃的环境温度中正常使用，个别环境中的防爆电气设备，其计算温升应作相应的修正。在有粉尘或纤维爆炸性混合物场所的防爆电气设备，其表面温度一般不应超过125℃。当使用温度不能低于125℃时，其表面温度则不应超过下列数值：

粉尘堆积在5mm厚时，其自燃温度减去75℃；

堆积更厚时，还须降低允许的表面温度值；

对于粉尘或纤维爆炸性混合物则应为其自燃温度的2/3。

如在有爆炸危险的房间内采用防爆性能较高的电动机时，其电动机构造型式应符合操作条件，防止有害物（润滑油或蒸气、粉尘等）落在电动机上。引线和配电装置（引入线盘、动力配电室等）不应设在有爆炸危险的厂房内，而要设在单独的配电室内。在有爆炸危险的房间内，电缆应敷设在电缆隧道或地沟内。室内如有可燃气体，其相对密度（与空气比）大于0.8，则应在地沟内填砂，并适当地降低电缆负荷。为避免误接，所有长期不操作或很少接通的用电设备，均应与电源完全切断（如断开高压用电设备线路上的断路器及卸下低压用电设备线路上的保险丝套筒）。保险丝套筒应装在有爆炸危险房间的外面。

引入防爆电气设备的各种电缆，均须采用弹性密封圈或其他方法密封，保证接口处有可靠的密封性能。

第三节　有火灾爆炸危险物质的处理

化工生产中，对火灾爆炸危险性比较大的物质，应该采用安全措施。首先要考虑的是尽量通过工艺改进，以危险性小的物质代替火灾爆炸危险性大的物质。如果不具备上述条件，则应根据物质燃烧爆炸特性采取相应的措施，如采取密闭及通风措施，惰性介质保护，降低物质的蒸气浓度及在负压下操作，以及其他提高物质安全性的措施等，都可以防止燃烧爆炸条件的形成。

一、用难燃和不燃的溶剂代替可燃溶剂

选择危险性较小的液体时，沸点及蒸气压很重要。沸点在110℃以上的液体，常温下（18～20℃）不能形成爆炸浓度。

例如20℃时蒸气压为800Pa的乙酸戊酯，其浓度C为

$$C=\frac{M\times p\times V}{101325\times R\times T}=\frac{130\times 800\times 1000}{101325\times 0.08\times 293}=44\text{g/m}^3$$

乙酸戊酯的爆炸浓度范围为119～541g/m³。常温下的浓度仅为爆炸下限的1/3。

表3-11所列的是几种危险性较少的物质的沸点和蒸气压。

在许多情况下，可以用不燃液体溶剂代替可燃液体，此类物质有甲烷的氯衍生物（二氯甲烷、四氯化碳、三氯甲烷）及乙烯的氯衍生物（三氯乙烯）。例如，为了溶解脂肪、油、树脂、土沥青、沥青、橡胶以及涂料生产，可以用四氯化碳来代替有燃烧危险的液体溶剂。

表 3-11　几种物质的沸点和蒸气压

物质名称	沸点/℃	20℃时蒸气压/Pa
戊醇	130	267
丁醇	114	534
乙酸戊酯	130	800
乙二醇	126	1067
氯苯	130	1200
二甲苯	135	1333

使用氯烃时必须考虑到长时间吸入其蒸气可能中毒。在发生火灾时，它们能分解放出光气。为了防止中毒，必须使设备密闭，将蒸气抽出至安全处，室内不应超过规定浓度，并在发生事故时要载防毒面具。

二、根据物质的危险特性采取措施

对本身具有自燃能力的油脂以及遇空气自燃、遇水燃烧爆炸的物质等，应采取隔绝空气、防水、防潮或通风、散热、降温等措施，以防止物质自燃和发生爆炸。

相互接触能引起燃烧爆炸的物质不能混存，遇酸、碱有分解爆炸的物质应防止与酸碱接触，对机械作用比较敏感的物质要轻拿轻放。

易燃、可燃气体和液体蒸气要根据它们的密度采取相应的排污方法和防火防爆措施。根据物质的沸点、饱和蒸气压考虑设备的耐压强度、贮存温度、保温降温措施等。根据它们的闪点、爆炸范围、扩散性等采取相应的防火防爆措施。

多数气体及蒸气或粉尘的自燃点均在 400℃以上，因此在很多场合下均要有明火或火花方能着火。有些气体、蒸气及固体易燃物的自燃点很低，有可能发生自燃。此外，在化工过程中，有时产生副产物，例如，某些有机过氧化物在炎热的季节能分解自燃。对于这些容易引起自燃的物质，在使用及贮存过程应注意采取有效的安全措施。当有比较危险的副产物存在时，应有良好的降温措施，设备在未完全冷却之前不能打开。为了避免自燃，不可将物质温度提高至超过其自燃点；在易发生爆炸的厂房内禁止存放油浸过的抹布和工作服，在车间内不得积存油浸过的金属屑。又如硫化亚铁等易燃物从贮罐清除后应运出厂外，埋入土中或采取其他安全处理措施。某些液体如乙醚，受到阳光作用时能生成危险的过氧化物，因此，这种液体应有避光的措施，存放于金属桶或暗色玻璃瓶中。

有些物质能够提高易燃液体的自燃点，例如，汽油中添加四乙基铅。而铈、钡、钴、镁、镍的氧化物，能将易燃液体的自燃点降低，氧化钴能将苯的自燃点从 690℃降到 400℃，所有这些应予以注意。

三、密闭与通风措施

为防止易燃气体、蒸气和可燃性粉尘与空气构成爆炸性混合物，应设法使设备密闭，对于有压力设备更需保持其密闭性，以防气体或粉尘逸出。在负压下操作的设备，应防止进入空气。当设备及管道密闭不良时，负压部分可因空气进入而达到物质的爆炸上限；有正压的可燃物会因泄漏使附近空气达到爆炸下限，因此，开口容器、破损的铁桶和容积较大、没有保护的玻璃瓶不得贮存易燃液体。不耐压的容器不得贮存压缩气体和加压液体，以防容器破裂造成事故。

为了保证设备的密闭性，对危险设备及系统应尽量少用法兰连接，但要保证安装检修方便。输送危险气体、液体管道应采用无缝管。盛装腐蚀性介质的容器底部尽可能不装开关和阀门，腐蚀性液体应从顶部抽吸排出。

如设备本身不可能密闭，可采用液封。负压操作可防止系统中有毒或爆炸危险性气体逸入生产厂房，例如，在焙烧炉、燃烧室及吸收装置中都是采用这种方法。

必须指出，在负压下操作，特别是在清理、打开阀门的时候，注意不要使大量空气吸入。通过孔隙吸入的空气量可按下式计算：

$$q_V = \mu A = \sqrt{\frac{2H}{\rho}} \tag{3-11}$$

式中 q_V——吸入空气量，m^3/s；

μ——流量系数，空气＝0.6；

A——孔隙面积，m^2；

ρ——空气的密度，$1.2kg/m^3$；

H——负压，Pa。

假定气体管道孔的直径为75mm，而负压为785Pa，此时，吸入气体管道中的空气数量为

$$q_V = 0.6 \times \frac{3.14 \times 0.75^2}{4}\sqrt{\frac{2\times 785}{1.2}}$$
$$= 0.096m^3/s$$

加压和减压设备，在投入生产和定期检修时，应检查其密闭性和耐压程度。所有压缩机、液泵、导管、阀门、法兰、接头等容易漏油、漏气部位应经常检查。填料如有损坏应立即调换，以防渗漏。设备在运转中，可用皂液或其他专门方法检查气密情况。操作压力必须加以控制，压力过高，轻则密闭性破坏，渗漏加剧，重则破裂酿成事故。

接触氧化剂如高锰酸钾、氯酸钾、铬酸钠、硝酸铵、漂白粉等粉尘生产的传动装置部分的密闭性能必须良好，传动轴密封严密，不使其粉尘与油类接触，要定期清洗传动装置，及时更换润滑剂。应防止粉尘漏进变速箱中与润滑油相混，避免由于蜗轮、蜗杆的摩擦发热而产生爆炸。

尽管设备密闭很严，但总会有部分蒸气、气体或粉尘泄漏到室内，必须采取措施使其可燃物含量降到最低。同时还必须考虑到有时爆炸危险性物质的数量虽极微，但也可能出现在局部地区的浓度达到爆炸范围的情况，漏入室内的可燃物是否达到爆炸浓度，可以通过计算确定，但往往采用实测的办法简便得多。

例如，容积为$1200m^3$的室内，造成苯与空气的爆炸浓度（苯的爆炸下限为2.7%）时需$\frac{1200}{100}\times 2.7 = 32.4m^3$苯蒸气。然而，由于苯蒸气重于空气，所以会积聚在下面，设其高度为1m（室高为4m）这时计算室内容积不应取$1200m^3$，而应取其1/4，即$300m^3$。若苯蒸气在室内1m以下均匀分布，则需苯蒸气$32.4 \div 4 = 8.1m^3$就可以达到爆炸下限。

当气体或蒸气积聚于坑或沟中时，即使量很小也足以造成局部爆炸浓度。例如，容积为$1m^3$的坑中，苯与空气混合达爆炸浓度时需要苯蒸气的量为

$$\frac{1\times 2.7}{100}=0.027\text{m}^3$$

完全依靠设备密闭，消除可燃物在厂房的存在是不人可能的，生产中，往往借助于通风来降低车间空气内可燃物的含量。

通风分为机械通风和自然通风。按换气方式，又可分为排风和送风。

对有火灾爆炸危险厂房的通风，由于空气中含有易燃易爆气体，所以不能循环使用，排送风设备应有独立分开的风机室，如通风机室设在厂房内，应有隔绝措施。排除、输送温度超过 80℃的空气或其他气体以及有燃烧爆危险的气体、粉尘的通风设备，应用非燃烧材料制成。空气中含有易燃易爆危险物质的厂房，应采用不产生火花的通风机和调节设备。

排除有燃烧爆炸危险的粉尘和容易起火的碎屑的排风系统，应采用不产生火花的除尘器。如粉尘与水接触能形成爆炸混合物，则不应采用湿式除尘器。含有爆炸粉尘的空气，宜在进入排风机前进行净化，防止粉尘进入排风机。排风管应直接通往室外安全处。通风管道不宜穿过防火墙或非燃烧体的楼板等防火分隔物，以免发生火灾时，火势顺管道通过防火分隔物。

四、惰性介质保护

惰性气体有氮、氦、氖、氩、氪、氙等。这些气体都没有颜色，没有气味。氮气是空气中的主要成分之一，其他惰性气体在空气中的含量很少。因为惰性气体的化学活性差，所以常用作保护气体。

1. 化工生产中惰性介质的使用范围

化工生产中常用的惰性介质除氮外，还有二氧化碳、水蒸气及烟道气。这些气体常用于以下几个方面。

① 易燃固体物质的粉碎、研磨、筛分、混合以及粉状物料输送时，可用惰性介质保护；

② 可燃气体混合物在处理过程中加入惰性介质保护；

③ 具有着火爆炸危险的工艺装置、贮罐、管线等配备惰性介质，以备在发生危险时使用。可燃气体的排气系统尾部用氮封；

④ 采用惰性介质（氮气）压送易燃液体；

⑤ 爆炸性危险场所中，非防爆电器、仪表等的充氮保护以及防腐蚀等；

⑥ 有着火爆炸危险装置、设备的停车检修处理；

⑦ 危险物料泄漏时用惰性介质稀释。

使用惰性介质时，要有固定贮存输送装置，根据生产情况、物料危险特性，采用不同的惰性气体和不同的装置。例如，氢气的充填系统最好备有高压氮气；地下苯贮罐周围应配有高压蒸汽管线等。

2. 惰性气体用量计算

化工生产中惰性气体需用量取决于系统中可燃物质最高允许含氧量，见表 3-12。

惰性气体用量，可根据表 3-12 数据按下面公式计算。

（1）所使用的惰性气体不含氧及其他可燃物

表 3-12　部分可燃物质最高允许含氧量　单位：%

可燃物质	用二氧化碳	用氮	可燃物质	用二氧化碳	用氮
甲烷	11.5	9.5	氢	5	4
乙烷	10.5	9	一氧化碳	5	4.5
丙烷，丁烷	11.5	9.5	丙酮	12.5	11
汽油	11	9	苯	11	9
乙烯	9	8	煤粉	12～15	—
丙烯	11	9	麦粉	11	—
乙醚	10.5	—	硫黄粉	9	—
甲醇	11	8	铝粉	2.5	7
乙醇	10.5	8.5	锌粉	8	8
丁二醇	10.5	8.5			

$$V_x=\frac{21-w(\mathrm{O})}{w(\mathrm{O})}V \tag{3-12}$$

式中　V_x——惰性气体用量，m^2；

$w(\mathrm{O})$——从表 3-12 中查得氧的最高允许含量，%；

V——设备中原有的空气容积（其中氧占 21%）。

例如乙烷，用氮气保护，最大容许含氧量为 9%，设备内原有空气容积为 $100m^3$，则

$$V_x=\frac{21-9}{9}\times 100=133.3m^3$$

也就是说必须向空气容积为 $100m^3$ 的设备内送入 $133.3m^3$ 纯惰性气体，乙烷和空气才不能形成爆炸性混合物（但此时需注意，氮气可使人窒息）。

（2）使用的惰性气体中含有部分氧

$$V_x=\left[\frac{21-w(\mathrm{O})}{w(\mathrm{O})-w'(\mathrm{O})}\right]V \tag{3-13}$$

式中，$w'(\mathrm{O})$ 为惰性气体含氧浓度%，其他同前。

例如，在前述的条件下，若所加入的氮气中含氧 6%，则

$$V_x=\left(\frac{21-9}{9-6}\right)\times 100=400m^3$$

通入 $400m^3$ 的氮气才是安全的。

向有爆炸危险的气体及蒸气中添加保护气体时，应注意保护气体的漏失及空气的混入。为了防止事故发生，应当进行漏失量的测定。例如，一个容器装两种气体混合物，其一是保护气体 CO_2，且 CO_2 浓度随时间而变化，这种变化取决于从周围吸入的空气量。影响漏失量的因素有不严密处的几何尺寸及设备周围的空气压力等设备在正常情况下，这些因素都可取为常数。

因此，漏失量 $C(m^2/min)$ 为

$$C=2.303\times\frac{V}{\tau}\lg\frac{R_0}{R_\tau} \tag{3-14}$$

式中　V——容器的容积，m^3；

τ——泄漏时间，min；

R_o——在 $\tau=0$ 时，CO_2 的含量，%；

R_τ——在时间 τ 时 CO_2 的含量，%。

可以用分析的方法求得 CO_2 的 R_o 及 R_τ 值，列于下表。

τ/min	R_τ/%	$\frac{R_o}{R_\tau}$	$\lg\frac{R_o}{R_\tau}$	$C=2.303\times\frac{V}{\tau}\times\lg\frac{R_o}{R_\tau}$
0	9.1	—	—	—
1	8.1	1.12	0.049	11.3
2	7.9	1.15	0.061	7.02
3	6.5	1.40	0.146	11.2
4	6.0	1.52	0.179	10.3
5	5.3	1.72	0.234	10.78
总计				50.6m²(5min 内)

注：$C\approx10m^3/min$。

3. 稀释气体在分解爆炸性气体中的使用

具有分解爆炸危险性的气体，如果超过其分解爆炸的临界压力是危险的，为此，可采用添加惰性气体进行稀释，以抑制爆炸的发生。把抑制爆炸所必要的稀释气体浓度，作为分解爆炸性气体-稀释气体的爆炸临界浓度。此值可由实验求得。见下例。

图 3-2 表示：使用铂丝作为点火源，测定的乙炔爆炸临界值。图中 a 线表示乙炔-水蒸气混合物中乙炔含量；b 线表示点火临界压力；c 线表示乙炔分压。图中，乙炔-水蒸气混合物，随着温度上升，水蒸气浓度提高，乙炔浓度下降，其分压也有所降低，其点火临界压力上升。

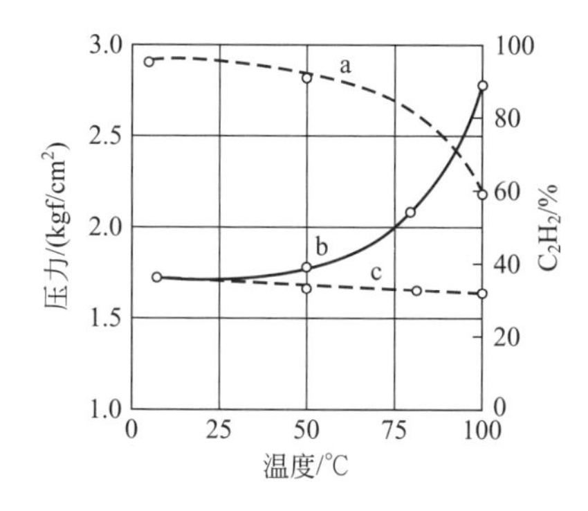

图 3-2 乙炔-水蒸气混合物点火极限压力和温度间关系

（1kgf/cm² = 98.0665kPa，下同）

图 3-3～图 3-5 分别表示乙炔-氢混合气体，乙炔-氮混合气体，乙炔-惰性介质系列的爆炸临界值。

溶剂对乙炔的稳定作用如下。

溶解于溶剂中的乙炔比气相乙炔稳定，即使直接在溶剂中给予点火也不着火。在一定条件下，乙炔同溶剂或溶解在同一溶剂中的其他物质的反应非常快，但未发现爆炸。

将丙酮加入小型耐压容器中，加压使乙炔溶解，测定在气相中点火分解爆炸的压力。如图

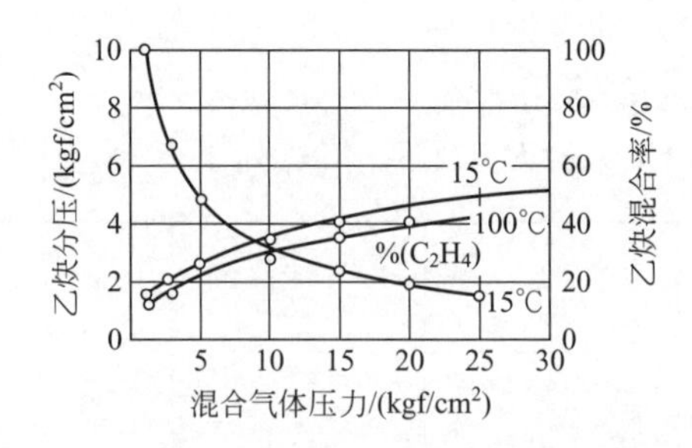

图 3-3　乙炔-氢混合气体的点火临界压力和初压的关系

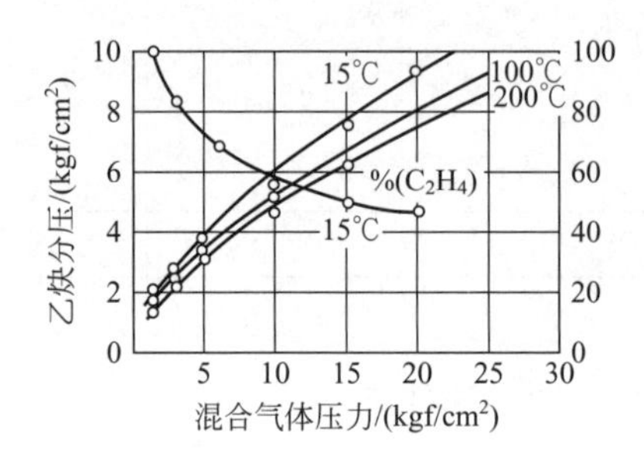

图 3-4　乙炔-氮气混合气体点火临界压力和初压的关系

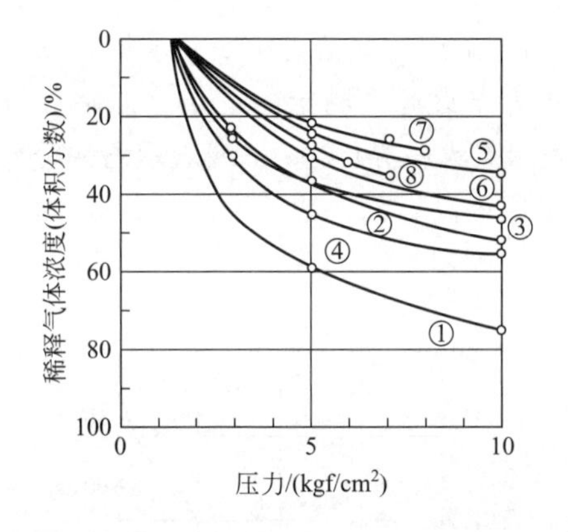

图 3-5　乙炔-惰性介质系列的爆炸临界压力值

①—氢；②—氮；③—甲烷；④—乙烯；⑤—丙烷；⑥—丙烯；⑦—丁烷；⑧—丁烯

3-6 所示，总压低于 7kgf/cm^2 时，溶剂中乙炔不受气相爆炸影响。但高于 7kgf/cm^2，溶剂中的乙炔也会引起分解爆炸。因此，总压在 7kgf/cm^2 以下时，溶剂中的乙炔较气相乙炔为稳定。

五、负压操作

爆炸极限随原始压力增大而增大，反之亦然，因此，在真空中能避免爆炸，即当压力减低至“着火的临界压力”时则不发生爆炸。例如，从湿物料中蒸发出可燃溶剂，一般都应该在真空干燥条件下进行，这时应知道溶剂蒸气爆炸的临界压力，可是这一类数据文献中并不很多，只有通过实验确定。

有一干燥箱（容积 1000L）内干燥含乙醚的某产品，在 20℃及 1013.25kPa 下，1m^3 气

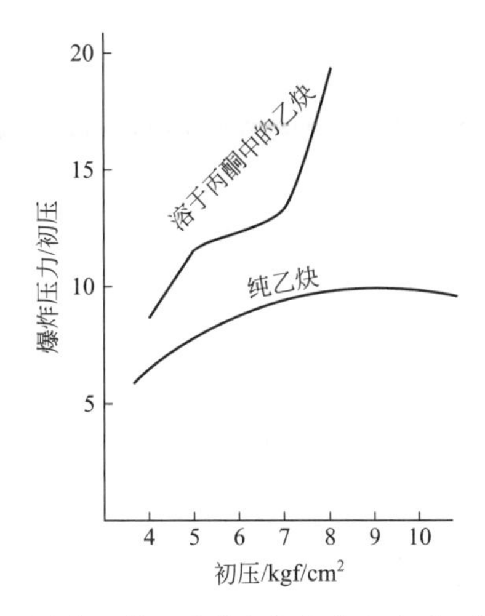

图 3-6 在溶剂中加压溶解乙炔，在其气相部分点火时，爆炸压力对初压的比

体中饱和蒸气的质量计算如下。

1mol（74.08g）的乙醚有 20℃及 58930Pa 压力下所占有的体积为

$$\frac{22.412\times101325(1+0.00367\times20)}{58930}=41.33\text{L}$$

式中 22.412——1mol 乙醚在 0℃及 1013.25kPa 时的体积；

0.00367——乙醚蒸气的温度膨胀系数。

于 1000L 蒸气中含有的乙醚为：

$$\frac{74.08\times1000}{41.33}=1792\text{g}$$

当压力为 133.322Pa 和温度 20℃时计有：

$$\frac{1792}{442}=4.05\text{g}(1\text{m}^3)$$

对于不同物质，其 133.322Pa 蒸气压之可燃物含量见表 3-13。

表 3-13 133.322Pa 蒸气压之可燃物含量

物质	20℃时的蒸气压①/Pa	物质含量/(g/m³)	每 133.322Pa 压力具有的物质含量/(g/m³)
乙酸戊酯	800	43	7.17
丙酮	24664	585	3.16
苯	9866	320	4.31
丁醇	533	16	4.00
甲醇	12532	164	1.74
乙醇	5866	111	2.52
二硫化碳	39730	1240	4.16
甲苯	2933	111	5.04
乙酸乙酯	9732	352	4.82
乙醚	58928	1792	4.05

① 由于资料来源不同，此表中数据与表 3-7 略有不同，仅供参考。

按表 3-13 第 3 行所列数据，可确定任一压力下的液体于 20℃，呈蒸气状态时的质量。当压力为 7332Pa 及 20℃时，在 1m^3 干燥箱中将有 7332÷133.322×4.05=233g 乙醚。如向处于真空状态的设备中送入空气则得到一种混合物，此混合物在20℃及1013.25kPa压力下是在爆炸极限之内的。为使浓度小于爆炸下限（乙醚为$52g/m^3$），大约必须用4倍的高度真空。这种所谓安全压力（真空度）是以上表第3行数值除以爆炸下限（g/m^3）而求得的。例如，乙醚的爆炸下限为$52g/m^3$，则安全压力为$52g/m^3 \div 4.05g/m^3 \times 133.322 = 1733Pa$。实际上在真空干燥时，干燥箱中的空气完全被蒸气排除，而消除了爆炸条件。

上述实例介绍估计所需真空度的方法，用理想气体定律，求出某一溶剂在操作温度下、每立方米容积中，133.322Pa的饱和蒸气压相当于溶剂蒸气若干克，然后以爆炸下限除以所求得的数据，从而得出操作时应维持的压力（减压）为若干帕。这个方法的结果说明，即使干燥器的空间全部是溶剂的饱和蒸气，其浓度（以g/m^3计）也不会达到爆炸下限。这样所求得的操作压力比实际的临界压力低得多，在实施时不经济，但亦可作为一个参考数据。

六、有燃烧爆炸危险物质的处理

化工生产的污水中，往往含有易燃、可燃物质，为了防止下水系统发生燃烧爆炸事故，对易燃可燃物的排放应当严格控制。如果把苯、汽油等有机溶剂放入下水道，因这类有机溶剂在水中的溶解度较小，且都比水轻，与空气接触以后，它们的蒸气就会从水中汽化出来，这是很危险的。如果任其随水漂流，在所经的水面上就会形成一层易燃蒸气。特别是在阳光照射和气压低时，危险性更大。若遇火种会引起剧烈燃烧或爆炸，随波逐流，火势会很快蔓延。

对互相抵触或性质不同的废水如排入同一下水道，很易发生化学反应，导致事故的发生。例如六六六生产的废水含有纯苯同三氯化磷生产的含磷废水一起排入下水道，由于磷自燃会引起苯蒸气的爆炸。硫化碱废液同酸性污水流入下水道，会产生硫化氢，也可造成中毒事故或爆炸事故。

对输送易燃物的管道沟，如果管理不善，易燃物外流不能及时清理或清理不当，就会造成大量易燃物的积存，一旦发生事故，后果严重。

第四节　工艺参数的安全控制

化工生产过程中，工艺参数主要是指温度、压力、流量、液化及物料配比等。按工艺要求严格控制工艺参数在安全限度以内，是实现化工安全生产的基本保证。实现这些参数的自动调节和控制是保证生产安全的重要措施。

一、温度控制

温度是化工生产中主要控制参数之一。不同的化学反应都有其自己最适宜的反应温度，正确控制反应温度不但对保证产品质量降低消耗有重要意义，而且也是防火防爆所必须的。如果超温，反应物有可能分解着火、造成压力升高，导致爆炸，也可能因温度过高产生副反应，生成新的危险物或过反应物。升温过快、过高或冷却降温设施发生故障，还可能引起剧烈反应发生冲料或爆炸。温度过低有时会造成反应速率减慢或停滞，而一旦反应温度恢复正常时，则往往会因为未反应的物料过多而发生剧烈反应引起爆炸。温度过低还会使某些物料冻结，造成管路堵塞或破裂，致使易燃物泄漏而发生火灾爆炸。液化气体和低沸点液体介质都可能由于温度升高气化，发生超压爆炸。

1. 除去反应热

化学反应一般都伴随着热效应，放出或吸收一定热量。例如，基本有机合成中的各种氧化反应、氯化反应、水合和聚合反应等均是放热反应；而各种裂解反应、脱氢反应，脱水反应等则是吸热反应。为使反应在一定温度下进行，必须向反应系统中加入或移去一定的热量，以防因过热而发生危险。

例如，乙烯氧化制环氧乙烷是一个典型的放热反应。环氧乙烷沸点低（10.7℃），爆炸范围极宽（3%～100%），没有氧气存在也能发生分解爆炸。此外，杂质存在易引起自聚并放出热量，使温度升高；遇水进行水合反应，也放出热量。如果反应热不及时导出，温度过高会使乙烯完全燃烧而放出更多热量，使温度急剧升高，导致爆炸。因此，在高温下是很危险的。

温度的控制靠管外“道生”流通实现。在放热反应中“道生”从反应器移走热量，通过冷却器冷却，当反应器需要升温，“道生”则通过加热器吸收热量，使其温度升高，向反应器送热。

乙烯、丙烯、氯乙烯等聚合过程均为放热，移出聚合热的方法如图 3-7 所示。

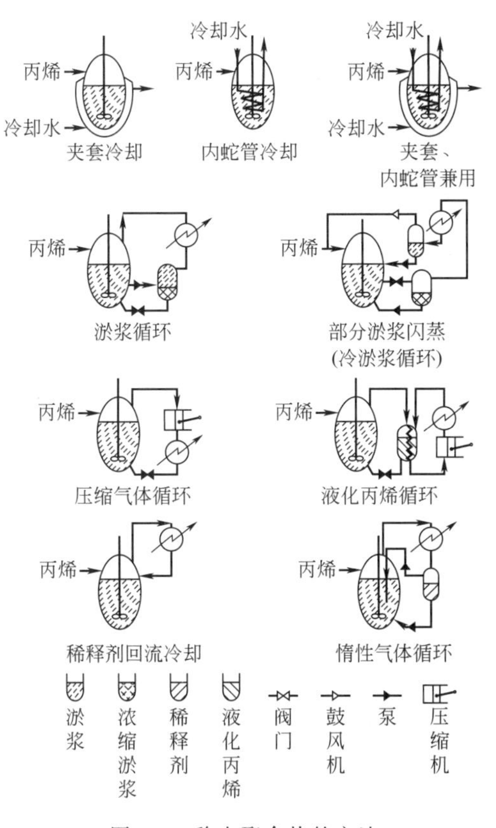

图 3-7　移出聚合热的方法

移出聚合热的方法目前有夹套冷却、内蛇管冷却、夹套内蛇管兼用、淤浆循环、液化丙烯循环、稀释剂回流冷却、惰性气体循环等。

此外，还采用一些特殊结构的反应器或在工艺上采取措施。例如，合成甲醇是一个强烈的放热反应，如何及时移走反应热并加以利用，以控制反应温度是一个很大的问题。因此采用一种特殊结构的反应器。其特点之一是器内装有热交换装置，混合合成气分两种，通过控制一种气体量的大小，以控制反应温度。

加入其他介质，例如通入水蒸气带走部分热量，也是常用的方法。乙醇氧化制乙醛是采用乙醇蒸气，空气和水蒸气混合气体送入氧化炉，在催化剂作用下生成乙醛，利用水蒸气的吸热作用将多余的反应热带走。

2. 防止搅拌中断

化学反应过程中，搅拌可以加速热量的传递，如果中断搅拌可能造成散热不良，或局部反应剧烈而发生危险。因此，要采取措施防止搅拌中断，例如双供电、增设人工搅拌装置等。

3. 正确选择传热介质

化工生产中常用的热载体有水蒸气、热水、过热水、烃类化合物（如矿物油、二苯醚等）、熔盐、汞和熔触金属、烟道气。充分掌握、了解热载体性质，进行正确选择，对加热过程的安全十分重要。

（1）避免使用和反应物料性质相抵触的介质　应尽量避免使用和反应物料性质相抵触的物质作为加热或冷却介质。例如，环氧乙烷很容易与水发生剧烈的反应，甚至极微量的水分渗入到液体环氧乙烷中，也会引起自聚发热产生爆炸。又如金属钠遇水即发生反应而爆炸，所以生产过程中这些物料的冷却与加热要选用适当的介质，如用液体石蜡。次氟酸三氟甲酯的精制过程中，如果用正戊烷作间接冷冻介质冷凝回收次氟酸二氟甲酯，一旦器壁破裂或渗漏，就会发生危险。因为次氟酸三氟甲酯是氧化剂，与正戊烷相混，燃烧起火。

（2）防止传热面结疤　在化工生产中，设备传热面结疤现象是普遍存在的。结疤不仅影响传热效率，更危险的是因物料分解而引起爆炸。结疤的原因，可以是由于水质不好而结成水垢；物料结在传热面上；还可由物料聚合、缩合、凝聚、碳化等原因引起结疤。其中后者危险性更大。

对于直接火加热的设备，要定期清渣、清洗和检查锅壁厚度，防止锅壁结疤。例如，精萘蒸馏采用直接火加热，如果锅底物料聚合结疤，影响传热。严重时会导致钢板软化破裂，物料泄漏遇火燃烧。

有的物料在传热面结疤，由于结疤部位过热造成物料分解而引起爆炸。例如，硝基苯甲醚，生产中，分离中间物（内含邻硝基苯甲醚、邻硝基酚钠、树脂物等），在加热过程中，物料在蛇管上结疤，受热分解爆炸。对于这种易结疤、并能引起分解爆炸的物料，选择传热方式时，应特别注意改进搅拌形式；对于易分解、乳化层物料的处理尽可能不采用加热方式，而采用别的工艺方法，例如，加酸、加盐、吸附等，避免加热处理时发生事故。

换热器内流体宜采用较高流速，不仅可提高传热系数，而且可减少污垢在换热管表面沉积。例如，联苯混合物在传热过程中，如果流速太慢，热量不能及时传递，有可能造成局部过热。

当然，预防污垢和结疤的措施涉及工艺路线、机械设计与选型、运行管理，维护保养等各个方面，需要互相密切配合、认真研究。同时要注意对于易分解物料的加热设备，其加热面必须低于液面，操作中不能少投料；设备设计尽量采用低液位加热面，加热面不够可增设内蛇管，甚至可以采用外热式加热器，也可在加热室进口增加一个强制循环泵，加大流速，增加传热系数。

（3）热载体使用中的安全　热载体在使用过程中处于高温状态，所以安全问题十分重要。高温热载体，例如，联苯混合物（由73.5%联苯组成），在使用过程中要防止低沸点液体如水及其他液体进入，因为低沸点物质进入系统，遇高温热载体会立即汽化超压爆炸。热载体运行系统不能有死角，（例如凝液回流管高出夹套底，夹套底部可能造成死角）以防水压试验时积存水或其他低沸点物质。热载体运行系统在水压试验后，一定要有可靠的脱水措施，在运行前，应当进行干燥吹扫处理。

（4）热不稳定物的处理　化工生产过程，对热不稳定物的温度控制十分重要。对热不稳定物要注意降温和隔热措施。对能生成过氧化物的物质，加热之前要从物料中除去。对某些易燃的染料或助剂的生产中，要注意控制烘干温度，烘房温度超过90℃时发泡剂H就可能起火。热不稳定物的贮存温度应控制在安全限度之内。对于这些受热不稳定的物质在使用中注意同其他热源隔绝。受热后易发生分解并能引起爆炸的危险物，如偶氮染料及其半成品重氮盐等在反应过程中要严格控制温度，反应后必须清除反应锅壁上剩余的重氮盐。

二、控制投料速度和配比

对于放热反应，投料速度不能超过设备备传热能力，否则，物料温度将会急剧升高，引起物料的分解、突沸，产生事故。加料温度如果过低，往往造成物料积累、过量，温度一旦升高，反应便会加剧进行，加之热量不能及时导出，温度及压力都会超过正常指标，造成事故。

如某农药厂保棉丰反应釜，按工艺规程规定，在不低于75℃温度下，4h内加完100kg双氧水。但由于投料温度低（70℃），开始反应速率慢加上投入冷的双氧水使温度降至52℃，因此将投料速度加快（在1h 12min投双氧水80kg），造成双氧水与原油（3911）剧烈反应，使反应热来不及导出而温度骤升，仅在6s内温度由78℃猛升至200℃以上，造成反应釜内物料汽化，发生爆炸。

对于放热反应，投入物料的配比也十分重要，必须严格控制。

松香钙皂的生产，是把松香投入反应釜内加热至240℃，缓慢加入氢氧化钙，其反应式：

$$2C_{19}H_{29}COOH+Ca(OH)_2 \longrightarrow Ca(C_{19}H_{29}COO)_2+2H_2O\uparrow$$

反应生成的水在高温下变成蒸汽。由反应可以看出，投入的氢氧化钙量增大，水的生成量也增大，如果控制不当会造成跑锅，与火源接触会造成起火。因此，应严格计量。

对连续化程度较高、危险性较大的生产，要特别注意反应物料的配比关系。例如，环氧乙烷生产中乙烯和氧的混合反应，其浓度接近爆炸范围，尤其在开停车过程中，乙烯和氧的浓度都在发生变化，且开车时催化剂活性较低，容易造成反应器出口氧浓度过高，为保证完全，应设置联锁装置，经常核对循环气的组成，尽量减少开停车次数。

催化剂对化学反应的速率影响很大，因此，如果催化剂过量，就可能发生危险。可燃或易燃物与氧化剂的反应，要严格控制氧化剂的投料速度和投料量。能形成爆炸性混合物的生产，其配比应严格控制在爆炸极限范围以外，如果工艺条件允许，可以添加水蒸气、氮气等惰性气体进行稀释。

投料速度太快，除影响反应速率之外，也可能造成尾气吸收不完全，引起毒气或可燃性气体外逸。某农药厂乐果生产硫化岗位，由于投料速度太快，使硫化氢尾气来不及吸收而外逸，引起中毒事故。

当反应温度不正常时，要准确判断原因，不能随意采用补加反应物的办法来提高反应温度，更不能采用增加投料量然后再补热的办法。例如，烷基苯生产中就产发生过此类事故。

在投料过程中，另一个值得注意的问题是投料顺序问题。例如，氯化氢合成应先投氢后投氯；三氯化磷生产应先投磷后投氯；磷酸酯与甲胺反应时，应先投磷酸酯，再滴加甲胺等。反之就可能发生爆炸。用2,4-二氯酚和对硝基氯苯加碱生产除草醚，三种原料必须同时加入反应罐，在190℃下进行缩合反应。假若忘加硝基氯苯，只加2,4-二氯酚和碱，结果生成二氯酚钠盐，在240℃下能分解爆炸。如果只加硝基氯苯与碱反应，则能生成对硝基氯酚钠盐，在200℃下分解爆炸。

加料过少也可能引起事故。有两种情况，一是加料量少，使温度计接触不到料面，温度出现假象，导致判断错误，引起事故。例如，二硝基苯胺重氮盐生产中，规定加浓硫酸1100kg，实际只加了580kg，致使温度计接触不到液面（其反应是加完亚硝酸钠变成亚硝基硫酰，再加2,4-二硝基苯胺，进行重氮化），温度指标始终20℃（规定值），实际温度超过150℃，2,4-二硝基苯胺重氮盐发生分解导致爆炸。另一种情况是物料的气相部分和加热面接触（夹套、蛇管加热面）可使易于热分解的物料局部过热分解。

三、超量杂质和副反应的控制

许多化学反应，由于反应物料中危险杂质的增加导致副反应、过反应的发生而造成燃烧或爆炸。因此，化工生产原料、成品的质量及包装的标准化是保证生产安全的重要条件。

乙炔和氯化氢生产氯乙烯，氯化氢中游离氯一般不允许超过0.005%，因为过量游离氯与乙炔反应生成四氯乙烷立即燃烧爆炸。乙炔生产中要求电石中含磷不超过0.08%，因为磷（即磷化钙）遇水后产生磷化氢，遇空气燃烧，可导致乙炔-空气混合气体的爆炸。生产增白剂原料D-S-D酸时，原料对硝基甲苯若含水超过规定（0.1%）与硫酸反应，会由于放热太多，引起爆炸。四氟乙烯即使在低温、含氧量较低的情况下，也可能生成四氟乙烯的过氧化物，这种过氧化物在震动、撞击或摩擦受热等因素触发下会发生爆炸。四氟乙烯过氧化物爆炸又可引起四氟乙烯单体发生歧化反应，造成剧烈爆炸。四氟乙烯的自聚物和过氧化物固体又可能造成管道堵塞，在拆装和开启气动阀时应特别小心。盛装四氟乙烯的容器应以低温盐水降温贮存。

反应原料气中，如果有害气体不消除干净，在物料循环过程中，就会越积越多，最终导致爆炸。有害气体除采用吸收清除的方法之外，还可以在工艺上采取措施，不使之积累。例如，高压法合成甲醇，在甲醇分离器之后的气体管道上设置放空管，通过控制放空量以保证系统中有用气体的比例。这种将部分反应气体放空或进行处理的方法也可以用来防止其他爆炸性介质的积累。有时有害杂质来源于未清除干净的设备，例如六六六生产中，由于合成塔可能留有少量的水，通氯后水与氯反应生成次氯酸，次氯酸受光照射产生氧气，与苯混合发生爆炸。所以对此类设备一定要消除干净，符合要求后才能投料生产。

有时为了防止某些有害杂质的存在引起事故，采用加稳定剂的办法。如氰化氢在常温下呈液态，贮存中必须使其所含水分低于1%，然后装入密闭容器中，搁置在低温，防止由于水的存在，时间一长产生氨，氨作为催化剂可引起聚合反应，聚合热使蒸气压上升，导致爆炸事故发生。为了提高氰化氢的稳定性，常加入浓度为0.001%～0.5%的硫酸、磷酸或甲酸等酸性物质作为稳定剂或吸附在活性炭上加以保存。丙烯腈具有氰基和双键，因此有很强的反应能力，容易进行聚合、共聚或其他反应，在有氧及氧化剂存在下或受光照能迅速聚合，同时放热、压力升高，导致爆炸。在贮存中一般添加对苯二酚作稳定剂。

有些反应过程应该严格控制，使其反应完全。因为如果成品中含有大量未反应的半成品，可能导致事故。农药1605生产中，因反应不完全，成品原料中含有大量未反应的半成品一氯化物，是热不稳定物质，在100℃左右就会发生异构化反应，异构化物进一步分解，产生大量气体及热量，最终引起爆炸。

有些反应过程要防止过反应的发生。因为许多过反应生成物是不稳定的，往往引起事故。如三氯化磷生产中是将氯气通入到黄磷中，生成的三氯化磷沸点低（75℃），很容易从反应中除去。假若发生过反应，则生成固体的五氯化磷，在100℃时才升化。但化学活性较三氯化磷高得多，由于黄磷的过氧化而发生爆炸已有发生。苯、甲苯硝化生成硝基苯和硝基甲苯，若发生过反应则生成二硝基苯和二硝基甲苯。这两种物质均不如硝基苯和硝基甲苯稳定，往往在精馏时容易爆炸。因此，对这类反应要保留一部分未反应物，使其不产生过反应物。在某些生产过程中，要防止物料同空气中氧反应而生成不稳定过氧化物。例如乙醚、异丙醚、四氢呋喃等，当其被蒸发或蒸馏时，或当这些过氧化物与其他化合物生成爆炸性混合物时以及受热、震动、摩擦等都会造成极猛烈的爆炸。

对有较大危险的副反应物，要采取措施不让其在贮罐内长久积聚。例如，液氯系统往往有三氯化氮存在，目前液氯包装大多采用液氯加热汽化进行灌装。这种操作不仅使整个系统处于较高压力状态，另外，汽化器内也是易使三氯化氮累积，采用泵输送则可避免这种情况。

四、溢料和泄漏的控制

化学反应中，不少物料容易起泡，从而发生溢料，若溢出的是易燃物，则遇到明火引起燃烧。

造成溢料的原因很多，它与物料的构成、反应温度、加料速度以及消泡剂用量、质量等都有关。加料速度过快，产生的气泡大量逸出，同时夹带走大量物料。

物料黏度大也容易产生气泡。可通过提高温度，降低黏度等方法来减少泡沫，也可以喷入少量的消泡剂降低其表面张力。在设备结构方面要考虑采用打散泡沫的打泡浆。

造成大量物料的泄漏，可能由于设备损坏、管道破裂、人为操作错误和反应失去控制等原因。在工艺指标控制、设备结构形式等方面应采取相应措施。如为了防止大量物料泄漏，重要的阀门应采取两级控制。例如聚合釜下面的切断阀其控制关系如下：

控制室的控制阀	现场控制阀	切断阀
开	开	开
	关	关
	开	关
关	关	关

从上可以看出，切断阀必须是控制室和现场两级控制阀都打开时才能打开，缺一不可。当操作切断阀的空气压力降低时，切断阀有向关闭方向动作的结构。

对于危险性大的装置，应设置远距离遥控断路阀，以备一旦装置异常，立即和其他装置隔离。为了防止误操作，重要控制阀的管线应涂色，以示区别，或挂标志、加锁等。仪表配管也要以各种颜色加以区别，各管道上的阀门要保持一定的距离。

震动往往导致管线焊缝的破裂，从而造成泄漏。通常，震动是由于力学性能原因和流体的脉动造成的，另一个原因是气液相变造成。如蒸汽管路的水锤冲击，指的是因蒸汽凝缩使体积缩小、流速加快，而加速了的流体推动凝缩了的冷凝水冲击管壁的现象。在石油化工生产装置中，气体物料的输送，有时因流量和温度等的变化引起冷凝液急速流动，也会造成上述的水锤现象，从而出现意想不到的事故，对此，不可忽视应该采取相应预防措施。

两种性质相抵触的物质如果因泄漏而混触，容易发生危险。如硫化碱由于包装质量差遇酸生成大量硫化氢气体，遇火发生爆炸；保险粉、硫化蓝、硫化黑染料泄漏遇水或潮湿空气产生激烈反应导致燃烧；硝酸等氧化剂泄漏后遇稻草、木箱之类物质便燃烧。因此在化工生产中不仅要注意工艺过程中物料的泄漏，而且要防止贮存及运输过程中的泄漏，尤其要防止性质相抵触物质的混触。

在石油化工生产中，为使装置正常运转，要进行疏水、采样、抽液、排气等操作。操作时要把液化气排放到装置外安全地点，不让可燃性蒸气泄漏到周围空气中构成爆炸性气体，特别是比空气重的蒸气，会积聚在排水沟、渠、坑、槽等低洼处所，造成意想不到的事故。

工艺过程中某些有机物，例如，硝基苯、硝基甲苯、甲萘胺、苯胺、苯酐、硬脂酸等蒸馏残液的排放，不仅污染环境，而且容易扩散形成爆炸性混合物，甚至引起自爆。因此，对于易燃的有机物排渣时应采用氮气或水蒸气保护。

在保温措施中，由于保温材料的不密闭，有可能渗入易燃物，在高温下达到一定的浓度或遇到明火时，就会发生燃烧。目前化工生产中保温材料多采用泡沫水泥砖、膨胀蛭石、玻璃纤维等外涂水泥或包玻璃纤维布。这种结构虽然投资少，但是易损坏，不仅保温效果不佳，特别是一些有机物例如硝基化合物、重氮化合物、酚类化合物等泄漏易渗到保温夹层中，久而久之逐渐积累是很危险的。在苯酐生产中，就曾发生过由于物料漏入保温层中，引起爆炸事故。因此可能接触易燃物的保温材料要采取防渗漏措施，需要采用金属薄板包敷或塑料涂层。绝热材料传热率低，而且在这种多孔物质中容易浸润易氧化的有机物如油类，温度在 250℃以上，就会发生油的氧化作用，热量积聚不散，就会自燃起火。

第五节　自动控制与安全保险装置

自动化系统按其功能分为四类：自动检测系统；自动调节系统；自动操纵系统；自动信号联锁及保护系统。

这些不同的系统在对象与自动装置的信号连接关系上有差别。所谓对象，就是被控制的机器、设备及过程。所谓自动装置，就是用以控制机器、设备及过程的技术工具。

（1）自动检测系统　是对机器、设备及过程自动进行连续检测，把工艺参数等变化情况揭示或记录出来的自动化系统。从信号连接关系上看，对象的参数如压力、流量、液位、温度、物料成分等信号送往自动装置，自动装置将此信号变换、处理和显示。

（2）自动调节系统　是通过自动装置的作用，使工艺参数保持为给定值的自动化系统。工艺系统保持给定值是稳定正常生产所要求的。从读号连接关系上看，为要了解参数是否在给定值上，就需要进行检测，即把对象的信号送往自动装置，但是，这还不够，还要把自动装置的调节作用送往对象，以使参数趋近于给定值。

（3）自动操纵系统　是对机器、设备及过程的启动、停止及交换、接通等工序，由自动装置进行操纵的自动化系统。人们只要对自动装置发出指令，全部工作即可自动完成。

（4）自动信号联锁和保护系统　是机器、设备及过程出现不正常情况时，会发出警报或自动采取措施，以防事故，保证安全生产的自动化系统。有一类仅仅是发出报警信号的，这类系统通常由电接点、继电器及声光报警装置组成。当参数越出容许范围后，电接点使继电器动作，于是声光装置发出报警信号。另一类是不仅报警，而且自动采取措施。例如，当参数进入危险区域时，自动打开安全阀，或在设备不能正常运行时自动停车，并将备用的设备接入等。这类系统通常也由电接点及继电器等组成。

上述的四种系统，都可以在生产操作中起到控制作用。自动检测系统和自动操纵系统主要是使用仪表和操纵机构，调节则还需人工判断操作，通常称为“仪表控制”。自动调节系统，则不仅包括检测和操作，还包括通过参数与给定值的比较和运算而发出的调节作用，因此也称为“自动控制”。

一、工艺参数的安全控制

1. 温度自动控制和调节

【例】 硝酸生产中氧化炉温度的调节。

硝酸生产中，关键性设备是氧化炉，氧化炉的正常生产对整个工艺系统的安全关系极大。氨和空气混合后加热至60～70℃经过滤后进入氧化炉，在催化剂作用下进行下列氧化反应。

2. 压力自动控制和调节

【例1】 环氧氯丙烷生产压力自动调节。

环氧氯丙烷生产中，液氯汽化是在气体罐内由蒸汽夹套加热实现的。汽化了的氯气进入反应器与丙烯在高温下进行反应。参加反应的氯气流量由反应器的温度决定。另外，受外界条件影响，汽化罐本身压力经常波动，需要随时调节进入汽化罐的液氯流量。此调节系统采用气动单元组合仪表。其中气动压力变送器起观察压力的作用，它把压力测量转变为与之成正比例的气压，送至调节仪表，该压力反映液氯气化罐压力高低，称为压力测量信号。调节仪表起比较、运算作用。气体薄膜阀作为开闭阀门，根据控制信号的大小，开大或关小液氯出口阀门，保持进入的液氯流量与参加反应的氯气流量相适应，从而起到调节作用，使汽化罐压力稳定在安全的数值范围内。

【例2】 减压装置。

某生产过程需要将压力25MPa的氮气减至1.5MPa送入生产装置，但生产装置有时用氮气，有时又不用。当工艺装置不用氮气时，由于阀门不十分严密，即使调节阀全部关闭，生产装置内的压力仍要提高，这就有可能造成事故。因此应在氮气管上连接放空管，并配置调节系统。

如图3-8所示，在这个调节系统中，根据生产的安全情况，放空阀采用关闭式。在正常情况下，放空阀关闭，进气阀保持一定开度，以保证送入装置的氮气压力符合生产要求。发生干扰作用时，进入装置的氮气压力如果降低，调节器输出信号改变，进气阀开度便增大，保持氮气的稳定。当生产不需氮气时，进气阀关闭。如由于高压侧向低压侧渗透的原因，致使进入装置的氮气压力仍在升高，则放空阀可打开，从而保护系统压力在1.5MPa。

在压力自动调节系统中，分程调节可以通过两个以上的调节阀的组合使事故状态下的参数保持安全状态。当由于工艺生产的原因，不需要氮气时或氮气压力超过规定时，则自动打开放空阀，避免设备超压。

【例3】 在化工生产中，负荷是个经常变化的因素，特别是在多机组、多系统的生产过

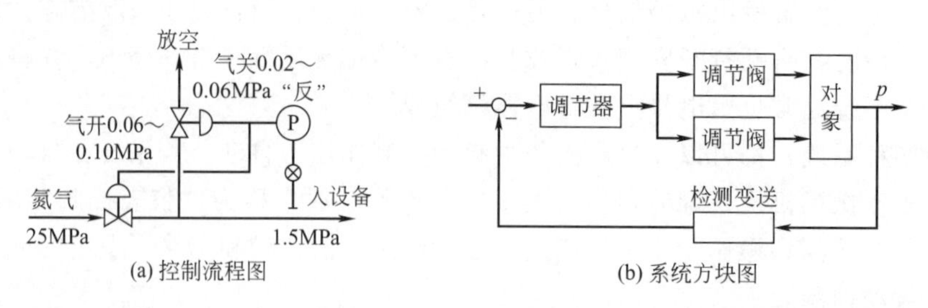

图 3-8 氮气压力调节系统

程中，正常生产和开停车状态下，所需物料量差别很大，对安全十分不利。例如，燃烧天然气作能源，其流量随生产负荷变化，天然气流量太小，可能产生回火现象；而在短暂的停车过程中，又要维持炉膛温度，只需要少量天然气；当正常生产时，则需要大开阀门，加足气量，以满足生产需要。对此，可采用分程调节系统，实现压力自动调节。

3. 流量和液位自动控制和调节

在化工生产中，流量是一个很重要的参数，在一些工艺控制中，如果流量发生变化，就可能造成事故。

例如，在以石脑油为原料的合成氨装置中，使用的原料是石脑油、水蒸气和空气。脱硫后的石脑油和蒸汽送入一段转化炉，生成 CO、CO_2、氢气和部分甲烷。为了保证转化炉安全生产，石脑油、蒸汽、空气的流量应保持平稳。通常采用孔板式流量计测量油的流量，油流经孔板形成的压差通过差压变送器转移成电流信号，然后在调节器中与给定值进行比较，调节器的输出经过电气转换后，操纵进料阀，使蒸汽与石脑油保持一定的比值。

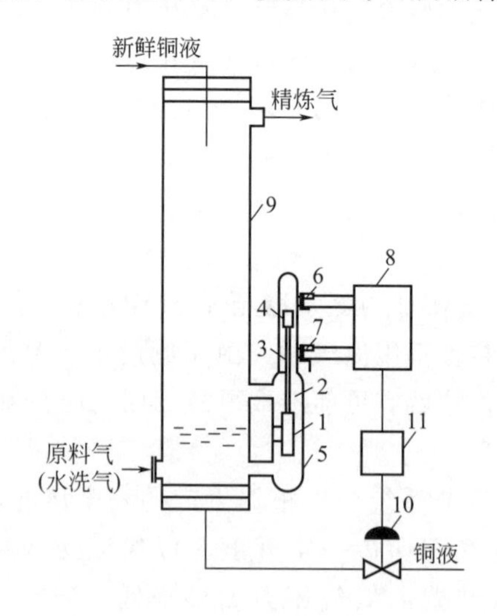

图 3-9 液位调节原理图

1—沉筒；2—弹簧；3—连标；4—磁钢；5—连通器（磁钢活动部分为不锈钢材料）；
6,7—上、下限常开干簧；8—电子双稳态电路；9—铜洗塔；
10—气开调节阀；11—电气转换器

液位控制可以通过仪表自动维持。例如，小氮肥厂精制工段铜洗塔液位的调节控制系统，铜液从塔上部喷淋下来，吸收 CO_2、CO 气体以后，从塔底排出，塔内保持一定的液位，防止含有 CO_2、CO 等杂质的高压变换气从塔底串到低压铜液再生系统中，以保证系统安全。如液位过高，铜液易被变换气带出，经压缩机进入合成塔。这样就会造成压缩机损坏，且铜液进入合成塔内可使催化剂中毒。

液位控制采用如图 3-9 所示的一个双液位调节系统。当液位上升时，沉筒 1 由于沉没部分的液体增加，浮力增大，弹簧 2 因所受拉力减小而缩短。沉筒上升，使顶在连杆上的磁钢 4 也上升，当液位到达 $h_{上}$ 时，磁钢 4 吸合上限常开干簧 6 触头，使电子双稳态调节器 8 输出电流信号，通过电气转换器转换成 0.10MPa 气压打开调节阀 10，流出量突然增加，大于进塔量，液位下降。在液位下降时，由于对沉筒 1 的浮力减少，弹簧 2 的拉力增加而伸长，使磁钢 4 也随着液位的下降而下降。这样，液位下降到 $h_{下}$ 使磁钢 4 与下限常用干簧 7 的触头闭合，使双稳态电路没有输出，电气转换器的输出为 19.6kPa，调节阀关闭，液位由于铜液不断流入，又逐渐上升，重复上述动作。

二、程序控制

在化工自动化中，大多数是对连续变化的参数，如压力、温度、流量、液位等进行自动调节。但在化工过程中还会遇到某种对象，工艺要求一组执行机构按一定的时间间隔做周期性的动作，如小氮肥生产的煤气发生炉、小石油化工的蓄热式裂解炉，都要对一组阀门按一定的工艺要求作周期性切换，以生产出合乎工艺要求的半水煤气或裂解气。

造气过程由制气循环的六个工序组成。整个过程是由气动执行机构推动旋塞作二次正转和二次逆转 90°实现的。自动机的电子控制器按工艺要求发出指令，被程序控制的气动机构作二次正转和二次逆转，并且在二次回收、吹风及回收三个位置的开空气阀门，在其余位置关闭空气阀门，以防止空气进入气柜、使氧含量增高而发生爆炸事故。

三、信号报警、安全联锁和保险装置

1. 信号报警

在化工生产过程中，可安装信号报警装置，当情况失常时，警告操作人员及时采取措施消除隐患。发出的信号有专用音、光或颜色等，它们通常都和测量仪表相联系。

例如，在硝化过程中，硝化器的冷却水压力为负压，为了防止器壁泄漏而造成事故，在冷却水排出位置上装有带铃的导电性测量仪，若设备泄漏水中侧混有酸，导电率提高，铃即发响。一般聚合釜、水解釜等压力反应器，除规定装有泄压装置之外（安全阀、爆破片等）还应装有压力或温度极限的报警装置。例如，水银接触器的压力信号器可用作超压信号装置，同时，可与执行机构一起作为压力调节器。当压力超过极限值时，或者当压力不稳发生波动等，均会造成意外事故，对此，均可用接触压力计作为信号仪。

在小氮肥生产中，经水洗的气体夹带大量水分，为不使水带入压缩机造成事故，必须使气体经水分离器，将水从气中分离出来。为了防止分离器的水突然增多液位过高，失去分离作用，就需要对水分离器液位处于正常位置给以指示，达到危险位置时给以报警。如图3-10所示，为水分离器报警原理。

随着化学工业的发展，警报信号系统的自动化程序也提高了。例如，反应塔温度上升的自动报警系统可以分成两级报警。急剧升温的检测系统，与进出口流量相对应的温差检测系统。警报的传送方法按照故障的轻重程度设置信号装置，灯泡的颜色和音响即有细微的变化也能分辨出来。报警回路的接点在正常值时，以闭合状态为好。

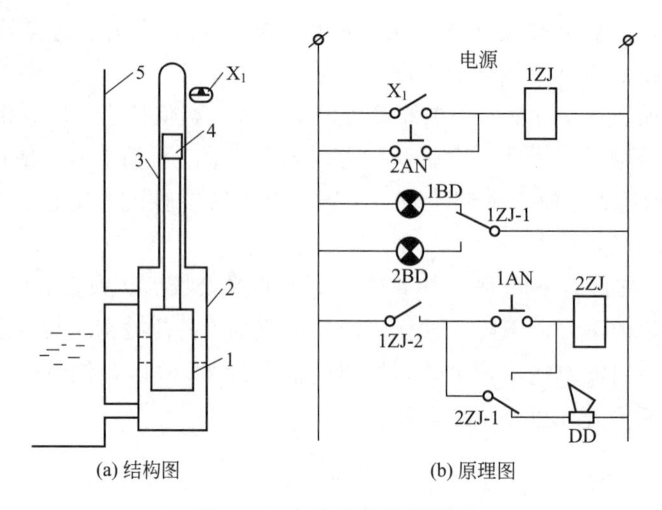

(a) 结构图　(b) 原理图

图 3-10　水分离器报警原理

1—浮筒；2—连通器；3—隔离套；4—磁钢；5—水分离器

2. 保险装置

信号装置只能提醒人们注意事故正在形成或即将发生，但不能自动排除故障，达到安全目的。保险装置则是在发生危险状态时，能自动消除危险状态。例如，氨氧化反应是在氨和空气混合爆炸极限边缘进行的，在气体输送管路上应当安装保险装置，以便在紧急情况下中断气体的输入。在反应过程中，若空气的压力过低或氨的温度过低都可能使混合气体中氨的浓度提高，而达到爆炸下限。如果发生这种情况，保险装置则使电流切断，系统中只允许空气流过，氨气中断，因此可防止爆炸事故的发生。气体燃烧炉在燃料气输送管的压力降低时，火焰熄灭，气体扩散而入燃烧室，在下一次点火时可能发生事故。为防止这类事故的发生，可以在输气管上作一个 U 形部分，此 U 形部位的出口端上方连接一个装水的容器，容器内有铜制虹吸管。输气管内压力正常时，虹吸管内没有水；若压力降低时，则容器内水面上的气体将水压入虹吸管而流入 U 形部分，阻塞了气体的通路。当然这种方法目前已较落后。

3. 安全联锁

所谓联锁就是利用机械或电气控制依次接通各个仪器及设备并使之彼此发生联系，以达到安全生产的目的。

在化学工业中，常见的联锁装置有以下几种情况：

① 同时或依次放两种液体或气体时；

② 在反应终止需要惰性气体保护时；

③ 打开设备前预先解除压力或需降温时；

④ 当两种或多个部件、设备、机器由于操作错误容易引起事故时；

⑤ 当工艺控制参数达到某极限值，开启处理装置时；

⑥ 某危险区域或部位，禁止人员入内时。

例如，在酸与水混合操作中，必须首先往设备中注入水再注入硫酸，否则将会发生喷溅和灼伤事故。将注水阀门和注酸阀门依次联锁起来，就可以达到此目的。如果只凭工人记忆操作，很可能一时疏忽顺序颠倒，发生事故。某种经常打开的带压反应容器，在设备开启之前，必须卸压。经常、频繁的操作是很容易被疏忽的，只有将打开孔盖和解除罐内压力联锁起来，才是安全的。又如乙炔发生装置中，乙炔气柜高度与乙炔发生器加料速度必须相适应。因此乙炔发生器的电磁震动加料器采用差压变送器测量气柜高度，将其输送出电流作为高度显示及可控硅自动调压器的控制信号，控制电磁振幅，以实现联锁。合成氨生产的重油气化炉，由于温度高、压力高、物料流量要求严，而流速和反应速率对生产正常运行影响很大，须采用联锁装置才能保障生产安全。

联锁装置的作用可分为两部分，即开车时的安全抽料程序控制和进炉物料指标的联锁控制。开车时，联锁装置使进入炉子的物料只能依次按蒸气、重油、氧气的顺序投料。此程序控制由人工指令继电装置发出电讯号，顺次接通电动气阀。气动闸门受到控制联锁动作，使气化炉处于安全状态。轻柴油裂解年产 30 万吨乙烯装置中，仪表气源的正常供给非常重要，为保证仪表空气压缩机的安全运行，采用如下的联锁装置：

① 低油压报警与停机联锁；

② 冷却水低流量报警与停机联锁；

③ 压缩机二段出口温度高报警与停机联锁。

第六节　限制火灾爆炸蔓延扩散的措施

一、基本原则

在考虑限制火灾爆炸蔓延扩散的措施中，不仅要研究物料的燃烧爆炸性质、设备装置情况、工艺操作条件等，而且要注意生产过程中由于工艺参数的变化所带来的新问题。因为各种情况的发生，将会给阻火和灭火的效果带来新的困难，所以限制火灾爆炸蔓延扩散的措施应该是整个工艺装置的重要组成部分。

安全生产，首先应当强调防患于未然，把预防放在第一位，一旦发生事故，则从安全的角度，设法制止燃烧爆炸，不使其事故扩大，然后采取灭火措施。限制措施在开始设计时就要重点考虑，对工艺装置的设计布局、建筑结构以及防火区域的划分，不仅要有利于工艺要求、运行管理，而且要符合预防事故灾害，把事故限制在局限范围内。

例如，出于投资上的考虑，布局紧凑为好，但这样对防止火灾蔓延、切断事故区域可能不利，有可能使事故后果扩展，所以两者要统筹兼顾。一定要留有必要的防火间距。对槽罐距离、防油堤、防火壁、耐火构造及阻火灭火设施，大量物料泄漏的处理和灭火措施，以及紧急情况时的指挥系统等都要统筹加以考虑。

二、爆炸破坏作用的预防

1. 阻火设备

阻火设备包括安全液封、阻火器和单向阀等。其作用是防止外部火焰蹿入有燃烧爆炸危险的设备、管道、容器，或阻止火焰在设备和管道间的扩展。各种气体发生器或气柜多用液封进行阻火。常用的安全液封有敞开式和封闭式二种。在容易引起燃烧爆炸的高热设备、燃烧室、高温氧化炉、高温反应器与输送可燃气体、易燃液体蒸气的管线之间，以及易燃液体、可燃气体的容器、管道、设备的排气管上，多用阻火器进行阻火。阻火器有金属网、波纹金属片、砾石等形式。对只允许流体（气体或液体）向一定方向流动，防止高压蹿入低压及防止回火时，应采用单向阀。为了防止火焰沿通风管道或生产管道蔓延，可采用阻火闸门。

2. 防爆炸泄压设施

防爆泄压设施，包括采用安全阀、爆破片、防爆门和放空管等。安全阀主要用于防止物理性爆炸；爆破片主要用于防止化学爆炸；防爆门和防爆球阀主要用于加热炉上；放空管用来紧急排泄有超温、超压、爆聚和分解爆炸的物料。有的化学反应设备除设置紧急放空管外，还宜设置相应设备安全阀、爆破片或事故贮槽，有时只设置其中一种。

三、隔离、露天安装、远距离操纵

在化工生产中，某些设备与装置由于危险性较大，应采用分区隔离、露天安装和远距离操纵等措施。

1. 分区隔离

在总体设计时，应慎重考虑危险车间的布置位置。按照国家有关规定，危险车间与其他车间或装置应保持一定的间距，充分估计到相邻车间建、构筑物可能引起的相互影响，采用相应的建筑材料和结构形式等。例如，合成氨生产中，合成车间压缩岗位的布置：焦化、炼焦和副产品回收车间的间隔；染料厂的原料仓库和生产车间的间隔；高压加氢装置的间隔；厂区、厂前区、生活区等的划分等，都必须合理分区。

在同一车间的各个工段，应视其生产性质和危险程度而予以隔离，各种原料成品、半成品的贮藏，也应按其性质、贮量不同而进行隔离；对个别有危险过程，也可采用隔离操作和防护屏的方法，使操作人员和生产设备隔离。

2. 露天安装

为了便于有害气体的散发，减少因设备泄漏造成易燃气体在厂房中积聚的危险性，一般将这类设备和装置露天或半露天放置。如氮肥厂的煤气发生炉及其附属设备，加热炉、炼焦炉、气柜、精馏塔等。石油化工生产的大多数设备都是放在露天的。露天安装的设备密闭性要考虑气象条件对生产设备、工艺参数及工作人员健康的影响。注意冬季防冻保温，夏季防暑降温，防潮气腐蚀等，并应有合理的夜间照明。

3. 远距离操纵

远距离操纵不但能使操作人员与危险工作环境隔离，同时也提高了管理效率，消除人为的误差。对大多数连续生产过程，主要是根据反应进行情况和程度来调节各种阀门。特别是某些阀门操作人员难以接近、开启又较费力，或要求迅速启闭的阀门，都应该进行远距离操纵。操作人员只需在操纵室进行操作，记录有关数据。另外对于辐射热高的反应设备以及某些危险性大的反应装置，也可以采用远距离操纵。远距离操纵和自动调节一样，可以通过机动、气动、液动、电动和联动等方式来传递动作。所不同之处在于远距离操作需要人去动作，而自动调节则是根据预先规定的条件自动进行。

（1）机械传动　只能达到很短的距离，例如，靠近机棚的阀，可以通过链条在地面上进行启闭；装在楼板下面的阀，可以借穿过楼板的长柄或者杠杆在楼上进行启闭。上述这些装置，虽然达到较远距离操纵的目的，实际上已很落后。在使用中要注意传动构架应有足够的强度，以免使用中折断。

（2）气压传动　气压传动方法是目前化工生产中最常用的操纵方法。这种操纵方法管理简单，系统不易受腐蚀，没有爆炸危险（但要注意可燃气体窜入系统），但能量消耗大。

（3）液压传动 液压传动操纵使用压力下的液体，一般为水或矿物油，传递动作的液体用泵输送，用后收集在槽内，循环使用。

（4）电动操纵 所达距离可以任意远，控制设备普遍是电气开关和按钮，使用电动机开动阀门。电动闸阀是由电动机的转动通过螺杆传到阀杆上，必要时（如电传动失灵）也可以用手轮直接操纵。用电动机开动闸阀时，阀门上升或下降到了终点时都有极限断电装置，有的把极限断电器和信号装置并用。电动操纵可用于直径较大的阀门，可以达到启闭迅速。在用于小管径阀门时，电动操纵可以采用电磁铁。电动操纵的所有控制开关可以集中于控制台上，并采用生产线路图以符号表示工艺过程中的各种设备及彼此间的关系，符号上的信号灯以明暗、颜色及闪光等表示设备和管内部运转状况。

四、厂房的防爆泄压措施

要建造能够耐爆炸最高压力的厂房和仓库是不现实的。因为可燃气体、蒸气和粉尘等物质与空气混合形成的爆炸性混合物，其爆炸最高压力可达 40～110MPa，而 30cm 厚砖墙只能耐压 0.2MPa。

通常具有爆炸危险厂房设置轻质板制成的屋顶、外墙或泄压窗，发生爆炸时这些薄弱部位首先遭受爆破，霎时向外释放大量气体和热量，室内爆炸产生的压力骤然下降，从而减轻承重结构受到的爆炸压力，避免遭受倒塌破坏。

使用容积为 $1m^3$ 的长方形铁箱模拟厂房进行开窗泄压爆炸试验，可以得出铁箱开窗泄压面积与箱壁受到爆炸压力之间的关系。图 3-11、图 3-12 是空气中乙炔含量分别为 7.7%和 13%时，铁箱开窗泄压面积比值 K 与箱壁受到的爆炸压力 p 的关系曲线。试验测得，$1m^3$ 铁箱容积开窗泄压面积比值 K 越大，箱壁受到的爆炸压力越小。当然由于试验时使用的耐爆容器的器的形状、大小、气温、物料纯度不一样，因此同一物料做的爆炸试验测得的结果也不完全一样。煤气混合物在同样容积不同形状的容器中爆炸试验测得的压力，其中球形耐爆容器受到爆炸压力最大，长方形耐爆容器受到爆炸压力最小，这是由于外壁表面积大小和散热情况影响了爆炸压力。

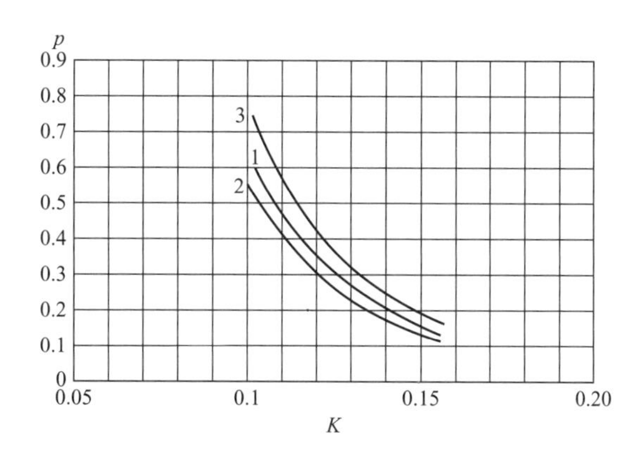

图 3-11 泄压面积与爆炸压力的关系（乙炔含量 7.7%）

1—一号探头测压；2—二号控头测压；3—三号控头测压；K—铁箱外壁泄压面积与每立方米铁箱容积之比，m^2/m^3；p—铁箱外壁测定的爆炸压力，kgf/cm^2

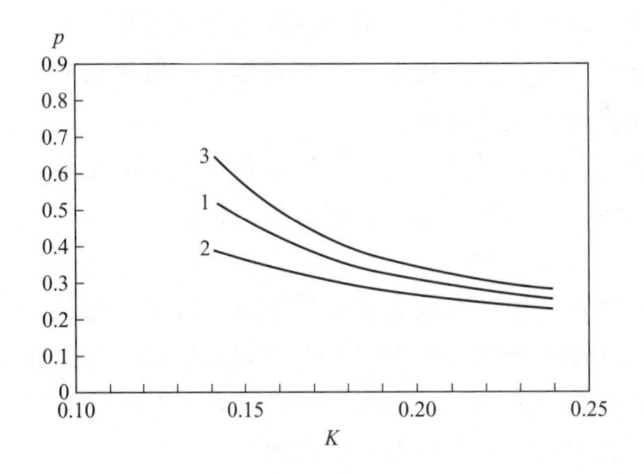

图 3-12　泄压面积与爆炸压力的关系（乙炔含量 13%）

本图图注同图 3-11

五、可燃物大量泄漏的处理

化工生产中造成可燃物大量泄漏和逸出的原因可能是：工艺过程排污或采样时的误操作；泵压盖或密封发生故障；设备腐蚀损坏或接合处的泄漏；装置准备维修或维修后试运转中发生故障；低温下由于机械损坏或材料缺陷，设备或物料管线损坏等。大量可燃性物质的泄漏对化工生产安全威胁很大，许多重大的事故都是由于这种原因引起的。可燃性蒸气或气体泄漏所引起的危险程度由泄漏量及可燃物的性质决定。而泄漏量的多少主要决定于物料泄漏处口径的大小，物料在设备内存在的状态、压力及温度、泄漏时间、装置内物料数量等。除此之外，危险性的大小，还和物料的蒸发速率、扩散速率、可能扩散的距离、可燃性气体所处位置的安全程度等（例如周围火种可能出现的概率及潜在危险）有关。

为了防止可燃物大量泄漏引起燃烧爆炸事故，必须设置完善的检测报警系统，并尽可能与生产调节系统和事故处理装置联锁，尽量减少事故损失。目前自动报警装置根据用途可分为两类，一种是用于发生火警时自动报警或与灭火装置联锁；另一种是用于自动检测可燃气体和易燃液体蒸气的泄漏，还可以与生产安全装置联锁，成为生产控制的组成部分。自动报警装置按其结构不同，大致可以分为感温、感光、感烟，可燃气体报警。

大量可燃气体及蒸气泄漏的处理措施大体有以下内容：

① 装置区设置可燃气体检测仪，一旦物料泄漏立即报警；

② 中央控制室的操作人员立即进行停车处理，开动灭火喷水器，将蒸气冷凝，液态烃可以用事故处理槽回收，并有惰性介质保护；

③ 大量喷水系统在装置周围和内部形成水幕，不仅可以冷却有机物蒸气，而且还能防止泄漏到没有爆炸危险的装置中；自动洒水系统可以由火焰或温度引发动作；或者采用蒸汽幕进行灭火；

④ 中央控制室的操作人员控制一切工艺变化，工艺控制如果达到了临界温度、临界压力等危险值时，操作人员能够正确的进行处理；

⑤ 如果仪表系统的压缩空气出了故障，此系统应当与氮气系统接通，并与紧急氮气加压贮罐接通，做到紧急情况下有秩序地停车。

第四章 静电危害及消除

第一节 静电的产生

已经知道，物质是由分子组成的，而分子是由原子组成的。原子则由带正电荷的原子核和带负电荷的电子构成。

原子核所带正电荷及电子所带之负电荷总和数量上相等，因此物质呈中性。倘若原子由某种原因获得或失去部分电子，则原来的电中性被打破，而使物质显电性。假如，所获得电子没有丢失的机会，或丢失的电子得不到补充，就会使该物质长期保持电性，则该物质带上了静电。因此，通常所称之静电即附着在物体上很难移动的集团电荷。

对于静电，我国古代劳动人民早有认识，远在东汉时期王弃在《论衡、乱龙篇》中就有《顿缃掇芥》现象的记载。由于工业生产的迅速发展，静电更引起人们广泛注意，对于静电产生的原因、特性、危害以及消除方法进行了深入的、系统的研究。

一、静电产生的有关因素

静电的产生是一个十分复杂的过程，它与很多因素有关，下面逐一进行讨论。

1. 逸出功

当两种不同固体接触时，其间距达到或小于 25×10^{-8}cm 时，在接触界面上就会产生电子转移，失去电子的带正电，得到电子的带负电。

电子的转移是靠逸出功实现的。将一个自由电子由金属内移到金属外所需做的功，叫作该金属电子的逸出功，或叫功函数，用 ϕ_m 表示。ϕ_m 的单位通常取电子伏（特）eV。$1eV=1.6\times10^{-19}C\cdot V=1.6\times10^{-19}J$。一般金属的功函数多在 3～5eV。

功函数 ϕ_m 的存在表明电子在金属内的势能比金属外（真空）的要低。设真空电子势能为零，则金属内电子势能为 $-\phi_m$。以空间横向位置为横坐标，以电子势能为纵坐标，则电子在金属内、外的势能曲线将如图 4-1 所示。

电子在金属内势能是负的，称金属内为电子的势能井。不同金属具有不同的功函数，因而其势能井深也不同。两种不同金属相接触，其间距 $d<25\times10^{-8}$cm 时，两金属之间就可能交换电子。如图 4-2(a) 所示，金属 1 内电子势能井深，金属 2 内电子势能井浅，因而电

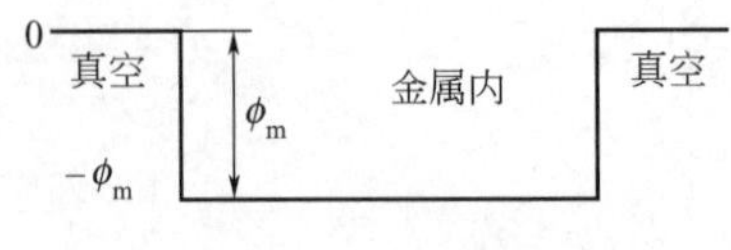

图 4-1　电子势能曲线

子在金属 2 内的势能要比在金属 1 内高。2 内有较多电子流 λ1，致使 1 带负电，2 带正电。结果电子在 2 内的势能比在 1 内相对降低了，一直降到电子两金属内的总势能相等时，电子交换才达到平衡，见图 4-2(b)，此时，其静电势能差为 $\phi_1-\phi_2$。设金属 1 和 2 内电势差绝对值为 V_{12}。电子电荷绝对值为 q，则

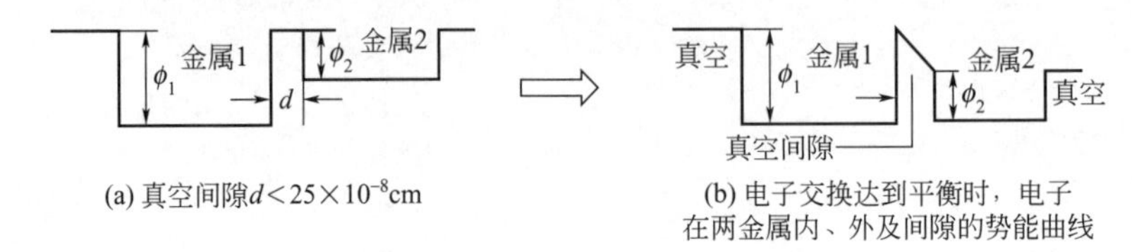

(a) 真空间隙$d<25\times10^{-8}$cm

(b) 电子交换达到平衡时，电子在两金属内、外及间隙的势能曲线

图 4-2　不同金属接触电子转移及势能曲线示意图

$$qV_{12}=\phi_1-\phi_2 \tag{4-1}$$

若两金属的接触面相互平行，其间距为 d，如图 4-2(b) 所示，在电子交换平衡时，单位面积上各带电荷绝对值为 σ_{12}，则

$$V_{12}=\frac{\sigma_{12}}{\varepsilon}d \tag{4-2}$$

式中，ε 为间隙内的介电常数，将式(4-2) 代入式(4-1) 得

$$\sigma_{12}=\frac{\varepsilon}{qd}(\phi_1-\phi_2) \tag{4-3}$$

由上述讨论可见，功函数 ϕ 高者，在接触过程中将带负电，ϕ 低者带正电。即两物体相接触，甲的“逸出功”大于乙时，甲对电子的吸引力强于乙，电子就会从乙转移到甲。于是逸出功小者失去电子，逸出功较大的一方就获得电子。称逸出功大者为亲电子物质而逸出功小者为疏电子物质。电子转移的结果，使接触面的一侧带正电，另一侧带负电，形成了双电层。

双电层起电概念不仅适于解释固体与固体界面的静电荷转移，而且还能够说明固体与液体、固体与气体、液体与另一不相混溶的液体等情况下的接触静电起电问题。

由于物质逸出功的不同，引出双电层概念，进而揭示了不同物质摩擦产生静电的极性规律。如玻璃与丝绸摩擦时，玻璃总是带正电，丝绸带负电。通过大量试验，按不同物质相互摩擦的带电顺序排出了静电带电序列表。表 4-1 中偏（＋）端者功函数小，偏（－）端者功函数大。而接触面上的表面电荷密度 σ_{12} 与功函数差 $\phi_1-\phi_2$ 成正比。

表 4-1 中上边物质带正电，下边带负电。两物体相距越远，静电起电量就越多。表中物质带电极性规律，是由试样做出的，在实际中由于受到杂质的作用，以及表面氧化程度、吸附作用接触压力、温度以及温度的影响，其带电极性规律会有所不同。

2. 电阻率

物质产生了静电，但能否积聚，关键在于物质的电阻率。电阻率分为体电阻率 ρ_v 和表面电阻率 ρ_s 两种。体电阻率等于单位长度、单位面积的介质电流通过其内部的电阻，单位

表 4-1　静电带电序列表

（+）正电性	黏胶丝	铁	沙兰树脂
石棉	皮肤	铜	聚酯树脂
玻璃	酪素	镍	丙烯腈混纺品
毛发	醋酸酯	黄铜	碳化钙
云母	铝	银	聚乙烯
尼龙	锌	硫黄	赛璐珞
羊毛	镉	黑橡胶	玻璃纸
人造丝	铬	铂	氯乙烯
铅	纸	维尼龙	聚四氟乙烯
棉纱	黑硬质橡胶	聚苯乙烯	硝酸纤维素
真丝	麻	腈纶	（−）电性

为 Ω·cm。表面电阻率是任一正方形对边之间的表面电阻，其单位为 Ω。研究固体带静电用表面电阻率，研究液体带静电则要用体电阻率。

电阻率高的物质其导电性差，使多电子的区域难以流失，同时，本身也难以获得电子。电阻率低的物质，其导电性较好，使多电子的区域较易流失，本身易获得电子。

就防静电而言，物体的电阻率在 $10^6 \sim 10^8 \Omega \cdot cm$ 数量级以下者，即使产生静电荷也可在瞬间消散，不会引起危害，该物体称为静电导体；$10^8 \sim 10^{10} \Omega \cdot cm$ 者通常所产生的静电量不大；$10^{11} \sim 10^{15} \Omega \cdot cm$ 者容易带静电，且危害较大是防静电的重点；至于电阻率大于 $10^{15} \Omega \cdot cm$ 者，不易形成静电。但一旦产生静电就难以消除。而大于 $10^8 \Omega \cdot cm$ 的物质可称为静电的非导体。

一般汽油、煤油、苯、乙醚等电阻率在 $10^{11} \sim 10^{15} \Omega \cdot cm$ 的物质是容易积聚静电的。原油、重油的电阻率低于 $10^{10} \Omega \cdot cm$，一般不存在带电问题。水是静电良导体，但少量水混于油中，水滴同油品相对流动时要产生静电，并使油品静电积累增多。

当一个表电导体（甚至金属体）被悬空后（对地绝缘），就同绝缘体一样也会带电。

电阻率因测定方法、物质成分不同而有较大出入，常见物质的电阻率如表 4-2 所示。

3. 介电常数

介电常数亦称电容率，它同电阻率一起决定着静电产生的结果和状态。对液体影响尤甚。介电常数大的物质，其电阻率均低。如果流体的相对介电常数超过 20，并以连续相存在，且有接地装置，一般说，不论是贮运还是管道输送，都不可能产生静电。

4. 接触起电

物质起电除与物质本身的特性（逸出功、电阻率、介电常数）有关外，尚需一定的外界条件。

当两种物质表面互相紧密接触，其间距小于 25×10^{-8} cm 时，就会产生电子转移，形成双电层。如果两个接触的表面分离十分迅速，即使是导体也会带电。

摩擦能够增加物质的接触机会和分离速度，因此能够促进静电的产生。譬如，物质的撕裂、剥离、拉伸、压碾、撞击，以及生产过程中物料的粉碎、筛分、滚压、搅拌、喷涂和过滤等工序中，均存在着摩擦的因素，因此，在上述过程中要注意静电的产生与消除。

表 4-2　常见物质的电阻率

物质名称	电阻率/Ω·cm	物质名称	电阻率/Ω·cm
苯	$1.6\times10^{13}\sim10^{14}$	云母	$10^{13}\sim10^{15}$
乙醚	5.6×10^{11}	钠玻璃	$10^{8}\sim10^{15}$
甲苯	$1.1\times10^{12}\sim2.7\times10^{13}$	尼龙布	$10^{11}\sim10^{13}$
丙酮	1.7×10^{7}	纸	$10^{15}\sim10^{10}$
二甲苯	$2.4\times10^{12}\sim3\times10^{13}$	羊毛	$10^{9}\sim10^{11}$
二硫化碳	3.9×10^{13}	丙烯纤维	$10^{10}\sim10^{12}$
乙醇	7.4×10^{8}	木棉	10^{9}
乙酸甲酯	2.9×10^{5}	绝缘用矿物油	$10^{15}\sim10^{19}$
汽油	2.5×10^{13}	硅油	$10^{13}\sim10^{15}$
轻油	1.3×10^{14}	米黄色绝缘漆	$10^{14}\sim10^{15}$
庚烷	4.9×10^{13}	硅漆	$10^{16}\sim10^{17}$
煤油	7.3×10^{14}	绝缘化合物	$10^{11}\sim10^{15}$
硫酸	1.0×10^{2}	沥青	$10^{15}\sim10^{17}$
液氢	4.6×10^{19}	石蜡	$10^{16}\sim10^{19}$
石油乙醚	8.4×10^{14}	凡士林	$10^{11}\sim10^{15}$
乙醛	5.9×10^{5}	干燥木材	$10^{10}\sim10^{14}$
乙酸	8.9×10^{8}	硫	10^{17}
乙酐	2.1×10^{8}	琥珀	$>10^{18}$
乙酸乙酯	1.0×10^{7}	人造蜡(氯苯)	$10^{13}\sim10^{16}$
己烷	1.0×10^{13}	天然橡胶	$10^{14}\sim10^{17}$
甲醇	2.3×10^{6}	硬橡胶	$10^{15}\sim10^{18}$
丁酮	1.0×10^{7}	氯化橡胶	$10^{13}\sim10^{15}$
异丙醇	2.8×10^{5}	酚醛树脂	$10^{12}\sim10^{14}$
正丁醇	1.1×10^{3}	糠醛树脂	$10^{10}\sim10^{13}$
正十八醇	2.8×10^{10}	尿素树脂	$10^{10}\sim10^{14}$
正丙醇	5.0×10^{10}	密胺树脂	$10^{12}\sim10^{14}$
液态烃类化合物	$10^{10}\sim10^{18}$	硅酮树脂	$10^{11}\sim10^{13}$
蒸馏水	10^{6}	环氧树脂	$10^{16}\sim10^{17}$
导电橡胶	$2\times10^{2}\sim2\times10^{3}$	聚酯树脂	$10^{12}\sim10^{15}$
油毡	$10^{8}\sim10^{12}$	聚苯乙烯	$10^{17}\sim10^{19}$
玻璃	$10^{13}\sim10^{16}$	氯乙烯	$10^{12}\sim10^{16}$
丙烯树脂	$10^{14}\sim10^{17}$	赛璐珞	$10^{10}\sim10^{12}$
聚乙烯	$>10^{18}$	绝缘纸	$10^{9}\sim10^{12}$
聚四氟乙烯	$10^{16}\sim10^{19}$		

5. 附着带电

某种极性离子或自由电子附着到与地绝缘的物体上，也能使该物质带电或改变物质的带电状况。

6. 感应起电

图 4-3(a) 中为 A、B 两金属体安装在绝缘支架上紧挨在一起构成一个整体，对外呈中性。如用一带正电的金属球 C 接近金属体 A 端［见图 4-3(b)］则大量电子被 C 球吸引到 A 端，可测得 A 端呈负性，B 端呈正性。此时如移走 C 球，则金属体 A、B 又恢复到图 4-3(a) 的状态呈中性。

若在 C 球移走之前，将 A、B 金属体分开，然后撤走 C 球，此时 A 端多余电子回不到 A 端，于是 A 端永呈负性，B 端启呈正性［见图 4-3(c)］。

若在图(b) 的状态下将 B 端接地［见图 4-3(d)］，其下电荷可通过接地线入地。在 B 端接地线拆除后，再移走 C 球［如图 4-3(e)］，于是金属体 A、B 就变成一个带负电的孤立导体。这样使导体带电的方法叫感应起电。

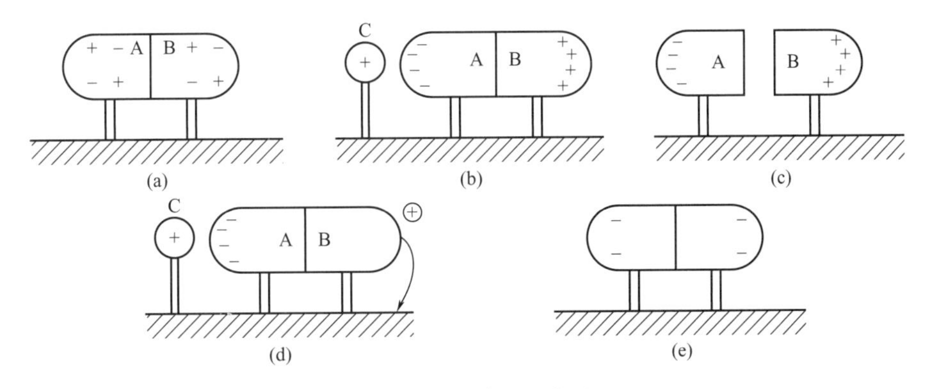

图 4-3 静电感应示意图

在工业生产中，带静电物体能使附近不相连的导体，如金属管道和金属零件表面的不同部位出现正、负电荷即是感应所致。

在操作有静电起爆危险的物品时，不允许有人在操作者背后走动。因为人走动可能带电。带电的人在操作者背后走动时，操作者的手可能对接地的危险品放电，或者操作者对地放电后，手又离开接地导体，这时，背后带电的人走开后，操作者就变为孤立的带电导体，也可造成危害。

7. 极化起电

静电非导体置入电场内，其内部或外表均能出现电荷，这种现象叫做极化作用。工业生产中，由于极化作用而使物体产生静电的情况也不少。如带电胶片吸附灰尘，带静电粉料黏附料斗、管道不易脱落，以及印刷纸张排不整齐等。

此外，环境温度、湿度、物料原带电状态，以及物体形态等，对物体静电的产生均有一定的影响。

二、几种物态的带电过程

1. 固体的带电

固体带电前已叙及，现以皮带与皮带轮为例进行分析。皮带与皮带轮接触前可认为不带电。当机械运转时，两者就紧密接触，且有部分接触距离小于 25×10^{-8}cm，因而就有电子由疏电物质向亲电物质转移，在界面上形成了双电层如图 4-4 所示。当皮带继续运行，这就与皮带轮脱离接触，在分离时，虽有部分电子回到皮带上去。但因其是绝缘体所带电荷不能全部中和，于是它就带上了静电。皮带轮上的多余电子导入大地，皮带继续运行，电荷达饱和状态后亦不再增加。

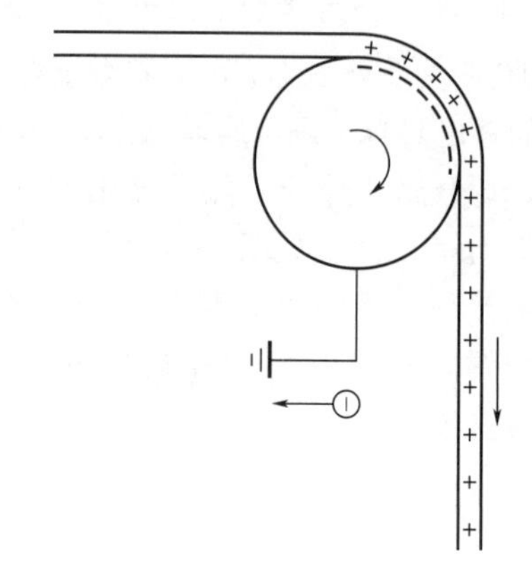

图 4-4　皮带与皮带轮带电过程示意图

2. 液体的带电

双电层带电过程同样适用于解释液体的带电。见图 4-5。

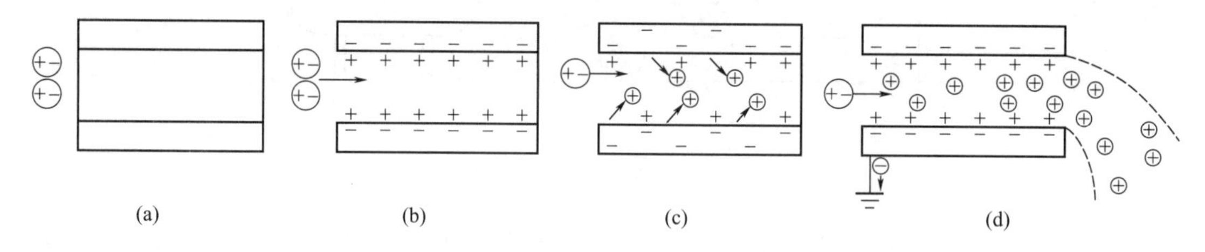

图 4-5　液体与管道带电过程示意图

图(a). 液态物料进入管道前，物料、管道均不带电；

图(b). 物料进入管道，并处于静止状态，液体同管道之间，按照它们的固有性质，在接触界面上形成双电层，此时液体的电子转移到管道内壁；

图(c). 液体流动时，在湍动冲击和热运动作用下，部分带电荷的液体分子进入到液体内部。当这些带电的液体分子离去时，管道内壁被双电层束缚的电子，将成为自由状态，由于同性相斥该电子即聚集到管道外侧，内壁上留出中性的位置，可让后来补充的中性液体建立新的双电层；

图(d). 如管道是导体且接地，则管外壁多余电子将导入大地：在液体输送过程中，上述情况不断出现，在管道出口流出带电的液体的同时，在接地线上亦将流出同量的电子。

随液体流动的电荷称为冲流电流。其大小与液体介质和管道固有性质有关，而温度和湿度对其影响不大。杂质特别是水或泥浆对燃料油的影响却是很大的。在上述因素固定的条件下，液体流速与管道直径是影响冲流电的最重要因素。

金属管道内流动的静电量，并非随流动的距离无限增加，而是经一定距离后渐趋饱和。达到静电饱和状态所需流经的长度称饱和长度，一般绝缘体的相对介电常数大体等于 2，饱和长度仅与电阻率及流速有关，详见表 4-3。

表 4-3　流体在管道中流动电荷（冲流电）的饱和长度　　单位：cm

电阻率/Ω・cm	平均流速/(cm/s)			
	1	10	10^2	10^3
10^8	1.8×10^{-5}	1.8×10^{-4}	1.8×10^{-3}	1.8×10^{-2}
10^{10}	1.8×10^{-3}	1.8×10^{-2}	1.8×10^{-1}	1.8
10^{12}	1.8×10^{-1}	1.8	1.8×10	1.8×10^2
10^{14}	1.8×10	1.8×10^2	1.8×10^3	1.8×10^4

当管道为非导体材料时，液体流入管内，双电层同样能建立。

但因湍动冲击而留在管内壁上的电荷，不像导体材料管道那样，可以很快地聚集到管外壁和导走。这样限制了新双电层的建立，以至限制液体物料静电的产生量。管内壁建立了一层带电层后，在强电场的作用下，通过极化作用，管外壁也将产生电性，其电性强弱程度受制于液体的流速。绝缘管道外壁的极化束缚电荷本身，虽然对外放电危险不大，但能使附近导体产生感应静电，因此必须加以注意。

液体料除了管内流动带动电外，还有三种其他起电形式。

（1）沉降起电　两种不相混溶的液体放在一起，由于密度的不同，将发生沉降式相对运动。分子间接触分离使其带有不同极性的电荷。固、气相杂质在液体物料中沉降、搅动同样会产生静电。

（2）溅泼起电　液体于溅泼时形成部分雾滴，当其与空气中灰尘接触分离时，就使雾滴带上静电。当雾滴碰到物体时，借助滚动的惯性将与物体接触建立的双电层分离，带走电荷使液滴带上静电。

（3）喷射起电　当液体（或固体微粒）由喷嘴高速喷出时，液体粒子与喷嘴紧密接触后，迅速分离。接触时界面上形成双电层，分离时液滴将电荷带走，形成喷射起电。如，二氧化碳灭火器在喷射时，固体二氧化碳微粒及小水滴也会带电。

3. 粉体的带电

在气流输送过程中，粉体物料与管壁之间，粉体颗粒与颗粒之间发生碰撞和摩擦使粉体带上了静电。

粉体带电与其物料的性质、颗粒大小、管道材质、输送速度、载荷密度以及管道设置等诸因素有关。一般说有如下规律。

① 粉体和管道材质（如果是混合操作，则为桨叶和器壁的材质）为同一物质时，产生静电荷较小，其符号不规则，正、负、中性颗粒都有。材质不同时，静电产生较严重，符号大体一致，且符合静电序列规律。

② 当输送粉料与管壁材质不一样时，其输送距离越远，粒子带电情况越严重，最终趋于饱和值。

③ 气流输送速度越快，粒子带电情况越严重，最终也趋于饱和值。

④ 于金属管道内输送绝缘粉体，静电效应与管道金属种类无多大关系。在其他条件固定情况下，大体上只取决于粉尘的性质。如果粉体与管道材质均系绝缘物质，则材料的影响就此较大，有时可改变静电的符号。

⑤ 弯曲的管道比直管易产生静电。管道收缩处比均匀处易产生静电。但静电爆炸事故多发生在管道终端或中间膨大部分。

⑥ 在其他条件相同的情况下，气流输送载荷增大时，粉体电荷密度反而减少。静电产生与消失能较快地达到平衡。

⑦ 粉体颗粒直径大的比直径小的带有更多的电荷。但对单位质量而言，小颗粒比大颗粒带有更多的电荷。

4. 气体的带电

不含固体颗粒（粉尘）或液体的气体是不会产生静电的。但所有气体几乎均含有少量的固态或液态杂质如铁锈、水分和固态气体等。因此在压缩、排放喷射气体，或汽化固态气体时，在阀门、喷嘴、放空管或缝隙易产生静电。

在气流中插入接地金属网，会增加气体与网的摩擦机会，反而增加了静电的产生。

三、人体静电带电

人体在许多条件下也可以带电。例如，人穿的衣服，两件相互摩擦就带上了极性相反的电荷。脱去（分离）一件之后人体就带电了。将尼龙纤维的衣服从毛衣外面脱下时，人体可带 10kV 以上的负电；穿塑料鞋在绝缘地面（如橡胶板）上走路就可带 2～3kV 负电；穿尼龙羊毛混纺衣服的人坐到人造革面的椅子上，当站起时，人体就会产生近万伏的电压。

人体也可由感应带电，在带电微粒空间活动后，也可由带电微粒附着人体而带电。

第二节 静电的特性和危害

一、静电的特性

1. 静电电量及电压

带静电的物体表面上有一定的电位，其大小与电量 Q、物体分布电容 C 及对地距离 d 有关，其关系如下式：

$$Q=CV=K\frac{V}{d} \tag{4-4}$$

从式(4-4) 可以看出，电量随电容的变化而变化。当电量一定，改变电容可以获得很高的电压。如两物相接触其间距最小可达 10^{-7}cm，界面上形成双电层其接触电势只有 10^{-3}～10^{-1}V。如果把距离拉成厘米级，两者间的电压值将升高到 10^3～10^5V，即达到 10 万伏之多。所以静电的特点之一就是电量不大，却可得到很高的电压. 因此是很危险的。

由于静电电位很高，其放电火花能量可引起易燃物着火、爆炸。如，工人穿胶鞋脱工作服带 3kV 左右的静电电压是常见的。人体电容为 100×10^{-12}F，静电火花能量可达 0.45mJ，而氢气的最小点火能只为 0.019mJ，二硫化碳为 0.009mJ，大大超过某些物质的最小点火能，所以易引起着火爆炸。

2. 静电非导体上静电的消散

静电非导体上静电的消散很慢是静电的另一特点。理论证明，电荷全部消散需要无限长时间，所以人们用“半衰期”这一概念去衡量物体静电消散的快慢。

半衰期即带电体上电荷消散到原来一半所需要的时间，用公式表示：

$$t_{1/2}=0.69RC \tag{4-5}$$

固体带电为表面带电，其对地电容值相差不多，因此，表面电阻越大，半衰期就越长。一般说 $1m^2$ 薄膜的对地电容为 2～3pF。因此可以粗略估计出 $1m^2$ 的薄膜不同表面电阻的半衰期，见表 4-4。

表 4-4　$1m^2$ 薄膜不同表面电阻的半衰期

表面电阻/Ω	10^{14}	10^{13}	10^{12}	10^{11}	10^{10}	10^{9}
半衰期/s	2×10^{2}	2×10	2	2×10^{-1}	2×10^{-2}	2×10^{-3}

液体由于不同物质的介电常数相差很大，所以电容值不能认为大致相同，其半衰期可用经验公式求出：

$$t_{1/2}=6.5\times10^{-4}\varepsilon\rho \tag{4-6}$$

某些液体的半衰期与电阻率关系见表 4-5。

表 4-5　某些液体的半衰期

名称	介电常数	半衰期/s
己烷	1.9	1.2×10^{5}
二甲苯	2.4	1.5×10^{2}
甲苯	2.4	1.5×10
苯	2.3	1.4×10^{-1}
庚烷	25.7	1.3×10^{-4}
乙醇	23.7	1.1×10^{-4}
甲醇	33.7	7×10^{-6}
水	80.4	1×10^{-6}
异丙醇	25.0	4×10^{-7}

半衰期很重要，它是考核静电危险性的综合指标。有的国家按经验将静电安全半衰期的上限定为 0.012s。即在此条件下物体即使产生静电，也不会积累起来，因此是安全的。

3. 绝缘导体与静电非导体的危险性

绝缘的导体比静电非导体的危险性大是静电的又一特点。

因为静电非导体带电后，在合适的放电条件下只是把局部静电荷释放掉，而邻近电荷并没有放掉。对于绝缘了的静电导体所带的电荷平时是无法导走的，但一有放电机会，即全部自由电荷将一次经放电点放掉。由此看来，带有相同数量静电荷和表现电压的绝缘的导体要比非导体危险性大。

4. 远端放电

根据感应起电原理，静电可以由一处扩散到另一处。厂房中，一条管道或部件产生了静电，其周围与地绝缘的金属设备就会在感应下将静电扩散到远处，并可在预想不到的地方放电，或使人受到电击。它的放电是发生在与地绝缘的导体上，自由电荷可一次全部放掉，因此危险性就大。静电于远处放电称为“远端放电”，它是静电的又一特点。

5. 尖端放电

静电电荷在导体表面上的分布同导体的几何形状有密切关系。电荷密度随表面曲率增大而升高，因此在导体尖端部分电荷密度最大，电场最强，能够产生尖端放电。尖端放电可导致火灾、爆炸事故的发生，还可使产品质量受损。

6. 表电屏蔽

静电场可以用导电的金属元件加以屏蔽。可以用接地的金属网、容器以及面层等将带静电的物体屏蔽起来，不使外界遭受静电危害。相反，使被屏蔽的物体不受外电场感应起电，也是一种“静电屏蔽”。静电屏蔽的物体不受外电场感应起电，也是一种“静电屏蔽”。静电屏蔽在安全生产上广为利用。

二、静电的危害

静电虽然在许多方面（如静电除尘、静电筛选、静电复印等）得到应用，但在化工生产中，物料、装置、器材、构筑物以及人体所产生的静电积累，对安全生产已构成严重威胁。据资料统计，日本在1965～1973年间，由静电引起的火灾平均每年达100次以上，仅1971年就多达139起，损失巨大，危害严重。

1. 产生危害的原因

静电能够引起各种危害的根本原因，在于静电放电火花具有点燃能（电火花能量W_H），其大小为

$$W_H=0.5CV^2$$

因此它常常成为引起燃烧、爆炸的能源。但静电火花能必须大于爆炸性混合物点燃所需要的最小能量即

$$W_H>W_i$$

式中，W_i为周围物质的最小点火能。

通常，点燃粉尘爆炸性混合物需要的最小能量，高于气体爆炸性混合物的最小能量。许多爆炸性蒸气、气体和空气混合物点燃的最小能量为0.009～7mJ。当放电能量小于爆炸性混合物最小点燃能量的1/4，则认为是安全的。

实际上，评价火花点燃能力还要考虑放电火花的电位差。差不多所有可燃气体放电火花电位差在3kV时可以点燃，大部分可燃粉尘在5kV时可以点燃。

由于静电放电具有一定能量，所以还可造成人体伤害。

造成静电危害的另一原因是静电具有一定的静电引力或斥力。在静电力的作用下，妨碍某些生产的进行。

2. 静电的危害

（1）爆炸及火灾　静电放电可引起可燃、易燃液体蒸气、可燃性气体以及可燃性粉尘着火、爆炸。

在电晕、刷形和火花三种放电形式中，以火花放电导致事故发生的概率最高。此外，在带电绝缘体与接地体之间产生的表面放电导致着火的概率也很高。

在化工生产中，物料泄漏喷出、摩擦搅拌、液体以及粉体物料的输送均可因产生静电而导致火灾爆炸事故的发生。如下所述。

① 泄漏喷出引起爆炸事故。日本一高压聚乙烯装置的乙烯压缩机因电源电压下降而停止工作。喷口管内存在乙烯气体和聚合用催化剂，因此产生聚合反应并放出热量使喷嘴温度升高。随后，电压恢复正常，压缩机重新启动，这时压进管内的新鲜乙烯气体使相应管道冷

却。由于此间尚存在乙烯受热裂解的吸热反应，因此更促进了管道的冷却，致使压缩机第三级喷出端检测阀、过滤阀等法兰产生间隙，高压乙烯气体由此泄漏喷出，产生静电导致乙烯与空气爆炸性混合物的爆炸。

② 摩擦搅拌所引起的爆炸事故。某树脂厂搅拌槽，当加入矿物松节油和树脂白光粉后，搅拌 2h 发现搅拌轴发红随即产生爆炸，槽盖炸开，火焰高达 3m。

因为加入槽中的树脂是预先辊压过的，在辊压过程中树脂带上静电。在搅拌操作中，可测得槽壁静电压约为 20kV，槽中心部分为 60kV。

③ 液体物料输送带电引起爆炸。有一内存 25t 喷气燃料的贮罐，将存油泵送入槽车，刚输进不久槽车突然爆炸，死伤 5 人。

因为油槽车原装过汽油，残存有汽油蒸气。煤油是通过 30m 长聚乙烯软管输送的，液速过高产生静电导致槽车内汽油蒸气混合物爆炸。

④ 粉体物料输送带电引起爆炸。某化工厂，ABS 塑料粉末在干燥过程中于铝管内高速输送，因同铝管内壁摩擦，使 ABS 塑料颗粒带电并产生积累，由静电放电火花导致气升管汽油与空气的混合物爆炸。

一般说，粉体颗粒加大，其所需的引爆炸能亦相应加大。当直径超出 1mm 的粉态体系，就很难被静电火花引爆。

粉体由于静电作用，还会增加压力损耗。

此外，人体带电同样可以引起火灾爆炸事故。如，某家具厂静电喷漆室，操作人员穿橡胶底运动鞋进行操作使人体带电，当操作者接触设备时发生静电放电，导致洗涤油槽着火，$50m^2$ 喷漆室全部烧掉。

关于化工生产中因静电而引起的火灾爆炸事故类型很多，不一一列举。

（2）人体伤害　在化工生产过程中，工人经常与移动的带电材料接触会产生静电积累，当与接地的设备接触时会产生静电放电。人与金属之间的放电火花能量可达 2.7～7.5mJ，这不仅可以引爆爆炸性混合物，而且给工人带来痛苦的感觉。

静电对人的生理作用，是使人感觉有微弱、中等的或强烈的刺激或灼伤。其程度与放电能量有关，详见表 4-6。

表 4-6　静电放电能量与人体反应试验值

电压/kV	能量/mJ	人体反应
1	0.37	没有感觉
2	1.48	稍有感觉
5	9.25	刺痛
10	37	剧烈刺痛
15	83.2	轻微痉挛
20	148	轻微痉挛
25	232	中度痉挛

注：本表为人对电容为 740pF 的带电体静电电击试验值。

由表 4-6 看出，静电虽不致人伤亡，但可因此而产生坠落、摔倒第二次性事故。也可造成工作人员精神紧张，妨碍工作。在静电放电长期作用下，可产生职业危害。

那么人体带多大电位为安全呢？其允许值取决于所处场所介质的最小点火能和人体的电容，其关系如下：

$$V=\sqrt{2W/C} \tag{4-7}$$

式中　V——人体安全电位，V；

W——介质的最小点火能，J；

C——人体电容，F。

一般人体电容为100～200pF，其大小与所穿鞋底厚度有关，如表4-7所示。

表4-7　人体电容与鞋底厚度的关系

鞋底厚度/mm	0.25	0.5	1.1	12.8	46	89	155
人体电容/pF	6800	2300	850	190	130	100	75

同时，人体电容同地面也有关系，如表4-8所示。

表4-8　人体电容与地面的关系

地面	鞋类	
	解放鞋	棉胶鞋
	电容/pF	
水泥	450	1100
红棉胶	200	220
木板	60	53
铁板	1000	3500

此外，据资料介绍，人体姿势不同其对地电容也要发生变化。如单脚站立，对地电容为110pF，双脚站立时为170pF等。

（3）妨碍生产　由于静电力的存在，粉体易吸附设备，影响粉体的过滤和输送；在纺织中使纤维缠结，吸附尘土；印刷中纸张不易整齐。影响印刷速度和质量；静电火花还能使胶片感光，降低胶片质量；静电还能引起电子元件误动作，使生产操作受影响。

第三节　静电危害的消除

一、防静电的基本原则

1. 静电导致火灾爆炸的条件

静电必须具备下列条件方能酿成火灾爆炸危害：

① 要具备产生静电电荷的条件；

② 要具备产生火花放电的电压；

③ 有能引起火花放电的合适间隙；

④ 产生的电火花要有足够的能量；

⑤ 在放电间隙及周围环境中有易燃易爆混合物。

上述五个条件缺一不可，因此，我们只要消除其中之一，就可达到防止静电引起燃烧爆炸危害的目的。

2. 消除静电的基本途径

① 利用工艺控制的方法使之尽量少产生静电；

② 利用泄漏导走的方法，使静电迅速泄漏掉；

③ 利用中和电荷的方法，减少静电的积累；

④ 利用封闭削尖法限制产生危害；

⑤ 改变生产环境，减少易燃、易爆物质的散发（详见防毒防尘技术）。

3. 防止静电危害的安全标准

静电火花放电将电能转化为热能，可以引燃、引爆周围危险物质。因此，用静电的放电能量作为防止静电危害的安全标准。而人体电击也是由于静电放电、电流流过人体引起的，所以也可以用流过人体的电荷来估算“电击”的程度。

（1）防止爆炸火灾的安全标准

① 带电体为静电导体。

$$W_{\mathrm{i}} > \frac{1}{2}CV^2 \tag{4-8}$$

即
$$V < \sqrt{\frac{2W_{\mathrm{i}}}{C}} \quad 或 \quad Q < \sqrt{2CW_{\mathrm{i}}}$$

式中　W_{i}——介质的最小点燃能量，J；

C——带电体的电容，F；

Q，V——以电量、电位表示的安全界限，C、V。

② 带电体为静电非导体。静电非导体的静电带电无规律，且不能像导体那样把静电能量一次放尽，因此难以定出安全标准。但当电位达到 30kV 的带电体，空中放电能放出数百微焦的能量，可按此提出判断的参考值。

a. 点火能为数十微焦的物质，带电体电位应在 1kV 以下，或带电电荷密度应在 $1\times10^{-7}C/m^2$ 以下，体电荷密度在 $10^{-5}C/m^3$ 以下；

b. 点火能量为数百微焦的物质，带电体电位应在 5kV 以下，或带电电荷密度应在 $1\times10^{-6}C/m^2$ 以下，体电荷密度在 $10^{-5}C/m^3$ 以下；

c. 操作人员接近带电体，不应有电感觉；

d. 接地金属球接近带电体，不应有放电现象出现；

e. 非导体表面带电电荷密度应在 $1\times10^{-4}C/m^2$ 以下。

（2）防止人身静电电击的安全标准　通过人体的放电电荷达到 $(2\sim3)\times10^{-7}C$ 时，人即感到电击，一般情况，人体带电电位界限可定为 3kV。

由带电体放电引起电击，其界限因静电导体和非导体而异。

① 带电体为导体。带电体为导体时，其界限值如图 4-6 所示，直线以上的带电体电位，向人体放电时，人体能感觉到电击。

② 带电体为非导体。多数情况下，带电电位约为 30kV 以上向人体放电时，人即感到电击。因此，安全标准定为 10kV，带电电荷密度为 $10^{-5}C/m^2$ 以下，体电荷密度为 $10^{-4}C/m^3$ 以下。

值得注意，静电放电能量不易简单的求取，因此实用上的安全标准只是参考数值。

（3）防止表面放电的安全标准　表面电荷密度应为 $10^{-4}C/m^2$，或表面电位为 0.1kV

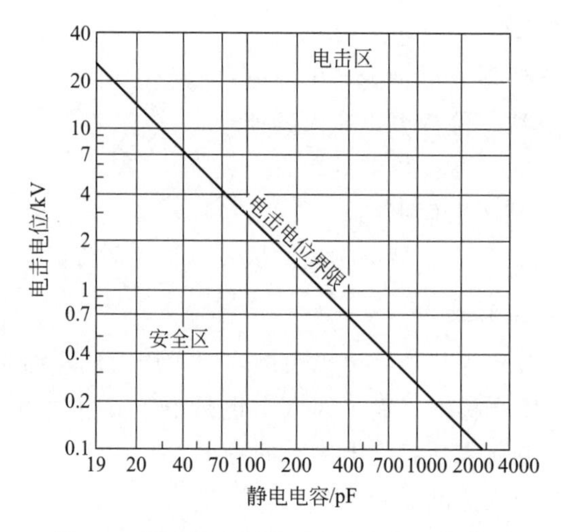

图 4-6　带电体为导体时电击电位界限值图

以下。

（4）总泄漏电阻与带电状态　总泄漏电阻与带电状态的大致关系如表 4-9 所示。

表 4-9　总泄漏电阻与带电状态的关系

泄漏电阻/Ω	带电状态
10^6 以下	不带电
10^6～10^8	几乎不带电
10^{10}～10^{10}	带电
10^{10}～10^{12}	带电量大
10^{12}以上	大量带电

（5）生产中静电控制数据　为使静电不致造成危害，下列数据可作为生产中参考。

在液体输送过程中，液体带电量的安全值为 $50\mu C/m^3$；带电体的带电量的半衰期上限定为 0.012s。

二、采用工艺法控制静电产生

工艺控制法即从工艺上、材料选择、设备结构和操作管理等方面采取措施，控制静电的产生，使其不能达到危险程度。

通常，利用静电序列表优选原料配方和使用材质使相互摩擦或接触的两种物质在序列表中位置相近，减少静电产生；在有爆炸、火灾危险场所，传动部分为金属体时，尽量不采用皮带传动；设备、管道要无棱角，光滑平整，管径不要有突变部分，物料在输送中要控制输送速度，并且要控制物料中杂质、水分等的含量，以防静电的产生。

对于输送固体物料所使用的皮带、托辊、料斗，倒运车辆和容器等应采用导电材料制造并接地，使用中要定期清扫，但不要使用刷子清扫。输送速度要合适、平稳不要使物料振动、窜位。

在爆炸、火灾危险场所采用皮带传动时，应用导电的三角皮带。运转速率要慢，不要因过载打滑、脱落。要经常检查皮带张力、张角，皮带与皮带罩不要有接触。皮带连接应采用缝合和粘接的方法，同时要保持皮带与皮带轮表面的清洁。

粉体输送防静电措施参看化工单元操作。

对于液体物料的输送，主要通过控制流速来限制静电的产生。德国化学工业学会按管径推荐流速如表4-10所示。

表4-10　德国液体管道输送防静电流速推荐值

管径/cm	1	2.5	5	10	20	40	60
速率/(m/s)	9	4.9	3.5	2.5	1.8	1.3	1.0

对于乙醚、二硫化碳等特别易燃、易爆物质要求更为严格，如前者用ϕ12mm管径，后者采用ϕ24mm管径时，其最大流速只能达到1～1.5m/s。对于酯类、酮类和乙醇的要求要宽得多，最大安全流速可达9～10m/s。

俄罗斯是依输送介质的电阻率大小来控制流速的，其推荐数据如表4-11所示。

表4-11　俄罗斯防静电液体流速推荐值

电阻率P/Ω·cm	流速/(m/s)
$P \leqslant 10^5$	$w \geqslant 10$
$P < 10^5$	$w \leqslant 5$
$P < 10^7$	控制流速1
$P < 10^{11}$	安全流速1.5

此外，输送管道应尽量减少弯曲和变径。液体物料中不应混入空气、水、灰尘和氧化物等杂质，也不可混入可溶性物品。

用油轮、罐车、汽车槽车等进行输送，其输送速度不应急剧变化，同时应在罐内装设分室隔板将液体分隔开。

如果超过推荐流速进行管路输送，可在配管末装设直径大、流速能够变低的缓和管或缓和罐。

如美国提出，当油品经过滤器输入槽车时，要求至少经过30s后才允许进入槽车内。这一要求就是通过加大管径、延长管道等方法来实现的。

德、日、澳等国提出，输油管线过长，限制流速不合适，可在油品进入贮罐之前经过一段缓和区间，以消除油品中的静电。其缓和区长度为

$$l=3\sim4\tau v \tag{4-9}$$

式中　l——缓和区长度，m；

τ——缓和时间，s；

v——缓和区间的平均流速，m/s。

液体物料的装卸应注意，插入管应深入容器底部，不应使液体注入时冲击器壁引起飞溅。

在向空罐注液时，应先控制流速为1m/s，直到液面高出进油口0.6m以上，或浮顶罐的浮顶开始浮动后，再提高流速（4.5～6m/s）。

当将密度小的液体物料输入密度大的且易产生静电的液体贮罐时，也要求将其流速控制在1m/s。对于存有易燃混合物的拱顶罐，要求低速输送30min后，才能恢复正常流速。当

输送含有不溶解的水、空气的液体，或在清扫管线后输送液体，以及在输送过程中变换液体，都要先把液速控制在1m/s，直到输完二倍于管线容量的液体后，才能恢复正常流速。若管线太长，可先按正常速率输送，在混液段到达贮罐前15min左右、再限速输送，直到罐里接到均匀液体后，才恢复正常输送速率。

通过过滤器装液体时，从过滤器到浸入液面插底管之间的速度控制在1m/s以下，且要保持30s以上。

装液前，应清除罐中积水和不接地的金属浮体。装卸物料时，不应混入空气、水分和各种杂物。直接由容器上方倾入液体时，应沿器壁缓慢倾入。

注油插底管，可通过加大管径来控制流速在1m/s以下，托底管长是管径的20倍以上，管前端呈30°锐角。

液体流经过滤器，其带电量要增加10～100倍，所以尽量少用过滤器，且要安装于管路的起端，过滤器选材要用压力损失较小者。

液体由喷出口喷出时，其喷出压力应在1.0MPa以下。喷口附近不应设障碍物，要注意喷口材质、形态的研究和选择，以产生静电最小者为佳。

液体物料计量最好采用流量计避免现场检尺。若现场需检尺则采样应缓慢进行，以避免液体飞溅、滴落。所使用工具应接地。

对气体物料输送应注意，先用过滤器将其中的水雾、尘粒除去后再输送或喷出。在喷出过程中，要求喷出量小，压力低，管路应清扫，如二氧化碳喷出时尽量防止带出干冰。液化气瓶口及易喷出的法兰处，应定期清扫干净。

对于输送氢、乙炔、丙烷、城市煤气和氯等气体物料不宜使用橡胶管，应采用接地的金属管。

水蒸气喷出量应小，其喷出压力应限制在1.0MPa以下，使用的水蒸气最好是干燥的，对着物体喷射时，喷嘴与物体距离不宜太近。

对液态氢泄压放空，应提高放空管出口温度T_a，保证$T_a \geqslant 90K$，或保证管内始终处于正压，以防空气倒流生成固氧和固体空气晶粒。同时要减低放空流速、降低静电强度。

三、泄漏导走法

泄漏导走法即在工艺过程中，采用空气增湿、加抗静电添加剂、静电接地和规定静止时间的方法，将带电体上的电荷向大地泄漏消散，以期得到安全生产的保证。

一般认为，带电体任何一处对地的总泄漏电阻小于$100 \times 10^4 \Omega$时，则该带电体的静电接地是良好的。

1. 空气增湿

空气增湿可以降低静电非导体的绝缘性，湿空气在物体表面覆盖一层导电的液膜，提高电荷经物体表面泄放的能力，即降低物体泄漏电阻，使所产生的静电被导入大地。

在工艺条件允许情况下，空气增湿取相对湿度70%为合适。

增湿以表面可被水湿润的材料效果为好，如醋酸纤维素、硝酸纤维素、纸张和橡胶等。对表面很难为水所湿润的材料，如纯涤纶、聚四氟乙烯和聚氯乙烯等效果就差。

移动带电体在需消电处，增湿水膜只需保持1～2s就够了。增湿的具体方法可采用通风系统进行调湿、地面洒水以及喷放水蒸气等方法。空气增湿不仅有利于静电的导出，而且还能提高爆炸性混合物的最小点火能量，有利于防止爆炸。

2. 加抗静电添加剂

抗静电添加剂可使非导体材料增加吸湿性或离子性，使其电阻系数降低到 10^6～10^8Ω·cm 以下。有的添加剂本身就具有良好的导电性，依靠其良好的导电性能将生产过程中非导体上的静电导出。

抗静电添加剂种类繁多，如无机盐表面活性剂、无机半导体、有机半导体、高聚物以及电解质高分子成膜物等。抗静电添加剂的使用要根据使用对象、目的、物料的工艺状态以及成本、毒性、腐蚀性和使用场合的有效性等具体情况进行选择。

例如，橡胶行业除炭黑外，不能选择其他化学防静电表面活性剂，否则会使橡胶贴合不平和起泡。假如橡胶电阻率为 10^{15}Ω·cm，按质量计每 100g 橡胶中加入 20～30g 炭黑，电阻率就可降到 10^{10}Ω·cm。对于纤维纺织，只要加入 0.2%季铵盐型阳离子抗静电油剂，就可使静电电压降到 20V 以下。试验指出，用泵输送煤油时，约在 30s 内，其静电电位高达 3×10^4V。但，加“603”抗静电添加剂后即测不出电位，其效果已达到美国 ASA-3 添加剂水平。

对于悬浮的粉状或雾状物质，则加任何防静电添加剂都无效。

3. 静电接地连接

静电接地连接是工业静电地措施中的一环，它只为静电电荷提供一条导入大地的通路。如无其他工艺条件配合，接地只能消除带电导体表面的自由电荷，而对非导体的静电电荷是导不走的。因此，必须加以注意。

（1）需做静电接地连接的设备与管线　凡加工、贮存、运输能够产生静电的管道、设备，如各种贮罐、混合器、物料输送设备、排注器、过滤器、反应器、吸附器、粉碎机械等金属体，应连成一个连续的导电整体并加以接地。不允许设备内部有与地绝缘的金属体。

输送物料能产生静电危险的绝缘管道的金属屏蔽层应接地。各种静电消除器的接地端、以及高绝缘物料的注料口、加油站台、油品车辆、船体、铁路轨道、浮动罐体应连成导电通路并接地。

在有火灾、爆炸危险场所或静电对产品质量、人身安全有影响的地方所使用的金属用具、门把手、窗插销、移动式金属车辆、家具、金属梯子以及编有金属丝的地毯等均应接地。

对于能产生静电的旋转体，可采用导电性润滑油或滑环碳刷接地。

为防止感应带电，凡在有静电产生的场所内，平行管道间距小于 10cm 时，每隔 20m 连通一次。若相交间距小于 10cm 时，相交或相近处应相连通。金属构架、构架物与管道、金属设备间距小于 10cm 者也应接地。此外人体静电也需接地。

（2）静电接地连接方法　对于工艺设备、管道静电接地连接的跨接端及引出端的位置应选在不受外力伤害，便于检查维修，便于与接地干线相连的地方。静电接地引出端连接板截面 40mm×4mm，系设备本体的一部分焊接于设备外壳上，连接板伸出保温层外以便与外来接地线连接。

靠金属面相接的静电跨接处，应避免由于振动、污染等使接触情况变坏。

螺钉压接板间接触面积应大于 $20cm^2$，其螺钉应为 M_{10}的。

防雷、电气保护的接地系统，可同静电接地共用。静电接地系统也可利用电气工作接地体，但不允许利用三相四线制的零线系统。假如单纯为消除工艺静电而用的接地装置，其接地电阻可取 100Ω。每组静电接地装置至少要用二根接地极组成。管网及大型设备的接地装置可利用钢筋混凝土基础的埋地部分。接地系统的材质要考虑到介质的腐蚀。有关材料选择见表 4-12。

表 4-12　接地系统材料规格　　单位：mm

<table>
<tr><th colspan="2">材料及用途</th><th>建筑物内</th><th>建筑物外</th><th>地下</th></tr>
<tr><td colspan="2">钢</td><td>25×4</td><td>40×4</td><td>40×5</td></tr>
<tr><td colspan="2">圆钢</td><td>$\phi 8$</td><td>$\phi 10$</td><td>$\phi 10$</td></tr>
<tr><td colspan="2">解钢</td><td></td><td></td><td>150×5</td></tr>
<tr><td colspan="2">钢管</td><td></td><td></td><td>$D_g 50$</td></tr>
<tr><td rowspan="4">软铜线
金属编织</td><td>槽车</td><td colspan="3">>25mm²</td></tr>
<tr><td>管道、设备用跨接</td><td colspan="3">>16mm²</td></tr>
<tr><td>缠绝缘管</td><td colspan="3">>2.5mm²</td></tr>
<tr><td>缠橡胶软管</td><td colspan="3">>1.5mm²</td></tr>
</table>

管道、设备用法兰连接的，至少应有二个以上螺钉作妥善连接，螺钉安装前其接触部位应除锈、加铅或镀锡垫圈。

（3）固定设备的接地　室外大型贮罐的接地。贮罐如有避雷装置的，可不必另设静电接地（独立的避雷针的接地装置除外）；贮罐应有二处以上的接地点（相对位置），接点沿外围的距离不大于 30m，接地点应装在进液口附近。

金属管道的接地。管道系统的末端、分叉、变径、主控阀门、过滤器，以及直线管道每隔 200～300m 处均应设接地点。车间内管道系统接地点不少于二个，接地点、跨接点的具体位置可与管道的固定托架位置一致。如管道系绝缘材质，应在管道表面上缠绕接地金属线作为静电屏蔽。

（4）移动设备的接地　罐车、油槽汽车、油船、手推车以及移动式容器的停留、停泊处要在安全的场所装设专用的接地接头，以便移动设备接地用。当罐车、油槽汽车到位后，停机刹车、关闭电路、打开罐盖之前要进行接地。注液完毕，拆掉软管，经一定时间的静止，再将接地线拆除。

移动设备上应带有专用的接地软铜线。油槽汽车如用链条接地，只有停车时才起放电作用，行车中反会产生静电，故不宜采用。

将容器放在导电垫和导电地面上时，应确保垫、地面无绝缘涂膜。带轮的容器和小车其轮子应采用导电性材料。对于移动式工具，最好通过人体作静电接地，如果这种接地不能满足要求或不允许通过人体接地，则应装接地端子，用专用线接地。

在检尺和取样过程中，检尺棒、取样容器以及绳索要接地，取样绳索两端之间的电阻应为 $10^7 \sim 10^9 \Omega$。

4. 静止时间

经输油管注入容器、贮罐的液体物料带入一定量的静电，根据电导和同性相斥的原理，液体内的电荷将向器壁、液面集中泄漏消散。而液面电荷经液面导向壁进而泄入大地，此过程需一定时间。如向燃料罐装液体，当装到 90%停泵，液面电压峰值常常出现在停泵后的 5～10s 以内，然后电荷逐步衰减掉，该过程需 70～80s。

因此，不允许停泵后马上检尺、取样。小容积槽车装完 1～2min 后即可取样；对于大贮罐则需要含水完全沉降后才能进行检尺工作。对此，英、美提出停油后半小时进行工作，俄罗斯则要 2h 以上，而法国提出液面每增高 1m 就需等 1h。日本《静电安全指南》提出静止时间要求如表 4-13 所示。

表 4-13　日本贮罐防静电装液后要求的静止时间　　单位：min

带电物体的导电率/(S/m)	带电物体的容积/m^3			
	10 以下	10～50	50～500	5000 以上
10^{-6}以上	1	1	1	2
10^{-12}～10^{-6}	2	3	10	30
10^{-14}～10^{12}	4	5	60	120
10^{-14}以下	10	15	120	240

四、中和电荷法

中和电荷法，利用相反极性离子或电荷中和危险性静电，从而减少带电体上的静电量。属于该法的有静电消除器消电、物质匹配消电和湿度消电等三类。

1. 静电消除器

静电消除器有自感应式、外接电源式、放射线式和离子流式等四种。

(1) 自感应式静电消除　该静电消除器用一根或多根接地的金属尖针（钨）作为离子极，将针尖对准带电体并距其表面 1～2cm，或将针尖置于带电液体内部。由于带电体静电感应，针尖出现相反电荷，在附近形成很强的电场，并将气体（或其他介质）电离。所产生的正、负离子在电场作用下分别向带电体和针尖移动。与带电体电性相反的离子抵达表面时，即将静电中和，而移至针尖的离子通过接地线将电荷导入大地。见图 4-7。

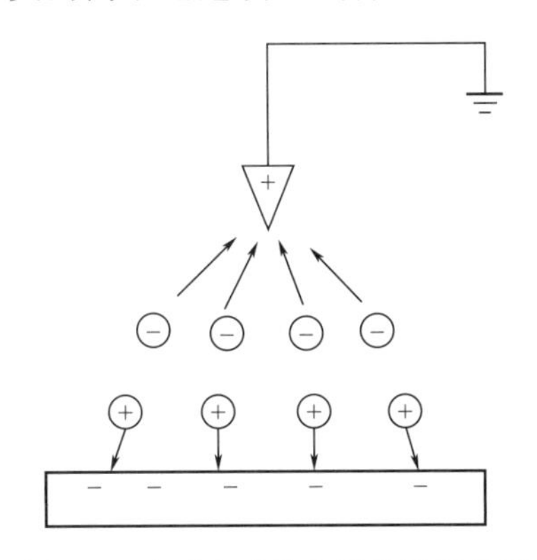

图 4-7　自感应式静电消除器原理图

自感应式静电消除器是一种安全性高的消电装置，本身很少成为引火源。它结构简单，易制做，价格低廉，便于维修，适用于静电消除要求不严格的场合。

(2) 外接电源式静电消除器　该静电消除器是利用外接电源的高电压，在消除器针尖(离子极）与接地极之间形成强电场，使空气电离。但外接电源为直流的消电器，是产生与带电体电荷极性相反的离子，直接中和带电体上的电荷，而交流装置则是在带电体周围由等量的正、负离子形成电层，使带电体表面电荷传导出去。

外接电源静电消除器直流型较交流型消电能力高，工频次之。就消电效果而言，它比自感应式静电消除器好，能彻底消电。但也可能使带电体载上相反的电荷。

（3）放射线静电消除器　这种静电消除器是利用放射性同位素使空气电离，从而中和带电体上的静电荷。放射线有 α、β、γ 三种，用此法要注意防范射线对人体的伤害。

（4）离子流式静电消除器　该消电器就工作原理而言属于外接电源式静电消除器。所不同的是，利用干净的压缩空气通过离子极喷向带电体。压缩空气将离子极产生的离子不断带到带电体表面，达到消电的效果。

（5）静电消除器的选用　从适用出发，自感应式、放射线式静电消除器原则上适于任何级别的场合。但放射线式静电消除器能产生危害时，不得使用。

外接电源式静电消除器应按场合级别合理选择。如防爆场所应选用防爆型。相对湿度经常在 80%以上的环境，尽量不用外接电源式静电消除器。离子流型静电消除器则适用于远距离消电，在防火、防爆环境内使用。

按消电对象选用：防爆场所应选用离子流式、有保证安全性的自感式、防爆型外接电源式静电消除器。带电极性一定，带电量大或高速移动的带电体，应选用直流外接电源式静电消除器。对静止不动的防火、防爆环境，可考虑使用放射线式静电消除器。

按具体工序选用：对薄膜、布、纸和橡胶板等表面消除静电，应根据场所选用自感应式或外接电源式静电消除器。对罐、反应器里的可燃带电体可使用放射线式静电消除器。在成型、涂漆、手工作业等工序可选用枪型静电消除器。在管道中流动的粉体或高速移动的线纱可采用法兰型外接电源式静电消除器。在卷取、橡胶混合工序中，对移动物体消电应选用自感应式、离子流式静电消除器。对悬浮粉体进行消电，应选用离子式静电消除器。在印刷、卷板工序，物体高速移动，带电极性一定，用直流型外接电流式静电消除器较好。

2. 物质匹配消电

利用静电摩擦序列表中的带电规律，能动地匹配相互接触的物质使生产过程中产生的不同极性电荷得以相互中和，这就是匹配消电的方法。例如，橡胶制品生产中，辊轴用塑料、钢铁两种材料制成，交叉安装，胶片先同钢辊接触分离得负电，然后胶片又与塑料辊相摩擦带正电，这样正、负电相抵消保证了安全。应当指出，这种消电方式是宏观的，因两次双电层不可能在同一位置，但就工业安全生产来说，这种消电方法已可满足。

3. 湿度消电

前已提及空气增湿，能使物体表面泄漏电阻下降，使电荷得以导入大地。带电体为非导体时，其带电极性在各局部表面不会一样。平时，电荷不能相互串通中和，只有表面湿度增加、电阻下降，这些电荷方能转移中和。

五、封闭削尖法

该法就是利用静电的屏蔽、放电和电位随电容变化的特性，能动地使带电体不致造成危害的方法。将带电体用接地的金属板、网或缠以导电线匝，即能将电荷对外的影响局限在屏蔽层内，同时屏蔽层内物质也不会受到外电场的影响，于是“远方放电”等问题就可以消除。这种封闭作用保证了系统的安全。

尖端放电可以引起事故，所以，不是利用静电电晕放电来消除静电的场合外，其他所有部件（包括邻近接地体）要求表面光滑、无棱角和突起。设备、管道毛刺均要除掉。

带电体附近有接地金属体，所谓“有金属背景”者可使带电体电位大幅度下降，从而减少静电放电的可能。在不便消电，而又必须降低带电体电位的场合，在确保带电体不与金属体相碰的前提下，可以利用该法防范静电危害，这也是屏蔽的一种形式。

六、人体防静电

人体静电的防止，既可是利用接地、穿防静电鞋、防静电工作服等具体措施，减少静电在人体上积累，又要加强规章制度和安全技术教育保证静电安全操作。具体措施如下。

1. 人体接地措施

操作者在进行工作时，应穿防静电鞋，其电阻必须小于 $1\times10^{8}\Omega$，不要穿羊毛或化纤的厚袜子；应穿防静电工作服、手套和帽子。注意里面不要穿厚毛衣，在危险场所和静电产生严重的地点，不要穿一般化纤工作服，穿着以棉制品为好。

在人体必须接地的场所应设金属接地棒，赤手接触即可导出人体静电。坐着工作的场合，可在手腕上佩戴接地腕带。

2. 工作地面导电化

产生静电的工作地面应是导电性的，其泄漏电阻既要小到防止人体静电积累，又要防止误触动力电而致人体伤害。日本按场所不同对泄漏电阻提出如表 4-14 所示要求。

表 4-14　不同场所对地面泄漏电阻的要求

工作环境	泄漏电阻	场所举例
可能产生爆炸、火灾的危险场所	$10^{8}\Omega$ 以下	手术室，可燃气体和溶剂贮藏室及其加工工序
可能产生静电过电的场所	$10^{18}\Omega$ 以下	粉体装袋，纸张卷取工序
可能产生生产故障的场所	$10^{11}\Omega$ 以下	计算机室，半导体加工场所

地面材料应采用导电率为 10^{-6}S/m 以上，各种地面材料通常状态下的泄漏电阻值如表 4-15 所示。

此外，用洒水的方法使混凝土地面、嵌木胶合板湿润，使橡胶、树脂和石板的黏合面以及涂刷地面能够形成水膜，增加其导电性。每日最少洒一次水，当相对湿度为 30%以下时，应每隔几小时洒一次。

表 4-15　各种地面的泄漏电阻值

材料名称	泄漏电阻/Ω	材料名称	泄漏电阻/Ω
导电性水磨石	$10^{5}\sim10^{7}$	一般涂刷地面	$10^{9}\sim10^{12}$
导电性橡胶	$10^{4}\sim10^{8}$	橡胶（粘面）	$10^{9}\sim10^{12}$
石	$10^{4}\sim10^{9}$	木，木胶合板	$10^{9}\sim10^{13}$
混凝土（干燥）	$10^{5}\sim10^{10}$	沥青	$10^{11}\sim10^{13}$
导电性聚氯乙烯	$10^{7}\sim10^{11}$	聚氯乙烯（粘面）	$10^{12}\sim10^{15}$

3. 确保安全操作

在工作中，尽量不做与人体带电有关的事情。如接近或接触带电体，以及与地相绝缘的工作环境，在工作场所不穿、脱工作服等。

在有静电危险场所操作、巡视、检查，不得携带与工作无关的金属物品、如钥匙、硬币、手表、戒指等。

第五章
灼伤、噪声、辐射的危害及防护

第一节　灼　　伤

一、灼伤的定义与分类

机体受热源或化学物质作用，引起局部组织损伤，并进一步导致病理和生理改变的过程称为灼伤。

灼伤按发生原因的不同，分为化学灼伤、热力灼伤和复合性灼伤。

1. 化学灼伤

凡由于化学物质直接接触皮肤所造成的损伤，均属化学灼伤。

导致化学灼伤的物质形态有固体（氢氧化钠、氢氧化钾、硫酸酐等），液体（硫酸，硝酸，高氯酸，过氧化氢等）和气体（氟化氢、氮氧化合物等）。化学灼伤的致伤原理是化学物质与皮肤或黏膜接触，产生化学反应并具有渗透性，对细胞组织产生吸水、溶解组织蛋白和皂化脂肪组织的作用，从而破坏细胞组织的生理机能。随着化学工业的发展，新的化学物质不断出现，化学灼伤的类型日趋复杂，包括酸、碱、过氧化物、元素单体、毒性气体等，其伤害部位不仅包括表皮，还对呼吸道、消化道等也能造成灼伤。

化学物质对皮肤的损害作用与物质本身的理化性状、接触部位等因素有关。有的化学物质如氢氟酸、漂白粉等，对皮肤的灼伤有一定的潜伏时间，大约经过数小时后才有表现，有的物质如氨对皮肤的作用较弱，但溅入眼睛能造成失明。

2. 热力灼伤

由于接触炽热物体、火焰、高温表面、过热蒸汽等所造成的损伤，称为热力损伤。此外，在化工生产中还会发生由于液化气体、干冰接触皮肤后迅速蒸发或升华，大量吸收热量，以致引起皮肤表面冻伤。

3. 复合性灼伤

由化学灼伤与热力灼伤同时造成的伤害，或化学灼伤兼有灼伤的中毒反应等都属于复合性灼伤。如磷溅落在皮肤上，由于磷的燃烧造成热灼伤，而磷燃烧后生成磷酸会造成化学灼伤，当磷通过灼伤部位侵入血液和肝脏时，就会引起全身性磷中毒。其他如硫化氢，苯及苯的化合物以及某些芳香族化合物都有灼伤中毒反应。化学灼伤的症状与病情同热灼伤大致相同，但是对化学灼伤的中毒反应特性，应给予特别重视，注意它的中毒途径和临床症状、以便及时，正确地进行抢救和处理。

二、化学灼伤的原因

在化工生产中，经常发生由于化学物料的泄漏、外喷、溅落而引起的接触性外伤，主要有以下原因。

① 由于设备、管道及容器的腐蚀、开裂和泄漏引起的化学物质外喷或流泄；

② 由火灾爆炸事故而形成的次生伤害；

③ 没有安全操作规程或安全规程不完善；

④ 违章操作；

⑤ 没有穿戴必需的个人防护用具或穿戴不齐全；

⑥ 操作人员误操作或疏忽大意。如未解除压力之前开启设备。

三、化学灼伤的症状及灼伤深度的判别

化学灼伤常常包含一些复杂的因素，如中毒反应、精神刺激症状以及某些特殊部位的灼伤等，由于灼伤严重程度的不同和机体反应的差异，在局部或全身的反应也不相同，所以必须正确认识和掌握化学灼伤的特点，以利于正确实施急救和创面处理。

1. 化学灼伤的局部症状

化学灼伤早期局部临床表现与致伤物的种类、损伤形式及个人防护情况有关。不同的损伤形式如爆炸、喷射、流注、浸入等，其创面的形状、分布、灼伤深度等均有差异。灼伤后6～36h可明显表现出水肿、水疱、渗出液、红斑等，并伴有刺激性炎症及毒性的特异反应。灼伤后3～5d，创伤面周围的水肿一般可消退。

酸、碱类灼伤有剧烈刺痛感，萘、苯、焦油类灼伤呈痛痒反应，而酚类灼伤则呈轻微的疼痛反应。

2. 化学灼伤的全身体征

（1）休克期　成人在灼伤面积大于10%的情况下，由于精神刺激、创面失液和组织缺氧而发生休克。灼伤越严重，休克期越长，高峰到来越早，甚至在伤0.5～1h即可发生。

（2）感染及中毒反应期　大面积灼伤由于体液渗出，组织水肿或坏死，组织残留，机体抵抗力减弱，随时有遭到感染的可能。化学性灼伤的中毒反应与致伤物质的特性及其毒理有关。如磷灼伤后出现高烧、皮肤及眼巩膜黄染、骨髓抑制等反应。大面积深度灼伤的败血症发病率很高，一般于水肿回收期创面感染开始时或严重时发生，其发生的时间因致伤物质、感染菌种和灼伤程度的不同而有些差异，在大多数情况下发生在灼伤后4～10d之内（但也有发生于伤后第一天，或发生在数月之后）。此期间的重点是防止感染、保护创面，增强机体抵抗力，促进创面愈合。

（3）恢复期　大面积或深度化学灼伤，创面愈合较慢并可能有并发症。在恢复期中应避免残留小创面的再度感染而导致腔脓肿，对创面的炎性反应，创面上的肉芽及焦痂溶解脱落

过程应注意观察，积极处理。

3. 灼伤深度等级的划分与判断

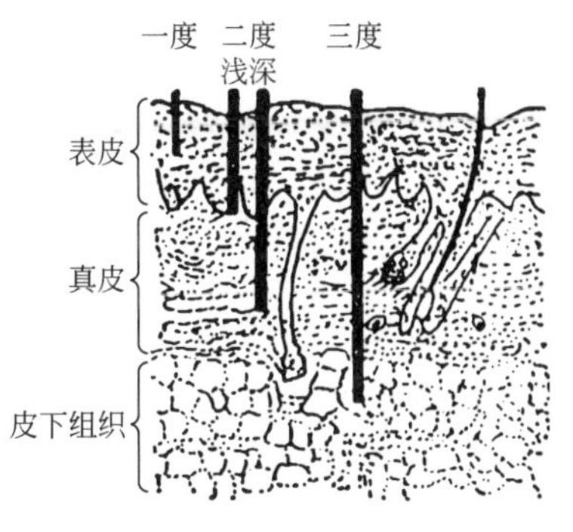

图 5-1　灼伤深度示意图

灼伤深度分为三度四级：即一度灼伤（Ⅰ°）、浅二度灼伤（Ⅱ°）、深二度（深Ⅱ°）和三度灼伤（Ⅲ°）。如图 5-1 所示。其局部病理变化及临床特征如下。

（1）一度（红斑性）灼伤　仅伤及表皮，生发层健在，局部症状为皮肤发红，有轻度肿胀和疼痛，不发生水泡。如不发生感染，2～3d 内红斑可消退，5d 即可痊愈不遗留疤痕。

（2）浅二度（水泡性）灼伤　灼伤深达真皮浅层，但部分生发层健在。局部症状为表皮与真皮分离，形成皮下水泡，去除水泡表皮后基底淡红，可见细网状血管，创面上经常有液体渗出，水肿明显，有剧痛及知觉过敏。在 3～4d 后结成棕黄色、较薄的干痂。若无感染，在 10～14d 内可愈合，不遗留疤痕，但短期内有色素沉着。

（3）深二度灼伤　损伤达真皮深层，生发层完全被毁，仅残存毛囊、汗腺和皮脂腺的根部，局部有水泡，但较厚的皮肤部位也可不发生水泡。由于有大量坏死组织存在，故较易感染。有痛觉但触觉迟钝，水肿明显，若无感染，其残存皮肤附近的上皮细胞可再生而覆盖创面，一般经 3～4 周痊愈，留有疤痕。

（4）三度（焦痂性）灼伤　伤及全层皮肤或到皮下组织，甚至到肌肉和骨骼，创面呈皮革样，色苍白或焦黄，甚至炭化，感觉消失，触之较硬，不出现水泡，可见栓塞的柘树枝状皮下静脉。3～4 周后焦痂脱落，除少面积可由周围上皮汇合而痊愈外，一般需要植皮才能愈合。留有疤痕，甚至有畸形。

灼伤深度的鉴别要点见表 5-1。

表 5-1　灼伤深度鉴别要点

深度分类		损伤深度	临床表现	创面愈合过程
一度（红斑性）		表皮层	红斑，轻度红肿、热、痛。感觉过敏，干燥无水泡	3～5d 痊愈、脱屑，无疤痕
二度（水泡性）	深二度	真皮浅层	创面湿度高，水泡形成，潮湿，水肿、剧痛，感觉过敏	如无感染 10～14d 痊愈，不留疤痕
	深二度	真皮深层	创面温度微低，湿润、水泡少，疼痛，白中透红，有小红斑点，水肿	如无感染，3～4 周痊愈，有轻度疤痕
三度（焦痂性）		全层皮肤，累及皮下组织或更深	创面皮革样，苍白或焦黄碳化，凹陷，感觉消失，无水泡，可见皮下栓塞静脉网	3～4 周后焦痂脱落，大范围灼伤时需植皮，有疤痕

四、化学灼伤的现场急救

发生化学灼伤时，由于化学物质的腐蚀作用，如不及时除掉，就会继续腐蚀下去，从而加剧灼伤的严重程度，某些化学物质（如氢氟酸）灼伤初期无明显的疼痛，往往不引起重视，以致贻误处理时机。所以，迅速、正确地进行现场急救和处理，这是减少伤害，及早痊愈，避免严重后果的重要环节。

化学灼伤的程度同化学物质的物理、化学性质有关。酸性物质引起的灼伤，其腐蚀作用只在当时，经急救处理、伤势往往不再加重。碱性物质引起的灼伤会逐渐向周围和深部组织蔓延，因此现场急救应首先判明化学致伤物的种类、侵害途径、灼伤面积及深度，采取有效的急救措施。某些化学性灼伤，可从被灼伤皮肤的颜色加以判别，如苛性钠和石炭酸灼伤表现为白色，硝酸灼伤表现为黄色，氯磺酸灼伤表现为灰白色，硫酸灼伤表现为黑色，磷灼伤局部皮肤呈现特殊气味，有时在暗处可看到磷光。

化学灼伤的程度也同化学物质与人体组织接触时间的长短有密切关系，接触时间越长所造成的灼伤就会越严重。因此当化学物质接触人体组织时，应迅速脱去污染衣服，立即使用大量清水冲洗创面，不应延误，冲洗时不得少于 15min，以利于将渗入毛孔或黏膜内的物质清洗出去。清洗时要遍及各受害部位，尤其要注意眼、耳、鼻、口腔等处。对眼睛的冲洗一般用生理盐水或用清洁的自来水，冲洗时水流不宜正对角膜方向，不要搓揉眼睛，也可将面部浸在清洁的水盆里，用手把上下眼皮撑开，用力睁大两眼，头部在水中左右摆动。其他部位灼伤，先用大量水冲洗，然后用中和剂洗涤或湿敷，用中和剂的时间不宜过长，并且必须用清水冲洗掉，然后视病情予以适当处理。常见化学灼伤的急救处理方法见表 5-2 化学灼伤的急救处理。

表 5-2　化学灼伤的急救处理

灼伤物质名称	急救处理方法
碱类：氢氧化钠、氢氧化钾、氨、碳酸钠、碳酸钾、氧化钙	立即用大量水冲洗，然后 2%醋酸溶液洗涤中和，也可用 2%以上的硼酸水湿敷，氧化钙灼伤时，可用植物油洗涤
酸类：硫酸、盐酸、硝酸、高氯酸、磷酸、醋酸、蚁酸、草酸、苦味酸	立即用大量水冲洗，再用 5%碳酸氢钠水溶液洗涤中和，然后用净水冲洗
碱金属、氰化物，氢氰酸	用大量水冲洗后，用 0.1%高锰酸钾水溶液冲洗，再用 5%硫化铵溶液湿敷
溴	用水冲洗后，再以 10%硫代硫酸钠溶液洗涤，然后涂碳酸氢钠糊剂或用 1 体积(25%)＋1 体积松节油＋10 体积乙醇(95%)的混合液处理
铬酸	先用大量水冲洗，然后用 5%硫代硫酸钠溶液或 1%硫酸钠溶液洗涤
氢氟酸	立即用大量水冲洗，直至伤口表面发红，再用 5%碳酸氢钠溶液洗涤，再涂以甘油与氧化镁(2∶1)悬浮剂，或调上如意金黄散，然后用消毒纱布包扎
磷	如有磷颗粒附着皮肤上，应将局部浸在水中，用刷子清除，不可将创面暴露在空气中或用油脂涂抹。再用 1%～2%硫酸铜溶液冲洗数分钟，然后以 5%碳酸氢钠溶液洗去残留的硫酸铜，最后可用生理盐水湿敷，用绷带扎好
苯酚	用大量水冲洗，或用 4 体积乙醇(7%)与 1 体积氯化铁(1mol/L)混合液洗涤，再用 5%碳酸氢钠溶液湿敷
氯化锌硝酸银	用水冲洗，再用 5%碳酸氢钠溶液洗涤，涂油膏及磺胺粉
三氯化砷	用大量水冲洗，再用 2.5%氯化铵溶液湿敷，然后涂上 2%二巯基丙醇软膏
焦油，沥青(热烫伤)	以棉花沾乙醚或二甲苯，消除粘在皮肤上的焦油或沥青，然后涂上羊毛脂

抢救时必须考虑现场情况，在有严重危险的情况下，应首先使伤员脱离现场，送至空气新鲜和流通处，迅速脱除污染的衣着及佩戴的防护用品等。

小面积化学灼伤创面经冲洗后，如确实致伤物已清除，可根据灼伤部位及深度采取相应包扎疗法或暴露疗法。

中、大面积化学灼伤，经现场抢救处理后应送往医院处理。

五、化学灼伤的预防措施

化学灼伤常常是伴随生产中的事故或由于设备发生腐蚀、开裂、泄漏等条件下造成的，它与安全管理、操作、工艺和设备等因素有密切关系。因此，为避免发生化学灼伤，必须采取综合性管理和技术措施，以防患于未然。

1. 制定完善的安全操作规程

对生产过程中所使用的原料、中间体和成品的物理化学性质，与人体接触时可能造成的伤害作用及处理方法都应明确说明并做出规定，使所有作业人员都了解和掌握并严格执行。

2. 设置可靠的预防设施

在使用危险物品的作业场所，必须采取有效的技术措施和设施，这些措施和设施主要包括以下几方面。

（1）采取有效的防腐措施　在化工生产中，由于强腐蚀介质的作用及生产过程中高温、高压、高流速等条件对机器设备会造成腐蚀。加强防腐，杜绝跑、冒、滴、漏也是预防灼伤的重要措施之一。

（2）改革工艺和设备结构　在使用具有化学灼伤危险物质的生产场所，在设计中，就应预先考虑防止物料外喷或飞溅的合理工艺流程，设备布局，材质选择及必要的控制、输导和防护装置。

① 物料输送实现机械化，管道化；

② 贮槽、贮罐等容器，采用安全溢流结构；

③ 改善危险物质的作用和处理方法，如用蒸汽溶解氢氧化钠代替机械粉碎，用片状物代替块状物等；

④ 保持工作场所与通道有足够的活动余量；

⑤ 使用液面控制装置或仪表，实行自动控制；

⑥ 装设各种形式的安全联锁装置，如保证未卸压前不能打开设备的联锁装置等。

（3）加强设备维护　定期进行安全性预测检查，如使用超声波测厚仪、磁粉与超声探伤仪、X射线仪等定期对设备进行检查，或采用将设备开启进行检查的方法，以便及时发现并正确判断设备的损伤部位与损坏程度，及时消除隐患。

（4）加强安全防护设施

① 所有贮槽的上部敞开部分应高于车间地面1m以上，如贮槽口与地面等高时，其周围应设护栏并加盖，以防人员跌入槽内；

② 为使腐蚀性液体不流洒在地面上，应修建地槽并加盖；

③ 所有酸贮坛和酸泵下部应修筑耐酸基础；

④ 禁止将危险流体盛入非专用的和没有标志的桶内；

⑤ 搬运酸坛要有两人抬，不得单人背负运送。

（5）加强个人防护　在处理有灼伤危险的物质时，必须穿戴工作服和防护用具，如眼镜、面罩、手套、毛巾、工作帽等。

第二节 噪　声

一、声音的特性与物理量度

声音是由物体振动，在周围介质中传播，引起听觉器官或其他接收器的反应而产生的。振源、介质和接受是形成声音的三个基本要素。

对声音的量度主要是音调的高低和声响的强弱。表示音调高低的客观量度是频率，表示声响强弱的量度有声压和声压级、声强和声强级、声功率和功率极、响度和响度级。

1. 频率

频率是指物体单位时间发生振动的次数。单位是赫（兹），记作 Hz。1s 振动 1 次为 1Hz。频率越高，产生声音的音调也越高。反之，频率越低，音调也越低。

正常人耳可听的频率范围在 20～20000Hz，高于 20000Hz 的称为超声，低于 20Hz 的称为次声，超声和次声人耳都听不到。一般语言频率的主要组成，在 250～3000Hz。

频率 f 可根据波长和波速求出，即

$$f=\frac{w}{\lambda} \tag{5-1}$$

式中　w——波速，m/s；

　　　λ——波长，m。

2. 声压和声压级

声压是介质（如空气）因声波传过而引起的压力扰动，通常以该变动部分压力的均方根值（即有效值）表示，单位是 N/m^2。

人耳可听的声压变动幅度很大，正常人耳刚刚可听到的声压为 $2\times10^{-5}N/m^2$，震耳欲聋的声压为 $20N/m^2$，二者之比为 10^6，相差百万倍。在这样大的范围内，用声压的绝对值表示声音的强弱很不方便，因此便引出“级”的量来衡量。级的划分是采用对数刻度表达。所谓声压级就是实测的声压与基准声压（1000Hz 纯音的听阈声压）平方比值的对数，单位为贝乐，通常以其值的 1/10 即分贝（dB）作为度量单位，声压级 L_p 的计算公式为

$$L_p=10\lg\left(\frac{P}{P_0}\right)^2=20\lg\frac{P}{P_0} \tag{5-2}$$

式中　P——实际声压，N/m^2；

　　　P_0——基准声压，$2\times10^{-5}N/m^2$。

由式(5-2) 可看出，分贝值表示的是对数值，因此，其值不能按算术加减法运算，在计算两个声音叠加时，不能声压叠加，而应是声压的平方叠加。如两个 60dB 的声音叠加不等于 120dB，而应按下式计算：

$$\begin{aligned}L_{总}&=10\lg\frac{P_1^2+P_2^2}{P_0^2}=10\lg\frac{2P_1^2}{P_0^2}=10\lg2+10\lg\frac{P_1^2}{P_0^2}\\&=3+60(\mathrm{dB})\end{aligned}$$

由上述核算可以看出，两个相同的声音叠加，其声压级增大 3dB。同理，三个相同的声音叠加，其声压级增大 10lg3≈5dB，N 个相同的声音叠加，其声压级增大 $10\lg N$dB。若两

个不相同的声音叠加，可先求出两个声音的分贝差 L_1-L_2，再查表找出与差值相对应的增值 ΔL（表 5-3），然后与分贝数大的 L_4 相加即为两个声压级的和。

表 5-3　分贝和增值表

L_1-L_2	ΔL	L_1-L_2	ΔL	L_1-L_2	ΔL
0	3	5	1.2	12	0.3
1	2.6	6	1.0	14	0.2
2	2.1	7	0.8	16	0.1
3	1.8	8	0.6		
4	1.5	10	0.4		

如 $L_1=70\text{dB}$，$L_2=80\text{dB}$，$80-70=10\text{dB}$，查得 $\Delta L=0.4\text{dB}$，则总声压级 $L_p=80+0.4=80.4\text{dB}$。

声压也可用微巴表示，其换算公式为：

$$1\text{atm}\approx 1\text{bar}=10^6\mu\text{bar}$$

3. 声强和声强级

声强表示单位时间内，在垂直声传播方向的单位面积上通过的声能量，单位是 W/m^2。

以听阈声强值 10^{-2}W/m^2 为基准值，声强级 L_1 可定义为

$$L_1=10\lg\frac{I}{I_0}\text{dB} \tag{5-3}$$

式中　I——实测声强，W/m^2；

　　I_0——基准声强，10^{-12}W/m^2。

4. 声功率和声功率级

声功率是描述声源物性的物理量，它表示声源在单位时间内向外辐射的总声能量，用 W 表示，单位是 W。

以 10^{-12}W 为基准，可定义声功率级 L_W 为

$$L_W=10\lg\frac{W}{W_0} \tag{5-4}$$

式中　W——实测声功率，W；

　　W_0——基准声功率，10^{-12}W。

5. 响度和响度级

响度是人耳对外界声音强弱度的主观感觉，它与声压级有关，而且和声音的频率高低也有密切联系。根据人耳对高频声敏感，对低频声不敏感的特点，仿照声压级的概念，引出一个与频率有关的响度级来描述声音在主观感觉上的量，响度级用 L_L 表示，单位是方(Phon)。即选取频率为 1000Hz 纯音做为基准声音，如果某声音听起来与该纯音一样响，则该声音的响度级（方值）就等于这个纯音的声压级（分贝值）。

由于响度级是以对数值表示的，所以在声响感觉上，80 方并不比 40 方响一倍。通常，声压级每增加 10dB 感觉响一倍，所以又规定了响度，以直接表示感觉的绝对量。响度的单位是宋，以 S 表示。定义 40 方的纯音为 1 宋，每增加 10 方，响度值增加一倍。响度与响度

级有如下关系：

$$L_L = 40 + 33.3\lg S \tag{5-5}$$

利用与基准音的比较，可以得到整个可听范围的纯音的响度级，并作出等响曲线，如图5-2所示。

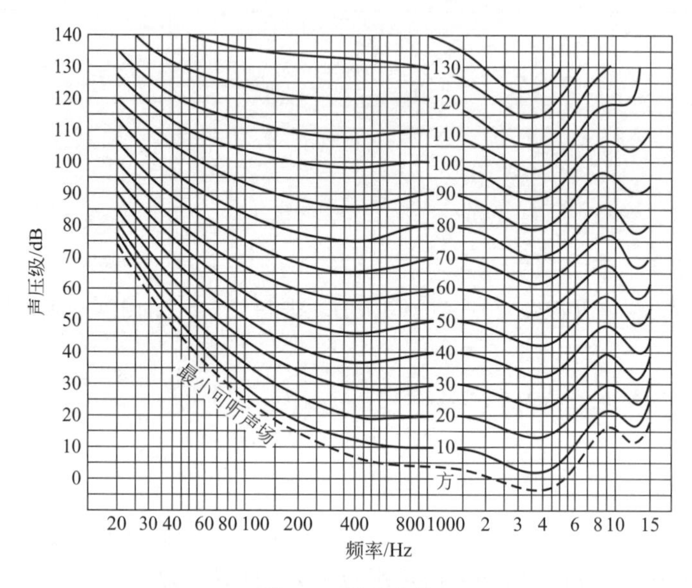

图 5-2 等响曲线

等响曲线表明，人耳对高频声特别是2000～5000Hz的声音最敏感，对低频则不敏感。在声学测量仪中，参考等响曲线，设置A、B、C、D四个计权网络，使接受的声音按不同的频段有一定的衰减。C网络是在整个可听频率范围内，有近乎平直的响应，对可听声的所有频率基本不衰减，它一般代表总表压级；B网络是模拟人耳对70方纯音的响应，对低频段（500Hz以下）有一定的衰减；而A网络是模拟人耳对40方响应，对低频段有较大的衰减，而对高频敏感，这正与人耳对噪声的感觉一样，因而在噪声的测量中，就用A网络测得的声压级代表噪声的大小，叫A声级，记作分贝(A)或dB(A)。

二、噪声的类型与频谱分析

所谓噪声就是人们在生活及生产活动中一切不愉快和不需要的声音，通常是由不同振幅和频率组成的不协调的嘈杂声。噪声可以有多种分类的方法，如按声强的大小、声强是否随时间变化及噪声发生源的不同来划分，大致有以下几种类型：

① 连续宽频带噪声，也就是噪声包括很宽范围的频率，如一般机械车间的噪声；

② 连续窄频带噪声，也就是声能集中窄的频率范围内，如圆锯、刨床等；

③ 冲击噪声——短促的连续冲击，如锻造、锤击等；

④ 反复冲击噪声，如铆接、清渣等；

⑤ 间歇噪声，如飞机噪声、交通噪声、排气噪声等。

为了分析各种噪声的频率成分和相应的强度，通常以声压级随频率变化的图形表示，叫做频谱图。图5-3表示某噪声源所发生的噪声频谱特性。各种噪声源的不同声压级见表5-4。

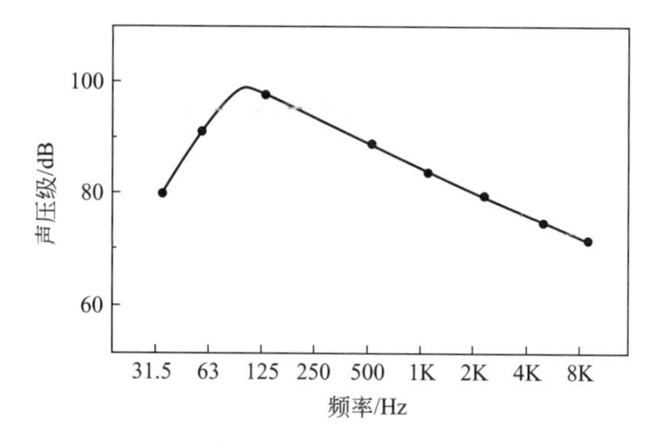

图 5-3　噪声频谱分析

表 5-4　不同噪声源的声压级

噪声源	声压级/dB	人的感觉
喷气发动机、风调	120	震耳欲聋
雷、大炮	120	难以忍受
铆钉枪及球磨机附近	110	
锅炉、锻造车间、鼓风机、电锯	100	
喧闹街道、重型汽车、泵房	90	很吵闹
城市街道、公共汽车内、收音机旁	80	
街道平均噪声	70	
工厂平均噪声	60	中等
家庭噪声、普通室内	40	
礼堂平均噪声	30	微弱
温和谈话、安静的室内	20	
深夜、郊外、低声耳语	10	很安静
消声室、播声室内	0	非常安静

根据噪声频谱的特性，可分为以下三种。

低频噪声：频谱中最高声压级分布在 350Hz 以下；

中频噪声：频谱中最高声压级分布在 350～1000Hz；

高频噪声：频谱中最高声压级分布在 1000Hz 以上。

工厂、车间内的一般机械噪声，由于声能连续地分布在宽阔的频率范围内，形成连续频谱，因此，在频谱分析时，通常将 $20\sim2\times10^{4}$ Hz 的声频范围划分为 10 个频带，每个频带的上限和下限频率各相差一倍，叫做倍频带或倍频程。各个频带的中心频率与频带范围见表 5-5。

表 5-5　倍频带范围表

中心频率/Hz	31.5	63	120	250	500	1000	2000	4000	8000	16000
频带范围(下限/上限)/Hz	20/45	45/90	90/180	180/355	355/710	710/1400	1400/2800	2800/5600	5600/11200	11200/22100

图 5-4 表示水泵和警报器的频谱图，水泵具有宽频带的频谱，而警报器在 2kHz 频带处

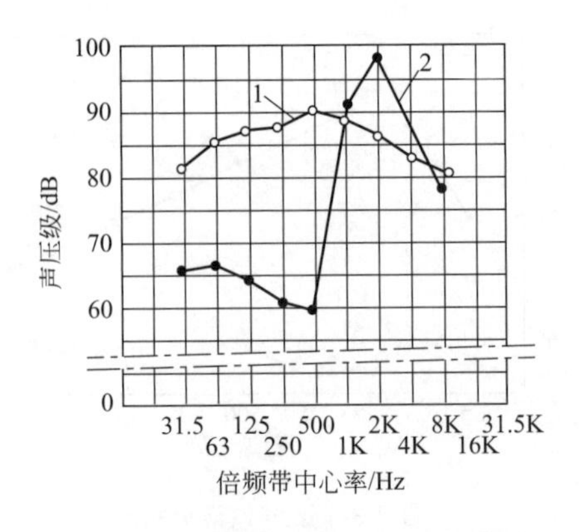

图 5-4 水泵和警报器噪声的频谱图

1—水泵；2—警报器

有一个峰值。

以下为几种主要噪声源的噪声组成及其 A 声级。

（1）机泵噪声　泵类噪声的主来源于电机。电机噪声由电机本身的由磁振动所发出的电磁性噪声、尾部风扇引起的空气动力性噪声及机械噪声三部分组成，一般 83～105dB(A)。

（2）压缩机噪声　主要由主机的气体动力噪声以及主机与辅机的机械噪声组成，一般 84～102dB(A)。

（3）加热炉噪声　主要由喷嘴中燃料与气体混合后，向炉内喷射时与周围空气摩擦而产生的噪声，以及燃料在炉膛内燃烧产生的压力波，激发周围气体发出的噪声体发出的噪声所组成，一般 101～106dB(A)。

（4）风机噪声　主要由风扇转动产生的空气动力噪声、机械传动噪声、电动噪声组成，一般 82～101dB(A)。

（5）排气放空噪声　主要是由带压气体高速冲出排气管及突然降压引起周围气体扰动所产生的噪声，以气体动力噪声为主。

三、噪声的危害

化工生产的某些过程，如固体的输送、压碎和研磨，气体的压缩与传送以及动力机械的运转，气体的喷射等都能造成相当强烈的噪声。当噪声超过规定标准时，对人体可表现出明显的听觉损伤，并对神经、心脏、消化系统等产生不良影响，引起烦躁不安，而且妨害听力和干扰语言，以及成为导致意外事故发生的隐患。

听力损失，即听力界限值改变，一种是暂时性的，一种是永久性的，这与暴露的噪声强度和时间长短有关。暂时性听力界限值改变，即听觉疲劳，可能在暴露强烈噪声后数分钟内发生。当脱离噪声后，经过一段时间休息即可恢复。长时间暴露于强烈噪声中听力只可能有部分的恢复，不能恢复的听力损伤部分，就是永久性听力障碍，即噪声性耳聋。噪声性耳聋，其听力损失值在 10～30dB；中度噪声性耳聋的听力损失值在 40～60dB；重度噪声性耳聋的听力损失值在 60～80dB。

爆炸、爆破时所产生的脉冲噪声，其声压级峰值高达 170～190dB，并伴有强烈的冲击波。在无防护的条件下，强大的声压和冲击波作用于耳鼓膜，使鼓膜内外形成很大的压差，导致鼓膜破裂出血，双耳完全失听，这就是爆震性耳聋。

噪声最广泛的反应是使人烦恼，并表现有头晕、恶心、失眠、心悸、记忆力减退等神经衰弱症。对心血管系统的影响，表现为血管痉挛、血压改变、心跳节律不齐等。此外还会影响消化机能减退，造成消化不良、食欲减退等反应。

在强烈噪声下，会影响人们的注意力集中，这对复杂作业或要求精神高度集中的工作会受到一定的干扰，并影响大脑思维、语言传达以及对必需声音的听力。

四、噪声的测量仪器与测量方法

（一）噪声的测量仪器

1. 声级计

声级计是测量噪声级的一种仪器，声级可直接在仪器表头上读出。

声级计是与滤波器组合使用，可以进行频谱分析。声级计分为普通声级计和精密声级计两大类。

精密声级计又分为两类：一类是用于测量稳态噪声，另一类是用于测量脉冲噪声。声级主要由传声器、放大器衰减器、计权网络、指示器等部分组成，如图 5-5 所示。

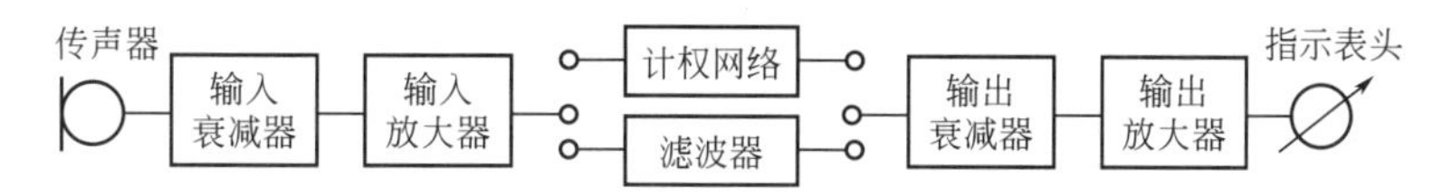

图 5-5　声级计结构示意图

（1）传声器　传声器又叫话筒。它能把声压转换为交流电压。在噪声测量中常使用的传声器有晶体传声器、动圈传声器和电容传声器等。晶体传声器具有结构简单、价廉、灵敏度高等优点，但不能在高于 45℃和低于－10℃的条件下使用，动态范围较窄、频率响应较差。

动圈传声器的固有噪声低，能在高温和低温下工作，但灵敏度较低，频率响应不够平直，稳定性差，对磁场有感应。

电容传声器是一种高稳定度的传声器，它具有体积小，稳定性好，频率响应平直、灵敏度变化小等优点，并且在高温状态或温度急剧变化条件下工作时，其灵敏度具有长期的稳定。但这种传声器成本较高，通常使用在精密声级计上。

（2）放大器和衰减器　将声级计内部的微弱电压放大，经整流后进入指示电表，指示出相应的数值。

衰减器有输入衰减器和输出衰减器，衰减量程分别为 0～70dB 和 0～50dB。按每档 10dB 衰减，以使输入放大器不超过负荷，输出衰减器按 10dB 分档。

（3）计权网络　是根据人耳对声音的响应特性而设置的电滤波器，有 A、B、C、D 四个计权网格。计权网络的特性见图 5-6。

根据不同的目的和噪声特性，可选用 A、B、C、D 中的一个或几个进行噪声测量。工矿企业、机动车辆噪声用 A 档，脉冲噪声用 C 档。飞机噪声用 D 档。

（4）指示器表头　普通声级计的表头按响应灵敏度分为“慢”和“快”两档表针上升时间为 0.27s，一般用于波动较大的非稳定噪声和交通噪声等。“快”“慢”档测量的是声压的有效值，即均方根值。

脉冲精密声级计表头，除了“快”、“慢”档外还有“脉冲或脉冲保持”和“峰值保持”档。“脉冲或脉冲保持”档的表针上升时间为 35ms，用于测量持续时间较长的脉冲，如冲

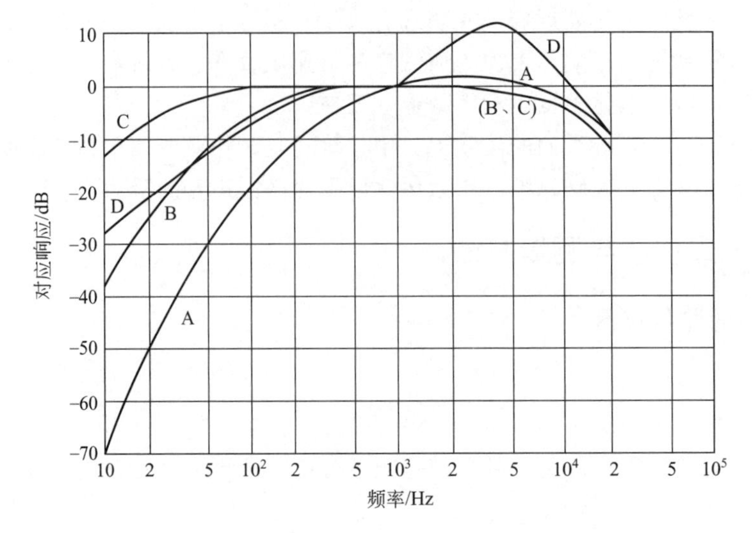

图 5-6　计权网络 A、B、C、D 的频率响应曲线

床、锻锤等，测得的是最大有效值。“峰值保持”档的表针上升时间为 20ms，用于测量持续时间很短的脉冲声，如枪、炮和爆炸声等，测得的是峰值，即最大值。

2. 频率分析仪

频率分析仪是用来测量噪声频谱的仪器。它主要由两大部分组成，一部分是测量放大器，一部分是滤波器。测量放大器的原理大致与声级计相同，不同的是测量放大器还可以测量“+”峰、“−”峰以及最高峰值的正确读数。滤波器按其带宽，大致分为三类：一是恒定带宽滤波器，二是恒定百分带宽滤波器，三是等对数带宽滤波器。测量放大器与不同滤波器可组成频度分析器或频谱仪。

3. 声级记录仪

在现场测量中，为了迅速而准确地测量噪声频谱，常把频谱分析仪与自动记录仪联用，把频率记录在坐标纸上。根据噪声源的特性，可选用适当的笔速、纸速和电位计。

4. 磁带记录仪

在现场测量中，如果没有或不宜使用频谱仪和自动记录仪时，可先用磁带记录仪把被测试的噪声记录下来，然后在实验室用适当的仪器进行频率分析。

（二）噪声的检测方法

1. 基本原则

工业噪声的检测，应按卫生部和国家劳动总局颁发的《工业企业噪声检测规范》进行。根据噪声的特性及测量的技术要求，在使用声级计实施现场测量中应遵循以下基本原则和要求。

① 测量人员应熟悉仪器的操作方法和灵敏度校准方法；

② 每次使用前，应详细检查仪器是否正常；

③ 确认测量环境的温度和湿度对传声器不造成损害；

④ 现场测量时，要避免或减少环境因素对测量结果的影响，以及现场附近人和物体对声音的反射所成的误差；

⑤ 风速超过四级以上时，应在传声器上敷盖防风罩（多孔绝缘塑料球）；

⑥ 预先确定好检测范围及测点；

⑦ 准备测量记录表格，使用的仪器、附件及验校值等。

2. 测量仪器

工厂噪声所使用的精密声级计或普通声级计都应符合国家标准，声级误差不超过±2dB。并在测量前后，按规定进行校准。

测量噪声频谱，通常使用倍频程滤波器测量中心频率为 63～8000Hz 的 8 个倍频程的声压级。必要时，可用 1/3 倍频程滤波器或窄带分析器测量。

脉冲噪声使用脉冲声级计测量。

平均（等效）A 声级使用噪声测量仪，统计分析仪等专用仪器测定，也可使用精密（或普通）声级计测量，经统计计算得出。

3. 测量条件

（1）对本底噪声的要求和修正方法　在现场测量前，要排除本底噪声的影响。

本底噪声是当测量对象噪声不存在时的周围环境的噪声。要先测量环境噪声及其各倍频程声压级，再在同一位置上测量噪声源开动时的声级，如果噪声源的噪声级与本底噪声相差 10dB 以上时，本底噪声的影响可忽略不计。如果二者相差小于 3dB，测量结果无意义；如二者差值在 3～9dB 时，可按表 5-6 进行修正。

表 5-6　排除本底噪声的修正表

实测声源噪声级与本底噪声的差值/dB	3	4	5	6	7	8	9
修正值	−3	−2		−1			

（2）减少或消除现场的反射声的影响　在传声器或声源附近如有较大的反射物时，会因反射声的影响而产生测量误差。因此在测量时，应尽可能减少或排除周围的障碍物并尽量远离反射物。声级计附近除测量者外不应有其他人员，如必不可少时则必须站在测量者背后，并保证测量不被其他声源所干扰。

（3）对风、气流温度等环境因素的要求　室外风或气流直接吹向传声器时，能使传声器膜产生低频噪声，使读数不准。现场温度过高或过低会影响传声器的灵敏度。如湿度太大、电容传声器受潮并有凝结水时，会使传声器的极板与膜片间发生放电现象。所以在室外测量时，要选择良好的气象条件，注意避免或减少气流、电磁场、温度和温度对测量的影响。

4. 测量的项目和读数方法

（1）噪声的声学测量项目

① 机器设备辐射噪声的测量：A 声级、C 声级、声功率级、频率、方向性；

② 暴露噪声级的测量：操作位置的 A、C 声级或平场（等效）A 声级；

③ 噪声声场（室内声场与室外环境声场的测量）：A、C 级声级或平均 A 声级。

为了控制噪声，还应进行倍频程频谱分析，对明显的中、低频特性的噪声及有调噪声，也应进行倍频程谱分析，测量中心频率为 31.5Hz、63Hz、125Hz、250Hz、1000Hz、2000Hz、4000Hz、8000Hz 等九个频程。

（2）读数方法

① 稳态与似稳态噪声：用慢档读取指示或平均值；

② 周期性变动噪声：用快档读取各周期的最大值，并记录其时间变动特性；

③ 脉冲噪声：读取峰值保持值及脉冲保持值；

④ 无规则变动噪声：用慢档或快档每隔 2～3s 读一次瞬时值，连续取 50 或 100 个数据为一组。

5. 测点的选择

在噪声测量中，应根据测量的对象和目的的不同，选择适宜的测点和相应的测点数。

测量作业人员的噪声暴露，测点应选在作业者的工作位置，测量时作业者应离开测点，测点的数量可按以下原则选取。

若车间内各处声级差别小于 3dB，则只需选择 1～3 个测点。

若车间内多处声级的差别大于 3dB，则需要按声级大小，将车间分成若干区域，任意两个声级波动必须小于 3dB，每个区域取 1～3 个测点。这些区域必须包括所有工人为观察或管理生产过程而经常工作、活动的地点和范围。

测量各类机器设备的噪声，应根据其大小尺寸，按以下原则选取测点：

小型机器（外形尺寸小于 30cm），测点距表面 30cm；

中型机器（外形尺寸于 30～50cm），测点距表面 50cm；

大型机器（外形尺寸大于 50cm），测点距表面 1m；

特大型或有危险性的设备，可根据具体情况选取较远的测点。

测量空气动力性机械的进排气噪声，进气口噪声测点应选在距管口面等于管口直径的轴向位置上。排气噪声测点应选在与排气口轴线呈 45°的方向上，距管口中心距离等于管口直径。

机器设备噪声的测点数量，对小型机器可只取一个，对大中型机器则应在机器设备周围均匀选取数点，以其算术平均值或最大值表示该机器的噪声级数。测点的高度应以机器的半高度为准，但距地面不应低于 0.5m，距其他设备或机体等反射面，不应小于 2m，测量时传声器要正对机器表面。

6. 数据记录

为了对噪声测量所得数据进行分析比较，应按统一的“工业企业噪声测量记录表”及“等效连续声级记录表”，认真详细地填写记录并说明气象条件，如风速、温度、湿度、气压等情况。测量时应画简图，表明测点与机器的相对位置以及周围的声学环境、机器设备的技术参数及运行情况。

五、噪声的评价和允许标准噪声的评价方法

1. 噪声的评价

1967 年国际标准化组织（ISO）提出以 A 声级噪声评价为标准的新的 ISO 标准。由于相同的 A 声级，其频谱特性有很大的差异，所以在噪声控制中，要了解各倍频带为噪声容许标准。图 5-7 为噪声评价曲线（*NR* 曲线），*NR* 值就是中心频率为 1000Hz 的倍频程声压级的分贝数，也叫噪声评价数。从图上可以看出，在同一条 *NR* 曲线上的积压倍频程声压级可以认为是具有相同程度的干扰。例如 *NR*80 曲线，1000Hz 倍频程声压级为 80dB，8000

赫兹频程声压级为 74dB，降低了 6dB，而 125Hz 倍频程声压级为 92dB，提高了 12dB。ISO 的噪声评价曲线见图 5-7。

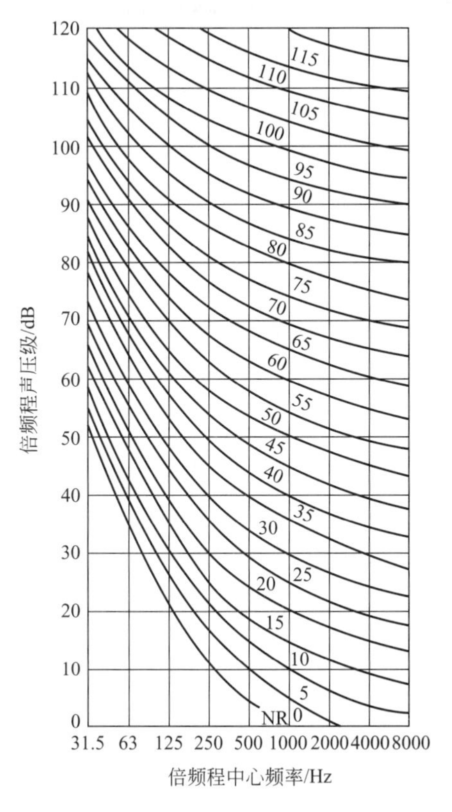

图 5-7 噪声评价曲线

对于有起伏、有间歇或随时间变化的噪声声场，则以等效连续 A 声级作为噪声的评价标准。所谓等效连续 A 声级，是指在声场中的某一位置上，用某一段时间内能量平均的方法，即将间歇暴露的几个不同 A 声级，以一个 A 声级表示该段时间的噪声大小，这个声级就是等效连续 A 声级。例如，一天工作 8h，4h 为 90dB(A)，4h 为 80dB(A)，按分贝运算法则，90dB 与 80dB 叠加后的声级为 90.4dB 减去 3dB，得等效的连续噪声级为 87.4dB(A)。

如果用公式表示，等效连续 A 声级 L_{eq} 为

$$L_{eq}=10\lg\frac{1}{T}\int_0^T 10^{0.1L}\,dt \tag{5-6}$$

式中 T——某段时间的总量，min；

L——声级变化的瞬时值，dB。

由式(5-6) 可以看出，对于一段时间内的稳定不变的噪声，其 A 声级就是等效连续声级。

对于测量的数据处理，先将所测得的声级按次序从小到大，每 5dB 为一段排列，每段以中心声级表示。用中心声级表示的各段为：80dB，85dB，95dB，100dB，105dB，110dB……，80dB 表示 78～82dB 的声级范围，85dB 表示 83～87dB 的范围，以此类推，将一个工作日内各段声级的暴露时间统计出来，填入表 5-7。

表 5-7　各段中心声级和相应暴露时间

n 段	1	2	3	4	5	6	7
中心声级 L_n/dB	80	85	90	95	100	105	110
暴露时间 T_n/min	T_1	T_2	T_3	T_4	T_5	T_6	T_7

以每天工作 8h 为基础，低于 80dB 的不予考虑，则每天的等效连续声级按下式近似计算：

$$L_{eq}=80+10\lg\frac{T_n\cdot\sum\limits_{n}10^{\frac{n_2-n_1}{2}}}{480} \tag{5-7}$$

式中　T_n——一个工作日内 n 段（T_n）的总暴露时间，min；

n——一个工作日内所划分的段数。

【例】 某厂空压机站操作工，每天 8h 工作，其中 4h 在操作室内观察仪表动态，室内声级为 78dB(A)，2.5h 在机器附近巡回检查，声级为 89dB(A)，其他时间声级在70dB(A)以下，计算该操作工每天接触噪声的等效连续 A 声级。

解　将所测得的声级［80dB(A) 以下的声级可以不计］，按表 5-7 的要求填表 5-8。

表 5-8　等效连续声级记录

测点	同一工作日内的连续声级及其暴露时间											等效连续A声级
	n 段	1	2	3	4	5	6	7	8	9	10	
	中心声级/dB	80	85	90	95	100	105	110	115	120	125	
空压机站	暴露时间 T/min	240		60			150					96dB(A)

将所得数据代入式(8-7)

$$等效连续\ A\ 声级\ L_{eq}=80+10\lg\frac{(10^{\frac{3-1}{2}}+10^{\frac{6-3}{2}})\cdot 450}{480}$$

$$=80+10\lg 40.5=80+10\times 1.6=96\text{dB(A)}$$

2. 噪声职业接触限值

每周工作 5d，每天工作 8h，稳态噪声限值为 85dB(A)，非稳态噪声等效声级的限值为 85dB(A)；每周工作 5d，每天工作时间不等于 8h，需计算 8h 等效声级，限值为 85dB(A)；每周工作不是 5d，需计算 40h 等效声级，限值为 85dB(A)，见表 5-9。

表 5-9　工作场所噪声职业接触限值

接触时间	接触限值/[dB(A)]	备注
5d/w，=8h/d	85	非稳态噪声计算 8h 等效声级
5d/w，≠8h/d	85	计算 8h 等效声级
≠5d/w	85	计算 40h 等效声级

六、噪声的预防与治理

产生噪声的作业，几乎遍及各个工业部门，噪声已成为污染环境的公害之一。由于声音是一种波动，对人的干扰，是局部性的，只有在噪声源传播途径和接收者存在的条件下才能形成干扰，因此控制噪声的基本措施是消除或降低声源噪声、隔离噪声及接受者的个人防护。

1. 消除或降低声源噪声

对产生噪声的生产过程和设备，要采用新技术、新工艺、新设备、新材料及机械化、自动化、密闭化措施，用低噪声的设备和工艺代替强噪声的设备和工艺，从声源上根治噪声使噪声降低到对人无害的水平。

具体措施如下。

① 选择低噪声设备和改进加工工艺。如用压力机代替锻造机，用焊接代替铆接，用电弧气刨代替风铲等。

② 提高机械设备的加工精度和安装技术。如提高机械加工及装配的精度，平时注意维修保养，正确校准中心，找好动态平衡，采取阻尼减振等。

③ 对于高压、高速管道辐射的噪声，要降低压差和流速，或改变气流喷嘴形状。

2. 隔离噪声

隔离噪声就是在噪声源和听者之间进行屏蔽、输导，以吸收和阻止噪声的传播。在设计新建、扩建和改造企业时，要考虑预防噪声的有效措施，采取合理的布局，利用屏障及吸声等措施。

（1）合理布局　把噪声强的车间和作业场所与职工生活区分开；工厂内部的强噪声设备与一般生产设备分开；也可把同类型的噪声源，如空压机、真空泵等集中在一个机房内，以缩小噪声污染面并便于集中处理。

（2）利用和设置天然屏障　利用天然地形如山岗、土坡、树木、草丛或已有的建筑屏障阻断或屏障等，阻断或屏蔽一部分噪声的传播。种植有一定密度和宽度的树丛和草坪，也能导致声音的衰减。

（3）吸声　利用吸声材料将入射在物质表面上的声能转变为热能，从而产生降低噪声的效果。一般可用玻璃纤维、聚氨酯泡沫塑料、微孔吸声砖、软质纤维板、矿渣棉等作为吸声材料。吸声材料的吸声性能通常用吸声系数 α 表示。吸声系数 α 等于被材料吸收的声能与入射到材料上的总声能之比，即

$$\alpha=\frac{E_{吸}}{E_{总}\ \lambda_{总}} \tag{5-8}$$

α 越大表明材料的吸声能越好。如室内墙壁、天花板采用光滑坚硬材料，造成混响声较强的场所则多采用吸声结构。通常在室内墙壁及天花板上加设 1/3 以上的吸声结构或在空间悬挂预制好的空间吸声体。常用的吸声结构有以下几种。

① 穿孔板（内填吸声材料）吸声结构。用穿孔板做罩面层、内填超细玻璃棉做吸声材料，做成各种大小尺寸吸声体。罩面体的穿孔率不小于 20%。结构形式有：单（双）层钢板穿孔内填超细棉结构；单（双）纤维板穿孔内填超细棉结构；单层石棉板穿孔内填超细棉结构及单层木夹板穿孔内填超细棉结构等。

② 微穿孔板的吸声结构。在小于 1mm 厚的板上打孔、孔径小于 1mm，穿孔率为 1%～5%板后面留有空腔组成的吸声结构。

③ 共振吸收结构。由穿孔板与板后密闭空腔组成，当外界传来的声波频率与结构本身

固有频率相一致时便发生了共振，此时孔颈中的空气柱振动最强烈，消耗的声能也最大，从而获得有效声吸收。这种共振吸声结构有鲜明选择性，在共振频率附近吸声效率很高，但偏离共振频率后，则吸声效率迅速下降。

(4) 隔声　在噪声传播的途径上采用隔声的办法是控制噪声的有效措施。把声源封闭在一个有限空间中，使其与周围环境隔绝，如隔声间、隔声罩等。隔声结构一般采用密实、质重的材料如砖墙、钢板、混凝土、木板等。隔声结构的隔声性能用传声损失 T_L（隔声量）表示。T_L 越大则隔声性能越好，通常以六倍频（125Hz、250Hz、1000Hz、2000Hz、4000Hz）的 T_L 值表示构件的隔声性能称为平均传声损失。三合板的 T_L 值为 18dB，3mm 钢板的 T_L 值为 32dB，一砖厚的墙 T_L 值为 50dB，采用双层墙比单层墙的隔声量大 5～10dB。双层墙的间隙以 8～10cm 为宜。对隔声壁要防止共振，尤其是机罩、金属壁、玻璃窗等轻质结构具有较高的固有振动频率（100～300Hz），在声波作用下往往发生共振，必需时可在轻质结构上涂一层损耗系数大的阻尼材料。

(5) 利用声源的指向性控制噪声　对环境污染面大的高声强声源，要合理选择和布置传播方向，对车间内的小口径高速排气管道，应引至室外，让高速气流向上空排放，如把排气管道与烟道或地沟连接，也能减少噪声对环境的污染。

第六章 安全装置与防护器具

第一节 安全装置

安全装置是为预防事故所设置的各种检测、控制、联锁、防护、报警等仪表、仪器、装置的总称。按其作用的不同，可分为以下七类。

（1）检测仪器　如压力计、真空计、温度计、流量计、液位计、酸度计、浓度计、密度计及超限报警装置等。

（2）防爆泄压装置　如安全阀、爆破片、呼吸阀、易熔塞、放空管、通气口等。

（3）防火控制与隔绝装置　如阻火器、回火防止器、安全液封、固定式火灾报警装置、蒸汽幕、水幕、惰性气体幕等。

（4）紧急制动、联锁装置　如紧急切断阀、止逆阀、加惰性气体及抑止剂装置、各类安全联锁装置等。

（5）组分控制装置　如气体组分控制装置、液体组分控制装置、危险气体自动检测装置、混合比例控制装置、阻止助燃物混入装置等。

（6）防护装置与设施　如起重设备的行程和负荷限制装置、电器设备的过载保护装置、防静电装置、防雷装置、防辐射装置、防油堤、防火墙等。

（7）事故通信、信号疏散照明设施　如电话、警报器、疏散标志及设施等。

一、检测仪器

（一）压力计

压力计也称压力表，是用以测量流体压力的仪表。工业上使用的测量压力和真空度的仪表，依其转换原理的不同，大致分为液柱式、弹力式、电气式和活塞式四大类，如表 6-1 所示。

1. 液柱式压力计

液柱式压力计是利用液体静压力作用的原理，由液柱的高度差确定所测的压力值，可用于测量低压或负压，它包括 U 形管压力计、单管压力计和斜管压力计，如图 6-1 所示。

表 6-1　压力计分类表

类别	原理	举例
液柱式压力计	将被测压力转换成液柱高度	U形压力计、单管压力计、斜管压力计
弹力式压力计	将被测压力转换成弹性元件变形的位移	弹簧管式压力计、波纹管压力计、膜式压力计
电气式压力计	将被测压力转换成各种电量	压电式、应变片式、振弦式压力计；热电偶式、电离式真空计
活塞式压力计	将被测压力转换成活塞上所加平衡砝码的重量	弹簧管压力计校验表

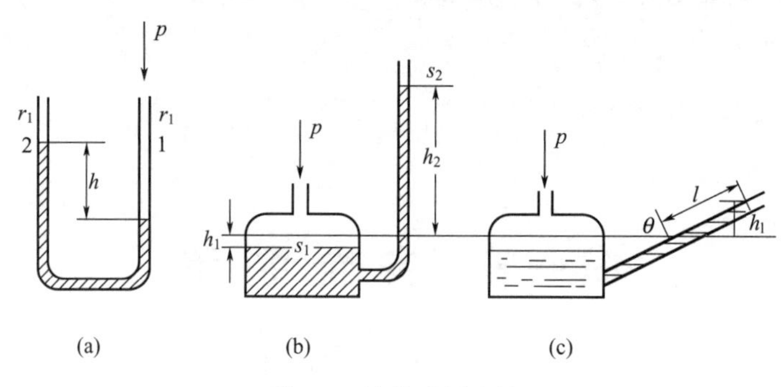

图 6-1　液柱式压力计

这种压力计结构简单，使用方便，测量准确，因受液柱高度的限制，大都在 10Pa 至 0.15MPa 的范围内使用。

(1) 单管式压力计　由加压杯和与其连通的直管组成。在压力 p 作用下，加压杯内液面下降 h_1，直管内液面升高 h_2，以 S_1、S_2 分别表示加压杯与直管的截面积，可得：

$$p=h_2\rho(S_2/S_1+1)g \tag{6-1}$$

当 $S_2/S_1\ll1$ 时，式(6-1) 可简化为：$p=h_2\rho g$

式中　ρ——工作介质密度，kg/m^3。

工业用单管压力计，通常采用加压杯内径 100～200mm，直管内径 5～6mm。

(2) 斜管式微压计　用于测量 100～1000Pa 范围内的微小压力和负压，由于斜管倾斜了一个角度 θ，因而增加了工作液体沿斜管的长度，使读数精确度提高，可达 2Pa。

在压力 p 作用下，加压杯内液面下降 h_1，斜管内液面升高 h_2，则

$$p=h_2\rho g=l\rho g(S_2/S_1+\sin\theta) \tag{6-2}$$

当 $S_2/S_2\ll1$ 时，式(6-2) 可简化为：$p=l\rho g\sin\theta$

(3) U 形管式压力计　当被测介质压力 p 大于大气压力时，管 1 中的液面下降，管 2 中的液面上升，一直到两液面的高度差 h 产生的压力与被测压力 p 相平衡时为止。则

$$p=h\rho g \tag{6-3}$$

如果被测介质是液体时，还应修正被测介质的密度，则

$$p=h(\rho-\rho')g \tag{6-4}$$

式中　p——被测介质压力（表压）；

h——液面差；

ρ——工作介质密度；

ρ'——被测介质密度。

U形管压力计结构简单，准确度较高，但测量范围较窄，而且受U形管材料强度所限，一般用于测量低压。

2. 弹力式压力计

弹力式压力计是利用弹性元件变形的程度显示其压力值。这种压力计的优点是结构简单，使用方便，具有较大的测量范围，是工业上应用最广泛的压力计。但这种压力计的性能主要与其弹性元件的特性有关，各种弹性元件的特性取决于其材料、加工及热处理的质量，对被测介质的温度也比较敏感，某些腐蚀性介质也会造成元件受损或失效，而且不宜用于测量脉动压力。因此，选用压力计时必须考虑测压范围、介质性质及温度等因素。常用弹性元件的结构和测量范围见表6-2。波纹膜和波纹管多用于微压、低压和负压的测量；管弹簧和螺管弹簧用于高、中、低压及负压的测量。

表 6-2　弹性元件的结构和测量范围

类别	名称	示意图	测量范围/MPa		类别	名称	示意图	测量范围/MPa	
			最小	最大				最小	最大
薄膜式	平薄膜	p	$0\sim10^{-2}$	$0\sim10^{2}$	波纹管式	波纹管式	p	$0\sim10^{-4}$	0～1.0
	波纹膜	p	$0\sim10^{-4}$	0～1.0	弹簧	管弹簧	p	$0\sim10^{-2}$	$0\sim10^{3}$
	挠性膜	p	$0\sim10^{-6}$	0～0.1	管式	螺管弹簧	p	$0\sim10^{-3}$	$0\sim10^{2}$

（1）弹簧管压力计　弹簧管压力计是利用圆弧形弹簧弯管，在被测介质的压力作用下产生弹性变形，使密封的自由端向外伸张，通过扇齿轮或杠杆传送机构放大，再推动中心轴上的指针，在刻有压力值的表盘上指示出压力的大小。图6-2为带有扇形齿轮传动机构的单弹簧管压力计结构示意图。

当被测介质具有高温、腐蚀等特性时，应在弹簧管压力表与容器的连接管路上充填隔离液体。隔离液与被测介质应不发生化学反应或混溶，根据被测介质的特性，可按表6-3确定适宜的隔离液体。

表 6-3　介质和隔离液

被测介质	氨、水煤气	氧气	重油	硝酸	氯化氢
隔离液体	变压器油	甘油	水	五氯乙烷	煤油

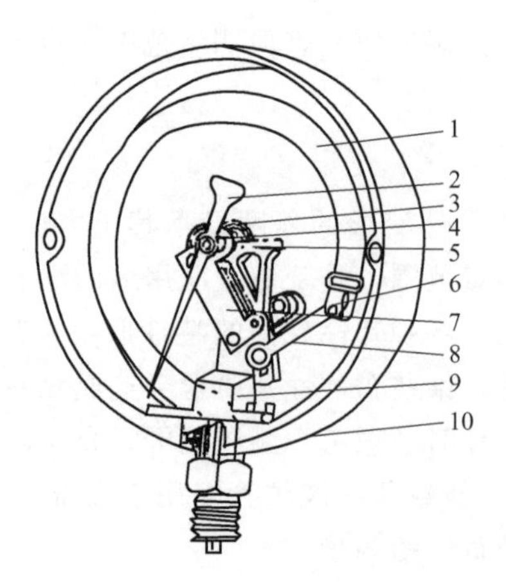

图 6-2 弹簧管压力计结构示意图

1—弹簧管；2—指针；3—游丝；4—小齿轮；5—扇形齿轮；
6—带铰轴的塞子；7—杠杆；8—连杆；9—支座；10—表壳

隔离装置的结构有存液弯管、保护膜片及隔离罐等形式，如图 6-3～图 6-5 所示。为保证管弹簧在弹性变形的安全范围内可靠地工作，在选择压力计的量程时要留有足够的余量，通常，在压力较稳定的情况下，最大压力值应不超过满量程的$\frac{3}{4}$；在压力波动较大的情况下，最大压力值不应超过满量程的$\frac{2}{3}$。为保证测量精度，被测压力最小值以不低于满量程的$\frac{1}{3}$为宜。

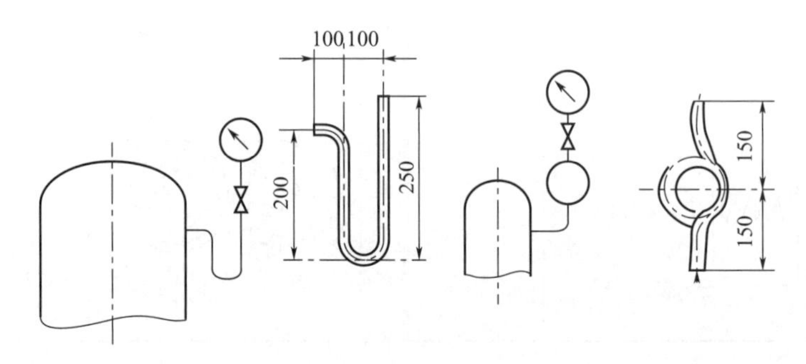

图 6-3 存液弯管安装示意图

(2) 膜盒式压力计　主要用于测量供风系统和制粉系统的空气压力。其结构原理如图 6-6 所示，被测压力 p 经管道引入膜盒内，使膜盒产生弹性变形位移而推动传动机构，使指针偏转，在刻度标尺上显示出被测压力 p 的数值。

(3) 波纹管压力计　常用于低压或负压的测量。其结构原理如图 6-7 所示，被测压力 p 作用于波纹管底部产生变形并压缩管内的弹簧，经连杆机构传动和放大，推动记录笔在记录纸上移动，记下被测压力的数值。

3. 电气式压力计

电气式压力计是利用物体的各种不同的物理特性，将介质的压力变化转换成电阻、电量的变化，确定所测的压力值。这种压力计有应变片式、压电式、振弦式等多种型式，适用于

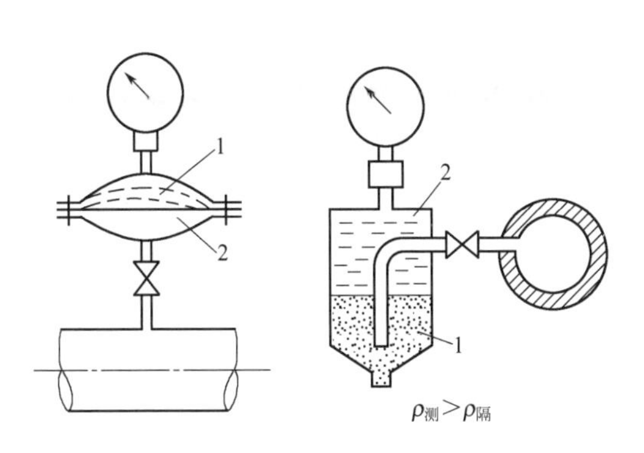

图 6-4　保护膜片安装示意图

1—中性溶液；2—膜片

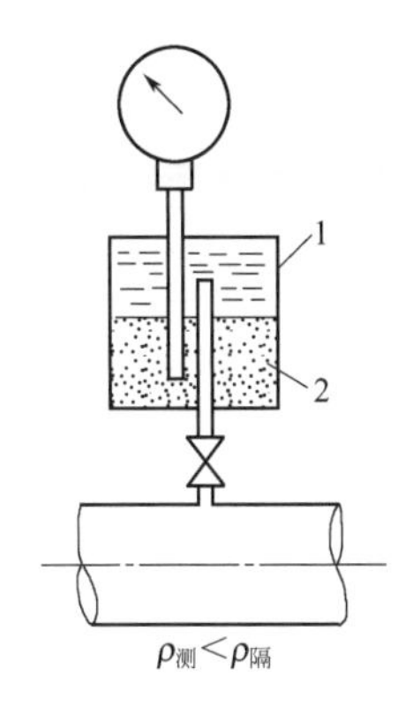

图 6-5　隔离罐安装示意图

1—测量介质；2—隔离液

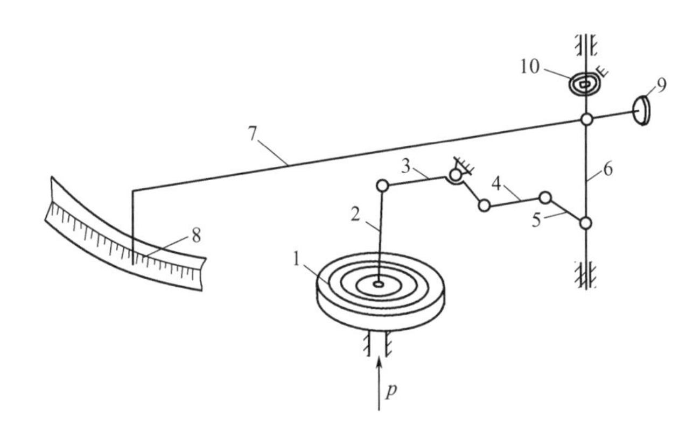

图 6-6　膜盒式压力计

1—膜盒；2—连杆；3—铰链块；4—拉杆；5—曲柄；6—转轴；7—指针；8—面板；9—金属片；10—游丝

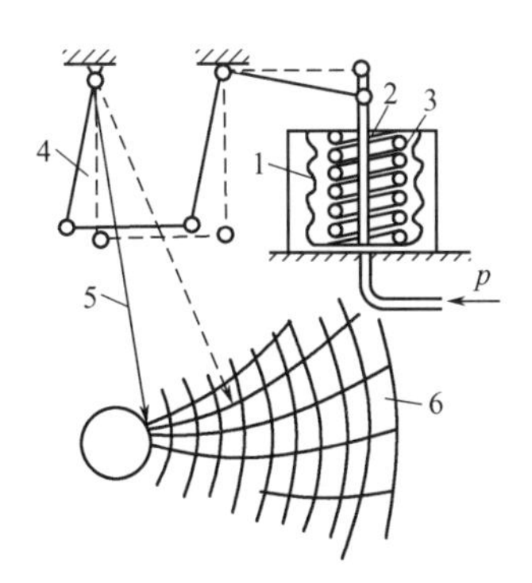

图 6-7　波纹管式压力记录仪

1—波纹管；2—弹簧；3—推杆；4—连杆机构；5—记录笔；6—记录纸

压力变化迅速、超高压和超真空等场合压力测量。

（1）应变片式压力计　这种压力计是把被测压力转换成电阻值的变化进行测量的。应变片是由金属导体或半导体制成的电阻体，其电阻 R 随压力所产生的应变而变化，其原理如图 6-8 所示。

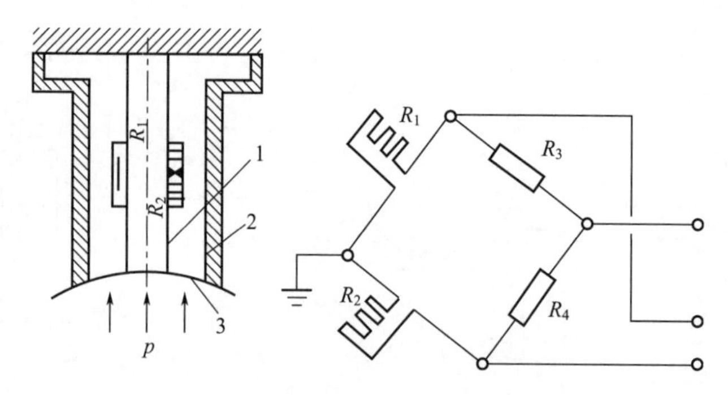

图 6-8 应变片式压力计传感器

1—应变筒；2—外壳；3—密封膜片

当被测压力 p 作用于密封膜片而使应变筒作轴向受压变形时，沿轴向贴放的应变片 R_1 和沿径向贴放的应变片 R_2 分别产生由向压缩应变和纵向拉伸应变，由于 R_1 和 R_2 的阻值变化而使电桥电路检出电压信号。这种压力计适用于快速变化的压力测量。

（2）压电式压力计　这种压力计是利用晶体的压电效应，如石英、锆钛酸铅和酒石酸钾钠等晶体的切片，当其受压变形时，在受力的两个端面上出现异性电荷而形成电场，晶体在一定方向上单位面积的端面产生的压电量（电荷数）q 与所加的压力 p 成正比，根据压电量 q 可求得被测压力的大小。石英压电变换器如图 6-9 所示。石英片夹在金属垫片之间，居中的垫片与引线相接，并通过绝缘套管引出至测量电路。石英晶体允许的压力可达70～100MPa。

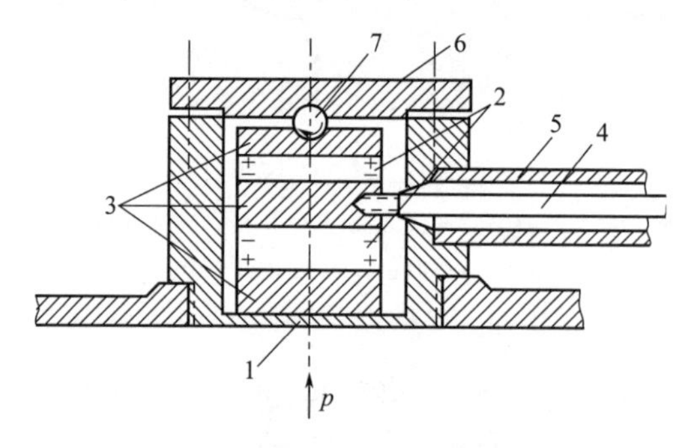

图 6-9 石英压电变换器

1—受压板；2—石英；3—金属垫片；4—引线；5—绝缘套管；6—顶盖；7—球

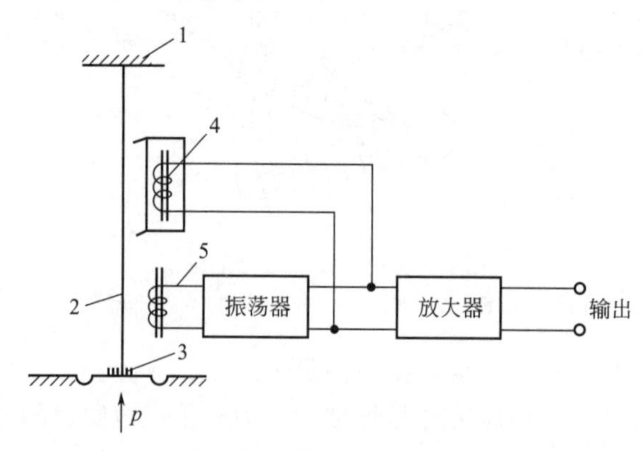

图 6-10 振弦式压力计原理

1—夹紧件；2—振弦；3—膜片；4—电磁铁；5—控制线圈

(3) 振弦式压力计　其原理如图 6-10 所示，一根金属细丝（钢丝或钨带），一端固定在膜片中心上，另一端固定在夹紧件上，随着压力 p 的变化，弦的紧张程度不同，所受的压力变化从而引起弦振动固有频率发生变化，由于张力的大小与作用在膜片上的压力有关，所以检测弦振动的固有频率可推得压力的大小。

电磁铁、检测线圈与电子振荡器组成检测电路。振荡器的振荡频率随弦的张力大小而改变，当振荡器供给电磁铁激磁线圈一个电脉冲，磁铁便吸引丝弦并使其产生振动，弦的振动又使检波线圈感应产生一电压信号，输给振荡器并进一步激励电磁铁，弦的振动便继续下去。电子振荡器的输出经放大器放大和变换后，送至数字式仪表显示压力的数值。

4. 热电偶式真空计

热电偶式真空计又称为热电偶真空规，其结构如图 6-11 所示。在玻璃管内有两种金属丝，一种是发热丝，一种是热电偶，规管接入真空系统后，发热丝附近气体逐渐稀薄，导热率降低，由于通入发热丝的加热电流是恒定的，其散失的热量也随之减少，发热丝温度的变化由热电偶转换成热电势送至显示仪表显示出来。热电偶真空计的测量极限通常为 0.01Pa。它的优点是可以测量气体和蒸气的压强，实现了真空度到电信号之间的变换，便于实现自动检测和控制。缺点是能够检测的真空度不太高，而且怕振动。

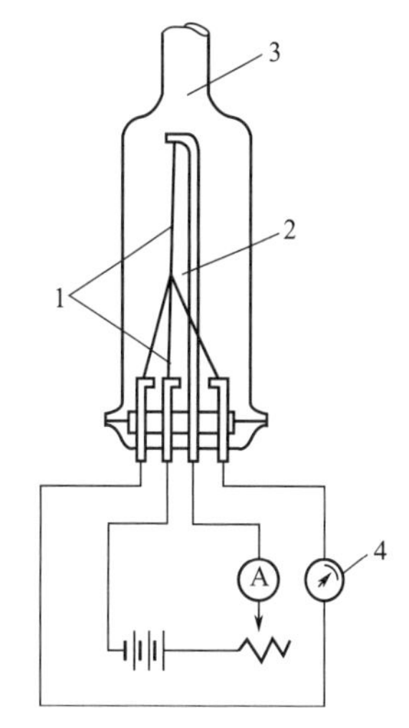

图 6-11　热电偶真空计

1—加热丝；2—焊接的热端；3—接真空系统；4—真空读数表

（二）温度计

温度的测量与控制是保证反应过程安全的重要环节。化工生产过程的温度范围很宽，有接近绝对零度的低温，也有达几千度的高温，这就需要采取各种不同的测温方法和选择适用的仪表。各种测温仪表的类别、原理及测温范围如表 6-4 所示。

表 6-4　测温仪表的分类

类别	原理	测温范围/℃
膨胀式温度计(水银、双金属温度计)	物体受热时产生热膨胀	−150～400
压力计式温度计	液体、气体或蒸气在封闭系统受热时,其体积或压力发生变化	−60～500
热电偶式温度计	利用物体的热电特性	−100～1600
电阻温度计	利角导体受热后电阻值变化的性质	−200～500
辐射高温计	利用物体的热辐射	100～2000

1. 热电偶

热电偶是工业上最常用的测温元件，其原理是基于物体的热电效应，具有结构简单，使用方便，精度高，测量范围宽等优点，因而得到广泛应用。

热电偶是由两种不同导体（或半导体）组成的闭合回路，当两接点温度不等（$T \geqslant T_0$）时，回路中就会有电流产生，这种现象称为热电效应。利用热电势随两接点温度变化的特性，只要用仪表测出总热电势，便可求出工作端即被测温场中的温度。热电偶的自由端温度 T_0 应保持不变，如自由端系处在温度变化的区域内，可采用补偿导线，将其移到温度为已知和固定的区域内。

热电偶的原理及结构如图 6-12、图 6-13 所示。

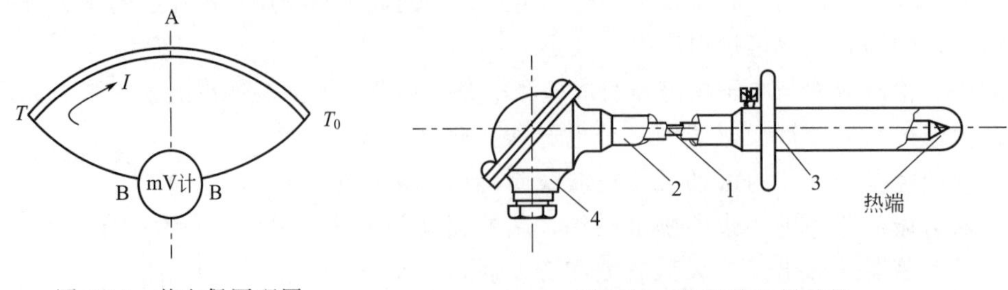

图 6-12　热电偶原理图

图 6-13　普通热电偶结构

1—热电极；2—绝缘管；3—保护管；4—接线盒

热电偶由热电极、绝缘管、保护管及接线盒四部分组成。工业温度测量常用热电偶有铂铑$_{6}$-铂、镍铝（镍硅）、镍铬-考铜、铂铑$_{30}$-铂铑$_{6}$ 四大类。其主要技术特性见表 6-5。

表 6-5　普通热电偶主要技术特性

名称	分度号	热电极		冷端为 0℃，热端为 100℃时的热电势/mV	测量温度范围/℃		适用气氛
		正极	负极		长期	短期	
铂铑$_{10}$-铂	LB-3	Pt 90% Rh 10%	Pt 100%	0.643	−20～1300	1600	氧化性、中性
铂铑$_{30}$-铂铑$_{6}$	LL-2	Pt 70% Rh 30%	Pt 94% Rh 6%	0.034	300～1600	1800	氧化性、中性
镍铬-镍硅（镍铬-镍铝）	EU-2	Cr 9%～10% Si 0.4% Ni 90%	镍硅 Si 2.5%～3% Co≤0.6% Ni 97% 镍铝 Al 2% Mn 2.5% Si 1.0% Ni 94.5%	4.1	−50～10000	1200	氧化性、中性
镍铬-考铜	EA-2	Cr 9%～10% Si 0.4% Ni 90%	Cu 56%～57% Ni 43%～44%	6.95	−50～600	800	还原性、中性

2. 动圈式测温毫伏计

动圈式测温毫伏计是与热电偶、热电阻以及其他能把被测参数变换为直流毫伏信号的测量元件配套使用的二次仪表，用来指示电势的变化。当把热电偶产生的热电势接通动圈，便有电流通过，动圈就相应转一角度，与动圈固定在一起的指针相应偏转，可指示出毫伏数或温度值。其原理见图 6-14。

动圈式测温毫伏计由运动系统、磁路系统和电路系统三部分组成。在与热电偶配合测温时，必须注意配套使用、外线路电阻的匹配和零位的调整。

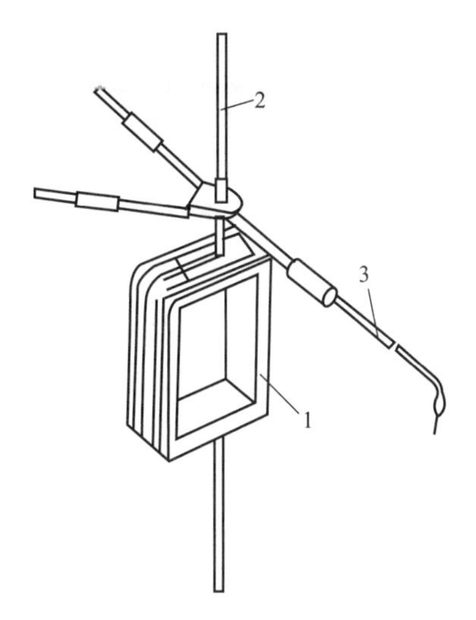

图 6-14　动圈式测温毫伏计原理

1—动圈；2—张丝；3—指针

3. 电子电位差计

电子电位差计是一种用平衡法进行测量的仪表，能将测量桥路上产生的已知电势自动地与被测电势平衡，并将被测电势（或温度）自动显示及记录下来。图 6-15 为电子电位差计的原理方框图。

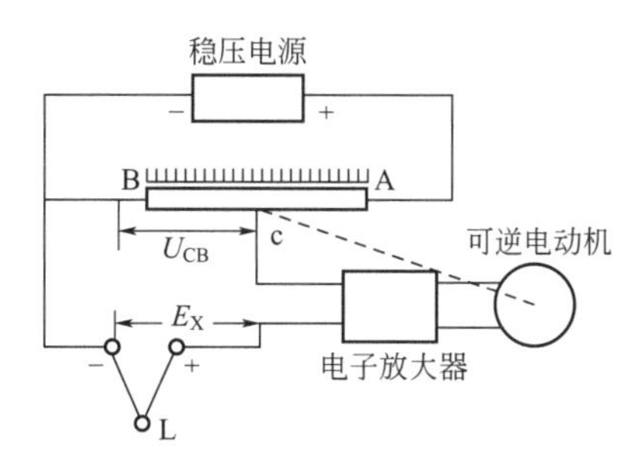

图 6-15　电子电位差计原理方框图

从热电偶输入的热电势 E_r 与测量桥路产生的已知电位差相比较，其不平衡电压经放大器后推动可逆电动机转动，通过传动装置移动测量桥路的滑动触点，从而改变已知电位差数值，使其与未知量 E_r 平衡，当 $I_0=0$ 时，电机停转，滑动触点停在一定位置，指针也在标尺上指示出被测值 E_r（即温度）的数值。同时在同步电机带动的记录纸上，也由与指针连接在一起的记录装置记录下被测温度随时间变化的数值。

4. 电阻温度计

电阻温度计是利用导体或半导体的电阻值随温度变化的性质来测量温度，主要由热电阻和显示仪表两部分组成。由于电阻温度计精度高，在中低温区（−200～650℃）内使用较广。热电阻材料多使用铜和铂，在低温技术方面多使用铟、锰、碳等。热电阻丝绕在石英、云母、陶瓷、塑料等材料制成的骨架上。热电阻丝受热后，电阻随之变化，当把热电阻作为电桥的一臂时，由于热电阻值随温度变化而改变，电桥就不平衡了，就有一个不平衡电压输出，从而使仪表指针移动显示出温度数值。

（三）流量计

在化工生产中，许多物料是以液态或气态形式在管道里流动和输送的，对这些流体介质的流量都应精确测量和控制，以保证生产正常和安全运行。工业用流量仪表大致分为两类，一类是以测量流体在管道内的流速作为测量依据来计算流量，如节流式流量计、转子流量计、电磁流量计、涡轮流量计、叶轮式水表等；另一类是以单位时间内所排出的流体的固定容积数作为测量依据来计算流量，如椭圆齿轮流量计、活塞式流量计等。

1. 节流式流量计

节流式流量计是利用流体流经节流装置时产生的压力差进行流量检测的，通常由能将流体的流量转换成压差信号的孔板、喷嘴等节流装置、引压导管及测量压差的显示仪表所组成。节流装置一般安装在水平管道中，当流体流经节流件时，在节流件前后由于压头转换而产生压差，通过导管将压差引向各种类型的差压计或差压变送器进行检测。节流式流量计适用于大流量的测量，成本较低，在流量变动不大的情况下，可以获得相当高的测量精度。但是它测量小流量比较困难，尤其很难测量高黏度或含有大量固体微粒的液体。

节流装置应用广泛，其中有一部分已经标准化，如标准孔板标准喷嘴和标准文丘里管。它们的结构、尺寸和技术条件都有统一标准，有关计算数据都经系统试验而有统一的图表。

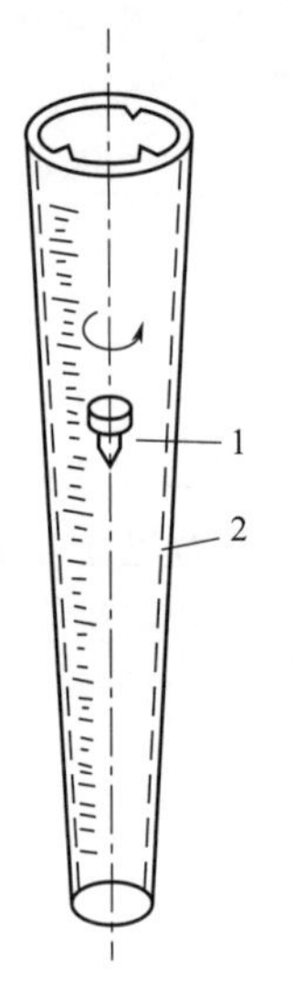

图 6-16　转子流量计原理
1—转子；2—锥形管

2. 转子流量计

转子流量计是由一根上粗下细的锥形管和一个能上下浮动的转子组成，如图 6-16 所示。流体从转子和锥形管内壁之间的环隙中通过，由于转子在不同高度时，环隙面积也不相同，流体在通过环隙时突然收缩，在转子上下两侧产生压差。当压差所形成的力与转子在流体中的重量相等时，转子稳定在一定高度上，所以根据转子的高度可测出流量。转子流量计为非标准化仪表，制造厂生产的转子流量计都是在一定的介质和温度、压力条件下标定转子高度和流量的关系曲线。在使用时，如与标定条件不符，则应进行密度、温度、压力等修正。

一般的转子流量计，采用玻璃锥形管，结构简单，使用方便，广泛用于小流量测量。但因玻璃管不耐高压，工作压力只能在 0.3MPa 以下，而且只能就地指示，不适于远传、记录和调节。

3. 涡轮流量计

涡轮流量计是在管道里，安装一个可自由转动的螺旋形叶轮，流体流动时在叶轮上形成转动力矩而使叶轮自由转动，根据叶轮的转数或转速，可确定流过管道的流量。其组成如图 6-17 所示。

涡轮的转速通过电磁转换置变成脉冲信号，经过二次仪表整形放大后，推动计数器进行计数，指示出瞬时平均流量与总流量。这种流量计适用于不带腐蚀性的清净液体和气体，如水、轻质油及空气等。

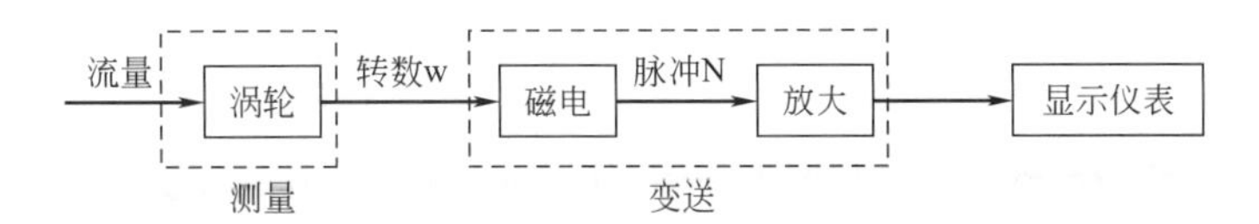

图 6-17　涡轮流量计的组成

4. 椭圆齿轮流量计

椭圆齿轮流量计是容积式计量表中的典型产品，它是借流体本身的能量对流体增量进行连续测定的仪器。如图 6-18 所示，A、B 两个齿轮互相啮合，在流动介质的压力作用下，两个齿轮顺时针转动，同时带动 A 轮逆时针转动，将其与过壳体间形成的半月形容积内的液体由出口排送出去，此时 B 轮已转过 90°，B 轮与壳体又形成一个半月形容积并充满液体。在图(b) 位置时，两个齿轮同时受到流体压差作用，继续反方向旋转，当转到图(c) 位置时，B 轮受到压差合力矩为零，A 轮受到压差作用的力矩最大而变为主动轮，带动 B 轮继续旋转，将 B 轮与壳体间半月形容积内的流体由出口排出。齿轮每转动一周所输送出去的流体体积为半月形容积的四倍。

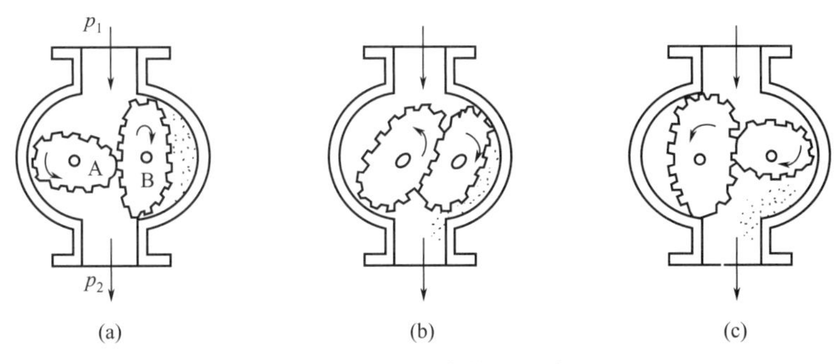

图 6-18　椭圆齿轮流量计

椭圆齿轮的转动，通过减速器的带动计数机构，将流量显示并累计起来。由于齿轮与壳体间有一定的间隙，所以这种流量计有泄漏误差，适用于高黏度介质的流量测量。

(四) 液位计

在化工生产过程中，各种容器内物料的体积高度是工艺操作的重要参数之一，通过检测液位不仅可以确定容器内物料的数量，而且可以掌握各种液位、料位及不同密度液体的界面或液-固相之间的分界面等是否在规定的范围内，这是保证安全运行的重要条件。目前应用最多的液位测量仪表主要有浮力式、静压式和电磁式液位计。此外还有根据声学、光学、微波辐射和核辐射原理制成的各种液位仪表等。

1. 玻璃液位计

玻璃液位计是根据连通器原理制成的直读式液位计。有玻璃管和玻璃板两种型式。工业上应用的玻璃管液位计，长度为 300～1200mm，工作压力不大于 1.6MPa，耐温 400℃。

2. 浮子式液位计

浮子为空心的金属或塑料盒，当浮子的重量等于浮子所受液体的浮力和平衡重锤重量时，浮子就随液位的高低变化而升降，通过传动部分带动指标上下移动而指示出液位值。其形式如图 6-19 所示。

浮子的形状通常采用扁平空心的圆盘或扁圆空心柱形，当液面波动很频繁时，宜采用高

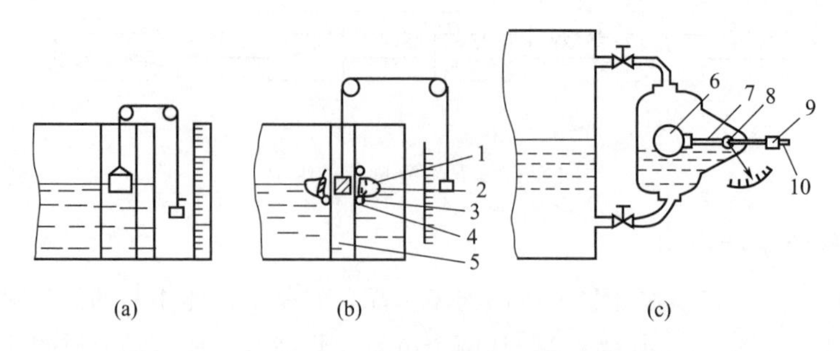

图 6-19　浮子式液位计简图

1—浮子；2—磁铁；3—铁芯；4—导轮；5—非导磁管子；
6—浮球；7—连杆；8—转动轴；9—重锤；10—杠杆

圆柱形浮子。

3. 差压式液位计

差压式液位计是利用液柱的静压力与液位高低成正比的原理，通过检测液面空间与最低液位之间的压差来测定。敞开容器的检测原理如图 6-20(a) 所示。差压变送器的正压室与容器下部的取压点相连接，负压室与大气相通。测量密闭容器中的液位时，正压室与取压点相连，负压室则与容器的密闭空间通，如图 6-20(b) 所示。容器液位从低限到高限变化时，差压变送器的输出压力随之变化，此信号即可用来指示和记录液位变化或送入自动调节系统。

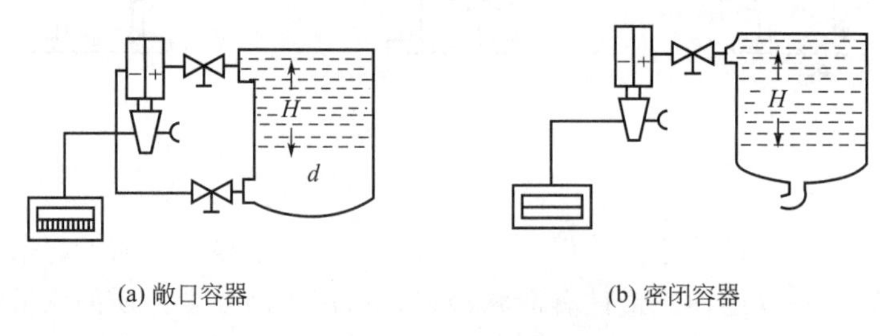

图 6-20　差压式液位计原理

当被测液体的黏度较大，易结晶或带有固体颗粒时，会造成导压管堵塞，可采用带法兰式的差压变送器，将法兰直接安装在容器壁上进行测量。

4. 电容式液位计

电容式液位计是利用平行板电容器间的介质改变，电容量也随之改变的原理，通过测量电容量的变化来检测液位、料位及两种不同液位的分界面。其原理如图 6-21 所示。

液位计的电容传感器（探头）由内电极和绝缘套管组成，将其插入被测物料中，电极浸入物料中的深度随液位高低变化，从而引起电极与器壁之间电容量的变化，当液位上升时，总的介电系数将增大，因而电容量也增大。反之当液位下降时，总的介电系数将减小，电容量也就减小。故可由电容量的变化检测出液位。这种液位计在某些高压容器的液位测量，如液氨液位测量方面已得到应用。当测量固体块状、颗粒及粉料料位时，可用电极棒直接插入料内，以电极棒与器壁组成的两极来测量。

5. 核辐射物位计

核辐射物位计是利用放射性同位素辐射线射入一定厚度的介质时，其透射强度随介质层

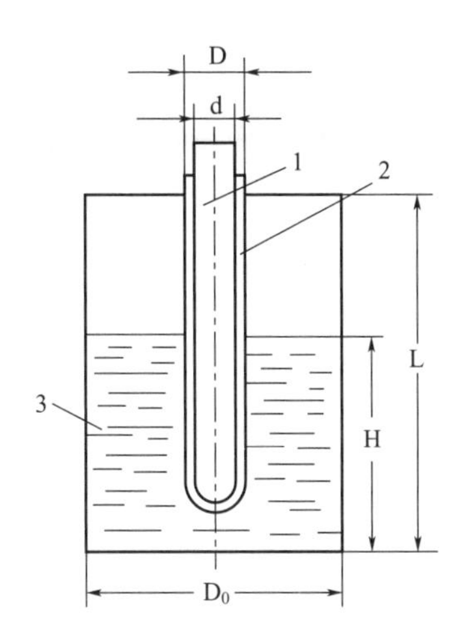

图 6-21 电容式液位计

1—内电极；2—绝缘套管；3—容器

厚度的增加而减弱，测定通过介质后的射线强度，即可测出液位或料位的高度。核辐射物位计由辐射源、接收器和显示仪表三部分组成。辐射源通常用^{60}Co或^{137}Cs，装置在专门的铅室中，安装在被测物位的一侧。辐射线自铅室的小孔或窄缝中射出，投射到容器的另一侧，被安装在容器一边的探测器接收，经前置放大后的电信号用导线送到显示仪表，进行整形、计数、积分，然后显示物位。探测器通常采用电离箱或盖革计数管。利用核辐射可以检测液位的连续变化，也可进行定点控制或发讯。

核辐射物位计的特点是由于核辐射线能穿透钢板等各种固体物质，因而能够完全不接触被测物质，可用于高温、高压容器以及强腐蚀、剧毒、有爆炸性、易结晶、沸腾状态介质和高温熔体等物位检测。此外，核辐射线不受温度、压力、湿度、电磁场等影响，可在恶劣环境下工作。但是，由于辐射线对人体有害，要严格遵守各种防护规定。

（五）成分测量仪

在化工生产中，对原料、中间体的成分及产品的纯度进行分析，尤其是对危险性物质成分的测定，是控制生产、保障安全的重要依据。成分分析仪表是利用各种物质性质的差异，把所要检测的成分或物质性质转换为电信号，进行非电量的电测。成分测量仪一般由检测器、信号处理装置、取样及预处理装置等三部分组成。

1. 热导式分析仪

热导式分析仪是利用各种气体的不同热导率的特点，测定其在混合气体中的体积百分含量，多用于测量氢、氨、二氧化硫、二氧化碳等气体。

热导率的测量是使被分析的气体通过发送器中的热导室，将热导率的变化转变为敏感元件电阻值的变化，通过电阻值的测量而求得热导率，即测出被分析的组分的含量。

热导式分析仪由传送器（热导池）、记录仪、采样器、抽气器、稳压电源、恒温控制器等部分组成。其结构如图 6-22 所示。

2. 氧含量分析仪

氧含量分析仪用以测定混合气体中氧气的百分含量，工业上应用较多的是热磁式氧分析仪。其工作原理是利用不同物质在外磁场作用下，受感应磁化程度不同，有的受到磁场力的

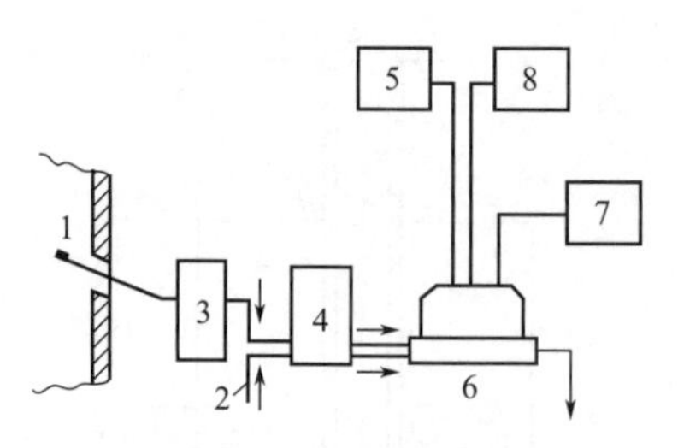

图 6-22 热导仪结构

1—待测气体组分所在设备；2—参比气入口；3—采样器；4—抽样器；5—稳压电源；6—传送器；7—记录仪；8—恒温控制器

吸引，具有顺磁性，有的则受磁场力排斥，具有逆磁性，由于氧气不仅是一种顺磁性物质，而且其磁化率比其他气体大得多，所以可利用氧的这种特性分析其含量。

仪器由发送器与显示表两部分组成。发送器是测出含氧量并转换为电参数输出；显示仪表是测出电参数并以氧含量体积百分数指示或记录下来。

3. 工业 pH 计

pH 计是检测溶液酸碱度的仪器。在化工生产中，酸碱度是重要的工艺参数，也是安全生产的重要控制指标。仪器由电极和测定仪两部分构成，电极用以产生电动势和引出电动势，以便于测量；测定仪则用以测量电极间的电动势。电极有两支，一支是参比电极，经常保持一定的电极电位，另一支是工作电极，其电位随溶液中氢离子浓度而变化。常用的参比电极有甘汞电极和氯化银电极，工作电极有玻璃电极、氢电极、锑电极等。

玻璃电极头部是一个用特种玻璃做成的薄球，球内充满 pH 值稳定的缓冲溶液. 在玻璃电极内装有一氯化银或甘汞电极（参比电极）都浸入被测溶液中组成一个电池，构成电的通路，两极间的电动势，取决于溶液中的氢离子浓度，测量其电动势值就可以求出 pH 值。电极测量系统如图 6-23 所示。玻璃电极的内阻极高，对温度敏感，容易损坏，使用带玻璃电极的发送器时必须小心。

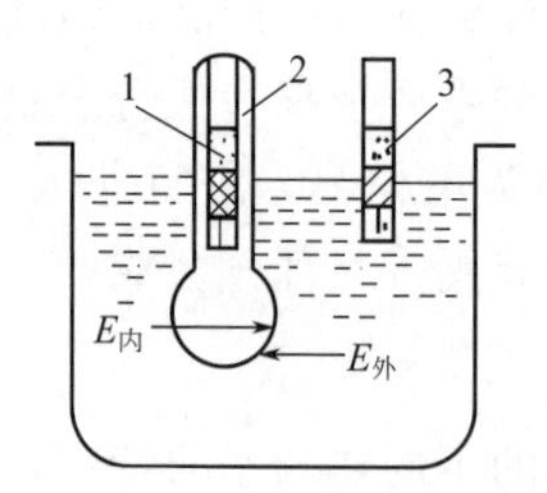

图 6-23 电极测量系统

1—内电极；2—玻璃电极；3—参比电极

二、防爆泄压装置

防爆泄压装置包括安全阀、爆破片、防爆门和放空管等。安全阀主要用于防止物理爆炸，爆破片主要用于防止化学爆炸，防爆门主要用在燃油、燃气或燃烧煤粉的加热炉上，放空管是用来紧急排泄有超温、超压、爆聚和分解爆炸危险的物料。对于有爆炸危险的化学反应设备，应根据需要设置单一的或组合的防爆泄压装置。

1. 安全阀

安全阀的功用，一是排放泄压，即受压设备内部压力超过正常压力时，安全阀自行开启，把容器内的介质迅速排放出去，以降低压力，防止设备超压爆炸，当压力降低至正常值时，自行关闭；二是报警，即当设备超压，安全阀开启向外排放介质时，产生气体动力声响易起到报警作用。

安全阀的形式较多，但通常是由阀体、阀芯和加压载荷等三个主要部分组成。阀体与受压设备相通，阀芯下面承受设备内介质的压力，阀芯上面有加压载荷。当设备内的压力为正常值时，加压载荷大于介质作用力，因而阀芯紧压着阀座，安全阀处于关闭状态。当设备内压超过正常值时，介质作用力大于预加的载荷，于是阀芯被顶离阀座，安全阀开启，介质从阀中排出，当设备内压下降至正常值时，介质作用力小于所加载荷，阀芯又被压回阀座，安全阀关闭。调节阀芯上面的加压载荷就可以获得需要的安全阀开启压力。

按照安全阀加压载荷方式的不同，分为静重式（重块式）、杠杆式和弹簧式三种。

（1）静重式安全阀　是最古老的一种安全阀，用许多环状的重块作为加压载荷，通过加减重块的数量来调节作用在阀芯上的力的大小，从而调节安全阀的开放压力。静重式安全阀具有结构简单，比较灵敏准确的优点，但是检验比较麻烦，又不便于作提升排放试验，特别是体积庞大、笨重，已很少采用。

（2）杠杆式安全阀　是利用杠杆原理，用重量较轻的重锤代替笨重的环状重块，所以它的体积要比重块式轻巧，也便于排放试验。其结构见图 6-24。这种安全阀开启压力的调整是用移动重锤与杠杆支点的距离来完成的，所以调整比较方便，在锅炉上使用较普遍。

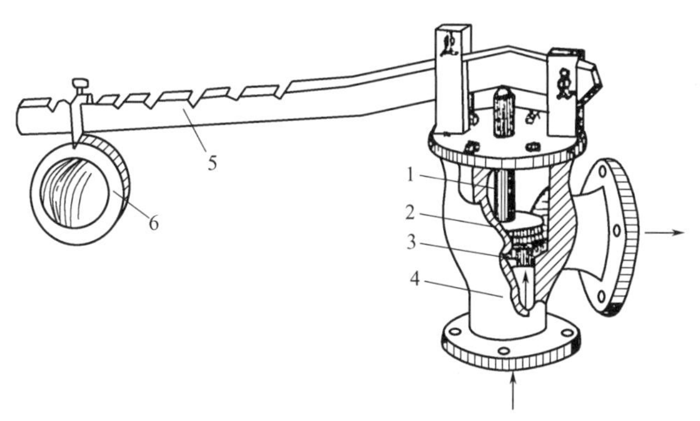

图 6-24　杠杆式安全阀

1—阀杆；2—阀芯；3—阀座；4—阀体；5—杠杆；6—重锤

（3）弹簧式安全阀　是利用弹簧的压力作为加压载荷，因而它的结构比杠杆式安全阀紧凑，见图 6-25。通过调节调整螺丝或调节螺杆改变弹簧压力。有的弹簧式安全阀，阀座外有下调整环，通过调节调整环的位置，可改变安全阀的开启高度，即可改变安全阀的流通截面积。

按照安全阀芯升起高度的不同，安全阀有微启式和全开式两种形式，其区别主要在阀芯和阀座的结构上。图 6-26 为两种形式安全阀的阀座和阀芯结构示意图。

① 微启式安全阀。阀芯的外径和阀座密封面的外径大小差不多，介质对阀芯的作用力把阀芯顶离阀座的高度很小，介质只能从一个很小的缝隙中排出。这种阀的有效排放面积因

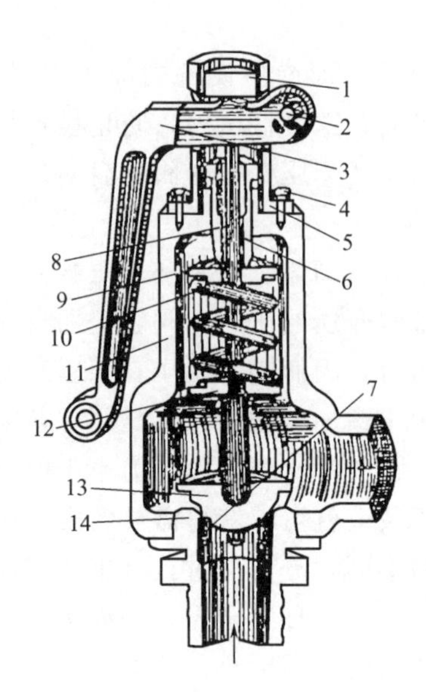

图 6-25　弹簧式安全阀

1—顶盖；2—插销；3—提升手柄；4—紧固螺丝；5—阀帽；6—调整螺丝；7—阀芯脚；8—阀杆；9—上压盖；10—弹簧；11—阀体；12—下压盖；13—阀芯；14—阀座

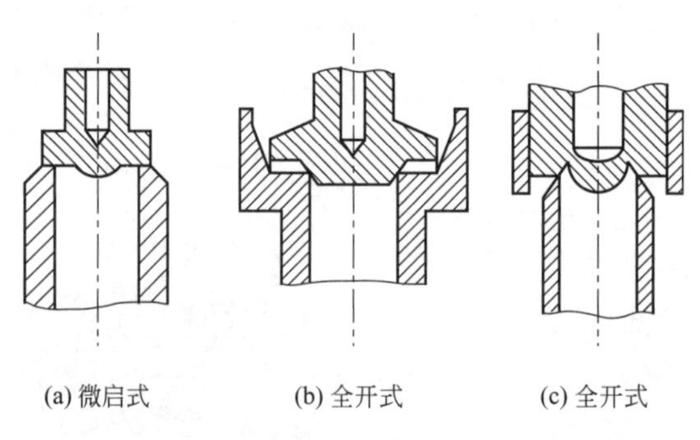

图 6-26　微启式和全开式安全阀的结构示意图

阀芯升起太低而大为减少。微启式安全阀芯的升起高度为阀座内径的 1/20～1/40。见图 6-26(a)。

② 全开式安全阀。其结构见图 6-26(b)、(c)。图(b) 是利用增大阀芯直接受介质作用的面积而使阀芯升起。因为阀芯上有一个直径较大的圆盘，介质从阀芯底下出来以后，即接触这个圆盘，由于承压面积增大，介质对阀芯向上的作用力也增大，所以阀芯升起的高度也相应增加。图(c) 是利用介质流对阀芯的反作用原理而使阀芯升起的一种形式。当介质从阀芯底部出来以后，借助于阀芯上可调节的环状结构而向阀芯升起的相反方向转弯，于是便产生一个反作用力作用于阀芯，使它继续升高，通过调节调整环的位置可以改变介质转弯的程度，从而调节了阀芯升起的高度。

全开式安全阀阀芯升起高度应大于阀座内径的 1/4，通常提升高度为阀座内径的 3/10～4/10。全开式安全阀有效排放面积比较大，所以同样的工作压力和排放能力的安全阀，全开式的阀径就小得多，同时全开式的介质流动量大，关闭时较为缓和。

2. 爆破片(防爆膜、自裂盘)

爆破片通常设置在密闭的压力容器或管道系统上，当设备内物料发生异常反应超过设定压强时自动破裂，以防止设备爆炸。其特点是放出物料多，泄压快，构造简单，可在设备耐压试验压力以下破裂，此适用于物料黏度高以及腐蚀性强的设备，或存在爆燃，而弹簧式安全阀由于有惯性而不适应以及不允许流体有任何泄漏的场合。爆破片可与安全阀组合安装，在弹簧安全阀入口处设置爆破片，可以防止弹簧安全阀受腐蚀、异物侵入及泄漏。

三、防火控制装置

（一）火焰隔断装置

火焰隔断装置包括安全液封、水封井、阻火器、单向阀等，其作用是防止外部火焰蹿入有燃烧爆炸危险的设备、管道、容器内或阻止火焰在设备和管道间的扩展。

1. 安全液封

安全液封通常安装在压力低于 0.02MPa（表压）的气体管线上，常用的安全液封有开敞式和封闭式两种，如图 6-27 所示。

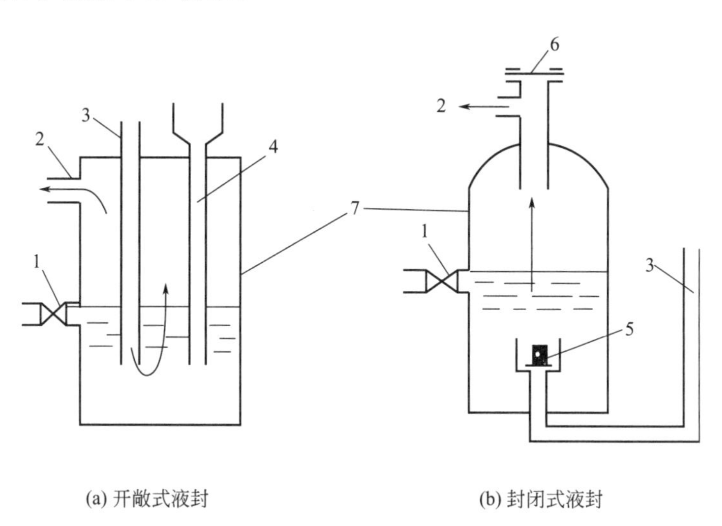

(a) 开敞式液封　　(b) 封闭式液封

图 6-27　安全液封示意图

1—验水检；2—气体出口；3—进气管；4—安全管；
5—单向阀；6—爆破片；7—外壳

液封阻火的基本原理是由于有液体封在进出气管之间，在液封两侧的任一侧着火后，火焰将在液封处被熄灭，从而阻止火势蔓延。

安全液封内的液位应保持一定的高度，否则起不到液封作用。寒冷地区要防止液面冻结。

2. 水封井

水封井设置在有可燃气体、易燃液体蒸气或油污的污水管网上，用以防止燃烧或爆炸沿污水管网蔓延扩展。水封井的结构如图 6-28 所示，水封井的水封高度不宜小于 250mm。

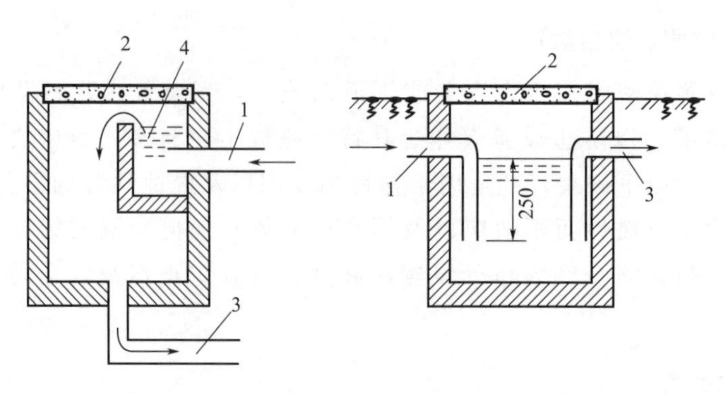

图 6-28 水封井

1—污水进口；2—井盖；3—污水出口；4—溢水槽

3. 阻火器

阻火器一般安装在容易发生燃烧爆炸的高热设备、燃烧室、高温反应器与输送可燃气体、易燃液体蒸气的管线之间，以及易燃液体、可燃气体的容器及管道设备的放空管末端。阻火器有金属网阻火器、波纹金属片阻火器、砾石阻火器等形式。阻火器的灭火作用是根据火焰在管中蔓延的速度，随着管径的减小而降低，并可达到使火焰不能蔓延的临界直径。同时随着管径中蔓延的速度，随着管径的减小而降低，并可达到使火焰不能蔓延的临界直径。同时随着管径的减小，火焰通过时的热损失相应增大，致使火焰熄灭。影响阻火器性能的主要因素是阻火层的厚度及其孔隙或通道的大小。

金属网阻火器如图 6-29 所示。它是用若干层具有一定孔径的金属网把空间分隔成许多小孔隙，对于一般有机溶剂，采用四层金属网，即可阻止火焰扩展，实际应用时，常采用 10～12 层。阻火网以直径为 0.4mm 的铜丝或钢丝制成，网孔一般为 210～250 孔/cm^2。

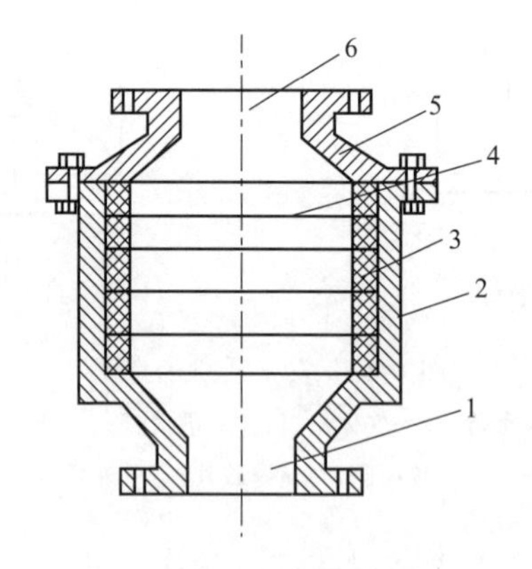

图 6-29 金属网阻火器

1—进口；2—壳体；3—垫圈；4—金属网；5—上盖；6—出口

砾石阻火器是用砂粒、卵石、玻璃或铁屑等作为充填料，将器内空间分隔成许多小孔隙，其阻火效果比金属网阻火器更好。例如，金属网阻止二硫化碳的火焰比较困难，而采用砾石阻火器效果较好。砾石的直径为 3～4mm，也可用玻璃球、小型的陶土环形填料、金属环、小型玻璃管及金属管等。在 150mm 直径的管内，砾石层厚度为 100mm 时，即可防止各种溶剂蒸气火焰的蔓延，如为阻止二硫化碳的火焰，则需 200mm 的厚度。

波纹金属片阻火器是由交叠放置的波纹金属片组成的有三角形孔隙的方形阻火器，或将一条波纹带与一条扁平带绕在一个芯子上，组成圆形阻火器。带的材料一般为铝，也可采用铜等其他金属，厚度为0.05～0.07mm，波纹金属片的结构如图6-30所示。

各式阻火器的内径大小及外壳高度，是根据管道的直径来决定的。阻火器的内径通常取连接阻火器管道直径的4倍。

阻火器的内径、外壳高度与管道直径三者之间的关系见表6-6。

表6-6　阻火器内径、外壳高度与管道直径的关系

管道直径/mm	阻火器内径/mm	阻火器外壳高度/mm	
		波纹金属片式	砾石式
12	50	100	200
20	80	130	230
25	100	150	250
38	150	200	300
50	200	250	350
65	250	300	400
75	300	350	450
100	400	450	500

4. 单向阀

单向阀又称止逆阀、止回阀。工业生产中常用的有升降式、摇板式和球式单向阀。单向阀的作用是仅允许流体向一定方向流动，遇有回流时即自动关闭，借以防止高压窜入低压引起管道、容器及设备炸裂。在可燃气体管线上，单向阀也可作为防止回火的安全装置。

单向阀通常设置在与可燃气体、易燃和可燃液体管道及设备相连接的辅助管线上；压缩机与油泵的出口管线上；高压与低压相连接的低压系统上。

5. 阻火闸门

阻火闸门是为防止火焰沿通风管道或生产管道蔓延而设置的阻火装置。正常条件下，阻火闸门受易熔金属元件的控制，处于开启状态。一旦温度升高使易熔金属熔化时，闸门便自动关闭。低熔点合金一般采用铅、锡、镉、汞等金属制成；也可用赛璐珞、尼龙等塑料材料制成，以其受热后失去强度的温度作为阻火闸门的控制温度。易熔金属元件通常做成环状或条状，塑料元件通常做成条状或绳状。发生火灾时，易熔金属或塑料在高温作用下，迅速熔断或失去强度，阻火闸板在重锤作用下翻转而将管道封闭。如图6-31所示。跌落式自动阻火闸门则是在易熔元件熔断后，闸板在自身重力作用下自动跌落而将管道封闭。手控阻火闸门多安装在操作岗位附近，以便于控制。

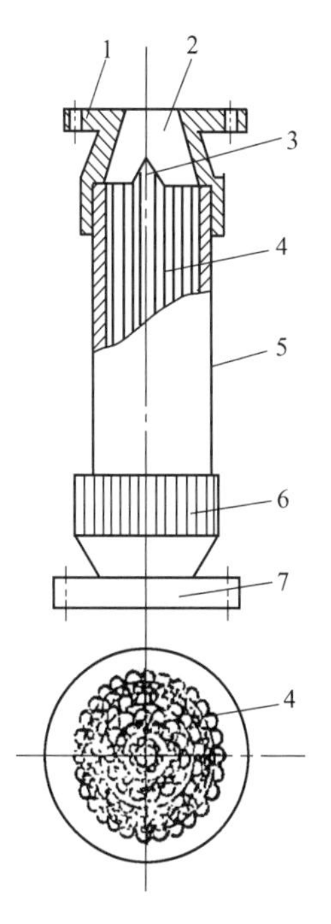

图6-30　波纹金属片阻火器
1—上盖；2—出口；3—轴芯；4—波纹金属片；5—外壳；6—下盖；7—进口

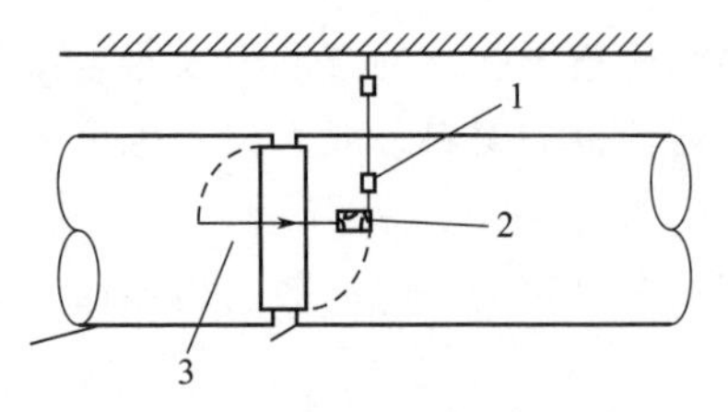

图 6-31　旋转式自动阻火闸门
1—易熔金属元件；2—重锤；
3—阻火闸板

（二）火星熄灭器

火星熄灭器又称防火帽，通常安装在产生火星设备的排空系统，以防止飞出的火星引燃周围的易燃易爆介质。其熄灭火星的主要方法有下列四种：

① 将带有火星的烟气从小容积引入大容积，使其流速减慢，压力降低，火星颗粒便沉降下来；

② 设置障碍，改变烟气流动方向，增大火星流动路程，使火星熄灭或沉降；

③ 设置网格或叶轮，将较大的火星挡住或分散，以加速火星的熄灭；

④ 用水喷淋或水蒸气熄灭火星。

锅炉烟囱或其他使用鼓风机的烟囱，可在顶部安装带旋转叶轮的火星熄灭装置。当烟气进入火星熄灭装置时，便冲击叶轮使其旋转。叶轮还可将较大颗粒的火星击碎，以加速其熄灭。熄灭器的直径与烟囱直径之比为 2∶1，熄灭器外壳高度为烟囱直径的 4 倍。

安装在汽车发动机排气管上的火星熄灭器，内装三层带有网孔的隔板，废气受隔板阻挡，除改变气流方向、降低温度外，还能使废气速度减慢，消除火星。汽车与拖拉机使用的简易火星熄灭器见图 6-32、图 6-33。

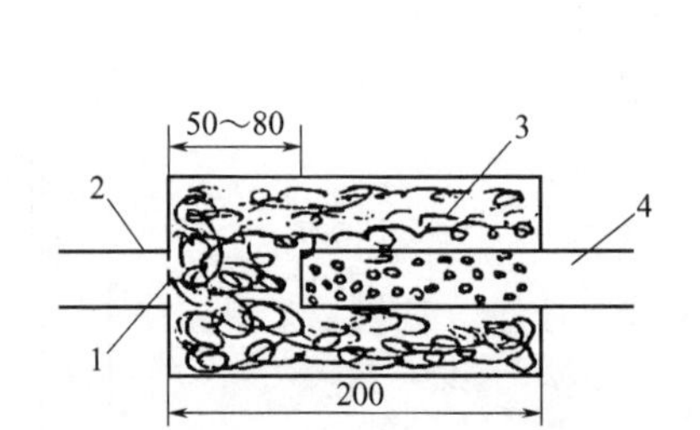

图 6-32　汽车用简易火星熄灭器
1—网格；2—废气出口；3—铁丝；4—废气进口

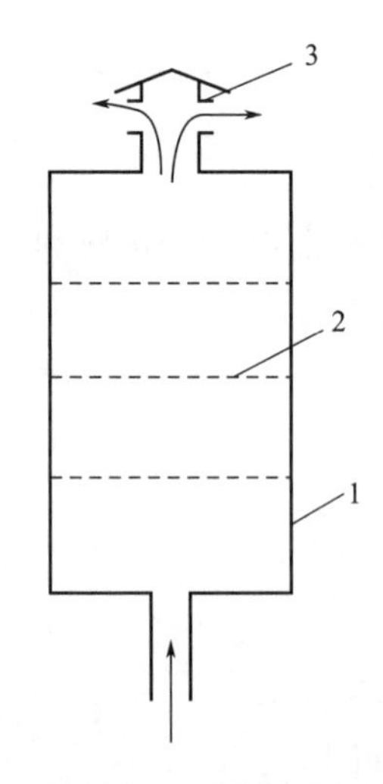

图 6-33　拖拉机用简易火星熄灭器
1—外壳；2—网格；3—排出管

各种阻火器及火星熄灭器中的丝网，都比较容易磨损或腐蚀，应注意及时清理和更换。

（三）火灾报警装置

火灾报警装置是自动探知火情、迅速报警的有效工具，往往与自动灭火系统联动，实现自动灭火。适用于消防人员不易深入和火势蔓延迅猛的场所，如油库、油井、高层建筑、地下工程及有毒车间等。火灾报警灭火系统主要由探测器、控制系统、操作装置和执行装置四部分组成。

1. 探测器

探测器是将火灾信号感知后转换为电信号，输入到报警控制装置中去。主要有感烟探测器和感温探测器两大类。

感烟探测器最常用的是离子感烟式探测器，它的作用是将火灾初期阴燃的烟雾，通过两片^{241}Am放射源构成的内外电离室，以及由场效应管、可控硅等电子元件构成的开关线路，转换为直流电压信号，传送到报警器。当烟雾进入外电离室后，烟中离子使离子电流发生变化而发出电信号，因而在阴燃阶段即可早期发现。其优点是寿命长，灵敏度高，稳定性好，不受光线和热流影响。放射源强度为37～370μGBq。保护面积为100～150m^2。

光电感烟探测器是利用烟中含有的离子使光散射的作用而动作。气敏感烟探测器则是利用气敏半导体在烟作用下电阻骤变而动作。

感温探测器主要有定温式和差动式两种。定温式感温报警器是当其周围温度达到一定值时，感温元件动作而自动报警。常用的感温元件有低熔合金、双金属节点、双金属筒、热敏半导体和内装酒精乙醚混合液的玻璃球感温元件等。节点式的原理是当温度升到一定值时，节点闭合而动作，动作温度一般为50～100℃。热敏半导体又称固态感温探测器，体积小、灵敏度高，全电子化而无机械触点。玻璃球感温元件，是利用温度升到一定值时液体膨胀使玻璃球破碎而动作。

差动式感温报警器是利用局部环境温度上升超过正常温升速率，由空气膨胀而动作。热敏感元件为膜片气室和双金属片。一般温升速度达到10～15℃/min可动作。保护面积约50m^2。

为了提高报警的准确性，也有采用双作用式的探测器，即综合定温式和差动式两种的特点，对温度和温升速率同时感知的探测器。这种探测器在温度上升很快或达到某一固定温度时均可动作。

2. 控制系统

控制系统是在探测器感知火灾后，将信号输入一控制中心进行报警、记录并控制灭火器灭火。也有组合成局部联锁自动报警灭火或独立自动报警灭火系统。

3. 操作装置

操作装置是将控制装置发出的指令信号转换为机械动作，开启灭火器的阀门自动灭火，也可关闭风机、门窗等阻止火势蔓延。

4. 执行装置

执行装置即各种自动灭火器，包括有管路或无管路的自动灭火器等。

对自动报警灭火系统的基本要求是应以少量标准化、系列化、通用化的单元，组成多种复杂程度不同的自动报警灭火系统，能广泛使用、维护方便；报警和灭火相结合，大小系统结合，自动和手动相结合；具有很好的可靠性。

第二节　防护器具

个人防护器具，是指作业人员在生产活动中，为保证安全与健康，防止外界伤害或职业性毒害而佩戴使用的各种用具的总称。个人防护器具（以下简称防护器具）是劳动保护的重要措施之一，是生产过程中不可缺少的、必备的防护手段。对于任何生产活动都必须预先分析可能发生危险及意外的事故，并充分估计作业人员所需的个人防护。对于危险性大的生产作业，当不能或很难采取可靠的技术保障措施时，为避免发生人身事故，必须佩戴必要的防护器具。此外，在某些特定条件下，如为临时的目的而需要改善作业环境或条件时，由于花费投资较大，或者在紧急情况下需从事某项作业，而需要立即采取保护性措施时，利用某些特定的保护用具，将人体加以保护，则比较经济而且可以立即奏效。另外在作业人员遇到危险情况时，特殊的救生器材也是抢险救生的必备用具。因此在所有需要对个体进行防护的作业场所，都必须提供并使用必要的防护器具，这既是对职工的生命和健康爱护，也是安全管理人员的责任。

防护器具实质上是避免或减少有害物质、物体或辐射人体危害的一种防护性器具。按其防护部位的不同，可分为头部保护、面部保护、呼吸道保护、耳的保护及手的保护器具，此外尚有作业服、安全带、救生器等防护用品及器材。

各种防护器具应符合以下要求：

① 能预防对人体各种暴露的危害，达到全面保护；

② 穿着舒适，佩戴方便，重量轻，不妨碍作业活动；

③ 选用优质材料，耐腐蚀、抗老化，对皮肤无刺激，各部配件吻合严密，牢固；

④ 外观光洁，色泽均匀协调，美观大方。

为对人体提供可靠保护，在选择使用防护器具时，应首先考虑防护的需要，即根据需要预防的各种暴露的危害，准备必须的防护器具；其次是根据需要保护的部位和要求，选择有效的和适用的类型。因此需要熟悉各种防护器具的型号、功用及其适用范围，以便正确选型和使用。

各种防护器具的生产都必须经国家指定的技术部门鉴定，符合安全卫生技术标准并发给许可证后方可生产。产品须由制造厂的技术检验部门检验，每个产品都应有合格证。

一、呼吸器官防护器具

呼吸器官防护器具包括防尘口罩、防尘面罩、防毒面具、氧气呼吸器、空气呼吸器等。由于各种防护器具的构造和性能不同，在使用时必须根据作业场所的危险特性加以选择，选型的基本依据是：

① 须加防护的物质名称及其理化性质和毒性；

② 对人体健康或生命能否在短时间内造成危害，对于有急性中毒危险的场所，能否提供完全可靠的呼吸保护；

③ 佩戴方便，人员活动不受到限制；

④ 选择适用的型号。

呼吸器官防护器具的选型见图 6-34。

（一）自吸过滤式防尘口罩

1. 类别与指标

自吸过滤式防尘面罩适用于发生矿物性粉尘的作用场所，为预防尘肺等危害而佩戴的一种器具。按其结构分为随弃式面罩、可更换式半面罩和全面罩三类。按过滤性能分为 KN 和 KP 两类，KN 类只适用于过滤非油性颗粒物，KP 类适用于过滤油性和非油性颗粒物。自吸过滤式防尘面罩的技术指标见表 6-7。

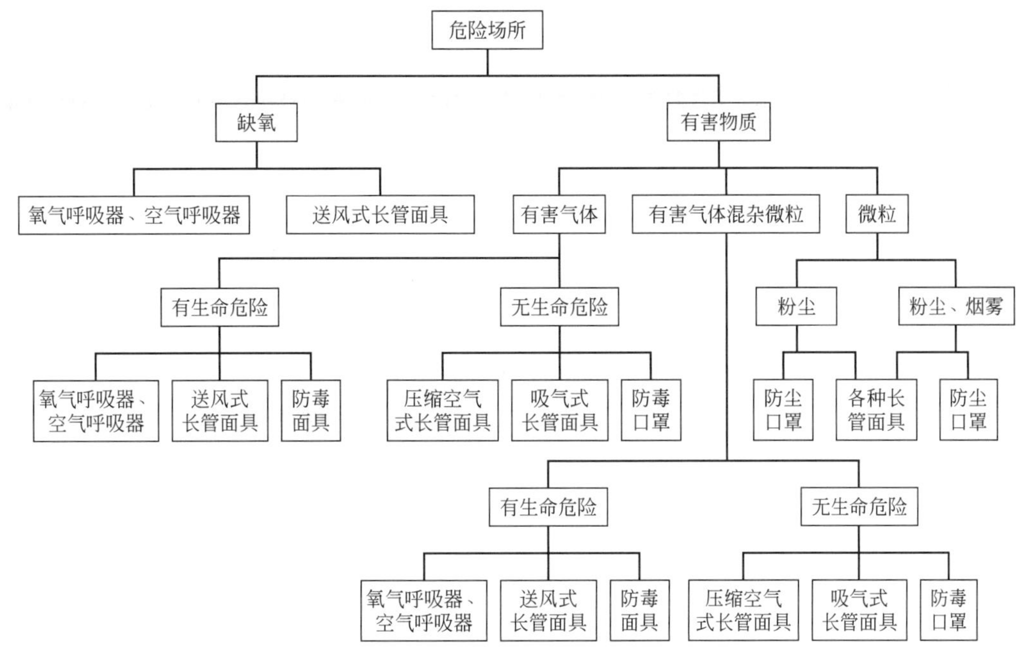

图 6-34 呼吸防护器具的选择

表 6-7 防尘面罩的类别和指标

<table>
<tr><td colspan="2" rowspan="3">项目</td><td colspan="16">口罩类别</td></tr>
<tr><td colspan="6">随弃式面罩</td><td colspan="6">可更换式半面罩</td><td colspan="4">全面罩</td></tr>
<tr><td>KN 90</td><td>KP 90</td><td>KN 95</td><td>KP 95</td><td>KN 100</td><td>KP 100</td><td>KN 90</td><td>KP 90</td><td>KN 95</td><td>KP 95</td><td>KN 100</td><td>KP 100</td><td>KN 95</td><td>KP 95</td><td>KN 100</td><td>KP 100</td></tr>
<tr><td colspan="2">阻尘率/%</td><td colspan="2">≥90</td><td colspan="2">≥95</td><td colspan="2">≥99.97</td><td colspan="2">≥90</td><td colspan="2">≥95</td><td colspan="2">≥99.97</td><td colspan="2">≥95</td><td colspan="2">≥99.97</td></tr>
<tr><td rowspan="2">阻力
/Pa</td><td>吸气</td><td colspan="16">≤350</td></tr>
<tr><td>呼气</td><td colspan="16">≤250</td></tr>
<tr><td rowspan="3">视野</td><td>下方视野</td><td colspan="6" rowspan="3">不适用</td><td colspan="6">≥60°</td><td colspan="4">不适用</td></tr>
<tr><td>总视野</td><td colspan="6" rowspan="2">不适用</td><td colspan="4">≥70%</td></tr>
<tr><td>双目视野</td><td colspan="4">大眼窗≥80%，
双眼窗≥20%</td></tr>
<tr><td colspan="2">死腔</td><td colspan="16">吸入二氧化碳的体积分数≤1%</td></tr>
<tr><td colspan="2">呼吸阀气密性</td><td colspan="6">不适用</td><td colspan="6">阀后定容腔体积(150±10)mL；
抽气至负压 1180Pa；
记录半面罩阀后压力恢复常压时间应≥20s</td><td colspan="4">不适用</td></tr>
</table>

2. 选用要求

自吸过滤式防尘面罩适用于粉尘浓度不高于 200mg/m³。如果粉尘浓度高于这个标准，就要采用通风、排气等除尘设备，降低作业环境的粉尘浓度。据研究发现，2μm 以下的颗粒会通过呼吸系统直接进入肺内，对肺造成伤害；粉尘浓度高，粉尘颗粒小于 2μm 的，要选用阻尘率高的 KN100 和 KP100 防尘口罩，能够阻挡细小粉尘，减少作业人员所受的肺部伤害。

3. 结构和性能

（1）随弃式面罩（口罩） 根据人体工学，采用三维弧形设计，鼻梁部无压痛感，增加贴面圈，能够与脸部较好的贴合，密合度更好，分为有呼吸阀和无呼吸阀两种，图 6-35 为随弃式面罩。

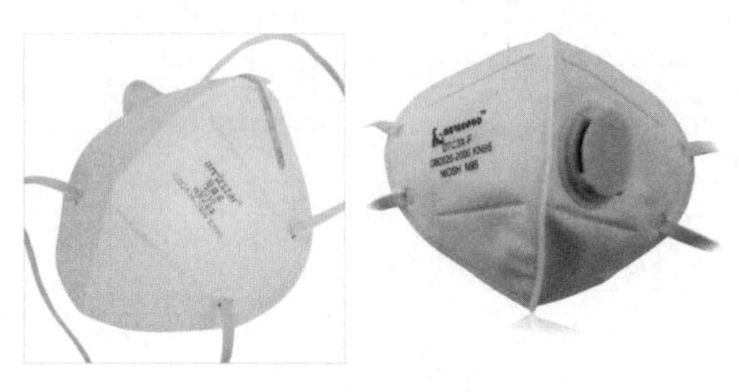

图 6-35　随弃式面罩

（2）可更换式半面罩　即只把呼吸器官（口和鼻）盖住的口罩，主体采用无毒弹性体材料注塑而成，质轻舒适。图 6-36 为可更换式半面罩。

（3）全面罩　全面罩内部由口鼻罩、呼吸阀、传音器、面屏、系带和系带夹子组成。口鼻罩用于减少全面罩实际的有害空间并减少吸气助力；呼吸阀是将呼出的气体排入大气中；传音器则是起到方便相互对话的功能；面屏清晰、明亮、不易上雾。图 6-37 为防尘全面罩。

图 6-36　可更换式半面罩

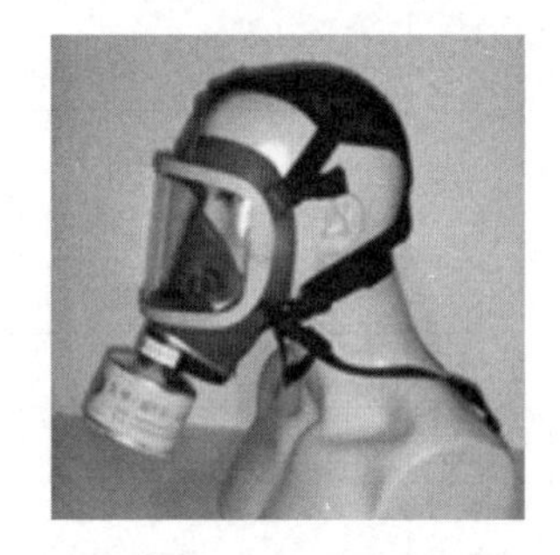

图 6-37　防尘全面罩

（二）防毒面具

1. 类别和指标

防毒面具是利用过滤件吸收空气中有毒物质的一种过滤式面具，适用于有毒气、粉尘、细菌、有毒有害气体或蒸气的工作场所，为保护呼吸器官、眼睛、脸部及皮肤免受伤害而佩戴的防护面具。

（1）根据过滤件所防护有毒害物质的范围的不同分

① A 型：用于防护有机气体或蒸气；

② B 型：用于防护无机气体或蒸气；

③ E 型：用于防护 SO_2 或其他酸性气体或蒸气；

④ K 型：用于防护氨及氨的有机衍生物；

⑤ CO 型：用于防护 CO 气体；

⑥ Hg 型：用于防护 Hg 蒸气；

⑦ H_2S 型：用于防护 H_2S 气体。

(2) 按照过滤件防护时间的不同分

① 1 级：一般能力的防护时间；

② 2 级：中等能力的防护时间；

③ 3 级：高等能力的防护时间；

④ 4 级：特等能力的防护时间。

(3) 按照综合过滤件的滤烟效率不同分

① P1：一般能力的过滤效率，滤烟效率≥95%；

② P2：中等能力的过滤效率，滤烟效率≥99%；

③ P3：高等能力的过滤效率，滤烟效率≥99.99%。

防毒面具的主要技术指标如表 6-8 所示。

表 6-8　防毒面具的主要技术指标

<table>
<tr><td colspan="2" rowspan="2">项目</td><td rowspan="2">半面罩</td><td colspan="2">全面罩</td></tr>
<tr><td>大眼窗</td><td>双眼窗</td></tr>
<tr><td colspan="2">吸气阻力/Pa</td><td>≤20</td><td colspan="2">≤40</td></tr>
<tr><td colspan="2">呼气阀阻力/Pa</td><td>≤50</td><td colspan="2">≤100</td></tr>
<tr><td rowspan="3">视野</td><td>总视野/%</td><td>—</td><td>≥70</td><td>≥65</td></tr>
<tr><td>双目视野/%</td><td>≥65</td><td>≥55</td><td>≥24</td></tr>
<tr><td>下方视野/%</td><td>≥35</td><td>≥35</td><td>≥35</td></tr>
<tr><td colspan="2">面罩呼气阀的气密性</td><td>当抽气至负压 1180Pa 时，恢复至常压的时间应≥30s</td><td colspan="2">当抽气至负压 1180Pa 时，呼气阀于 45s 内负压值下降≤500Pa</td></tr>
<tr><td colspan="2">面罩泄漏率</td><td>≤2%</td><td colspan="2">≤0.05%</td></tr>
<tr><td colspan="2">死腔</td><td colspan="3">≤1%</td></tr>
<tr><td colspan="2">过滤件致密性</td><td colspan="3">罐型 1min 内不应有气泡逸出，盒型应密封包装</td></tr>
</table>

2. 构造

(1) 防毒半面罩　半面罩包括罩体、通话器、呼吸活门和头带（或头盔）等部件。如图 6-38所示。

① 过滤式防毒面罩。过滤式防毒面罩由面罩和滤毒罐（或过滤元件）组成滤毒罐用以净化染毒空气，内装滤烟层和吸着剂，也可将这 2 种材料混合制成过滤板，装配成过滤元件。较轻的(200g 左右）滤毒罐或过滤元件可直接连在面罩上，较重的滤毒罐通过导气管与面罩连通。

② 隔绝式防毒面罩。顾名思义，就是把呼吸器官和外界空气相隔绝的一种防毒面具，主要依靠的就是氧气瓶或者是其他的贮氧设备与产氧设

图 6-38　防毒半面罩

备提供氧气，分贮气式、贮氧式和化学生氧式3种。隔绝式面罩主要在高浓度染毒空气（体积分数大于1%时）中，或在缺氧的高空、水下或密闭舱室等特殊场合下使用。尤其是在放射性，或者是一氧化碳等条件下。但同时，隔绝式的防毒面具也有缺点。首先是，价格比较昂贵，对于很多生产使用来说，承担比较困难；其次，过于笨重，不适宜长期的使用；最后，也是最影响隔绝式防毒面具推广的一点就是，比较容易损坏，也容易产生各种事故。

（2）防毒气全面罩　全面罩内部由口鼻罩、呼吸阀、传声器、面屏、系带和系带夹子组成。图6-39为防毒气全面罩结构图。口鼻罩用于减少全面罩实际的有害空间并减少吸气助力；呼吸阀是将呼出的气体排入大气中；传声器则是起到方便相互对话的功能；面屏清晰、明亮、不易上雾。面屏采用聚碳酸酯材料制造高透亮度面屏，该面屏透光率极高，并永久防雾，防腐蚀防氧化防刮擦，最大限度保护面部。通话器主要用以克服通用型面具通话器造成的传声损失，使佩戴者在协同作业时通话清晰度相当于或优于同等条件下不带面具时的水平，从而提高面具佩戴者的信息传递有效性。呼吸阀又称呼吸活门，是用弹簧限位阀板，由正负压力决定或呼或吸、呼吸阀应该具有泄放正压和负压两方面功能。

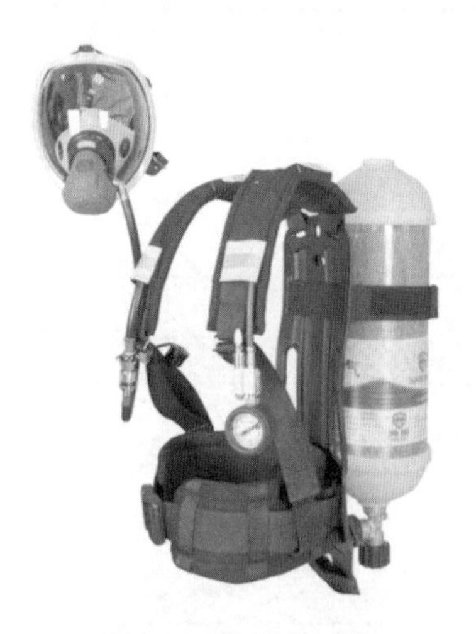

图6-39　防毒全面罩

3. 过滤件的种类和性能

防毒面具是依靠滤毒件滤去空气中的有毒害物质而达到无害呼吸的。滤毒件的作用原理主要是机械阻留、吸附和化学反应（包括中和、氧化、还原、配合和置换等）。其结构如图6-38所示。

滤毒件中的吸收剂不是万能的，只能防止与其相对应的有毒害物质。《呼吸防护　自吸过滤式防毒面具》（GB 2890—2009）规定了我国生产的滤毒件的标色、种类、有效时间及防护范围，见表6-9。

过滤件的标记有过滤件类型、级别、滤烟性能级别组成。字母P、D、Z、T分别代表普通过滤件、多功能过滤件、综合过滤件和特殊过滤件。

[示例1] 1级A型普通过滤件标记为：P-A-1。

[示例2] 2级具有防护A/B两种类型气体的多功能过滤件标记为D-A/B-2。

[示例3] 1级E型具有滤烟性能P2级别的综合过滤件标记为：Z-E-P2-1。

[示例4] 特殊过滤件的标记为：T。

表 6-9　过滤件的标色及防护时间

过滤件类型	标色	防护对象举例	测试介质	4级		3级		2级		1级		穿透浓度/(mL/m³)
				测试介质质浓度/(mg/L)	防护时间/min ≥	测试介质质浓度/(mg/L)	防护时间/min ≥	测试介质质浓度/(mg/L)	防护时间/min ≥	测试介质质浓度/(mg/L)	防护时间/min ≥	
A	褐	苯、苯胺类、四氯化碳、硝基苯、氯化苦	苯	32.5	135	16.2	115	9.7	70	5.0	45	10
B	灰	氯化氰、氢氰酸、氯气	氢氰酸（氯化氰）	11.2 (6)	30 (80)	5.6 (3)	63 (50)	3.4 (1.1)	27 (23)	1.1 (0.6)	25 22	10[a]
E	黄	二氧化硫	二氧化硫	26.6	30	13.3	30	8.0	23	2.7	25	5
K	绿	氨	氨	7.1	55	3.6	55	2.1	25	0.76	25	25
CO	白	一氧化碳	一氧化碳	5.8	180	5.8	100	5.8	27	5.8	20	50
Hg	红	汞	汞	—	—	0.01	4800	0.01	3000	0.01	2000	0.1
H_2S	蓝	硫化氢	硫化氢	14.1	70	7.1	110	4.2	35	1.4	35	10

注：本标准过滤件与原标准的对照参见附录A。

[a] C_3N_5 有可能存在于气流中，所以（C_3N_5＋HCN）总浓度不能超过10mL/m³。

4. 使用与保管中的注意事项

① 使用防毒面具必须注意作业场所空气中的氧含量。各种面具和口罩仅适用于空气中氧含量在18%以上的场所。低于18%的场所，应使用长管式防毒面具或氧气呼吸器。

② 滤毒罐对有毒害物质的吸收能力有一定的限度，有害物浓度越高，有效时间越短。为避免在使用于吸收剂失效而吸入有毒害物质，通常规定使用各类防毒面具的浓度限度如下：

隔离式防毒面具　　2%以下；

直接式防毒面具　　1%以下；

防毒口罩　　0.1%以下。

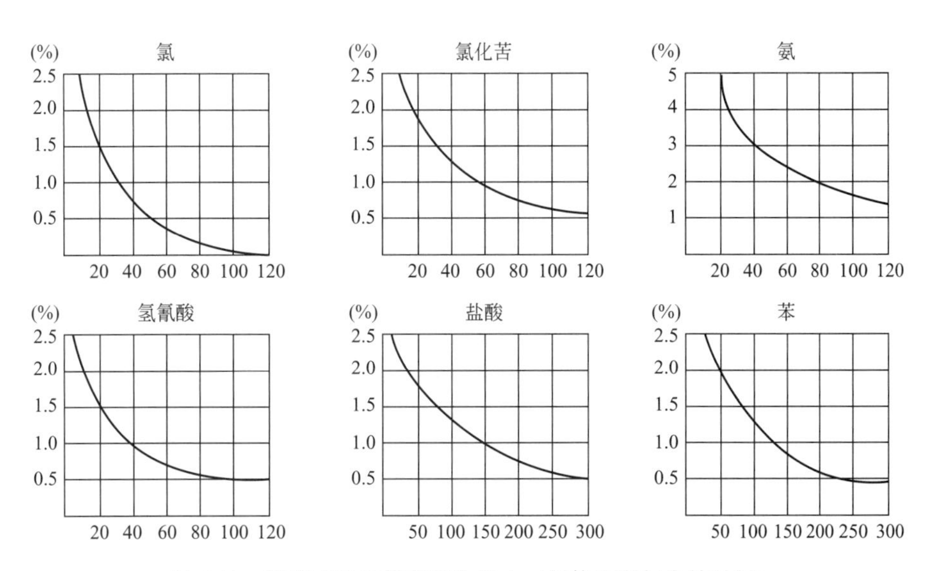

图6-40　隔离式滤毒罐的吸收能力（气体浓度与失效时间）

③ 吸收剂的主要成分是活性炭及各种金属氧化物的混合物，受潮后其吸收能力有明显减退。所以，使用完毕应将滤毒罐的盖拧上，底部用橡皮塞堵住，以防水分侵入。

④ 各号滤毒罐的有效防护时间，主要与有毒气体浓度、空气温度、使用时的劳动强度和肺活量大小等因素有关。通常按各类物质的失效曲线加以推定。各类物质失效曲线如图 6-40 所示。

⑤ 备用的防毒面罩和滤毒罐应贮存于干燥、清洁、空气液通的库房内，严防受潮和过热。

⑥ 面具脏污，可将滤毒罐取下，用肥皂水或 0.5g 的高锰酸钾溶液消毒，不可使用任何溶剂洗涤，以免损坏橡胶部件。

（三）氧气呼吸器

1. 氧气呼吸器的结构

氧气呼吸器主要由供气系统、循环系统和辅助部分等三大部分组成。氧气呼吸器的结构如图 6-41 所示。

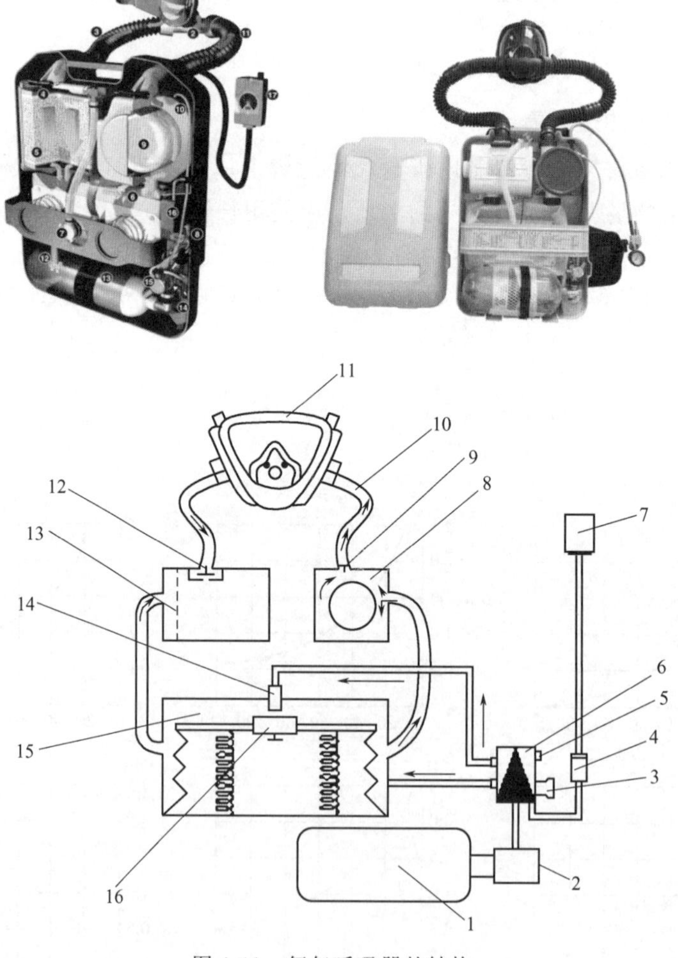

图 6-41　氧气呼吸器的结构

1—氧气瓶；2—气瓶开关；3—手动补给阀；4—压力表关闭阀；5—安全阀；6—减压器；7—压力表；8—冷却器；9—吸气阀；10—呼吸软管；11—全面罩；12—呼气阀；13—清净罐；14—自动补给阀；15—气囊；16—排气阀

2. 氧气呼吸器向气囊中供氧的方式

氧气呼吸器向气囊中供氧的三种方式如下。

（1）定量供氧　通过减压器定量孔供氧，是一种连续供氧方式，供氧压力 0.4MPa。供氧流量为 1.4～1.7L/min。

（2）自动补给供氧　是一种定压自动补氧方式。气囊内压力降至 150～250Pa 时，自动补给阀门开启，氧气便以不低于 80L/min 的流量，快速充入气囊。

（3）手动补给供氧　若呼吸器气囊内氮气聚集过多需要清除或者减压器工作失灵，可用手按压手动补给按钮，便能开启减压器的自动补给阀门，起到快速补氧或冲淡气囊中多余氮气的作用，放开按钮时，氧气就停止进入气囊。供氧流量不小于 50L/min。

3. 氧气呼吸器分类及型号

氧气呼吸器分类及国内常见型号如图 6-42 所示。

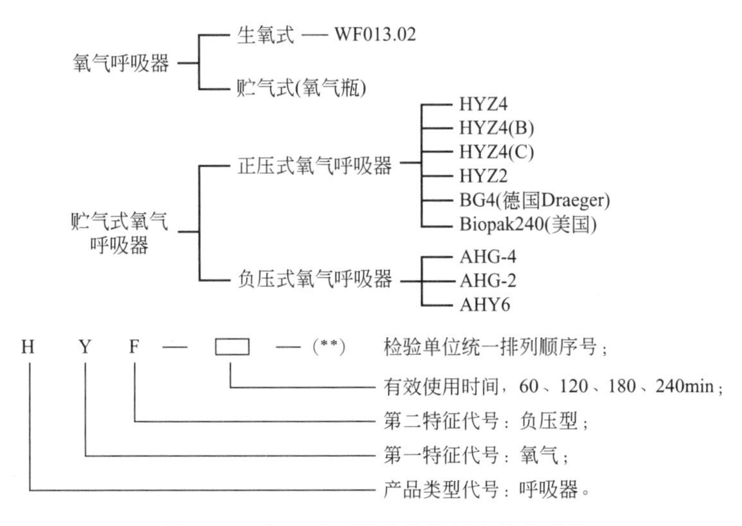

图 6-42　氧气呼吸器分类及国内常见型号

氧气呼吸器设计基本参数见表 6-10。

表 6-10　氧气呼吸器设计基本参数

序号	额定防护时间/min	氧气瓶额定压力/MPa	额定耗氧量/(L/min)	氧气贮量/L
1	60	≥20	≥1.3	≥110
2	120			≥220
3	180	≥20	≥1.4	≥330
4	240			≥440

4. 氧气呼吸器的使用条件

在下列环境中使用，应能可靠地保护呼吸器正常工作，气体及含量：CO 0～10%；SO_2 0～2%；H_2S 0～1%；NO_2 0～1%；CO_2 0～100%；CH_4 0～100%；N_2 0～100%；浮尘在 10g/m^{3}以下。

无氧、缺氧及毒气、烟雾、蒸气污染的大气环境；

温度：－20～40℃；

相对湿度：0%～100%；

大气压力：70～125kPa 的大气环境中。

5. 隔绝式正压氧气呼吸器（以 HYZ2 为例）

（1）适用条件

① 无氧、缺氧及毒气、烟雾、蒸气污染的大气环境；

② 温度：－20～＋60℃；

③ 相对湿度：0～100%；

④ 大气压力：70～125kPa 的大气环境中。

（2）技术参数

① 额定防护作用时间	≥2h
② 氧气瓶额定工作压力	20MPa
③ 额定贮氧量	300L
④ 定量供氧量（10MPa 时测定）	(1.60±0.2)L/min
⑤ 自动补给供氧量	>80L/min
⑥ 手动补给供氧量	>80L/min
⑦ 排气阀开启压力	400～700Pa
⑧ 自动补给阀开启压力	50～200Pa
⑨ 吸气温度	≤35℃
⑩ 二氧化碳吸收剂质量	0.9kg
⑪ 待机装备重量	8.5kg
⑫ 使用装备重量	10kg
⑬ 外形尺寸	490mm×360mm×170mm

（3）工作原理　HYZ2 隔绝式正压氧气呼吸器呼吸气路为闭路式循环呼吸系统（详见工作原理图 6-43）。所谓闭路式循环呼吸系统指呼出的气体与定量孔所供新鲜氧气混合后进入清净罐（气体混合可降低呼出气体中 CO_2 浓度，使之吸收更充分），由二氧化碳吸收剂 $Ca(OH)_2$ 在清静罐内将 CO_2 吸收后，进入呼吸舱，供使用者进行连续的吸气、呼气，整个过程与外界大气完全隔绝，可使呼吸气体循环使用。

如图 6-43 所示，箭头表示气体的流动方向，当气瓶开关被打开时，高压氧气经减压后连续供给呼吸舱，当使用者吸气时，呼吸气体从呼吸舱，通过吸气软管进入面罩。当使用者呼气时，气体经过呼气软管，再通过清净罐吸收呼气中的二氧化碳，富氧的气体经冷却器冷却后进入呼吸舱，完成一次循环。

呼吸舱通过压缩弹簧给膜片加载保持舱内压力比外界环境气压稍高的正压。呼吸气体驱动膜片往复运动，改变呼吸舱容积。当舱内气压降低，自动补给阀开启补充氧气，当舱内气压升高，排气阀自动开启，向大气排出多余气体。

正压系统的运作可实现三个目的：一是保证在不同的劳动强度下均能提供充足的氧气供正常呼吸；二是在整个使用过程中保持较低的呼吸阻力（舒适）；三是在整个使用过程中绝对保持正压（安全）。

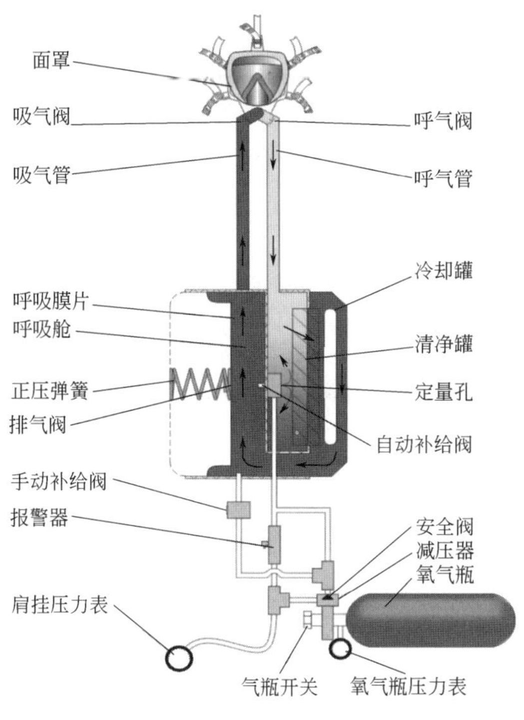

图 6-43　工作原理图

二、防噪声器具

1. 硅橡胶耳塞

硅橡胶耳塞是采用 NH-88 特殊硅橡胶为原料，根据硅橡胶能从液体状态固化为弹性体的性能，直接在人耳内灌注制成，其形状可与使用者的外耳道完全吻合具有较高的隔声值和良好舒适度，并且硅橡胶材料无毒，弹性好，抗撕性能强，表面光滑，可耐高温，隔声值为 32～34dB，对在强噪声环境（115～130dB）下的工作人员有显著的听力保护效果。

2. 防噪声耳塞

防噪声耳塞用软橡胶或软塑料制成，将其塞入外耳道内，可以防止外来声波侵入。耳塞对高频隔声量很大，耳研－5 型耳塞，对低频隔声量为 10～15dB，对中高频的隔声量可达 30～48dB，适于在一些高频声为主的车间，如球磨机、铆接、织布车间等使用。

这种耳塞的优点是体积小，隔声量大，便于保存和携带，但应注意佩戴合适，否则会引起不适。

3. 防声棉耳塞

防声棉耳塞是一种由直径 1～3μm 的超细玻璃经过化学软化处理制成的，使用时只要撕一小块卷成团，塞进外耳道入口处就可以了。这种防声棉质地柔软，塞进耳道无痛感，它比一般棉花具有较高的隔声性能。在频率为 125～800Hz 的范围内隔声值可达 20～40dB。并且随频率的增加，隔声量也逐渐提高，特别是对人耳危害最大的高频声，隔声效果更好。适用于织布、锅炉铆接、金属冷加工及高速机组运行车间的操作工人使用。防声棉的缺点是纤维短，耐磨性较差。

4. 防噪声耳罩

防噪声耳罩是一个把整个耳郭全部密封起来的护耳器，由耳罩外壳、密封垫圈、内衬吸声材料和弓架四部分组成。耳罩外壳由硬质材料制成，以隔绝外来声波的侵入，内衬以一定厚度的吸声材料以便吸收罩内的混响声。在罩壳与颅面接触的一圈，用柔软的材料如泡沫塑料、海绵橡胶等作成垫圈。

5. 防噪声帽盔

这种帽盔隔声量大，并可减少声音通过颅骨传导引起内耳的损伤，对头部还有防震和保护作用。防噪声帽盔由玻璃丝布壳和内部衬以吸声材料组成。罩壳围边采用泡沫塑料软垫圈，使耳罩周边与耳部紧贴，以增强隔声效果。它的缺点是体积大而笨重，透气性差，不宜于夏天戴用，通常只在高强噪声条件和需多种作用的场合中使用。

三、防护服

1. 工作服

工作服是保护劳动者在生产活动中免遭各种外力、射线和化学物质的伤害，调节体温，防止污染，适应人体机能要求的各种作业服装。对工作服的基本要求是能有效地保护身体，以适应环境温度条件和作业活动的需要，而且应穿着方便、安全、耐用、卫生及具有良好的外观。在选择工作服时，应考虑到纤维的耐酸碱性、燃烧特性及带静电特性。

在接触酸碱的作业中，应选择耐酸碱的纤维，以利于阻止酸碱附着皮肤而引起化学灼伤。各种纤维的耐酸碱性如表 6-11 所示。

表 6-11 各种纤维的耐酸碱性

纤维	耐酸性	耐碱性
绢丝	浓酸中溶解	不耐
羊毛	在热硫酸中分解，不耐弱碱，易收缩	
棉纱	在冷稀酸中无变化，在热稀酸或冷浓酸中分解	遇碱膨胀，强度减弱
麻	比棉纱强	比棉纱弱
黏胶纤维	在热稀酸或冷浓酸中分解	在浓碱中膨胀，强度减弱
醋酸纤维	在浓的强酸中分解	遇强碱后碱化成再生纤维素
尼龙 6.6	在 5%盐酸中煮沸分解，在其他酸中稍有作用	在热弱碱及冷浓碱中均分解
聚乙烯	很强	很强
维尼纶	在硫酸(4%～5%)中，两日内可发生变化	在弱碱或强碱中均安定并与温度、浓度无关
涤纶	可耐大部分无机酸	耐弱碱，与强碱起缓慢作用

在有很强的辐射热及有外露火焰的作业场所，必须考虑到衣料遇热燃烧的危险。表 6-12 所列，为各种衣料的自燃点。

表 6-12 各种衣料的自燃点

衣料	自燃点/℃	衣料	自燃点/℃
棉、麻	320～370	毛	486～675
人造丝	360～410	绢丝	635 左右

由化学纤维制作的工作服，在作业中由于纤维的摩擦而产生静电带电，其放电火花可引起易燃物、可燃性气体及低沸点的可燃性溶剂发生燃烧和爆炸。在处理上述物质的作业中，应禁止穿用易产生静电的纤维织物。在低湿度（湿度为30％～50％）条件下，羊毛或化纤与棉纱混纺织物也容易产生静电，此外，纤维带静电后，易吸纤维的带电序列，而尽量选取易发生静电的纤维织物。

各种纤维摩擦后带静电的序列，如表6-13所示。

表6-13　各种纤维的带电序列

带电序列
+
玻璃
尼龙
羊毛
绢丝
人造纤维
棉纱
纸
麻
铜
橡胶
醋酸纤维
涤纶
维尼纶
聚乙烯
−

2. 特种防护服

（1）微波屏蔽大衣　微波屏蔽大衣是防护微波辐射对人体影响的专用防护用品。微波屏蔽大衣由导电性良好的导电布制成。由于导电对微波具有反射特性，因此，从事微波作业的人员穿上了屏蔽衣以后，对外来微波辐射就能有效地予以反射，从而达到防护的目的。

微波屏蔽大衣采用表面电阻率为0.1～0.5Ω以下的镀铜（镍）导电布为基本衣料，以涤棉为面料，薄绸为衬里制成。用镀银导电布制的屏蔽大衣对3cm波段可衰减40～50dB；5cm波段可衰减26～30dB。

（2）铝箔隔热服　是从事热处理、金属冶炼、玻璃、搪瓷作业人员为防止高温辐射灼伤的隔热防护服，它具有良好的耐高温性能和防辐射热性能。根据需要，可制作成工作服、反穿衣、反单、袖套、手套、脚盖等样式。

第七章 化工商品的包装与贮运

第一节　化工商品的包装

化工商品的包装，必须根据商品的性状、形态、装卸、贮运和使用条件来选定。包装的目的，首先是保护商品，使其不渗漏，防止变质；其次是便于装卸，贮运和使用；同时还起广告、宣传作用。选择包装材料的原则为：适合保护商品，有利于安全装卸和贮运，并应考虑节省成本。

化工商品的包装常根据商品性状、装卸、贮运和使用条件来选择。常用的包装简介如下。

一、气体化工商品

如液氯、液氨、氢气、氧气、液化石油气等，都用耐压钢瓶盛装。

二、液体化工商品

无腐蚀或腐蚀性不大的如酒精、甲苯、四氯化碳等，可采用200L小口铁桶装。也可用较小的铁桶（10L或5L）。

腐蚀性的酸类，如硫酸、盐酸、硝酸等，和有腐蚀性的其他液体，如溴素等一般用耐酸陶瓷坛或玻璃瓶装。硝酸、冰乙酸也有用铝桶装，冰乙酸也可用塑料桶装。浓硫酸亦有用铁桶装，内部镀铅（即马口铁）则更好。而氢氟酸必须用塑料桶装。

三、固体化工商品

① 无腐蚀，不易受潮变质的商品，如小苏打、纯碱、氧化锌等可用布袋，化纤编织袋（内衬塑料袋），纸袋或木桶（纤维板桶）包装。

② 不可与空气接触或不可受潮的固体，如过硼酸钠、红矾钠、氯化锌等，必须用密闭的、内衬塑料袋的铁桶或胶合板桶包装。

③ 容易挥发（升华）的固体，如樟脑、萘等，也必须用密闭的容器包装，也可用化纤

编织袋（内料塑料袋），或5～6层纸袋包装。

④ 腐蚀性较强的碱性物质，如烧碱、硫化碱等，可用铁桶包装。

⑤ 容易爆炸的固体，如苦味酸，二硝基苯酚等，因能与金属氧化物作用生成易爆炸盐类，故不能用金属容器盛装，而应用衬蜡木桶包装，并加水润湿。

⑥ 极易燃烧的固体如黄磷，必须浸于水中，金属钠等轻活泼金属必须浸于煤油中，然后密闭于铁桶中。

⑦ 固体化工商品包装种类很多，应根据上述情况具体确定。

化工商品的包装也和商品的价值有关，一般情况下，商品价值高包装也要讲究些。有些商品用量很大，价格较低，而且生产出来很快就用掉，不需长久贮藏的，包装就可以简陋。

但凡是有国家标准或部颁标准的化工商品，都规定有一定的包装方法，应按标准执行。

各种化工商品包装的件重，原可任意变动，但一般考虑到便于搬运，使用及计量、数字尽可能采用适当的整数如25、50、100、200等，以便于计算。当然有些商品为5、10、20、35、45、80不等，至于单位，我国统一使用：公斤。但出口装商品或进口商品也有采用英制单位：磅或加仑等。

第二节　危险化学品的贮存运输要求

一、对贮存保管的安全要求

① 贮存地点及建筑结构，应根据国家的有关规定设置，并考虑对周围居民区的影响。

② 危险化学品露天堆场，应符合防火防爆的安全要求，爆炸物质、一级易燃物质、遇水燃烧物质、剧毒物质和浓酸不得露天堆放。

③ 安全消防卫生设施，应根据危险性质设置相应的防火、防爆、泄压、通风、调节温度、防潮和防雨等安全措施。

④ 必须加强入库验收，防止发料差错，特别是爆炸物质、剧毒物质和放射性物质，应采取双人收发、双人记账、双人双锁、双人运输和双人使用“五双制”的方法加以管理。

⑤ 应经常检查，发现问题及时处理，并严格危险品库房的出入制度。

⑥ 危险化学品的贮存，根据其危险特性及灭火办法的不同，应严格按表7-1的规定分类贮存。

表7-1　危险化学品分类贮存原则表

组别	物质名称	不准共同贮存在一起的物质名称	附注
一	爆炸性物质 叠氮铅、雷汞、苦味酸、三硝基甲苯、硝化棉（含氨量在12.5%以上）硝铵炸药等	不准和任何其他种类的物质共同贮存，必须单独隔离贮存	
二	易燃和可燃液体 汽油、苯、二硫化碳、丙酮、甲苯、乙醇、甲醇、石油醚、乙醚、甲乙醚、环氧乙烷、甲酸甲酯、甲酸乙酯、乙酸乙酯、煤油、丁烯醇、乙醛、丁醛、氯苯、松节油、樟脑油等	不准和其他种类的物质共同贮存	如量很少、允许与固体易燃物质隔开后共存

续表

组别	物质名称	不准共同贮存在一起的物质名称	附注
三	压缩气体和液化气体 1. 可燃气体 氢、甲烷、乙烯、丙烯、乙炔、丙烷、甲醚、氯甲烷、一氧化碳、硫化氢、氨等	除不燃气体外，不准和其他类的物质共同贮存	氯兼有毒害性
	2. 不燃气体 氮、二氧化碳、氖、氩、氟利昂等	除可燃气体、助燃气体、氧化剂和有毒物质外不准和其他种类的物质共同贮存	
	3. 助燃气体 氧、压缩空气、氯等	除不燃气体和有毒物质外，不准和其他种类的物质共同贮存	
四	遇水或空气能自燃的物质 钾、钠、磷化钙、锌粉、铝粉、黄磷、三乙基铝等	不准和其他种类的物质共同贮存	钾、钠须浸入石油中，黄磷浸入水中贮存
五	易燃固体 赛璐珞、赤磷、萘、樟脑、硫黄，二硝基苯、二硝基甲苯、二硝基萘苯酚等	不准和其他种类的物质共同贮存	赛璐珞须单独隔离贮存
六	氧化剂 1. 能形成爆炸混合物的氧化剂 氯酸钾、氯酸钠、硝酸钾、硝酸钠、硝酸钡、次氯酸钙、亚硝酸钠、过氧化钡、过氧化钠、30%的过氧化氢等 2. 能引起燃烧的氧化剂 溴、硝酸、硫酸、高锰酸钾、重铬酸钾等	除惰性气体外不准和其他种类的物质共同贮存	过氧化物、有分解爆炸危险，应单独贮存。过氧化氢应贮存在阴凉处所 表中的两类氧化剂应隔离贮存
七	毒害物质 氯化苦、光气、五氧化二砷、氰化钾、氰化钠等	除不燃气体和助燃气体外，不准和其他种类的物质共同贮存	

1. 爆炸性物质贮存的安全要求

爆炸性物质的贮存按原公安、铁道、商业、化工、卫生和农业等部关于“爆炸物品管理规则”的规定办理。

① 爆炸性物质必须存放在专用仓库内。贮存爆炸性物质的仓库禁止设在城镇、市区和居民聚居的地方。并且应当和周围建筑、交通要道、输电线路等保持一定的安全距离。

② 爆炸性物质仓库，不得同时存放性质相抵触的爆炸物质。并不得超过规定的贮存数量。如雷管不得与其他炸药混合贮存。

③ 一切爆炸性物质，不得与酸、碱、盐类以及某些金属、氧化剂等同库贮存。

雷汞与硝酸作用会分解为硝酸汞、二氧化碳和水，遇浓硫酸可猛烈分解而爆炸。含有水分的雷汞与多数金属如镁、铝、铜、铅、铁、锡、镍、银等都能起作用。雷汞与铝作用猛烈，湿雷汞能与铜作用生成碱性雷酸铜。与锌作用生成雷酸锌，均易爆炸。硝酸铵与亚硝酸盐、氯酸盐贮存在一起，能生成一种不安定性的亚硝酸铵及氯酸铵，都容易引起爆炸。浓度在72%以上的高氯酸，40%以上的双氧水，都有极强的氧化性，也应与其他炸药分别贮存。

④ 爆炸物质的堆放，为了通风、装卸和便于出入检查，堆垛不应过高过密。

一般堆垛的高度，不宜超过1.8m。对敏感度高的雷管等，垛高不宜超过1.5m。墙距不少于0.5m，垛与垛的间隔不少于1m，为了防潮，在堆垛下应垫有10cm左右的方形垫木。

⑤ 爆炸性物质仓库的温度、湿度应加强控制和调节。

大多数爆炸性物质都具有吸湿性。吸湿后容易降低或失去爆炸效能。如硝铵炸药吸湿后结块变质。在有湿气时与铜作用，能生成敏感度更高的氮化铜，而极易爆炸。

含氮量在12.5%以上的硝化纤维素，受潮、受热、蒸发或受日光照晒后，会引起分解，当温度超过40℃时，能加速分解而引起自燃。

硝化甘油类混合炸药，在8～10℃时冻结，析出不安定的晶体硝化甘油，对冲击、摩擦和振动都很敏感，容易爆炸。

对爆炸性物质仓库、温湿度的控制，是一个不容忽视的安全因素。在库房内应设置干湿计，并有专人负责定时观测、记录，实地采用通风、保暖、吸湿等措施。夏季库温一般不超过30℃，绝对湿度经常保持在75%以下，最高不超过80%，冬季一般应保持在15～25℃。

2. 氧化剂贮存的安全要求

（1）氧化剂与其他物质共同贮存的要求　有机氧化剂都是性质不稳定且易燃物质，遇到氧能加强燃烧，故一级无机氧化剂与有机氧化剂不能混合贮存。漂白粉、亚硝酸盐、亚氯酸盐和次亚氯酸盐等都属于无机氧化剂。但它们能够为氧化剂中其他多数氧化剂所氧化，故不能和其他氧化剂混合贮存。一级氧化剂的氧化能力很强，如与易燃气体接触，容易引起燃烧或钢瓶爆炸。故一级氧化剂与压缩气体、液化气体不得混合贮存。

毒害物质大多数是有机物，与无机氧化剂接触能引起燃烧。如双乙烯酮遇过氧化物则加速聚合而爆炸。氰化物与氯酸盐或亚硝酸盐混合后能发生爆炸。砷被氧化后有毒，与氧化剂接触则毒性更大。故氧化剂与毒害物质不得混合贮存。

有机氧化剂与溴、过氧化氢、硝酸等酸性物质接触，能发生剧烈反应。漂白粉接触氧化剂会发生剧烈氧化还原反应，产生高温或爆炸。

硝酸、发烟硝酸和硝酸盐。由于都含有硝酸根，它们之间不能进行化学反应，所以可以共同贮存。

但硝酸盐和硫酸、发烟硫酸之间是可以发生化学反应的。如

$$KNO_3+H_2SO_4 = KHSO_4+HNO_3$$

$$H_2S_2O_7+H_2O = 2H_2SO_4$$

氯磺酸可以部分地分解生成硫酸，或与水作用后生成硫酸。如

$$2SO_2(OH)Cl = SO_2Cl_2+H_2SO_4$$

$$SO_2(OH)Cl+H_2O = HCl+H_2SO_4$$

由此可见，硝酸盐与硫酸、发烟硫酸、氯磺酸接触时，都会发生化学反应，不能混合贮存在一起。

（2）对贮存氧化剂温、湿度的要求　贮存氧化剂的仓库，应设置有温湿度计，定时进行观察记录，以便及时调节，加以控制。可以采取整库密封，分垛密封与自然通风相结合的方法，以控制库房的温、湿度。在不能通风的情况下，可以采用吸潮和人工降温的方法，使库房温湿度适应各种贮存物质的要求。

过氧化物受热后，不仅容易挥发和膨胀，同时还会加速分解。一些含有结晶水的硝酸盐类，如硝酸锰、硝酸铟等低熔点的氧化剂，受热后能溶于本身的结晶水中，若封闭不严，极

易吸潮而溶化。库温保持在28℃以下较为适宜，一般氧化剂库温均不宜超过35℃。

有些氧化剂，如硝酸铵、硝酸钙、硝酸镁等都容易吸潮而溶化，库房内应保持干燥，相对湿度不宜超过75%，而一般氧化剂，库房内相对湿度宜保持在80%以下，不宜超过85%。

3. 压缩气体和液化气体贮存的安全要求

（1）压缩气体和液化气体与其他物质共同贮存的要求　压缩气体和液化气体必须与爆炸性物质、氧化剂、易燃物质、自燃物质、腐蚀物质隔离贮存。

易燃气体不得与助燃气体、剧毒气体共同贮存，如氢、乙烷、乙炔、环氧乙烷等易燃气体不得与氧、压缩空气、氧化二氮等助燃气体混合贮存。易燃气体和剧毒气体也不能与腐蚀物质，如硝酸、硫酸等混合贮存，因这些酸都具有较强的腐蚀作用，能使钢瓶受到损坏。

氧气不得与油脂，包括动植物性油、矿物油，如润滑油、松节油、亚麻仁油等混合贮存，因为氧有较强的氧化作用，会使油脂氧化而产生热量，以至使其燃烧。在燃烧中产生高温，反过来又造成氧气瓶受热气体膨胀而引起爆炸。

（2）液化石油气贮罐区的要求　溶化石油气贮罐库，应布置在通风良好而远离明火或散发火花的露天地带。应设置在有明火的平行风向或下风向。不设在散发火花的下风向。不宜与易燃、可燃液体贮罐同组布置，更不应设在一个土堤内。压力卧式液化气罐的纵轴，不宜对着重要建筑物、重要设备、交通要道及人员集中的场所。

液化石油气贮罐可单独布置，也可成组布置。成组布置时，组内贮罐不应超过二排。一组贮罐的总容量不应超过4000m^3。

贮罐与贮罐组四周可设防火堤。两相邻防火堤外侧基脚线之间的距离不应小于7m，堤高不超过1m。

液化石油气贮罐的罐体基础的外露部分及罐组内的地面，应为非燃烧材料，罐上应设有安全阀、压力计、液面计、温度计以及超压报警装置。无绝热措施时，应设淋水冷却设施。贮罐安全阀及放空管应接入全厂性火炬。独立贮罐的放空管应通往安全地点放空，安全阀和贮罐之间，如安装有截止阀，应常开并加有铅封。贮罐应设置静电接地及防雷设施，罐区内电气设备应防爆。

（3）对气瓶贮存的安全要求　贮存气瓶的仓库，应为单层建筑，设置易掀开的轻质屋顶，地坪可有不发火沥青砂浆混凝土铺设，门窗都向外开启，玻璃涂以白色。库温不宜超过35℃，有通风降温措施。瓶库应用防火墙分隔为若干独立分间，每一分间有安全出入口。

气瓶库房最大存瓶数不得超过3000只。如库房用密闭防火墙分隔成单室，则每室存放可燃、有毒气体气瓶不得超过500只；存放不燃无毒气体气瓶不应超过1000只（以40L气瓶计）。气瓶库房与其他建筑物应保持一定的安全距离，详见表7-2。

表7-2　气瓶库房与相邻建筑物的安全间距

气瓶库最大贮存量	相邻建筑物性质	最小安全间距/m
500只以下	气瓶库房 生产厂房 其他库房	20
500～1500只		25
1501～3000只		30
与贮存量无关	民用住宅	50
	公共场所	100

注：贮存量是以充装气体的40L气瓶计算。

对直立放置的气瓶，应设有栅栏或支架加以固定以防倾倒，对不能直立放置的可以卧放，但必须使之固定以防滚动。盛气瓶的头尾方向在堆放时应取一致。高压气瓶的堆放高度不宜超过 5 层。气瓶应远离热源并旋紧安全帽。贮存氧气等及可燃气体的气瓶，无论堆放在仓库或露天堆场，其周围 10m 内，禁止堆放易燃物并不得动用明火。对盛装易于起聚合反应气体的气瓶，必须规定贮存期限。并应随时检查有无漏气和堆垛不稳的情况，如检查中发现瓶有漏气时，应首先做好人身保护，站立在上风处，向气瓶倾浇冷水，使其冷却再进行扑灭。

对有毒气体气瓶的燃烧扑救，应注意站在上风向，并使用防毒用具，勿靠近气瓶的头部或尾部，以防止发生爆炸伤害。

4. 自燃物质贮存的安全要求

一级自燃物质的性质不稳定，在一定的条件下，它可以自行燃烧，并会引起其他易燃物质的燃烧，所以不能和易燃液体、易燃固体混合贮存。它和遇水燃烧物质，因灭火方法或因其中稳定剂性质相抵触，故也不能混合贮存。

自燃物质、易燃的固体和液体以及腐蚀性物质，如溴、过氧化氢、硝酸等，都不能混合贮存。因过氧化氢遇热会放出氧，与遇水燃烧物质相遇后会引起爆炸。

自燃物质在贮存中，对温、湿度的要求是比较严格的，该类物质须贮存于阴凉、通风干燥的仓库中，并注意做好防火防毒。

一级自燃性物质，特别是硝化纤维胶片贮存温度过高，不经常通风散热，会使胶片氧化速率加快，自身温度由此继续升高，分解出氧化氮而引起自燃，故库温不宜超过 27℃，相对湿度不宜超过 80%，可插入温度计监测此类物质，检查中发现起泡、发黏、发霉等，立即搬出库外散热摊凉。冬季贮存黄磷时，库温不低于 3℃。

二级自燃性物质，如油布、油纸等，若紧密卷曲、折叠堆放。由于积热不易扩散，也容易引起自燃，因此规定这些浸油物质应采用木格箱之类容易散热的包装，堆放时不宜过高积压，以防自燃。

5. 遇水燃烧物质贮存的安全要求

遇水燃烧的物质，受潮湿作用后，会放出可燃气体和热量，并且遇到酸类及氧化剂，就会起剧烈反应。对贮存该类物质的库房，应选用地势稍高的地方。在夏天暴雨季节保证不使进水。堆垛时要用干燥的枕木或垫板。钾、钠等应贮存于不含水分的矿物油中。低亚硫酸钠（保险粉）受潮或暴露于空气中就要分解，放出氢气、硫化氢或含硫蒸气，故对其防潮、防水都极其重要，容器包装必须密闭不漏。遇水燃烧物质的贮存库房要求干燥，要严防雨雪的侵袭。库房的门窗可以密封。库房的相对湿度，一般保持在 75%以下，最高不超过 80%。

化工厂内的电石仓库，应布置在地势较高的干燥地带，远离散发大量水汽或水雾的建筑物，如凉水塔等处。电石库房内地坪较室外高 40cm，以防雨水侵入，并设防潮地坪，防止地下水上升而潮湿。门窗均应有防止雨雪侵入的设施。电石库内应保持干燥，相对湿度不应超过 80%。应有良好的通风。电石库的建筑设计，应符合防火要求。

6. 易燃液体贮存的安全要求

易燃液体有易燃、易挥发和受热膨胀流动扩散的特性。其蒸气与空气混合成一定的比例，遇火即能发生爆炸。故应贮存于通风阴凉的处所，并与明火保持一定的距离，在一定区域的范围内严禁烟火。

沸点低于或接近夏季气温的易燃液体，如乙醚、乙醛、二甲胺，这些易燃性液体，均应贮存于有降温设施的库房或贮罐内。易燃液体受热体积膨胀，炎热的夏季里常出现“鼓桶”现象，玻璃容器因受其膨胀而爆裂，故盛装易燃液体的容器，应留有不少于5%容积的空隙，夏季不可曝晒。易燃液体的包装应无渗漏，封口要严密。铁桶包装不宜堆放太高，防止发生碰撞、摩擦而产生火花。

易燃液体闪点在0℃以下，沸点在50℃以上的，贮存的库温控制在25～26℃以下较为适宜。闪点在1℃以下，沸点在50℃以下的，则库房温度以30℃以下较为适宜。二级易燃液体的温度，保持在32℃左右，最高不宜超过35℃。

有的易燃液体受冻后容易使容器破裂，如熔点较低的环己烷、叔丁醇的玻璃瓶包装，在气温较低时容易凝结成块胀裂容器，故应注意防冻。

易燃、可燃液体贮罐分地上、半地下和地下三种类型。

一组易燃液体贮罐布置在同一贮罐组内，且不宜与液化石油气贮罐布置在同一贮罐组内。突沸性油品不得与非突沸性的布置在同一贮罐组内，且不宜与液化石油气贮罐布置在同一贮罐组内。但闪点高于120℃，且单罐容积小于500m^3 的突沸性油品除外。所谓突沸性油品，系指温度高于100℃时，能发生突沸现象的含水黏性油品，如原油、重油等。

贮罐组内贮罐的布置不应超过二排。但单罐容积小于100m^3 的地上或半地下贮罐以及闪点高于120℃，且单罐容积小于1000m^3 的可燃液体地上或半地下贮罐，可布置成三排。地下和半地下的易燃、可燃液体贮罐的四周，应设置土或砖砌的防火堤。如为土堤时，顶宽不宜小于0.5m。

贮罐高度的设计，如超过17m时，宜设置固定的冷却和灭火设备，如低于17m时，可采用移动式灭火设备。

为了减少油气的扩散，闪点低于28℃、沸点低于38℃的易燃液体贮罐宜按压力贮罐设计，应设置安全阀并有冷却降温设施。闪点低于28℃，但沸点在38～85℃的地上易燃液体贮罐，应设冷却喷淋或气体曲流冷凝等设施。

贮罐的进料管应从罐体下部接入，以防液体冲击飞溅产生静电火花引起爆炸。贮罐及其有关设施的防雷击、防静电和电气设备的防爆设计，应符合国家和部颁有关规定。

易燃、可燃液体桶装库应设计为单层仓库，可采用钢筋混凝土排架结构，设防火墙分隔数间，每间应有安全出口。

桶装可燃液体可以有限制地在露天堆放，而桶装的易燃液体，不宜于露天堆放。

7. 易燃固体贮存的安全要求

易燃固体有燃点低、燃烧快，并能放出大量的有毒气体等特性。因此易燃固体的贮存仓库要阴凉、干燥，要有隔热措施，忌阳光照晒。硝化棉、赛璐珞和赤磷等，应有专用仓库贮存。容易挥发的樟脑、萘等宜密封堆垛。多数易燃固体受潮后容易变质，还可能发生燃烧，如赛璐珞、硫黄以及各种磷的化合物，都要求严格防潮，必须堆放在垫板上或有防潮条件的地坪上。

易燃固体多属还原剂，遇氧反应剧烈，故应与氧和氧化剂分开贮存。有很多易燃固体是有毒性的，如硫黄、三硫化四磷等，不仅与皮肤接触能引起中毒，其粉尘吸入人体，也能引起全身中毒。故贮存中应重视防毒。

8. 毒害物质贮存的安全要求

毒害物质主要的危险是侵入人畜体内，或接触皮肤引起中毒。有不少毒害物质具有腐蚀性、易燃性、遇水燃烧性、挥发性，贮存时都应加以注意，对这些特性物质应采取相应措施。

毒害物质应贮存在阴凉通风的干燥场所，要避免在露天存放，并且勿与酸类相近。严禁与食品同存一库。包装封口必须严密，无论是瓶装、盒装、箱装或其他包装，外面均应贴（印）有明显名称和标志。发现有包装破损或撒漏时，应尽快用土或锯木屑掩盖，然后清扫洗刷。作业人员应按规定穿戴防毒用具，禁止用手直接接触毒害物质。贮存毒害物质的仓库，应有中毒急救、清洗、中和、消毒用的药物等以备用。

9. 腐蚀性物质贮存的安全要求

腐蚀性物质种类较多而性质各异，贮存要求也有所不同。易燃易挥发的甲酸，受冻会结冰的冰醋酸，在 73℃时即冰冻的溴，均须贮存在冬暖夏凉的库房里。

遇水或吸潮后能分解发烟而放出有毒气体的五溴化磷、五氯化锑等，必须贮存于干燥通风的处所。碱性腐蚀物质，如硫化碱、氢氧化钠都容易吸潮，故对包装的封口要求严密。

化工厂常用的硝酸、硫酸、盐酸等的贮存仓库，宜为单层建筑，地面为耐酸地面，库内有良好的通风，不宜设置在地下室。不同的酸类如贮存在共同的一座库房内，应用防火墙分隔，库内不应贮存可燃液体及易燃物。大型酸库应设在独立区域内，坛装堆场应设在厂区边缘下风侧。各类酸坛堆应分组布置，组与组之间留有通道，一般不小于 4m。地面用耐酸材料铺设，有不小于 1%排水坡度，四周有排水沟。酸坛露天堆放应有凉棚防日晒雨淋，每坛装量不超过 90%容量，以防酸蒸发时，产生的蒸气压将容器胀裂。

硝酸具有很强的腐蚀性，很不稳定，尤其受热或置于日光下照晒，不仅会加速蒸发，而且会迅速分解成水、二氧化氮和氧气。氮的氧化物有毒，比空气重，容易积聚在仓库下部空间，应加强通风。

稀硫酸和铁作用，能生成硫酸亚铁而放出氢气，如贮存在钢板制的贮槽内，应用铅板、陶瓷砖等耐酸材料衬里。浓度大于 60°%的浓硫酸，在不受热的情况下，虽也能将铁氧化，但在铁的表面能形成一层紧密的氧化物保护膜，使铁不再受到硫酸的腐蚀，故浓硫酸可以贮存在钢板制的容器及铁桶内。但须注意浓硫酸有很大的吸水性，能从空气中吸收水分，而不断地被稀释变为稀硫酸，故包装应严密。

盐酸在冬季严寒时会被冻结，应采取保暖措施，以防坛、瓶、罐、桶的胀裂。

10. 放射性物质贮存的安全要求

放射性物质的贮运，应按照卫生部、公安部、国家科委所颁布的放射性同位素工作卫生防护管理办法办理。

放射性物质应存放在专用的安全贮藏处所，库房应远离生活区，根据放射剂量、成品、半成品、原料的种类分别进行贮存。

放射性物质入库时，应加强验收。入库前应了解放射剂量，应用放射性探测仪进行测试和校核，并加以记录，然后安排贮存，做好人身防护。库内温度不宜过高，不使包装损坏。

二、对装卸运输的安全要求

由于化工产品危险性质各不相同，要求科学地安排装卸运输以保证安全。过去我国各地运输部门，对化学危险物质的装卸运输做了不少工作，积累了很多经验。曾提出要做到“三定”，抓住三个环节的好经验。

三定：就是做到定人、定车和定点。定人就是要把管理及装卸人员固定；定车就是要把运输的车辆及工具相应的固定；定点就是要把托运和货的地点固定。

三个环节：就是抓好发货、装货和提货。在发货时要根据危险物质的性质，对照品名及发货单据，检点包装和数量，防止发货差错；发货时要先检查运输工具、车厢、船舱以及安全设施，按照装配原则进行装运；提货时必须限期限时，因车站、码头囤存时间均有具体规定。货物进仓要按危险性质分类堆放。

① 化学危险物质由铁路、水路发货到达或中转，应在郊区或远离市区的指定专用车站或码头装卸。

② 装卸化学危险物质的车船，应悬挂危险货物明显标记。

③ 装卸化学危险物质，必须轻装轻卸，防止撞击、滚动、重压、倾倒和摩擦，不得损坏包装容器。包装外的标记要保持完好，电瓶车以及输送机械等装卸用具的电气设备，必须符合防火防爆要求。

④ 装运易燃、易爆、有毒的化学危险物质，车船上应设有相应的防火、防爆、防毒、防水、防日晒等设施，并配备相应的消防器材和防毒用具。装运粉末状的化学危险物质，应有防止粉尘飞扬的措施。

⑤ 装运过化学危险物质的车厢、船舱、装卸工具以及车站、码头等有关场所，应在装运完毕后，予以清洗和必要的消毒处理。垃圾必须存放在指定地点。根据其化学特性加以处理后清除。

⑥ 汽车装运化学危险物质，应按规定的时间，指定的路线及车速行驶。不准将化学危险物质任意卸在道路上。停车时应与其他车辆、明火场所、高压电线、仓库和人口稠密处，保持一定的安全距离。气瓶集装车气瓶头部应朝向同一方，运输时气瓶分阀和总阀均应关闭。

⑦ 火车装运化学危险物质，应中国铁路总公司《铁路危险货物运输管理规划》（TG/HY 105—2017）办理，铁路危险货物配放表见表 7-3。

⑧ 船舶装运化学危险物质，在航行停泊期间，应与其他船舶、高压输电线、码头仓库和人烟稠密的地方，保持一定的安全距离。

油船或驳船在装卸易燃液体时，应将岸上输油管与船上的油管紧密连接，并将船体与油泵船（站）的金属部分用导线连接，使其互通电路，防止静电火花的产生。

油船装卸可燃油品采用明沟输油时，应固定放油口的导管，防止管子与槽口边缘撞击、摩擦而产生的火花。

油船的贮油舱与其他舱室之间，若有隔离舱间隔的，在隔离舱内一般灌满水或充填惰性气体。油舱应设有呼吸阀、阻火器。呼吸阀的放空管应高出桅顶。通风设备、风机叶片用有色金属制造，以免碰撞产生火花。电气设备应选用防爆型。油船上应备有泡沫和 1211 灭火设施。

三、对包装的安全要求

化学危险物质严密完善的包装，可以防止因接触风、雪、阳光、潮湿、空气和杂质，使物质变质或发生剧烈的化学反应而造成事故。其次还可以减少物质在贮运过程中，所受的撞击和摩擦，使之处于完整和相对稳定的状态，从而保证贮运的安全。也可以防止物质撒漏、挥发以及物质相互抵触的事故发生或污染贮运设备。

表 7-3 铁路危险货物配放表

危险货物的种类和品名				品名编号	配放号													
危险货物	气体	易燃气体		21001～21061，21063～21064	3	3												
		非易燃无毒气体	氧、空气、一氧化二氮（氧及氧气空钢瓶不得与油脂在同库配放）	22001，22003，22017	4	△	4											
			其他非易燃无毒气体	22005～22016，22018～22055	5			5										
		有毒气体（液氯及液氨不得在同库配放）		23001～23052，23053	6				6									
	易燃液体			31001～31055，31101～31302，32001～32150	7		×		×	7								
	易燃固体、易于自燃的物质、遇水放出易燃气体的物质	易燃固体（发孔剂H不得与酸性腐蚀性物质及有毒或易燃酯类危险物品配放）		41001～41062,41501～41554	8		×		×		8							
		易于自燃的物质	一级易于自燃的物质	42001～42040	9	×	×		×	×	×	9						
			二级易于自燃的物质	42501～42526	10	△	△		×	△			10					
		遇水放出易燃气体的物质（不得与含水液体货物在同库配放）		43001～43051，43501～43510	11	△	△		△			×		11				
	氧化性物质和有机过氧化物	氧化性物质	过氧化氢	51001，51501	12					×		△	△	×	12			
			亚硝酸盐、亚氯酸盐、次亚氯酸盐（注2）（注5）	51043，51046，51071～51074，51509，51525	13	△			×	×	△	△		△		13		
			其他氧化性物质（配放号15所列品名除外）	51002～51042，51044，51045 51047～51067，51069，51070 51080～51083，51502～51508，51510～51524，51526，51527	14	△			×	×	△	△		△		×	14	
		硝酸胍、高氯酸醋酐溶液、过氧化氢尿素、二氯异氰尿酸、三氯异氰尿酸、四硝基甲烷等有机过氧化物		51068，51075～51079，52001～52103	15	×			×	×	×	×		△	△	×	×	15

说明：

一、配放符号

1．无配放符号表示可以配放；

2．△表示可以配放，堆放时至少隔离2m；

3．×表示不可以配放；

4．有“注1”、“注2”……等注释时按注释规定办理。

二、注释

1．除硝酸盐(如硝酸钠、硝酸钾或硝酸铵等)与硝酸、发烟硝酸可以混存外，其他情况皆不得混存；

2．氧化性物质不得与松软的粉状可燃物(如煤粉、焦粉、炭黑、糖、淀粉、锯末等)混存；

3．饮食品、粮食、饲料、药品、药材类、食用油脂及活动物不得与贴有6号、13号、14号、15号、16号包装标志的物品，及有恶臭能使货物污染异味的物品，以及畜禽产品中的生皮张、生毛皮(包括碎皮)、畜禽毛、骨、蹄、角、鬃等物品混存；

4．饮食品、粮食、饲料、药材类、食用油脂与按普通货物运输的化工原料、化学试剂、香精、香料应隔离1m以上；

5．漂白粉与过氧化氢、易燃物品、非食用油脂应隔离2m以上；与饮食品、粮食、饲料、药品、药材类、食用油脂、活动物不得混存；

6．贴有7号包装标志的液态农药不得与氧化性物质和有机过氧化物混存。

续表

类别		品名	编号	配放号	3	4	5	6	7	8	9	10	11	12	13	14	15	16	17	18	19	20	21	
毒性物质		氰化物	61001～61005	16										×				16						
		其他毒性物质（注6）	61006～61034，61051～61139，61501～61520，61551～61941	17										△					17					
腐蚀性物质	酸性腐蚀性物质	溴	81021	18	△				△		×	△	△				×	×	△	18				
		发烟硝酸、硝酸、硝化酸混合物、废硝酸、废硝化混合酸、发烟硫酸、硫酸、含铬硫酸、废硫酸、淤渣硫酸、氯磺酸	81001～81004，81006～81009，81023	19	×	△	△	×	△	△	×	×	△	△	×	注1	×	×	△	△	19			
		其他酸性腐蚀性物质	81005，81010～81020，81022，81024～81067，81101～81135，81501～81531，81601～81647，81532～81534	20	△			△			△		△	△	△	△	△	×	△		△	20		
	碱性腐蚀性物质（水合肼、氨水不得与氧化性物质和有机过氧化物配放） 其他腐蚀性物质		82001～82033，82501～82524，83001～83021，83501～83514	21									△								×		21	
普通货物	易燃普通货物			22	×			×						△			△			△	×			22
	饮食品、粮食、饲料、药品、药材类、食用油脂（注3）（注4）			23	△			×	△	△	×		×	△				×	×	×	×	×	△	23
	非食用油脂			24										△						×	×			24
	活动物（注3）			25	×			×	△	△	×		×	×	△	△	△	×	×	×	×	×	×	25
	其他（注3）（注4）			26																				26
配放号					3	4	5	6	7	8	9	10	11	12	13	14	15	16	17	18	19	20	21	

包装可分为运输包装和销售包装。

从历年来贮运事故中可以看到，由于包装不善而造成的事故占有较大的比重。因此对化学危险物质的包装，必须重视并应严格要求。

1. 包装和容器的种类及材质要求

包装和容器的种类及材质要求要根据化学危险物质的性质来确定。氢氟酸有强烈的腐蚀性能，能侵蚀玻璃，故不能用玻璃容器盛装，应用铅筒或耐腐蚀的塑料、橡胶容器装运。

2. 包装和容器要有一定的强度

要求能经受贮运过程中正常的冲撞、震动、挤压和摩擦。所以除要求包装材料应具有一定强度外，还应要求包装有一定的牢度。一般说对物质的危险性大，单位包装重量大的，运输距离长的，搬运次数较多的，则对包装的强度要求也就越高。

3. 包装和容器的封口，要求符合所装危险物质要求

一般说来封口均应严密，特别是各种气体以及挥发性、腐蚀性强的物质封口更应严密。但也有另一种物质不能密封，而应留有排气孔。黄磷、金属钠、二硫化碳等的容器，必须要求严密封口。对发烟硝酸等封口如果不严，就会在空气中产生烟雾而腐蚀其他物质。但碳化钙不能密封（除充氮者外）应留有排除乙炔气体的小孔。过氧化氢因受热后，能剧烈分解出氧，装入塑料容器时，应留有透气小孔，以防容器的胀裂。

4. 包装衬垫要求采用适当的材料

根据危险物质的特性和需要，采用适当的材料作衬垫，以防止运输装卸过程中，发生冲撞、摩擦和震动。又能防止液体渗漏、挥发，并起到液体渗漏后的吸附作用。钢瓶上的橡胶圈、铁桶外的草绳，两层铁桶间的橡胶衬垫，都属于防震、防摩擦的外衬垫材料。瓦楞纸、细刨花、草套、塑料套、泡沫塑料、蛭石等，都属于内垫衬材料。砂藻土、陶土、稻草、无水氯化钙等，都属于防震和吸附衬垫材料。

5. 运输包装要求能经受一定范围内温湿度变化

有些化学危险物质，当远距离运输时，会受环境温湿度的变化而变化，故要求运输包装能经受各种环境条件的变化，并要考虑和采取相应的防冻、防热等措施，以及相应的防潮衬垫。

如四氯化硅为液体、沸点 57.6℃，运输中经过某些气温较高的地区时，因瓶内气压增高，会使玻璃瓶胀裂，产生氯化氢烟雾，因此灌装时应留有一定的空隙。

6. 包装的重量、规格和型式

应按规定，不能过大或过重，较重的包装应有便于搬运的提手、抓手或吊装的环扣。合理的包装对物质的安全是有很大关系的。否则会造成包装破损、撒漏对贮运安全不利。

7. 包装标志要求按规定正确、明显、牢固地印贴

为了提醒装卸运输人员，在作业时注意安全，并在一旦发生危险时，能迅速正确地采取措施，故化学危险物质的包装，应具备国家规定的包装标志。一种危险物质同时具有易燃、有毒等多种性质时，则应根据不同性质同时粘贴相应几种包装标志，以便进行多种防护。

8. 根据化学危险物质的状态和包装容器的特点

包装分为桶装（铁桶、木桶、塑料桶和纸板桶）、瓶装（玻璃瓶、塑料瓶）、箱装（木

箱、纸箱等)、袋装(纸袋、塑料袋、麻袋等)、其他(罐车装、集箱装、散装)等。各种包装均有各种不同的要求，仅举常用的桶装及坛装安全要求提出如下。

① 金属制桶装容器有铁桶、马口铁桶、镀锌铁桶、铅桶等，每桶包装的重量有200kg、100～150kg、50kg、15～50kg，主要用来装运易燃液体、易燃固体、毒害物质和腐蚀性物质，要求桶形完整，桶体不倾斜，不弯曲、不锈蚀、焊接缝坚固密实，桶盖应是螺旋塞的，封口应有垫圈，以保证桶口气密性。常用的铁桶规格要求如表7-4所示。

表7-4 常用铁桶规格表

类别	材质	厚度/mm	适用盛装物质
每桶装 200kg (d576mm×870mm)	镀锌铁皮 黑铁皮 薄钢板或铝板	1.0～1.2 0.5～0.6 1.25	苯酚等 硫化碱、氢氧化钠等 苯胺、硝基苯等
每桶装 100～150kg (d440mm×700mm)	镀锌铁皮 黑铁皮 薄钢板或铁板	0.5～0.6 0.5～0.6 1.0	甲醛、高锰酸钾等 氰熔体、保险粉等 丙酮、电石等
每桶装 50kg (d380mm×510mm)	黑铁皮 镀锌铁皮	0.5～0.6 0.5～0.6	氯酸钾、氯酸钠 氰化钾、氰化钠等
每桶装 15～30kg (d280mm×350mm)	马口铁 镀锌铁皮	0.3 0.35	各种油漆 各种油漆

铁桶是否完全合格须进行试验，其气密试验是将空桶用密封盖盖好，加压至0.02～0.07MPa放入水内观察，以不漏气为合格。试验用0.05～0.25MPa的水压，经受5min以上，以不漏气为合格。跌落试验，一般是向桶内灌入其容量98%的水，从1.2～1.6m高度落到水泥、三合土或砖砌的地面上，要经受住这种跌撞，无渗漏为合格。《铁路危险货物运输管理规则》规定，每桶重不超过200kg的液体危险货物的铁桶，必须进行50kPa的水压或气压试验。

② 耐酸坛是用来盛装硝酸、硫酸、盐酸的一种容器。耐酸坛表面必须光洁无斑点、气泡、裂纹、凹凸不平或其他变形，必须是均匀涂釉，坛体必须耐酸、耐压和坚固烧结的，坛盖不得松动。其性能要求如表7-5和表7-6所示。

表7-5 耐酸坛的物理性能(一)

指标名称		一级品	二级品
耐酸度/%	>	98	97
吸水率/%		2	4
抗张强度/MPa	>	60	40
热稳定性(250～280℃)		2次	1次
渗透性或水试验24h		不漏	不漏
耐压/MPa	<	0.15	0.15
质量/(kg/个)		13	13

表 7-6　耐酸坛的物理性能（二）

酸类名称	酸的浓度/%	处理条件	耐酸度/%
盐酸	35～38	煮沸 1h	99.78
硝酸	68～70	煮沸 1h	99.95
硫酸	95～98	煮沸 1h	98.94
磷酸	85	煮沸 1h	99.45
王水			99.88
混合酸 硫酸	20		99.87
混合酸 硝酸	10		
混合酸 水	60	硫酸发烟为止	99.87

耐酸坛封口要严密。强酸可用棉绳浸水玻璃缠绕坛盖螺丝，旋入坛口拧紧后，再用细黄沙加水玻璃或石棉绳加水玻璃，也可用耐酸水泥加石膏封口，其他可用石膏封口。

第三节　化学危险品的保管、装卸和贮运

安全保管、装卸、贮运化学危险品的作用和意义。化工商品经营部门所经营的物资中，有相当部分属于化学危险品，这些商品的品种很多、性能复杂，它们分别具有易燃、爆炸，毒害、腐蚀和放射等危险性。同时在消防扑救方法上也各有不同，当受到摩擦，震动，撞击，接触明火，或日光曝晒、遇水受潮，温湿度变化和性能抵触等外界因素的影响，便能引起中毒、灼伤、死亡、燃烧和爆炸等灾害事故，造成重大的破坏和损失。

虽然各种化学危险物品具有不同的危险性、但它们在国民经济建设中，无论在生产或生活上都占有重要作用，随着进一步开放、改革、市场经济发展的需要，经管品种和数量将日益增多。化工商品经营部门对化学危险品的贮运任务也必将日益繁重。如果思想麻痹，粗心大意，不熟悉各类危险品的性能和保管、装卸运输方法，就会造成国家财产的损失和人身伤亡事故。因此必须学习好化学危险品的保管、装卸和贮运知识，为将来的实际工作打好基础。

一、爆炸品

此类物品于很不稳定，略受震动、撞击、受热或与易反应的物质接触，可能发生猛烈爆炸，因此贮存，运输，保管，装卸时，要特别注意慎重处理，要特别提高警惕。

1. 库存要求

为了安全，仓库应选择人烟稀少空旷地带，在山区，最好选择多面环山，及没有建筑物的地方，在丘陵地带，最好选择地势比较低洼，不易危及附近建筑物的地方，在平原，要与周围民房有足够的距离。根据公安部门的要求，贮存 100kg 爆炸品，安全距离为 80m，贮存 1000kg 爆炸品，安全距离为 250m，贮存 10000kg 爆炸品安全距离为 800m。

贮存爆炸物品最好是半地下库，半地下库应有 2/3 的高度在地下，露出地面部分的墙壁，用土培成 45°斜坡，房顶宜用轻质不燃的材料，库处四周修建排水沟，库内四壁和地面要充分做好防水层地面平整，通风条件良好。如果系地面上的库房，不论采取何种结构，均宜采用轻型隔热库顶，地面宜且沥青压平，建筑面积不宜过大，一般每幢以不超过 $100m^2$

为宜，要求通风条件良好，经常保持干燥。

为防止日光照射，库房门窗装不透明玻璃或用白色涂料涂刷、库内照明要安装防爆电灯。电源开关应设在库房外可避雨的地方，无电源的地方，不可用明火灯具，可用干电筒照明。

为了保护仓库安全，仓库四周应筑围墙或设带刺铁丝网等，高度不低于2m，库房周围杂草等易燃物质清除干净，以防引起火灾。

2. 装卸和搬运要求

装卸、搬运爆炸性物品必须严格遵守安全操作规程，慎重地进行操作。

运输时要专车、专船，不能与其他物品混运，更不能与性质相抵触的易燃品、氧化剂、酸、碱、盐类及金属粉末等混运。运输车辆不得使用电瓶车、拖车等。

在装卸现场应设有“禁止烟火”的明显标志，周围远离火种，禁止无关人员进入现场。有关人员不准穿带铁钉的鞋和携带火柴、打火机进入现场，装卸人员应配备相应的防护用具、防止吸入蒸气、粉尘或使皮肤受刺激。作业宜在白天进行，如露天夜间作业，应采用安全的照明设备，切忌用明火照明。搬运时，严格做到轻拿轻放，并严格检查工具是否结实可靠、装卸车、船时，严禁在包装上面踩踏，车辆停放要与库门保持一定距离，保持道路畅通。装车、船时要堆放平稳，车厢、船底最好铺垫麻袋或草袋，件与件之间要放稳，装完后要用绳索捆牢，防止途中摇动撞击。车船要有明显的“危险”标志，车船速度不要太快，与其他车辆、船只应保持一定的距离。如途中休息，应有专人看管，更应避开闹市，远离火源，阴雨天要覆盖周密，遇雷雨时，车要停放在宽敞地带，远离森林或高大建筑物，防止雷击。

3. 保管

必须按性质区分，分区分类贮存，严格分区分类管理，分别专库贮存，一切爆炸物品绝对禁止与氧化剂、酸、碱、盐类以及易燃物、金属粉末等物质同库贮存，更不能把爆炸物品放入办公室、宿舍、商店货架等处。

入库时，除核对品名处，还应细致核对规格、数量是否与入库证相符，发现问题应及时调查清楚，方能入库。

验收时要逐件检查包装有无异状，如破损、残、漏、潮湿、油污以及混有性质相互抵触的杂物等，对破漏的不符合安全要求的包装，应及时整修好才能入库（整修应移到专门修整的地方）。如必须开箱验明数量或质量变化情况均应分批移到验收室或安全地点进行。开启包装要严格遵守安全操作规程，要用铜工具，拆箱用力不要过猛，严防撞击、震动。验收人员应佩戴适当防护用具。

堆码苫垫：库房内的一般应垫有10cm以上高度的方形枕木，要放平牢固，堆垛要齐整，不宜过高过宽，以便于入库和安全检查。堆垛高度不要超过1.5m，宜堆行列式，墙、柱距不应少于0.5m。垛与垛的间距不应少于1m。

温湿度管理与安全检查：库房内应设置干湿温度计，每日定时（2～3次）观测并记录清楚，根据需要做好通风或密封工作，夏季库温应保持不高于30℃和冬季库温不低于10℃，库房相对湿度最好能经常保持在75%以下，最高也不宜超过80%，温度过高或湿度过大都会使爆炸物品发生危险。

仓库必须严格执行安全检查制度，除每日定时检查库内温度湿度是否适宜外，还要注意检查包装有无异状，堆放是否安全，有无受潮或日光曝晒，门窗是否严密，消防器材和电源控制是否安全有效。

4. 消防

仓库应该建立严格的消防安全管理制度。

① 仓库范围内绝对禁止吸烟和使用明火，入库人员禁止携带火柴，点火用具和武器，也不准穿带铁钉的鞋进入库房，并应建立入库登记制度。

② 库房作业完毕后，要关闭门窗并上锁，夏季需要夜间通风时，要有专人值班。

③ 仓库应有专人值班巡逻检查，万一发生火灾，可用适当的灭火器材加以扑救。消防人员要戴防毒面具，并站在风头，以防中毒。参加抢救的人员必须听从消防人员的统一指挥，以保障安全。

爆炸物品，应严格执行“五双管理制度”（即双人保管、双人收发、双人领料、双本账目、双把锁头）。

二、氧化剂

氧化剂在保管、运输、贮存过程中，具有一定的危险性，所以在各个环节中，应严格管理，加强保护，以保证安全。

1. 仓库

应贮存于阴凉通风的库房，仓库不得漏水，防止日光照射。不同品种的氧化剂应分垛堆放，应符合易燃易爆物品贮存规则，如无机氧化剂不能同有机氧化剂混存，氧化力弱的不能与氧化力强的氧化剂混存，过氧化物要专库贮存等。

2. 运输

氧化剂应与一般商品，特别是食品、爆炸物品、易燃物品及酸、碱等隔离，一般要单独装运。运输途中应遮盖油布，以防日晒雨淋。运输氧化剂不能用柴油汽车、拖拉机，轮船则要远离锅炉房，木船运输，船上禁止生火做饭。

3. 验收

入库验收应该在验收室或安全地方进行，同时应保持场地清洁，并配备一定的消防器械。验收时按比例或全部验收，主要验收商品包装的密封程度、商品的形态、结晶形状、颜色、气味、杂质沉淀等。有稳定剂的物质，要特别注意稳定剂的含量，发现问题及时处理，做好验收记录，以备参考。如果对其质量有怀疑时，即按抽样规定，抽取有代表性的样品送化验室进行品质检定。

4. 装卸

不能使用铁制工具（如铁锤、攻锥等），应使用铜制（或淬铜）工具。要防止摩擦、震动。桶装商品不得在地上滚动，应小心轻搬轻放，开启包装检查，串倒、整理时，一律不得在库内进行。对有毒和腐蚀性的氧化剂，操作时要佩戴相应的防护用具，如防护眼镜，防毒口罩，以保人身安全。

这类物品不论是箱装，桶装或袋装，都应垛成行列式。货垛、桶装应层层垫木板或橡皮胶垫，以防止摩擦。堆垛不宜过高过大，要求安全牢固，便于操作和检查，库内必须保持清洁，以防发生危险。

5. 保管

应与一般商品，特别是食品、爆炸品、易燃物品，可燃及酸、碱等物隔离存放。并根据商品性质和消防扑救方法的不同，选择适当的库房分存，怕潮、易溶物品的库房要采取密封或双重门等有效措施，以便掌握和控制温湿度、库房内要设置温湿度计，经常记录和观察温湿度的变化，以便及时调节，防止发生问题，一般库房内温度保持在28℃，不宜超过35℃，相对湿度不宜超过75%（怕潮物质如Na_2O_2等）一般相对湿度宜保持80%，最高不宜超过85%。

库内及其附近禁止用明火灯具照明，电器照明需用防爆照明灯具，其所有开关应安装在库外，并要有防止雨水淋设施，停电时，库内照明，只能使用手电筒。

存放氧化剂的库房地面，不得在任何散漏的氧化剂和其他性质相互抵触的物品与易燃物品，应保持仓库内外的清洁，进入库房禁止穿有铁钉鞋码的鞋。

6. 消防

除过氧化物和不溶于水的有机液体氧化剂不能用水和泡沫灭火器扑救，只能用干砂，二氧化碳、干粉灭火机扑救外，其余大部分氧化剂可以用水扑救，但粉状物品应用雾状水扑救，在扑救时都应配备适当的防毒面具，以防中毒，在没有防毒面具的情况下，可用一般口罩浸泡5%小苏打水使用，但有效期短，须随时更换。

三、压缩气体和液化气体

1. 仓库

压缩气体和液化气体宜专库存放，库房建筑墙壁应坚固并有一定隔绝热源能力，库顶应使用轻质不燃材料，窗户向外开，以防万一发生爆炸时减少波及面。如在普通砖木结构库房存放，应保持通风良好，保持干燥，地面光滑而不易因摩擦而发生火花。库内禁用明火照时，电灯照明应用防爆电灯，存放易燃气体库房应有避雷设备，库与库之间的距离应不少于20m，与生活区距离应不少于50m，存放气体库房周围不能堆放任何可燃物品。

2. 贮存

验收时，应先检查气瓶上的标志，品名是否与入库单相符，安全帽是否完整，瓶壁腐蚀程度。有无凹陷及损坏现象，然后脱去安全帽、检查是否漏气，检查完毕，再上回安全帽。

检查是否漏气可用下列方法。

① 用一个气球及一条软胶管，一端在气瓶的出气嘴上，一端连接气球，如气球膨胀，证明漏气。

② 用压力表测量气瓶内气压，如气压不足，说明有漏气现象，应再作其他方面的进一步检查。

③ 一些特殊的气体也可用化学方法检查，如对液氯可用棉花蘸氨水，在接近气瓶出气嘴上如发生白雾，说明漏气；液氨可用水湿润后的红色石蕊试纸接近气瓶出口气嘴，如试纸由红色变为蓝色，也说明漏气；一般可在瓶口接缝处涂肥皂水，如有气泡发生则说明有漏气现象（必须注意：对氧气应严格禁止用肥皂水检漏，因肥皂含油脂，而可能发生爆炸!）。

压缩气体和液化气体必须与爆炸品，氧化剂、易燃物，自燃物品及腐蚀性物品隔离贮存，各类气体应根据其性质不同分别贮存。易燃气体和助燃气体，液氯和液氨等不能混存一起，不燃气体可以与其他气体同库贮存。

3. 装卸与运输

库内搬运气瓶应备有橡胶圈套在瓶上，以防相互撞击，如无专用小车，必须两人抬，但不得手持气瓶安全帽，不得在地上滚动，拖拉，也不得用肩扛背负，注意轻拿轻放。

堆码气瓶应有专门木架，直立放置，不得倒置，木架设计要使气瓶放置稳固，如无木架，也可平放，但瓶口向一方，每个气瓶套两个橡胶圈，并用三角木头卡牢，防止滚动。

车船运输应有遮盖设备，气瓶在车船上可平放，瓶口向一方，可交错堆放，空隙处应填塞紧密，以防推动撞击，发生危险，并防止日晒、热源火种。运输工具、应有明显的“危险”标志。

4. 保管

保管气瓶需每日有一次定时检查，并应随时看有无漏气，堆垛不稳定现象，进入毒气瓶贮库，应先行通风。并带相应的防毒面具，发现漏气应立即迅速移至库外通风处，根据气体的性质做好相应的人身防护，然后人站在上风位向气瓶泼水，使之降低温度，再行将阀门拧紧。如气阀失控，最好浸入石灰水中，使大量有毒气体被石灰水吸收。

库内设干湿温度计，定时观察记录，库温不宜超过32℃。相对湿度控制在80%以下，以防气瓶生锈。

5. 消防

贮存压缩气体和液化气体的仓库，应根据贮存气体的性质不同，设置相应的消防器材，主要的消防方法是雾状水。

遇到火灾应迅速扑救，如来不及扑灭时，对未着火部位的气瓶，应迅速移到库外安全地带，对无法移出库外的钢瓶，应用雾状水浇在气瓶上，使其冷却，在火势尚未扩大时，也可用二氧化碳灭火器扑救。消防人员避免站在气瓶的头、尾部，防止爆炸伤害人身，如发现中毒事故，应立即将伤者移至新鲜空气流通处，重者立即送医院救治。

四、自燃物品

1. 仓库

自燃物品仓库要求阴凉、干燥、通风的库房，并要求有防热、隔热措施，如双墙、双层顶或库内墙壁屋顶加隔热层（存放黄磷的库房结构冬天能防冻）。消防方法不同的自燃物品应该分库存放，库房都不宜过大，和邻库须有一定的安全距离。

2. 装卸与运输

装卸时，不能用力过猛，要轻拿轻放，防止撞碰、滚动。开装箱工具不宜用能发生火花的铁制品，宜用铜或淬铜工具。加工地点不要在库内，应在库外的指定安全地点作业，并备有和加工物品性质适应的消防器材用品，加工现场主管应始终在场指导工作。

装运自燃物品的车辆，须有篷布遮阴，防止日光曝晒。夏天不宜在中午或下午运输，不能和爆炸物品、氧化剂、腐蚀、易燃等物品混装运输。

3. 验收

入库前要认真细致地检查，看包装是否符合安全要求，防止将不安全因素带入库房。

首先检查有无异状，如黄磷，检查包装是否完好，稳定剂是否渗漏损失，并检查商品情况，检查时根据物品的性质的包装条件的不同，采取不同的检查方法。如检查黄磷，应检查是否露出水面。如是玻璃容器，不需开盖，在瓶外观察稳定剂的量，对不透明的容器，如启开包装后能恢复原状的，可以打开检查，启开后不能恢复原状的，不能随便启开。如未发现包装有破的，可将包装轻轻移动，内部有液体响声、说明还有水。

一级自燃物品须逐件检查，二级自燃物品须结合当时气候特点和包装好坏，适当检查。而一级自燃物品，须在库外适当地方检查，二级自燃物品，原则上要求在库外找适当地方检查，发现问题要及时采取措施，抓紧处理，不能拖延，如发现包装有破损，要立即换包装，稳定剂减少应立即添足，在炎热夏天运输，受烈日曝晒后，未经摊凉，入库堆码后很容易发生自燃，必须加以注意。

4. 保管

自燃物品堆码苫垫应根据不同的要求，采取隔绝地潮措施和不同的堆码与形式。如硝基纤维素，垛底既要防地潮，又要利于通风散热。可采用“三油两毡”的防潮水泥地（沥青油上贴一层油毡，油毡上再涂一层沥青油，反复进行，最后再在上面加一层水泥地坪，其隔潮能力很强）。上面再垫一层木垫架，以利垛底散热。也可在枕木垫板上铺一层油毛毡，再铺上一芦席，隔潮的效果也比较好。

应根据自燃物品的性质，结合气候特点及库房条件好坏，库存时间长短，包装情况，出厂质量等，有重点地开展检查工作，如黄磷、三乙基铝、铝铁溶剂等，如出厂时间不长，入库验收检查包装完好而稳定剂又充足的，可以每周抽查一次，每季全检一次，如包装容器质量差，应加强检查。

如发现问题应及时认真研究，迅速采取有效措施处理。如出现硝基纤维素发热，应立即搬出库外阴凉处散热的摊凉，不要在库内拆包。发现问题切勿惊慌失措，更不必立即采取消防措施，因为这些物品必须经发热到一定的程度达到聚热才能自燃，有发热而没有聚热现象，一般情况下是不会自燃的。

5. 消防

自燃物品起火时，除三乙基铝和铝铁熔剂等不能用水扑救外，其他物品均可用大量的水灭火，也可用砂土和二氧化碳、干粉等器材灭火。

五、遇水燃烧物品

这类物品有遇水后能发生剧烈的化学反应，放出可燃气体引起燃烧和爆炸的特性，所以在保管运输过程中，特别要注意防止雨淋，水浸，受潮等。

1. 仓库

必须存放于地势较高，不会进水，干燥便于控制温、湿度库房，电石应专库存放，其他遇水燃烧物品不能和含水物，氧化剂、酸类、易燃物以及消防方法不同的物品同库存放。此类物品绝对禁止露天存放。

2. 运输

雷雨天气不能进出库及运输：车船要有篷布，良好的防水设施。

装载前、车厢、船舱内部必须打扫干净，不应遗留易燃及性能互抵的脏物，更不能有积水。装运过酸、碱、氧化剂等物品的车船，必须冲刷干净，干燥后才能装运本类物品，漏水漏雨的车船以及柴油车，电瓶车等均不宜装运本类物品，以免因受潮，性能互抵或碰上排气管喷出的火星而引起事故。

3. 装卸

在装卸堆垛及拆装、钉箱、包装整理中，必须轻拿轻放，禁止撞击和震动，以防止包装损坏引起商品损失。堆垛时，必须选用干燥的枕木和垫板。垫一层或两层，不能使用带有酸、碱、氧化剂及其他性质有抵触的物品作垫料，码行列式货垛，垛堆不宜过高过大，以便操作和检查。

4. 验收和保管

入库验收工作应在验收室或离库房适当的安全地方进行，验收场所应保持清洁干爽，备有相适应的消防设施。

入库应逐件验收，检查外包装在运输途中有无被雨淋过，有无和其他性质相抵触的物品同运输情况，外包装是否坚牢可靠，内包装是否严密有效。如金属钾、钠等是否浸在石蜡油或煤油中，电石如受潮可发现包装有膨胀或放出恶臭气体，必须移至安全地方放气，再封密，以防继续吸潮变质，保险粉吸潮后，会放出有毒的二氧化硫，应及时将包装修补好，锌粉包装损坏易将锌粉飞扬在空中遇上摩擦，撞击或火星有爆炸危险，应及时补漏。

金属钠、钾可同贮存，电石应专库贮存，其他遇水燃烧物品可同库贮存。

库内温度管理可采取密封门和库房，在干燥季节利用自然气候进行长时间的通风散潮，潮湿天气门窗密封防潮并在库内用无水氧化钙吸潮，或使用吸湿机等。使库内相对湿度保持在 75%以下，温度保持在 28℃为宜。

5. 消防

这类物品消防绝对禁止用水，也不能用酸、碱灭火机、泡沫灭火机，只能用干砂、干粉灭火机扑救，要在库内适当地点备放好干砂土和干粉灭火机，并在库外做出明显的灭火方法标志：“严禁用水”。以防扑救方法错误，扩大灾害。

扑救时，人应站在风头，戴防毒面具，以防中毒。如发现中毒现象，轻有感觉头昏不适，应立即送到有新鲜空气的地方休息，重者剧痛和呕吐，应立即送往医院检查治疗。

六、易燃液体

这类物品的沸点都较低，极易挥发，宜贮存于阴凉通风干燥和通风条件好的库，极易燃烧的液体，如乙醚、石油醚、二硫化碳等，宜存放于低温库内，没有专用的低温库时，可利用窑洞或地窖贮存，但必须做好防潮工作，免使铁桶包装生锈，二级易燃液体可在普通库房贮存，在库房条件不足情况下，库房可优先存放闪点低，危险性大的一般易燃液体，二级易燃液体在露天贮存时，须选择地势较低的场地，但不可在生活区附近，并要特别注意防止日光曝晒和杜绝烟火。一级易燃液体则不能露天贮存，也不能在铁顶库房中贮存。易燃液体的库房照明，应用防爆灯在库外通过玻璃窗照射入库内。库内外墙壁也不宜安装电器设备和开关、电闸等，停电时需用手电筒照明，不能使用明火。库周围一定范围内不准用明火，防止库内散发出来的蒸气引起燃烧。易燃液体与氧化剂，强酸及性能有抵触的或者消防方法不一致的物品，不宜混存于一库中。

1. 验收

验收应在验收室或安全地点进行，场所附近不能有任何商品，特别是氧化剂、酸类等物品，并应配备好适当的消防器材。

要验收外包装和商品质量，桶装要特别注意有无膨胀、破裂、渗漏，并注意是否留有安全空隙，瓶装的内外包装要求牢固，内外封口严密有效，发现渗漏或气味太大时，应及时采取修补，串倒或封口等措施。入库后，抽样检查，发现质次应及时通知对方处理。

2. 装卸与运输

装卸时不能用铁制工具操作，应用铜制或淬铜工具操作，一般电动工具不能进入库房。

堆垛不能太大太高，垛高以 2.5m 为宜，并使用商品性质相适应的苫垫物质，一般宜码成行列式垛形，货垛之间要有一定的间隙和墙距，以便操作和检查，各种铁桶包装，人力操作时，可码两个高，使用机械时，可码三个高，为防止摩擦和保持货垛牢固，应层层垫木板，并注意瓶（盖）口向上，不得倒置，以确保安全。

发现包装破损，渗漏，应及时进行倒换包装，盛装容器不宜过满，以防受热后蒸气压力增大爆破包装。

车船运输，途中须严格隔离火种、热源，车船行驶时要尽量保持车厢船身平稳，避免引起包装剧烈摩擦和震动，夏季短途运输一级易燃液体，应尽量在清晨和晚上，夏季长途运输要求遮阴设备，停车、泊船要远离火源，车船附近禁止吸烟，柴油车、拖拉机不宜运输此类物品，木船不可以装运易燃液体，车辆船只应挂“危险”标志，装一级易燃液体的槽车，一定要悬挂静电导链。

3. 保管

应加强温湿度管理，高温对易燃液体影响很大，一般沸点在 50℃以下，闪点在 0℃以下的易燃液体，库内温度控制在 25～26℃以下，沸点在 50℃以上，闪点在 1℃以上的，宜保持在 30℃以下，二级易燃液体的库房，温度宜保持在 32℃以下，最高不宜超过 35℃。否则会造成商品损耗及易造成火灾事故，特别是 50℃以下沸点的易燃液体仓库，必须千方百计降低库内温度，可采取密封库降温，即在库房挂棉门帘，库门加一层避风阁，造成双道门，在早晚和夜间，库外温度低于库温时，开启门窗，进行通风降温。应将库房墙壁四周，使用不燃性聚苯乙烯泡沫塑料贴一层 5～10cm 厚，库顶加一层石棉瓦顶，以使库内保持低温，近年来，有的仓库使用了空调（制冷）降温装置，效果甚好。湿度一般对多数易燃液体影响不大，但如湿度过大，会影响金属包装生锈，所以库内必须防潮。

4. 消防

易燃液体的火灾发展迅速而猛烈，有时甚至发生爆炸，且不易扑救。所以在消防工作中，要认真执行“以防为主”的方针。

消防方法，要根据易燃液体的密度大小，能否溶于水的易燃液体，如乙醚、石油醚、苯等，可用泡沫或干粉灭火机扑救，（绝对不能用水扑救）当火势初燃，面积不大或着火物不多时，也可用二氧化碳扑救或 1211 扑救。

能溶于水或部分溶于水的物品，如甲醇、乙醇、丙酮等，可用雾状水或抗溶性泡沫，干粉等灭火器扑救，当初起火或燃烧物不多时，也可用二氧化碳扑救，如使用化学泡沫灭火时，泡沫强度必须比扑救不溶于水的易燃液体大 3～5 倍。

不溶于水，密度大于水的，如二硫化碳，可以用水扑救，但覆盖在液体表面的水层必须有一定的厚度，方能压住火焰。

各种卤代烷烃灭灭剂，如 1211、1301、1202、2402 等，对于扑灭易燃液体的初起火灾，都有较好的效果，但此类灭火剂价格贵。

易燃液体多具有麻醉性和毒性，消防人员灭火时应站在风头上，穿戴必要的防护用具，如火势过大不能扑救时，应立即采取隔离火种的方法，保护周围的其他物品和建筑，以防火势扩大。灭火人员如有头晕、恶心、发冷等症状，应立即离开现场，安静休息，严重者，速送医院诊治。

七、易燃固体

1. 仓库

一级易燃固体要求库房阴凉、干燥，有隔热防护措施，门窗应便于通风和密封，窗玻璃要涂成白色（或磨砂）。夏天要防止日光辐射，照明采用防爆式封闭式的电灯，严禁明火照明，二级易燃固体也应放在阴凉、干燥便于通风、密封的库房，有一定的防热措施。

2. 装卸与运输

装卸要轻拿轻放，严禁碰撞和摩擦，更不能在地面上滚动，开包装的工具宜用铜或淬铜工具，禁止用易发生火花的铁制品，必须在库外进行，严禁在库内加工，以免发生问题时波及其他物品，造成损失，加工人员须事先熟悉商品性质，现场应有专人负责安全指导工作，并应备有相应的消防用品，堆码时要能够便于检查，不宜过高过大，堆垛要稳固，注意防潮对于具有挥发性物品如樟脑，宜用塑料薄膜加以密封。

易燃固体运输严禁和氧化剂，强酸，强碱，爆炸物品等混装同车（船）运输，并严格与火种热源隔离，禁止吸烟。

3. 验收

入库时，应根据其性质，必须认真检查包装及商品的质量，防止把隐患带入库内。

查验包装是否完整无损，或沾污有性质相抵触物品，如果包装标志不清，性质不明，必须弄清才能入库。验收应在库外安全地点进行，保持场地清洁，并应配备有相适应的消防器材。对于曾受过水湿雨淋的物品必须妥善处理后才能验收。检查有无结块、溶解、风化、变色，有无异味等现象，必要时抽样化验，对于感观上有异样的商品，如受潮结块的发孔剂，铝银粉、发泡疮斑的赛璐珞，往往会进一步引起灾害，所以必须事先妥善处理或另贮放安全的地点。

4. 保管

易燃固体多数容易受潮变质，不但影响商品质量和使用价值，而且还容易因此引起燃烧事故发生。因此在保管中必须注意库房温度不能过高，湿度不能过大，要注意通风降温降湿。一级易燃固体和二级易燃固体的樟脑、赛璐珞、硝基漆片等，库房温度宜保持在 30℃以下。其他二级易燃固体，库房温度要求不超过 35℃。相对湿度均要求在 80%以下，可以采取早晨和夜间气温较低时，抓紧通风降温降湿，在日间气温高于库内温度 3℃以上时要关闭窗户，减少辐射热的影响。

5. 消防

易燃固体如果发生燃烧，不但迅速猛烈，而且往往会分解出有毒气体，不易扑救，因此库房不宜过大，并要有一定距离，发生火灾时，除个别金属粉末如铝银粉不适宜用水扑救外，大多数可以用水，砂土、石棉毡、泡沫、二氧化碳、干粉、1211 等灭火器材扑救。

消防人员必须戴防毒口罩或面具，站在上风位置，防止燃烧时发生的有毒气体中毒。一旦发生中毒，必须马上离开现场，到空气流通的地方休息并服用浓茶，饮糖水，食水果、汽水之类解毒。重者应送医院抢救，并向医生讲明燃烧物品品名，以供医生对症下药。

八、毒害性物品

1. 仓库

应选择干燥的通风条件良好的库房，门窗玻璃宜涂成白色，以防日光直接照射，剧毒物品必须分库存放，包装要严加密封。

2. 装卸与运输

装卸中要做好人身防护，不论是什么季节，都必须穿工作服，最好不用肩扛搬运麻袋、布袋、纸袋的毒品，还应根据毒害物品的性质，分别佩戴口罩等防护用具。如物品具有挥发蒸气或粉尘物时，工作1～2h应休息10～20min，夏季还可适当延长休息时间，工作完毕，用肥皂洗手、洗脸、漱口，更换工作服，最好进行全身洗澡，然后才可以饮食或吸烟。

毒害品的苫垫物料要专用，不能它用。堆垛时如干燥的水泥地面，可垫一层枕木一层油毡，如地面潮湿，则需要适当加高，并加垫一层油毡。一般可堆成大垛，挥发液体毒害品则不宜堆大垛，可堆成行列式。大铁桶、大木桶一般不宜超过两桶高，箱装和袋装、堆垛高度以不超过3m为宜。

运输时，严禁与食品及有与其性质抵触的物品如酸、碱、氧化剂，易燃物品等同车船混运，运输完毕，应彻底清洗运输工具后才能运输其他物品。

3. 验收

毒害品要严格验收注意包装是否完整，有无撒漏，在运输途中有无雨淋、水湿，有无与相抵触的物品混运。在开箱开桶检查商品质量时，必须先让桶内有可能积聚的气体除去然后再打开检查，同时必须注意防止粉末飞扬，引起中毒事故。验收其形态：颜色、潮解、混杂物等，必要时抽样化验。验收要在安全地点进行，验收场地不能有酸类特别是强酸类物品，因为很多剧毒物遇酸会发生剧毒气体如氰化钾等。工作人员必须佩戴必要的防护用具，工作中不准吸烟，防止中毒事件，工作完毕必须更换工作服、洗手、洗脸、漱口、在场地如有撒漏的毒害物品，必须妥善处理，防止污染扩散。

4. 保管

这类物品没有严格的温湿度要求，但也应存放在干燥的仓库内，并做好通风降潮工作。一般要求库温保持32℃为宜，相对湿度控制在80%以下。

如发现包装破烂，应及时修理或焊补，对废旧包装不能随便乱扔乱放或作其他用途，不再使用者，应集中焚毁或埋藏处理。

毒品撒漏时应用砂土或锯末等掩盖，然后清扫干净，剧毒品污染处经消毒后，用水清洗干净，清扫物应深埋地下。

剧毒物品应贯彻“五双管理制度”。

5. 消防

必须根据毒害品的性质采取不同的消防方法。如氰化物或磷化物着火时，遇酸能产生剧毒易燃气体，不能用酸碱灭火器，只能用雾状水，二氧化碳等灭火。一般的毒害品着火时除一些不溶于水的液体毒害品，如硝基苯、苯胺等不宜用水扑救外；其他都可以用水扑救。消防人员必须戴防面具，站在上风处。

九、腐蚀性物品

1. 仓库

仓库必须有防潮设施，如枕木、垫木等。存放酸性腐蚀物品，房顶要求是水泥平顶结构、库内涂有耐酸漆，门窗等附属物也应涂耐酸漆，防止其蒸气腐蚀，电气照明应安装在库外通过玻璃窗照射进去。其性质有相互抵触的腐蚀物品，如酸性和碱性，不能同库贮存，带氧化性的不能与易燃性的同库存放，坛装的硫酸、盐酸可露天存放，但要拆开外包装木箱后瓶口另盖瓦砵。

2. 装卸与运输

这类物品多数是液体，一般是陶瓷容器盛装，在装卸、运输时须轻拿轻放，防止容器破碎、发生人身事故。应先检查包装封口是否良好，有无渗漏，外包装木箱是否牢固可靠，加固材料如铁皮铁丝等有无被腐蚀等。搬运中禁止肩扛、背负、拖拉、翻滚、冲撞并注意防滑。操作时必须穿戴必要的防护用品，严禁赤膊上阵。特别是装卸强腐蚀性物品，须戴耐酸手套，防护眼镜，穿长筒胶鞋，橡胶套袖套裤，系橡胶围裙。对有挥发性毒性较大的腐蚀品，还须戴防毒面具或口罩，并站在风头操作或用电扇排毒，随时注意休息，呼吸新鲜空气，作业现场须配备相应的防护用品，如清水、低浓度碱液，稀硼酸稀醋酸液，氧化锌油膏等。

桶装腐蚀品，可堆行列式，留足距离和走道，以便于检查渗漏，垛高不宜超过 2～2.5m，固体物品最高不宜超过 3m。液体物品禁止倒放。

腐蚀品在运输时，不能与有机物，易燃物、氧化剂、电石、金属粉末以及食品和金属物同运。装载车船不得留有稻草、油脂、木屑等易燃物，船舶装载一级腐蚀品应尽量配装在甲板上，并捆牢固。

3. 验收

这类物品内包装大多数是陶瓷和玻璃容器，外包装一般为木箱，内有垫衬物。应先检查外包装是否牢固，有无腐蚀、松散、内包装容器有无破漏，衬垫是否符合要求。玻璃容器装的液体物品可轻轻摇动，看有无沉淀杂物，静置后再看颜色是否正常，对坛装或桶装的液体物品，可用玻璃管吸取底层液查看有无沉淀及其他杂物，颜色是否正常。固体物品可观察它的形态颜色是否正常。

4. 保管

露天存放的坛装硫酸、盐酸，可除去外包装加瓦砵后平放一样高。但库内存放宜外包装，宜堆行列式两个高，中间 0.5m 宽走道，以便于搬运。

用花间木箱或木箱套装的瓶装液体物品，宜堆直立式垛，垛形大小可根据入库数量多少具体掌握，但垛高不能超过 2m。

桶装物品可堆行列式垛，行列之间稍留距离，便于检查，垛高不宜超过 2～2.5m，固体物品可堆至 3m，各种形式包装的液体物品严禁倒放。

腐蚀物品品种多，性质各异，对温湿度要求也不尽相同，必须根据具体物品采取相应的措施。对沸点低和易燃的腐蚀品，库房温度保持在30℃以下，相对湿度不宜超过85%。对吸湿后分解。发热、发烟的物品，相对湿度不宜超过70%，对怕冻的物品，冬天要做好防冻工作，库温保持15℃以上。

氧化性强的硝酸、硫酸，遇水发热发烟的五氧化二磷以及氨水等性质比较活泼，易受外界影响而发生变化，应加强在库期间的检查。

5. 消防

腐蚀性物品一般可用干砂、干粉、泡沫灭火器扑救，不宜用高压水，以防酸碱液四溅伤人，其中有些物品遇水发热，如硫酸、硝酸、氢氧化钠等禁止用水扑救，有些卤化物遇水会引起燃烧，也不宜用水扑救。

消防人员须注意防腐、防毒气，应戴防毒口罩，防护眼镜或防毒面具，穿橡胶雨衣和长筒胶鞋，戴防腐手套等，灭火时，人应站在上风头。如发现中毒，应立即送医院治疗，并说明中毒品名，以便医生抢救。

十、放射性物品

1. 包装

放射性物品在贮存运输中必须有完整妥善的包装，一般采用四层包装。

（1）内容器　液体产品一般用玻璃的小玻璃安瓿瓶或有金属封口的小玻璃瓶；固体产品则用带橡皮塞的小玻璃瓶或磨砂口瓶，若是气体则用密封安瓿瓶。

（2）内层辅助包装　指防震衬垫物，如纸、棉絮，泡沫塑料等。

（3）外容器　放射 α 和 β 射线的物品，用几毫米厚的塑料或铅制罐。若系主要放射 γ 射线的物品，可按其能量大小，放射强度的不同而采用不同厚度的铅罐，铁罐或铅铁组合罐。

（4）外界辅助包装　用木箱、铁筒、金属箱等。

放射性货物外层包装的表面应保持清洁，放射性矿石和矿砂的外层包装表面不得沾有矿粉，其他放射性货物的外层包装表面不得有放射性污染。放射性同位素外容器表面被 α 粒子污染的最大容许程度；每分钟每 $150cm^2$ 表面上不得超过500粒子；被 β 粒子污染的最大容许程度，每分钟 $150cm^2$ 表面上不得超过5000粒子。

2. 仓库

应干燥、通风、平坦，要划出警戒线，并采取一定的屏蔽防护，应远离其他危险物品或货物、人员、交通干线等。

3. 装卸

先通风后作业，要轻拿轻放，严防撞击、肩扛、背负、翻滚、抱揽、倒放、应用搬运车、抬架搬运不要直接接触身体，装卸矿石、矿砂时，地面应经常喷水防止粉尘飞扬，有皮肤破裂者、孕妇、哺乳妇女和有禁忌征者不能参加装卸作业，作业人员应穿戴防护服、口罩、手套、胶靴，作业完毕应及时冲洗现场，换衣，洗澡。

4. 验收

验包装，发现破漏及时剔出整修，有条件的，应用射性探测仪测放射性剂量，以便于安排贮存和进行人体防护，检查包装瓶口是否密封，包装外面是否具备符合要求的衬垫材料垫实。

5. 运输

运输前须严格检查包装，如有破损不予运输。运输放射性物品应有专车船，不得与其他物品混运。运完后，应将车船用清水冲洗干净（污水不得流入江河），装载的车厢船舱不准载人，对用船舶装载的，应选用技术状态良好、通风设备良好，有隔舱设备的船舶装运，不得用木船。配装位置应远离卧室、机舱、厨房，不得装在甲板上，装卸作业应做到最后装，最先卸。

6. 保管

放射性物品对温湿度无特殊要求，只须防止湿度过大损坏包装。商品在库期间，除必要的检查和收发业务外，工作人员应尽量减少进入库房次数，库内应保持清洁干净。

放射性物品如容器发生破裂或罐塞脱落，立即划出安全区。对撒落物质能自行处理的，应采取先润湿再收集，或请有关卫生、科研、公安部门协助处理。对残留物应及时向上级汇报，严禁倒入江河。

7. 消防

如发生火警，可能危及放射性物品时，应立即把放射性物品转移到安全处。若不慎发生火灾，可用雾状水扑救，消防人员须穿戴防护用品，站在上风头，并注意不要使消防用水流散面积过大，以免造成大面积污染。

放射性物品要贯彻“五双管理制度”。

第八章
化工安全分析与评价

安全，作为现代科学技术和工业发展中的一个重要课题，越来越引起广泛的重视。现代安全技术主要研究如何采用先进的和科学的方法，全面地分析、预测生产过程中的各种危险，研究和查明生产中发生事故的原因，并采取有效方法、措施和手段消除危险，防止事故发生，避免损失。

系统工程是20世纪中期出现的一门具有重大意义的学科。随着社会生产力的高度发展，现代科学技术规模的扩大及工程技术复杂性的不断提高，系统工程的理论和方法，在科学技术的许多领域里得到了广泛的应用，并对促进现代科学技术的发展，发挥了重要的作用。20世纪70年代阿波罗宇宙飞船登月成功，系统工程学的方法引起广泛的关注。20世纪70年代以来，在安全技术领域里进一步研究和应用系统工程的理论、技术和方法，在认识危险、预测事故、事故概率分析以及安全性评价等方面，取得了重要的进展，并逐渐发展完善，形成了一个新的分支——安全系统工程。安全系统工程的开发和应用，使安全管理工作发生根本性的改革，而且把安全技术工程学推向新的高度。

安全的分析与评价是安全系统工程的核心。对化工厂的安全性评价方法、逻辑分析的方法即事故树分析（Fault Tree Analysis 缩写 FTA）是安全性预测的最先进的方法，它不仅能用于定性分析，而且也能用于定量分析。目前安全系统工程还处于研究和发展中，但是从最初在军事装备——弹道导弹方面的应用，以及后来在航空、航天、原子能、化学工业等方面的应用，在对系统安全性的分析评价，以及在认识、控制和消除危险，避免损失，防止发生灾害性事故方面，都取得了明显的效果，显示了它的应用价值和广阔的前景。因此，积极开展系统工程的研究与应用，对保安全生产及推进安全技术的现代化，都具有十分重要的意义。

第一节　安全系统工程概述

一、系统安全与安全系统工程

为了说明什么是系统安全与安全系统工程，有必要确定系统和安全的定义。所谓系统，是指由若干相互联系的，为了达到一定目标而具有独立功能的要素（分系统）所构成的有机整体。一般系统都具有三个特性：

① 系统是由两个或两个以上的要素构成的、具有统一性的整体；

② 系统内各要素之间是有机联系的，相互作用的；

③ 任何系统的存在都具有一定的条件，并处于一定的环境之中。

对生产系统而言，系统的构成包括人员、物资（能源、原料、半成品、成品等）、设备（土木建筑、机电设备、工具仪表等）、资金（工资、流动资金等）、任务指标和信息（数据、图纸、报表、规章、决策等）六个要素（子系统），而系统工程和方法，就是为了更好地达到系统的目的，求得构成系统各要素的最佳配合。

所谓安全，就是预知生产过程中的各种危险，以及为消除这些危险所采取的各种手段、方法和行动的总称。安全的本质就是防止事故，消除最终导致发生死亡、伤害、职业病及各种损失的存在的条件。在生产过程中，导致发生灾害性事故的原因是很多的，包括人、设备和环境等因素，如人的误判断、误操作及违章作业，设备缺陷，安全装置失效，防护器具的缺陷，作业方法及违章作业、环境的缺陷等，所有这些因素又涉及设计、施工、操作、维修、贮存、运输以及经营管理等许多方面。因此，安全是与生产过程中的许多环节和条件发生联系并受其制约的，不考虑这些联系和制约关系，只是孤立地从个别环节或在某一局部范围内分析和研究安全保障，是难以奏效的，必须从系统的角度去观察、分析并采取综合的方法去解决。实践证明，系统工程所发展起来的各种观点和方法是可以广泛应用的。

系统安全就是全面分析构成系统的各个要素，排除由于各要素间的缺陷而可能导致灾害的潜在的危险因素，保证系统处在最优良的条件下。

安全系统工程就是应用科学和工程原理、标准和技术知识，分析、评价并控制系统中的危险。它把生产或作业中安全作为一个整体系统，应用科学的方法对设计、施工、操作、维修、管理、环境、生产周期和费用资金等构成系统的各个要素进行全面的分析，判明各种状况的危险特点及导致灾害性事故的因果关系，进行定性与定量分析，从而对系统的安全性作出预测和评价，使系统的事故减少到最低限度，使在既定的作业、时间和费用范围内获得最佳的安全效果。

安全系统工程的开发和应用，起初主要用于军事装备方面。1962 年美国发表了“关于空军弹道导弹开发的安全系统工程”的军事说明书，1962 年 9 月又制定了“兵器系统的安全标准 WS133B”，1963 年和 1966 年又制订了“关于系统、子系统及装备的安全工程通用规范”军事标准 MIL-S-38130 和 MIL-8130A，1969 年 7 月改订为 MIL-Std-882，1977 年又以军事标准“系统安全程序技术要求”MIL-Std-882A 取代了 MIL-Std-882。

随着现代兵器的开发的原子能工业的出现，产品的安全成为突出的问题，系统安全工程在工业中的应用，初期主要用于解决产品的安全问题，随后在工业安全领域里，无论在工程或安全管理方面都推广应用了安全系统工程的方法，并且相继产生了许多有关安全诊断和评价方法，其中以逻辑分析（FTA）为代表的事故网络分析和概率评价方法，以美国道化学公司对生产装置和化工过程的火灾、爆炸危险性评价为代表的灾害事故影响的评价方法，在世界的一些工业发达国家和企业里得到了广泛重视和采用，安全系统工程作为一种新的、科学的方法体系，具有以下的特点：

① 能够系统地从计划、设计、制造、运行等全过程中考虑安全技术和安全管理问题，便于找出生产过程中固有的或潜在的危险因素；

② 便于对生产系统的安全性进行定性和定量的分析评价；

③ 可对事故进行预测、并求出系统安全的最优方案；

④ 有利于实践安全管理系统化，形成教育训练、日常检查、操作维修等的完整体系；

⑤ 有利于实践安全技术与安全管理的标准化和科学化。

二、安全系统工程的基本方法

安全系统工程是以预测和防止事故为中心，以检查、测定和评价为重点，按系统分析、系统评价和系统综合三个基本程序展开。

1. 系统分析

系统分析是以预测和防止事故为前提，对系统的功能、操作环境、可靠性等经济技术指标以及系统的潜在危险性进行分析和测定，系统分析的内容、程序和方法如下：

① 把所研究的生产过程或作业形态作为一个整体，确定安全设想和达到的目标；

② 工艺过程或作业形态分成几个部分和环节，绘制流程图；

③ 应用数学模式或图表形式以及有关符号，将系统结构的功能加以抽象化，并将其因果关系、层次及逻辑结构用方框或流线图表示出来，也就是将系统变换为图像模型；

④ 分析系统的现状及其组成部分，测定与诊断可能发生的故障、危险及其灾害性后果，分析并确定导致危险的各个事件的发生条件及其相互关系；

⑤ 对已建立的系统，综合采用概率论、数理统计、网络技术、模型和模拟技术、最优化技术等数学方法，对各种因素进行数量描述，分析它们之间的数量关系，并进一步探求那些不容易直接观察到的各种因素的数量变化及其规律。

2. 安全评价

安全评价包括对物质、机械装置、工艺过程及人—机系统的安全性评价，内容包括：

① 确定的评价方法、评价指标和安全标准；

② 依据既定的评价程序和方法，对系统进行客观的、定性或定量的评价结合效益、费用、可靠性、危险度等指标及经验数据，求出系统安全的最优方案和最佳工作条件；

③ 在技术和经济上难以或不可能达到预期效果时，应对计划或设计方案进行可行性研究，反复评价以达到符合最优化或安全标准为目的。

确定最优化方案的程序，如图 8-1 所示。

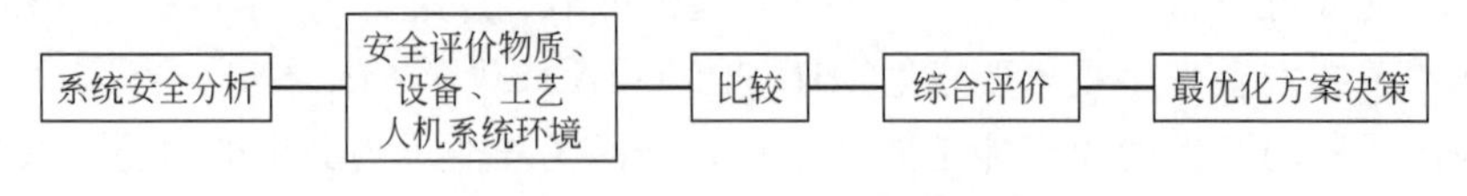

图 8-1　最优化方案确定程序

3. 系统综合

系统综合是在系统分析与安全评价的基础上，采取综合的控制和消除危险的措施，内容包括：

① 对已建立的系统形式、潜在危险程序及可能的事故损失，进行验证，提出检查与测定方式，制定安全技术堆积规定以及危险性物料、装置及废弃物的处理措施；

② 根据安全评价的结果，研究并改进控制系统，从而控制危险，以保证系统安全；

③ 采取教育、管理和技术等综合措施，对工艺流程、设备、安全装置及设施、预防及

处理事故方案、安全组织与管理、教育训练等方面进行统筹安排和检查测定，以有效地控制和消除危险、避免发生各类事故。

系统工程的方法不是抽象的，它是理论与经验的统一。只靠理论不结合实际经验，不能解决实际中的问题，反之，只有经验而不懂得理论，往往会招致严重后果。为了确保系统安全，需要按系统工程的方法，不断地对系统进行分析和评价确定应采取的经济、合理的行动方案，以达到投资不多，又不漏掉各个潜在危险的目的。

第二节　危险性的分析与预测

一、危险及其表示方法

在化工生产中，发生火灾、爆炸、有毒害物质的泄漏等灾害的潜在危险性是很大的。因此，在防止灾害，保障安全方面，必须确立周密、可靠的措施和手段。研究过程的危险性，尤其是潜在的危险性，这是解决安全保障问题的基础。

1. 危险的定义

所谓危险，就是能导致发生意外事故的既有或潜在的条件。危险性是指对于人和财产造成危害的损失的事件发生的可能性，即发生事故的可能性。

危险性本身含有许多不确定的因素，这是因为生产过程中有许多因素是随机的，特别是受人在操作中的心理和精神状态的影响。其次，危险的程度也是难以确定的，何种程度的危险可以容许，这涉及社会容许标准问题。此外，同装置运行可靠性有关的故障数据资料还不完备，有些简单的系统可以由直观或经验中觉察出来，而某些复杂的系统，则较难以判断。所以对危险性的判定，应探求用定量的方法加以表述。表述危险性的指标有危险率和死亡事故概率。

2. 危险率

危险率是表示生产中发生事故的危险尺度，用下式表示：

$$\text{危险率}\left(\frac{\text{损失程度}}{\text{单位时间}}\right)=\text{频率}\left(\frac{\text{事故件数}}{\text{单位时间}}\right)\times\text{严重度}\left(\frac{\text{损失程度}}{\text{事故件数}}\right)$$

下面以汽车事故为例说明。

1971 年美国国内发生约 1500 万次汽车事故，其中每 300 件事故中有一人死亡，则社会的汽车事故的危险率可近似计算为

$$15\times10^{6}\left(\frac{\text{事故件数}}{\text{年}}\right)\times\frac{1}{300}\left(\frac{\text{死亡人数}}{\text{事故件数}}\right)=5\times10^{4}\left(\frac{\text{死亡人数}}{\text{年}}\right)$$

如按美国总人口为二亿计算，则一个人在一年中死于汽车事故的危险率为

$$\frac{50000}{200000000}\left(\frac{\text{死亡人数/年}}{\text{全国总人口}}\right)=2.5\times10^{-4}\left(\frac{\text{死亡人数}}{\text{人·年}}\right)$$

这个数值相当于每 10 万人一年中有 25 人于汽车事故，也相当于每 4000 人一年中有一人死于汽车事故。

危险还可以用生产中发生灾害事故的概率表示，以在一定的作业时间内发生事故的次数计算。如计算得某反应罐发生爆炸事故的概率为 0.031/年，或表示为 1/32 年，即危险率为每 32 年发生一次爆炸，换算成小时，则为

$$\frac{1}{32\times 8760(h)}=\frac{1}{280320(h)}\approx\frac{1}{2.8\times 10^5(h)}\approx 0.36\times 10^{-5}(h)$$

同理，若某一生产系统发生爆炸的概率为 4.79×10^{-4} 年

则 $$4.79\times 10^{-5}=\frac{1}{0.21\times 10^4}=\frac{1}{2100}$$

即危险率为每 2100 年发生一次爆炸。

3. 死亡事故频率

死亡事故频率（Fatal Accident Frequency Rate，FAFR）是表示死亡率的指标，以 10^8 工作小时内死亡人数表示，即 1000 人在 40 年的工作期限内发生死亡的人数。

设死亡人数为 X

则 $$\text{FAFR}=X/1000(\text{人})\times 40(\text{年})\times 300(\text{天})\times 8(h)=X/10^8 h$$

(其中包括每年增加 100 个额外工作小时)

如化学工业的 FAFR 为 3.5，则

$$3.5/10^8\approx 1/0.3\times 10^8$$

若某一作业是轮班连续进行，即每年连续操作 360（天）$\times 24h=8640h$，则

$$1/\frac{0.3\times 10^8(h)}{8640(h)}=1/3300\text{ 年}=3\times 10^{-4}\text{ 年}$$

若某一作业是间歇操作，每人每年操作时间为 2000h，则

$$1/\frac{0.3\times 10^8(h)}{2000(h)}=1/15000\text{ 年}=0.6\times 10^{-4}\text{ 年}$$

不同产业的 FAFR 值，可以表示其危险性的差异，表 8-1 为英国的各种原因的死亡概率。

表 8-1　英国各种原因的死亡率

死因	个人危险性 /[死亡/(人·年)]	死因	个人危险性 /[死亡/(人·年)]
交通事故	2×10^{-4}	雷击	5×10^{-7}
坠落	1×10^{-4}	有害动物、昆虫	2×10^{-7}
溺死	3×10^{-5}	白血病	6×10^{-5}
触电	5×10^{-6}	甲状腺癌	2×10^{-5}

关于化学工业的死亡事故频率，世界上一些国家的统计数字，均接近于 3.5，所以这个数值具有一定的代表性，并为一些国家和企业在制定各自的安全标准时所采用。

二、危险分析的基本要素及方法

（一）危险分析的基本要素

对大量事故的调查分析结果表明，导致灾害性事故的原因基本可分为两种类型，一是由于不安全的状态所引起的，二是由于不安全的行动所引起的。具体地说就是物的原因、人的原因和环境条件三个方面。为了预防灾害性事故的发生，就应当从消除导致事故的主要原因着手，进行危险性分析和预测。

1. 物的原因

主要是设备、装置的构造不良，强度不够，磨损和劣化，有毒有害物质及火灾爆炸危险性物质，安全装置及防护器具的缺陷等因素。此外，对各种机械、装置、管道、贮罐等在整个系统中所占的地位和作用，以及它们在什么情况和条件下可能发生故障，这些故障对系统的安全可能发生哪些影响，各种有毒有害及危险性物质的贮存、运输和使用的状况，都应当进行具体的分析，以便于防范和控制。

2. 人的原因

主要是误判断、误操作、违章作业、违章指挥、精神不集中、疲劳以及身体的缺陷等。化工厂所发生的重大火灾、爆炸等事故中，半数以上的原因是由于误操作造成的。所谓误操作是指在生产活动中，作业人员在操作或处理异常情况时，对情况的识别、判断和行动上的错误。在危险性大的生产作业中，保持作业人员处于良好的精神状态是避免发生事故的重要环节。

3. 环境条件

主要是作业环境中的色彩、照明、温度、湿度、通风、噪声、震动以及由于邻近的火灾爆炸和有毒害物质的泄漏弥散等可能形成的二次灾害。

(二) 危险分析的方法

由于化工工艺过程和生产装置的复杂性，在危险分析的方法上，许多国家和企业都在探索科学的和适合各自特点的分析方法。目前已实行的方法如下。

① 检查表（Chick List）。

② 预先危险分析（Preliminary Hazards Analysis，PHA）。

③ 可操作性研究（Operability Study）。

④ 故障类型、影响及严重度分析（Failure Mode，Effects and Criticality Analysis，FMECA）。

⑤ 道化学公司（Dow's Chemical Company）化工装置评价法。

⑥ 事件树分析（Event Tree Analysis，ETA）。

⑦ 事故树分析（Fault Tree Analysis，FTA）。

上述方法中的道化学公司方式和事故树分析，将在本节及第三节中作重点介绍，下面对其他几种方法作一简要的说明。

1. 安全检查表

系统安全检查表是一种定性的分析和检查方式。将整个系统分成若干子系统，对子系统中存在的安全问题，根据规程、标准、经验和事故情报资料等进行周密的考虑，将检查的项目和要点列在表上，以便于按既定项目进行安全检查和诊断。这种系统安全检查表的优点是可以使设计和检查人员考虑问题及实施检查时不致遗漏，使检查工作规范化。表 8-2 为检查表的一种形式，即联合企业的防灾检查与诊断要点。

故障类型、影响及严重度分析（FMECA）是一种归纳分析方法，应用于对系统安全性和可靠性分析，主要在设计阶段充分考虑并提出所有可能发生的故障，分析故障的类型，判明其对系统的影响及故障的严重度和发生概率等。这种方法通常分作两部分，即故障类型及影响分析（FMEA）和严重度分析（CA）。故障类型及影响分析的工作表见表 8-3。

表 8-2　联合企业防灾检查与诊断要点

项目	主要检查点	课题
建厂条件	(1)周围的状况(居住区、隔离带、港口设施等) (2)气象、风灾、地震 (3)地基、护岸 (4)对油罐的事故预测	建厂选址的缺点而引起的灾害 考虑附近居民对联合企业的恐惧
工艺流程的安全性	(1)物质、反应、操作条件的危险性评价 (2)机器设备构造的可靠性 (3)早期预测异常,并有仪器仪表 (4)预先对危险品泄漏时发生火灾、爆炸的考虑 (5)预防毒物的泄漏措施和消除方法	不同行业的危险性 装置自身的危险性 行政防灾指导
设施的安全性	(1)预防受害面扩大的平面布置及装置(间隔、安全距离、危险品及防火的配置) (2)对耐火防爆构造、耐震设计、软弱地基的适应性 (3)防止误操作措施 (4)设备的劣化、老化程度,腐蚀及不均匀下沉的影响	在建设计划时对安全的考虑 由于劣化、老化、不均匀沉降造成安全性降低 行政措施
防灾设施	(1)防止液体流出、气体扩散的设施 (2)异常时紧急泄压、排放废弃物等设施 (3)外因引起灾害的预防设施(混入异物、外部灾害的影响) (4)停电处理设施 (5)防火消火设施、急救器材	灾害事故的设想 防灾设备的投资额 消防组织
防灾设施	(1)紧急情况下的指挥、传达系统,以及紧急时的须知事项 (2)联合企业的防灾体制 (3)紧急防灾训练 (4)灾害事故的情报分析和改进措施	防灾活动的组织领导 相互协作、支援与联系
防灾管理	(1)安全管理组织 (2)操作管理 (3)设备管理(检修工程中安全) (4)教育训练	职工的安全思想 行政措施

严重度分析是根据 FMEA 的项目计算严重度指数 C_r，计算公式如下：

$$C_r=\sum_{n=1}^{j}(\beta\alpha K_E K_A \lambda_G T\times 10^6)_n,\ n=1,2,\cdots,j \tag{8-1}$$

式中　β——故障发生的概率；

α——故障类型在总故障率中占的比率；

K_E——环境修正系数；

K_A——动作修正系数；

λ_G——10^6h 内总平均故障率；

T——运行周期；
n——故障组成的加算指数；
j——故障类型的总数。

表 8-3 故障类型及影响分析（杜邦公司）

项目	构成要素	故障及误动作的类型	故障影响		危险的严重度	故障的发生概率	检查方法	措施及备注
			全系统	其他(人员、设备)				

地点＿＿＿＿＿＿系统＿＿＿＿＿＿日期＿＿＿＿＿＿

注:危险的严重度分为三级:1. 安全;2. 临界;3. 不安全

故障的发生概率

分类	发生概率的程度	概率$=\dfrac{\text{平均故障间隔时间}}{\text{全部动作时间}}$
A	非常容易发生	1×10^{-1}
B	容易发生	1×10^{-2}
C	适度发生	1×10^{-3}
D	不大发生	1×10^{-4}
E	几乎不发生	1×10^{-5}
F	非常不易发生	1×10^{-6}

严重度分析的项目及数值参见表 8-4。

表 8-4 暖房系统加热的故障严重度分析举例

(1) 项目	(2) 故障类型	(3) 故障阶段	(4) 故障影响	(5) 项目数 N	(6) 动作修正系数 K_A	(7) 环境修正系数 K_E	(8) 总故障率 λ_G	(9) 故障率资料来源符号	(10) 运行周期 T	(11) 可靠性指数 $NK_AK_E\lambda_GT$	(12) 故障类型比率 χ	(13) 故障发生概率 β	(14) 故障严重度 $\beta_aK_AK_E\lambda_GT\times10^6$
手动截止阀	截至故障	起动时	起动滞后	1	1	0.94	5.7	A	20	1.07×10^{-4}	0.01	1.0	1.07
	外部泄漏	动作中停止时	造成损失(火灾危险)	1	1	0.94	5.7	A	8.7×10^4	4.693×10^{-1}	0.01	0.01	4.694×10

预先危险分析（PHA）是在系统安全程序开始阶段，对系统内危险因素的状态进行定性的评价，目的是分析和判明系统的固有危险状态，确定预想事故的危险程度。在系统开发阶段进行预先危险分析，可以避免后来变更设计，保证系统的安全性和经济性。

预先危险分析可按检查表进行检查，或者根据经验、事故情报资料以及技术分析判断。这种方法还可用以分析导致潜在灾害的危险条件及其危险程度，以确定防止潜在灾害的手段。预先危险分析可参照表 8-5 的格式进行。

表 8-5　预先危险分析（举例）

(1) 机械设备的功能	(2) 在系统中的应用形式	(3) 危险因素	(4) 危险因素的主要事件	(5) 危险状态	(6) 危险状态的主要事件	(7) 潜在的事故	(8) 影响	(9) 危险等级①	(10) 预防事故手段			备注
									设备	工作程序	人员	

① 危险等级划分为四级：

1 级——灾害：可造成千万人员伤亡和毁灭；

2 级——危险：可造成一定程度的伤害、职业病和主要系统损失；

3 级——临界：可造成轻微的伤害、职业病和主要系统损失；

4 级——安全：不产生伤害、职业病和系统损失。

2. 事件树分析（ETA）

是一种归纳逻辑图法，也可用于定量分析。它是从事件的起始状态出发，按一定程序对系统各要素的状态（成功或失败）进行比较，以查明最后的输出状态。图中的上连线表示希望发生的事件（成功），下连线表示不希望发生的事件（失败）。图 8-2 为单因素系列的构成图与事件树；图 8-3 为双因素串联系列的构成图与事件树。

各种危险性与评价方法的应用及其相互关系见图 8-4。

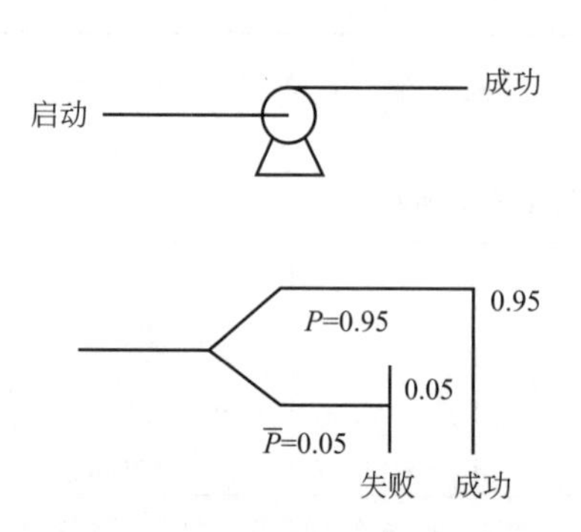

图 8-2　单因素系列的构成图与事件树

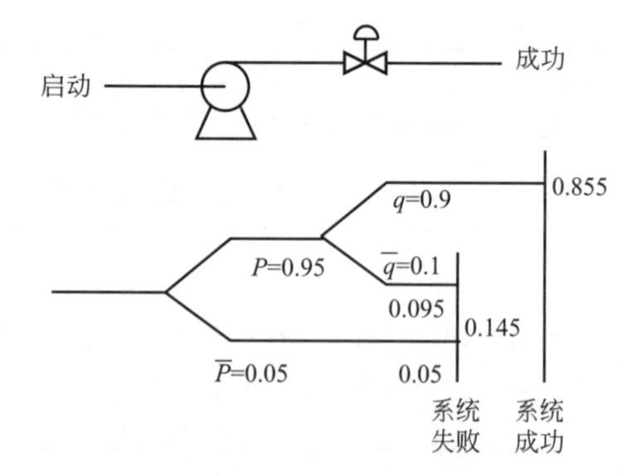

图 8-3　双因素串联系列的构成图与事件树

三、逻辑分析的程序和方法

逻辑分析即事故树分析（FTA），是对事故进行预测和分析的一种科学方法。在生产过程中，可能由于作业人员的误判断、误操作，设备、装置故障或误动作以及毗邻场所所发生事故的影响而形成一定的危险性。为了不使这些危险性因素导致灾害性后果，就需要预先分析和判断生产系统或作业中可能发生哪些危险，哪些条件可能导致发生这些危险，发生危险的可能性有多大。有了这种分析和判断，就可以采取相应的手段和措施消除危险，或者限制事故发生的场合，把事故损失减少到最低限度。在分析一个系统，特别是一个大而复杂的系统时，必须了解并确定所有可能导致危险的各种因素，也就是具体分析组成该系统发生灾害事故的影响，并进行详细的逻辑推理。对可能发生事故的各个因素考虑得越周详，推理越充分，才可能对事故进行有效的控制。为了研究和分析上述各个问题，在安全系统工程中采用

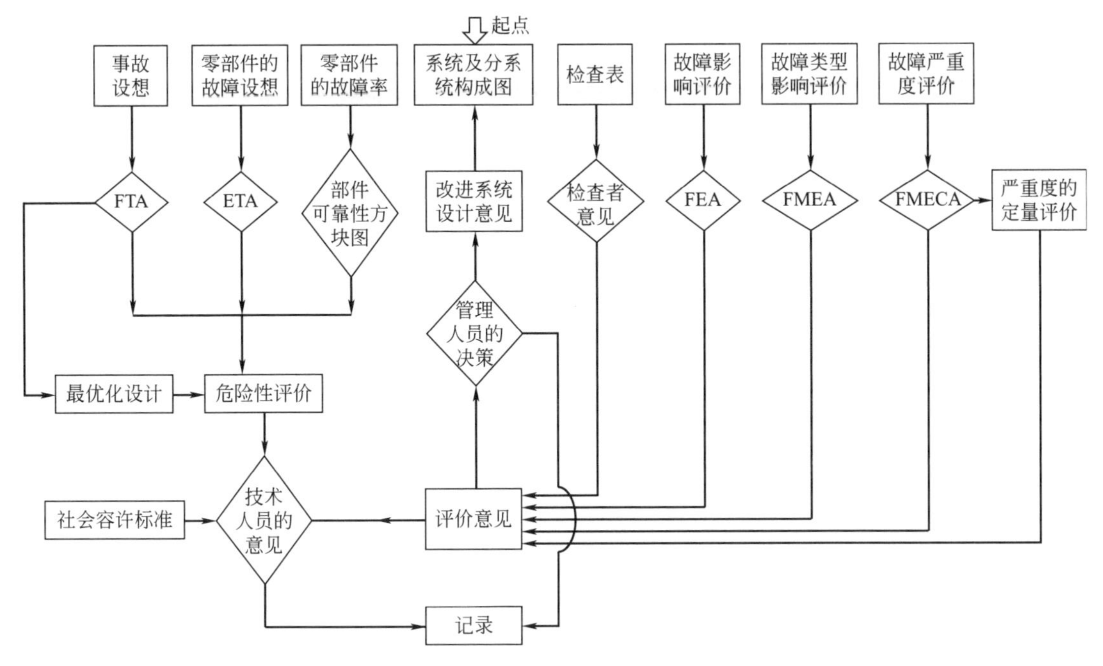

图 8-4 各种危险分析与方法的应用及其相互关系

了一种简明形象的逻辑分析图加以描述。

1. 逻辑分析图的功用

逻辑分析图是对既定的生产系统或作业中可能出现的各种事故条件及可能导致的灾害后果，按工艺流程、先后程序和因果关系绘成方框图。逻辑图通常可由一个或几个系列构成，对所列出的单元或系列要逐步分析并确定哪些是单独存在就可能导致下一个危险条件的成立，而哪些则是必须同时存在才可能导致下一个危险条件的成立，然后把各个因素间的相互关系和作用，以逻辑符号表示出来，绘制成逻辑分析图。这种逻辑图具有以下的功用：

① 能对导致灾害事故的各种因素作出全面，科学和直观的描述；

② 发现与查明系统内固有的或潜在的危险因素，为安全设计、制定安全技术措施及防止发生灾害事故提供依据；

③ 使作业人员全面了解和掌握各项防灾控制要点；

④ 对已发生的事故进行原因分析；

⑤ 便于进行概率运算及定量评价。

2. 逻辑的基本程序

逻辑分析的基本程序如图 8-5 所示。对一个系统或子系统进行逻辑分析的步骤如下：

① 确定系统，并掌握系统分析的知识；

② 确定顶端事件；

③ 绘制事故树；

④ 修订、完善并确定事故树；

⑤ 进行定性与定量分析；

⑥ 提供建议和替代方案；

⑦ 对分析结果进行验证。

下面对上述步骤中的有关问题作几点说明。

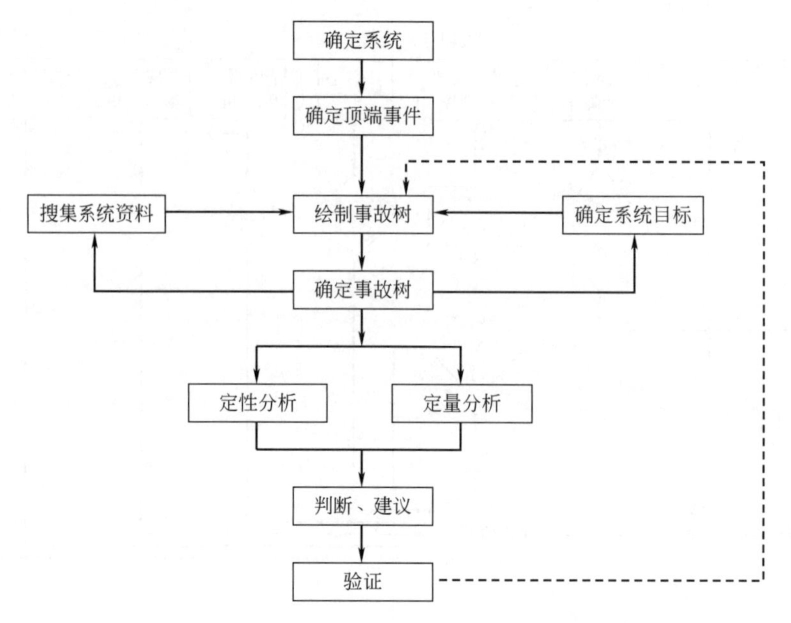

图 8-5　逻辑分析的基本程序

（1）事故树的顶端事件是指系统可能发生的灾害事故　在化工生产中主要是火灾、爆炸、有毒有害物质扩散造成重大损失的意外事件。分析的范围可以是一个生产工艺过程、一个生产装置或一种作业形式。对于多因素复合影响的系统，应当找出其中的主要危险，以便于展开分析。

（2）绘制事故树应先找出系统内固有的或潜在危险因素　系统的危险性可能有许多原因，如设计上缺陷，操作的差错，设备本身的隐患，使用上疏忽大意，未知环境因素的随机影响，以及安全技术规程不完善等。对所分析的对象，包括设备、零部件等都要弄清其各种可能发生失效的状态，相互的联系与制约关系及其对系统的影响，找出各种失效（故障）对所要完成功能的影响，以便于按系统自身的特点展开分析。

（3）逻辑分析图的特点是由顶端事件系统构成的逆程序逐项展开　如以反应装置的火灾爆炸事故作为顶端事件，则按控制系统的逆程序，先分析可能导致爆炸的流量、温度和压力等参数的变动，进而分析引起上述条件变动的泵、阀门及仪表系统的故障，按它们之间的相互联系与制约关系，即输入（原因）与输出（结果）的逻辑关系，按规定的符号加以标示。逻辑分析的展开方式如图 8-6 所示，逻辑分析常用符号及其意义见表 8-6。

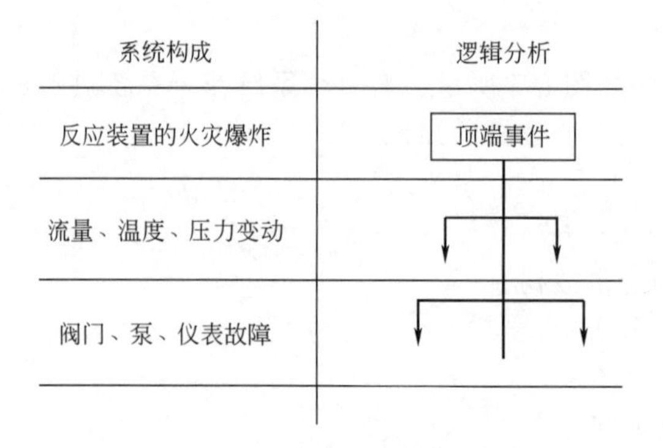

图 8-6　逻辑分析的展开方式

表 8-6 逻辑分析常用符号及其意义

名称	符号	意义
基本事件或输出事件		表示顶端或中间事件
基础事件		独立的,不需要展开的事件
终端事件		表示数据、原因、事故终止,对其原因不再展开或重复分析的事件
正常期望事件		系统正常功能中固有的事件
与门		在全部输入事件存在的条件下即产生输出的逻辑门
或门		在一个或部分输入事件存在的条件下即产生输出的逻辑门
条件门	或	输入事件的控制条件满足后,才产生输出的逻辑门
传入	P.2	垂直于三角形底部的箭头表示从第 2 页的分支传入
传出	P.4 P.8	横越三角形上部横线表示传送至接受事件的页数(如 P.4 和 P.8)

(4) 搜集有关事故发生概率的数据及进行概率运算　有关计算事故发生概率的资料包括设备、装置、仪表的平均故障率（即在一定时间内发生故障的概率），作业人员操作的误差率等。这些数据通常由实验方法近似确定或根据统计资料整理确定。逐项分析树各个枝节的故障资料，按逻辑代数公式可求得顶端事件的概率。

(5) 根据分析与计算结果　对系统的安全性作出总的评价，并选择、改进和完善控制系统及防灾措施的最优方案。

3. 逻辑分析图的符号与作图法

绘制逻辑分析图所采用的符号包括以下三种。

① 事件符号：表示事件特性的符号；

② 逻辑门符号：表示输出事件发生条件的符号；

③ 传送符号：为避免事故树的重复，表示信息转移的符号。

表 8-6 表示常用的几种符号及其意义。

对于逻辑门中最常用的“与”门和“或”门的意义及其应用，可用电灯的开关回路系统加以说明。图 8-7、图 8-8 分别表示串联和并联系统中的事故树及成功树的构成与画法。在系统 A 中，开关 1 或开关 2 断开，则电灯不亮，只有开关 1 和 2 同时关合时，电灯才亮。在系统 B 中，开关 1 和开关 2 同时断开，则电灯不亮，而开关 1 或开关 2 任一闭合，则电灯亮。

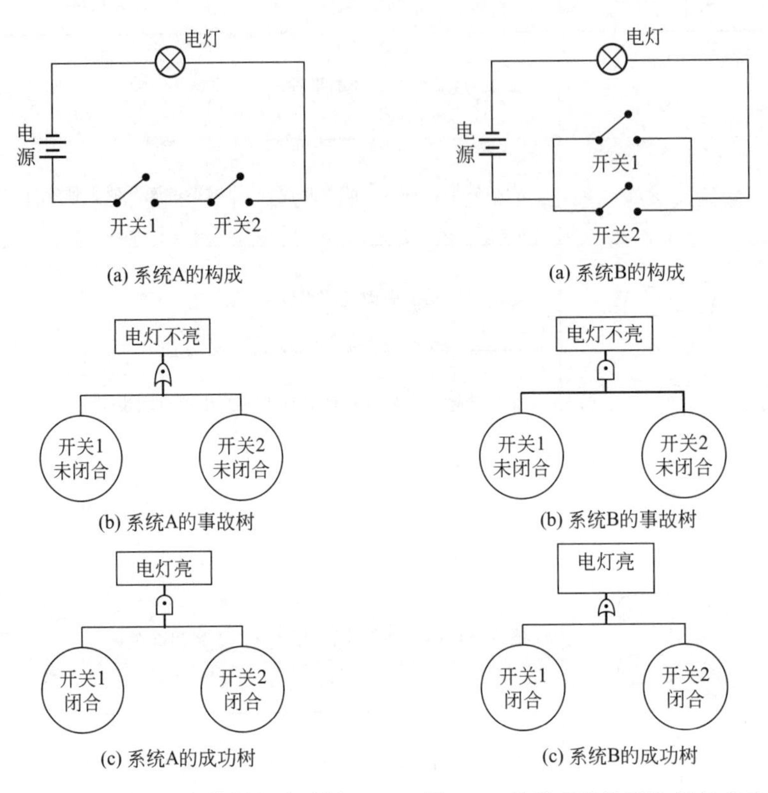

图 8-7　串联系统的事故树与成功树　　图 8-8　并联系统的事故树与成功树

下面再以压力容器爆炸事故说明逻辑分析的方法。如图 8-9(a) 所示。

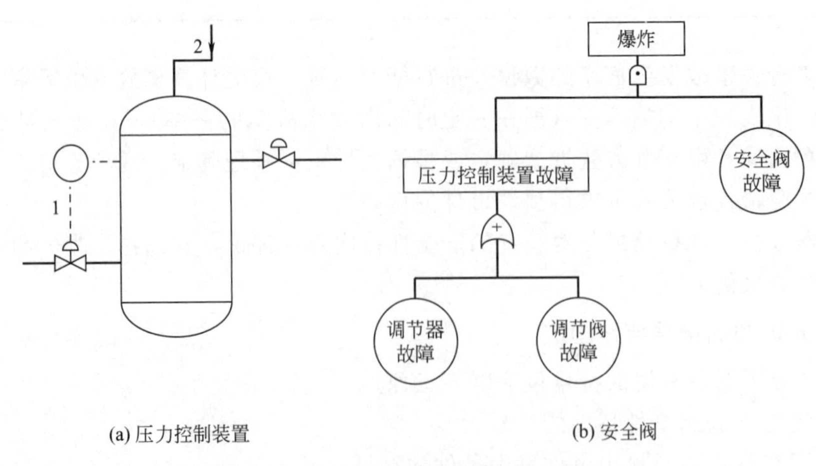

图 8-9　压力容器爆炸事故逻辑分析

一个压力容器发生爆炸取决于两个条件，即压力控制装置故障和安全阀故障。当压力控制装置发生故障形成超压输入，同时安全阀又不能打开泄压时，容器就会由于超压而发生爆炸。压力控制装置故障又取决于调节器与调节阀故障，其中任一部件发生故障，都可导致控制装置动作失效。由以上分析可以确定压力容器爆炸事故逻辑分析图的构成层次，即以爆炸作为顶端事件，第一层由安全阀和压力控制装置故障组成与门，第二层是由调节阀和调节器故障组成或门。图 8-9(b) 便是作出的图形。对于复杂的系统可按这种方法逐项导出。

在逻辑分析中，为了准确地表明各事件之间的关系，对只在一定条件下才能成立的事件，应使用附带积条件的逻辑门表示。转轮伤人条件与门见图 8-10。

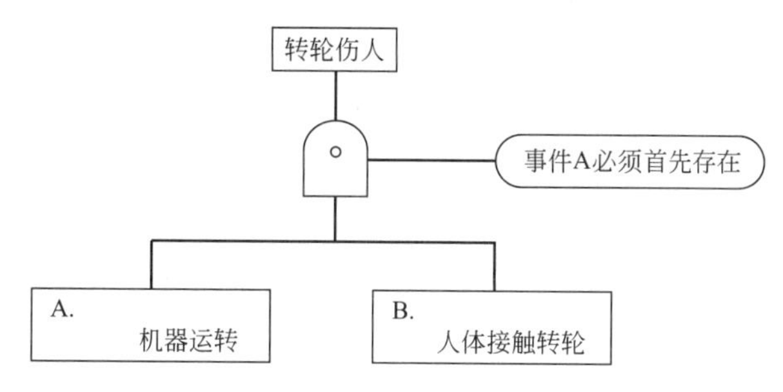

图 8-10　条件与门

为应用“条件与门”对转轮伤人事件的分析。转轮伤人由两个事件构成，一是机器在运行中，二是人体的某一部位接触了机器的转轮，而且在两个事件同时存在条件下才能发生，如果机器已经停止运行，虽接触转轮也不会发生事故。图 8-11 为应用“条件或门”对手触转轮事件的分析；由于启动机器的开关有两个，要求使用双手同转动开关。而发生手触转轮则是由于一只手操作所造成的，因此，这个或门是有条件的。

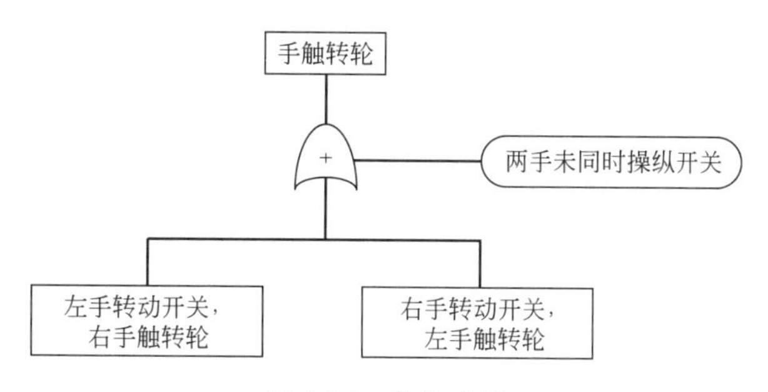

图 8-11　条件或门

4. 逻辑分析应注意的问题

① 任何一种系统，不论其形式和结构如何，都常常存在一定的危险，有的已被注意和发现，有的是潜在的危险，在分析中必须细心，不遗漏各种因素，才可能做到分析完善和可靠。

② 一般说来，各种工厂所发生的事故，常常有类似的原因，但是在具体分析一个系统或装置时，必须针对分析对象的特点，按照一种灾害形式绘制一种逻辑分析图的原则进行具体的分析。

③ 在分析各个事故因素时，要特别注意判明各因素间的逻辑关系和制约条件。

④ 绘制一个逻辑图，必须确定展开到什么程度。一张概略的或笼统的分析图，往往没有实际的指导意义，而一张完整的分析图，应当把所有可能出现的意外事件和潜在危险，全面地、严格地表示出来。

⑤ 逻辑分析图主要应用于危险性大、相关因素多、控制条件复杂等不易判明危险的

系统。

⑥ 必须充分估计人的因素，即操作中的差错，如误判断、误操作等因素，这在化工装置的事故分析中尤为重要。

四、逻辑分析在化工生产中的应用

1. 环氧乙烷生产爆炸事故逻辑分析图

环氧乙烷是具有广泛用途的有机合成原料，在使用乙烯与纯氧直接氧化制环氧乙烷过程中，由于是在高温高压条件下反应，而且所使用的原料、中间产品、产品和副产品，如乙烯、环氧乙烷、乙二醇等都是易燃易爆和有毒的物质，具有自燃点低、爆炸极限宽等特点，因此，如何预防爆炸危险，是环氧乙烷生产中的一个突出的问题。

英国 ICI 公司应用逻辑分析方法，对该系统反应过程中由于氧气浓度达到爆炸极限而可能产生重大火灾爆炸事故，进行了详细的分析，并据此设计了高完整性保护系统（High Integrity Protective Systems），下面对环氧乙烷逻辑分析图进行剖析。

（1）工艺流程简述　原料乙烯、纯氧和循环气经预热后进入列管式固定床反应器，在银催化剂存在下，生成环氧乙烷。

$$CH_2{=\!=}CH_2+\frac{1}{2}O_2\xrightarrow{Ag}\underset{\diagdown\ O\ \diagup}{CH_2{-\!-}CH_2}$$

反应气体经热交换器冷却后进入环氧乙烷吸收塔，用循环水喷淋洗涤，并吸收环氧乙烷，未被吸收的气体经二氧化碳吸收塔除去副反应生成的二氧化碳后，再经循环压缩机返回氧化反应器，如图 8-12 所示。

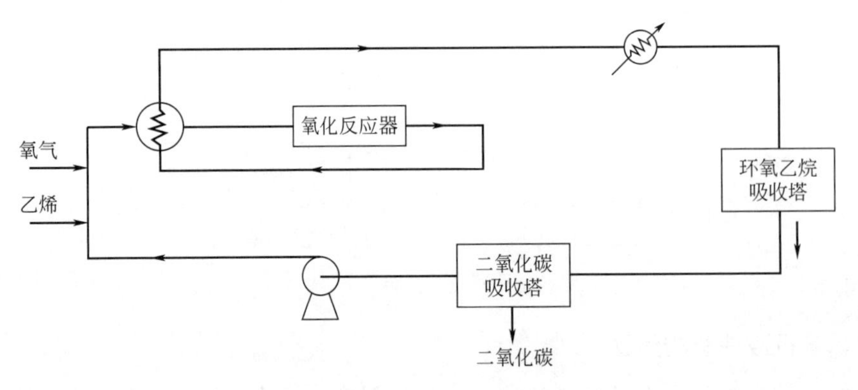

图 8-12　环氧乙烷工艺流程简图

（2）工艺条件及危险因素分析

① 反应温度。乙烯氧化合成环氧乙烷及副反应 $CH_2{=\!=}CH_2+3O_2\longrightarrow 2CO_2+2H_2O$ 都是强放热反应，反应温度通常控制在 220～280℃，当反应温度高时，易使环氧乙烷的选择性降低，副反应增加。

② 反应压力。乙烯直接氧化反应过程中，其主反应是体积减小的反应，而副反应是体积不变的反应，可以加压操作。以提高乙烯和氧的分压，加快主反应速率，提高收率。但如压力过高，易产生环氧乙烷聚合及催化剂表面结炭，影响催化剂寿命，操作压力通常为 1.0～3.0MPa。

③ 原料配比：原料气中乙烯与氧的配比主要决定于原料混合气的爆炸极限。乙烯在氧

气中的爆炸极限为2.9%～79.9%、混合气中氧的最大安全浓度为10.6%，在氧气氧化法中，一般乙烯浓度为12%～30%，氧的浓度不大于10%，其余为二氧化碳和惰性气体。

从以上分析可以看出，环氧乙烷生产过程中发生爆炸的主要危险是发生异常化学反应，超过设备压力允许范围引起的。混合可燃气体爆炸浓度的上下限都将扩大，温度升高，则下限将扩大。惰性气体减少或循环气减少都导致混合气中氧的最大安全浓度值增大。对于与爆炸范围相关联的温度、压力和组分变化必须严格按设定值控制，并避开爆炸范围，否则就可能导致生产过程处于危险状态。这种危险主要是气相反应中氧气浓度达到爆炸极限，在起爆源的存在下发生燃烧或爆炸。此外分析工艺过程中固有的起爆源，如静电火花、明火及可能发生的局部火灾条件等因素，便可绘制出环氧乙烷爆炸事故逻辑分析图，如图8-13所示。

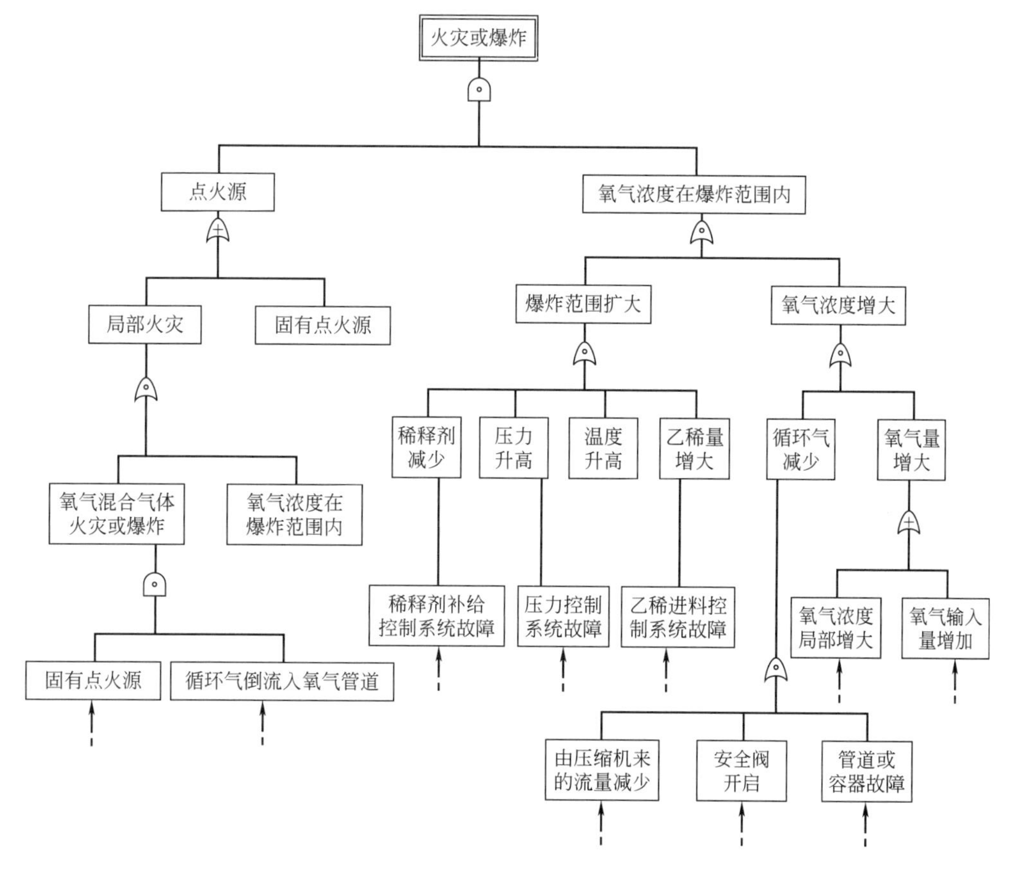

图8-13　环氧乙烷生产中火灾爆炸事故逻辑分析图

2. 高氯酸生产中爆炸事故逻辑分析图

（1）工艺流程简述　高氯酸广泛用于化学分析试剂、电镀、人造金刚石及电影胶片制造工业。

高氯酸钠法制高氯酸的流程简述如下。

电解：$NaClO_3 + H_2O - 2e \longrightarrow NaClO_4 + 2H^+$

复分解：$NaClO_4 + HCl \longrightarrow HClO_4 + NaCl$

滤出析出的结晶，经蒸馏即得高氯酸。

（2）危险因素分析　在生产过程中，可能发生以下几种危险：所用高氯酸原料性质不稳定，受摩擦、冲击、高热及火花，易发生燃烧和爆炸。氯酸钠与盐酸相混，能生成有毒和易爆的二氧化氯气体：

$$NaClO_3+2HCl \longrightarrow ClO_2+NaCl+\frac{1}{2}Cl_2+H_2O$$

高氯酸与浓硫酸（浓度在85%以上）在超过室温条件下，能自行分解并猛烈爆炸。根据以上分析，可绘制高氯酸火灾、爆炸事故逻辑分析图，如图8-14所示。

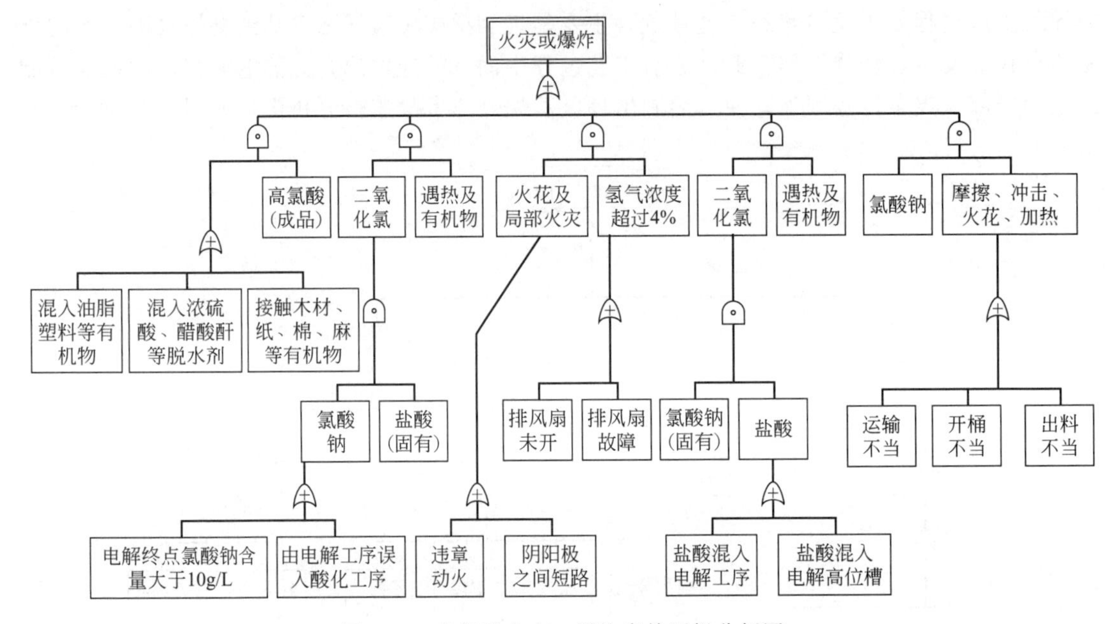

图8-14　高氯酸火灾、爆炸事故逻辑分析图

3. 二硫化碳爆炸事故原因的逻辑分析

逻辑分析不仅用于化工生产系统（装置）的安全性分析，而且也可用对已经发生事故的分析。可以根据事故的过程和有关资料，比较系统地分析并查明事故的原因，以便吸取教训，加强防范措施，消除隐患，避免类似事故重演提供依据。

（1）事故概要

发生时间：某年12月29日上午7时。

发生地点：某化工厂硫氰酸铵生产车间。

事故形态：二硫化碳气相爆炸。

损失和伤害情况：厂房倒坍三间，两名操作工重伤（一名1～3度灼伤占全身35%，另一名1～2度灼伤占全身10%）。

事故前作业概要：29日晨6时35分开车，7时合成釜内压力0.3MPa、温度80℃。7时10分发现放料口漏料，操作人员用扳手去紧压盖的螺母，拧紧时没有注意卡住螺栓，造成螺栓转动，脱槽飞出，旋塞的芯子也飞出，造成釜内热二硫化碳夹带氨水急速大量外喷。喷出的二硫化碳气化为蒸气，再与室内空气混合，达到爆炸极限范围，遇过热蒸汽管道的高温表面，引起混合气体爆炸。

（2）事故原因分析

① 硫氰酸铵生产过程属于甲类火灾爆炸危险生产，试制前没有对操作人员进行原料、中间产品、成品的物理化学性质及有关生产工艺和安全技术教育，没有制定安全技术规程。

② 开车前，没有作空车运转试压检查，致使开车后半小时发生漏料。

③ 带压阀门螺母，同时又没有卡住钉形螺杆，致使开车后半小时发生漏料。

④ 操作室隔壁的更衣室内有取暖火炉，有明火。

根据以上分析，可绘制事故原因逻辑分析图，如图 8-15 所示。

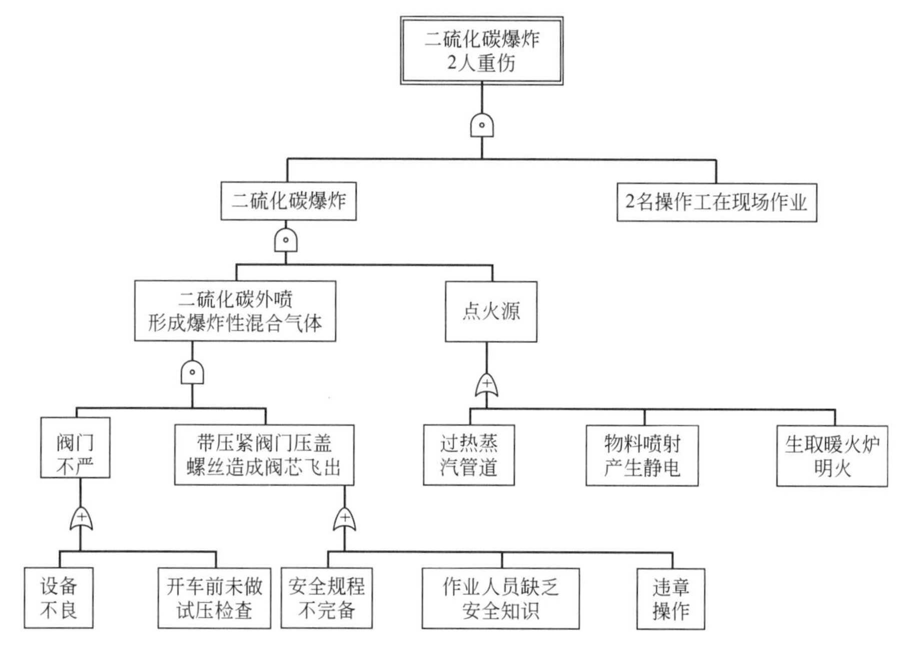

图 8-15　二硫化碳爆炸事故逻辑分析图

第三节　安全的定量分析与评价方法

经验表明，任何一种形式的生产活动都可能存在一定的危险因素。对于那些已知的或特定的危险，可以采取相应的安全装置或防护器具，以预防和消除事故的危害。但是对于那些潜在的、性质尚不清楚的危险，传统的预防措施实施，不仅难以达到预期的目的，甚至可能招致严重的后果。以往，人们在安全方面的努力，由于受客观条件和科学技术水平的限制，而不能完全消除危险及有效地避免意外事故的发生。为了保障生产的安全性和可靠性，仅是概略地作出“安全”或“危险”的估计，已不能满足要求，而应当在“安全”与“危险”之间，拟定一个明确的界限或确定一个衡量标准，从而鉴别怎样是安全的或怎样是危险的。近十几年来，在安全技术领域里，已成功地运用数学和现代计算技术分析研究有关安全的各个因素之间的数量关系，揭示它们之间的数量变化和规律性，为安全性预测及选择最优方案，提供了科学的方法，也就是对安全进行定量的分析与评价。

一、安全的定量分析方法

所谓安全的定量分析，是以既定的生产系统或作业活动为对象，在预期的应用中或既定的时间内，对可能发生的事故类型、事故的严重程度及事故出现的概率所进行的分析和计算。“概率”这个概念就是对安全性的一个数量量度。它所要研究的问题，实际上就是分析可能发生什么样的事故，以及事故是怎样发生的，即在定性分析的基础上，进一步探讨多少时间发生一次，也就是事故发生的可能性有多大。

安全定量分析的数学基础主要是数理统计、概率论和逻辑代数等。定量分析的主要参数包括故障率（失效率）、误操作率以及其他特定的指数和统计数值等。在取得完善的和可靠的基础数据的基础上，应用逻辑运算方法进行计算，便可求得事故的概率值，或按预定的程序和数值，确定其数量等级。

1. 故障率（失效率）

在定量分析中，为计算事件的发生概率，必须确定设备或部件的故障率。故障率，用 $\lambda(t)$ 表示，是指设备或部件工作 t 时间后，单位时间内发生失效或故障的概率。所谓失效是指系统丧失规定的功能，对可修系统的失效则称为故障。

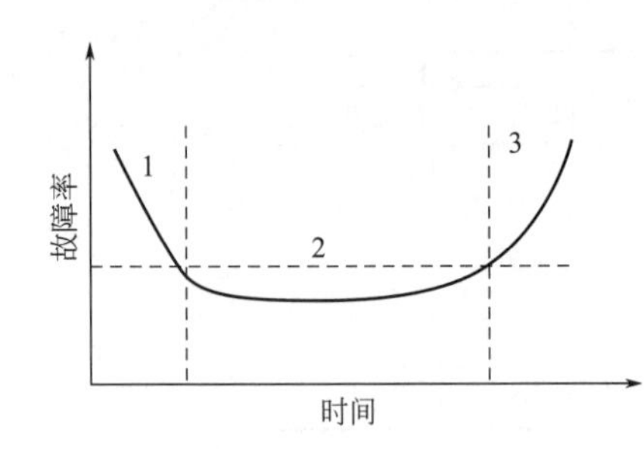

图 8-16　故障率曲线

1—早期故障；2—偶然故障期；3—损耗故障期

由许多零部件构成设备，其失效过程随时间变化的曲线如图 8-16 所示，这是一个典型的故障率曲线。

故障过程可大致分为三个阶段：

（1）早期故障期　故障率随时间由较高值迅速下降。这主要由于部分元件因内部缺陷，在试验或调试过程中的损坏。

（2）偶然故障期　故障率趋近于常数。它描述了系统正常工作状况下的可靠性。在这个期间所产生的故障是随机的，故障率低而且稳定。

（3）损耗故障期　故障率上升，由于元件老化及磨损所致。若能事先知道元件开始损耗时间而予以更换，就可将上升的故障率拉下来，从而延长设备或系统的有效寿命。

设备或系统在两相邻故障间隔内正常工作时的平均时间，称为平均故障间隔时间（MTBF）。若经一次工作 t_1 时间后出现故障，第二次工作 t_2 时间后出现故障，第 n 次工作 t_n 时间后出现故障，则平均故障间隔时间

$$\mathrm{MTBF}=\frac{\sum_{i=1}^{n} t_i}{n} \tag{8-2}$$

MTBF 常用以描述设备和自动化装置的可靠性。目前国外用作工业控制的小型计算机，其 MTBF 一般为 10000h 左右。

产品或系统在规定条件下和规定时间内完成规定功能的概率，称为可靠度，用 $R(t)$ 表示。可靠度是一个定量指标。例如数字电压表工作 24h 的可靠度为 0.90。这意味着多次抽取一定数量的样品（如 20 台），在规定的条件（环境温度、湿度及其他条件）下工作 24h，平均有 90%（即 18 台）能保持全部技术指标正常工作。

$$0 \leqslant R(t) \leqslant 1$$

故障率 $\lambda(t)$、平均故障间隔时间 MTBF（以 θ 表示）与可靠度 $R(t)$ 是可靠性的最主要的特征量。它们之间的关系为

$$R(t)=\mathrm{e}^{-\int_0^t \lambda(t)\mathrm{d}t} \tag{8-3}$$

当 $\lambda(t)$ 为常数时，$\lambda(t)=\lambda$，则有

$$R(t)=\mathrm{e}^{-\lambda t} \tag{8-4}$$

平均故障间隔时间 θ 与故障率 $\lambda(t)$ 的关系是

$$\theta=\int_0^{\infty} e^{-\int_0^t \lambda(t)dt} dt \tag{8-5}$$

当 $\lambda(t)$ 为常数时，则

$$\theta=\int_0^{\infty} e^{-\lambda t} dt=\frac{1}{\lambda} \tag{8-6}$$

式(8-4) 可写成

$$R(t)=e^{-\frac{t}{\theta}} \tag{8-7}$$

例如，数字电压表平均工作 500h，会发生 5 次故障，则其平均失效间隔时间 $\theta=\frac{500}{5}=100h$。若数字电压表一次连续工作时间 $t=100h$，则

$$R(t)=e^{-100/100}=e^{-1}=36.8\%$$

因此要得到较高的可靠度，θ 必须是工作时间的许多倍。例如要得到 $R(t)=90\%$，则通过式(8-7) 计算可知 $\theta=10t$；如 $R(t)=99\%$，则 $\theta=100t$。

电器及机械装置的故障率，通常根据实验和经验数值求得。有的产品说明书中对零部件的寿命也有记载。表 8-7 为故障率的举例。

表 8-7　部件的故障率

部件名称	基本故障率 λ_0(故障/10^6h)		
	下限	平均	上限
轴承	0.02	0.5	5.5
普通滚珠轴承	0.02	0.65	2.22
压力滚珠轴承	0.072	1.80	3.53
塑料真空管	0.121	3.0	5.879
鼓风机	0.342	2.4	3.57
鼓风机马达	0.342	1.22	2.32
温度计测温包	0.05	1.0	3.30
蜂鸣器	0.05	0.6	1.3
电缆	0.002	0.475	2.2
凸轮	0.001	0.002	0.004

不同制造厂产品的故障率不尽相同，所以在选用故障率数值时，必须从实际出发。另外，普通的故障率资料，大都是实验室数值，而在实际应用中，要根据使用场所的温度、湿度、振动、冲击、腐蚀性等条件，而采取一定的修正系数，即严重系数 (K)。

$$K=\frac{现场故障率}{实验故障率}$$

严重系数 K 的应用数值见表 8-8。

表 8-8　严重系数举例

使用场所	K	使用场所	K
实验室	1	火车	13～30
普通室	1.1～10	飞机	80～150
船舶	10～18		

仪表装置及零部件的故障率，通常采用平均值，设累计故障率为 f，检修时间间隔为 t，则平均故障率 F 的计算公式如下：

$$F=\frac{1}{2}ft \tag{8-8}$$

平均故障率见图 8-17。

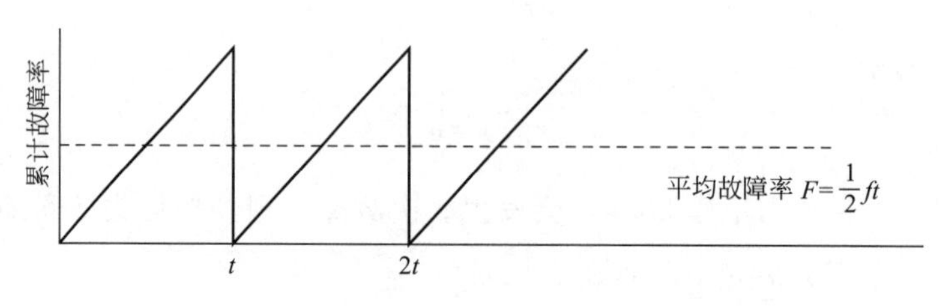

图 8-17　平均故障率

【例】 安全阀门开闭失误的累计故障率 f 为 0.001/10^3h，检修时间间隔 t 为 8760h，则

$$F=\frac{1}{2}\times\frac{0.001}{1000}\times 8760=0.004$$

2. 误操作率

对化工生产的危险分析，必须考虑人的因素，即人的误判断和误操作的影响，这些误差，有的可能只是操作中的简单差错，有的则可能导致灾害性后果。

所谓误操作是指在生产活动中，作业人员在操纵使用和处理设备、装置和物料时，对情况的了解、判断和行动中所发生的错误。在上述三个阶段中发生误操作的情况如下：

了解情况阶段 → 判断阶段 → 行动阶段
正确 → 正确 → 正确
正确 → 正确 → 错误
正确 → 错误 → 错误
错误 → 错误 → 错误
（后三种情况为误操作）

人的操作误差可按以下程序求出。

① 分析人的操作程序；

② 分析各个程序中的作业内容及因素；

③ 求各项作业要素的误差率经验数值；

④ 求总的操作误差率。

表 8-9 为误操作率的求法举例。

误操作率同故障率一样，受作业条件和环境因素的影响很大。此外作业时间的长短，作业人员的心理和生理条件，作业的繁重程度等也与误操作率的发生有关，所以在具体应用误差率时，还应乘以 1～10 的修正系数。

表 8-9　误操作率

误操作类型	误操作率(误差数/总数)
未听到报警	21.3×10^{-3}
误判报警信号	18.3×10^{-3}
操纵错误	3.8×10^{-3}
总的误操作率 $(21.3+18.3+3.8)\times10^{-3}=43.4\times10^{-3}$	

3. 逻辑运算方法

逻辑分析的定量计算，就是按照逻辑分析图所标示的各个事件之间的关系，运用逻辑运算方法，求得顶端事件（灾害后果）的发生概率。

如前所述，“与”门和“或”门是逻辑分析中最基本、最常用的逻辑门，在逻辑代数的运算法则中分别表示为逻辑加和逻辑乘。

（1）逻辑乘法则　如事件 A，B，C……同时成立，事件 T 就成立，则 A，B，C……的逻辑运算叫事件的“与”，也叫“逻辑积”。其逻辑表达式为

$$T=A \cdot B \cdot C \cdots K \tag{8-9}$$

图 8-18 为“与”门的逻辑表达式。

（2）逻辑加法则　如事件 A，B，C……任一成立或部分成立，事件 T 就成立，则 A，B，C……的逻辑运算叫事件的“或”，也叫“逻辑和”。其逻辑表达式为

$$T=A+B+C+\cdots+K \tag{8-10}$$

图 8-18、图 8-19 所表示的是简单的事故树，在实际应用中，经常遇到包括“与”门和“或”门混合在一起的比较复杂的事故树，可以根据图形列出综合式，或根据逻辑运算的结合和分配法则列出综合式进行运算。

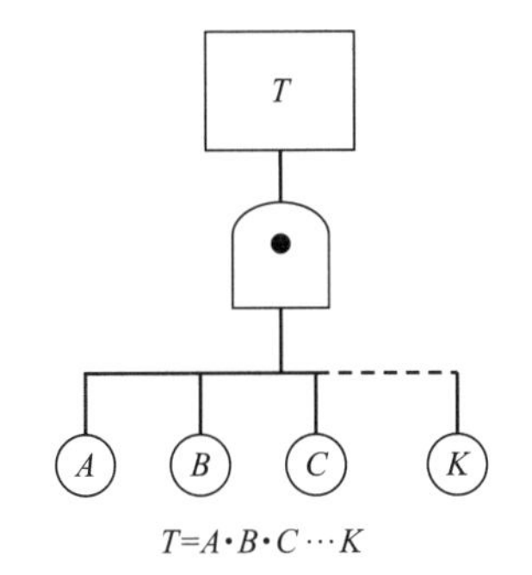

图 8-18　“与”门逻辑表达式

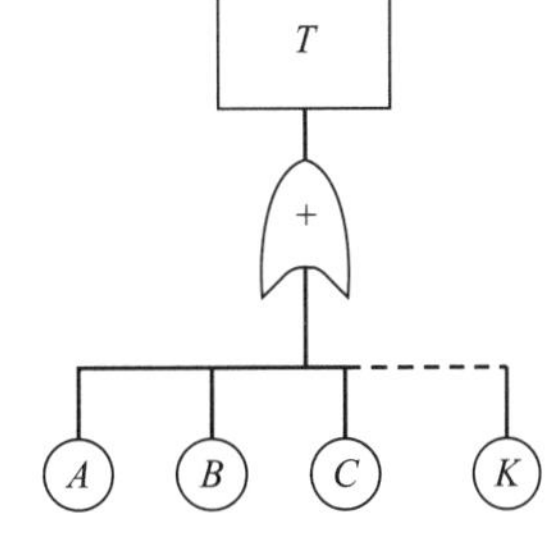

图 8-19　“或”门逻辑表达式

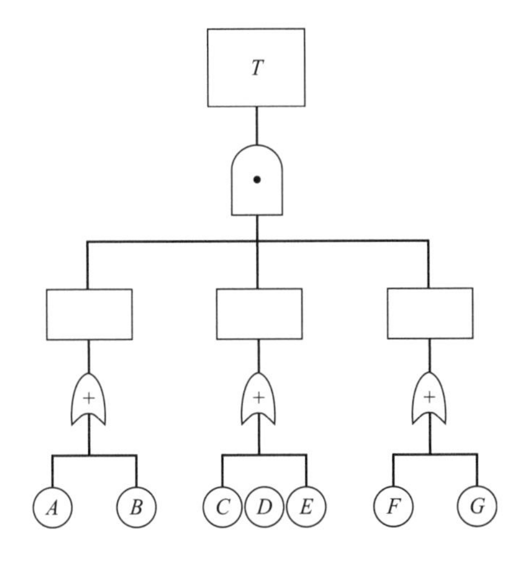

图 8-20　事故树逻辑表达式（1）

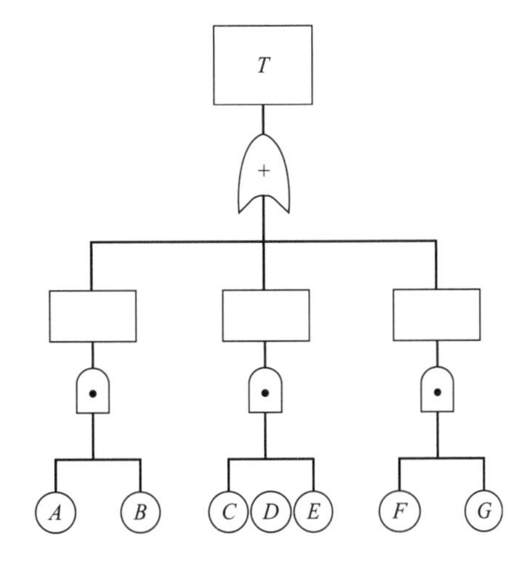

图 8-21　事故树逻辑表达式（2）

逻辑结合法则如下：

$$A(B \cdot C)=(A \cdot B)C \tag{8-11}$$

$$A+(B+C)=(A+B)+C \tag{8-12}$$

逻辑分配法如下：

$$A(B+C)=(A \cdot B)+(A \cdot C) \tag{8-13}$$

$$A+(B \cdot C)=(A+B)+(A+C) \tag{8-14}$$

图 8-20～图 8-22 为事故树的逻辑式举例。

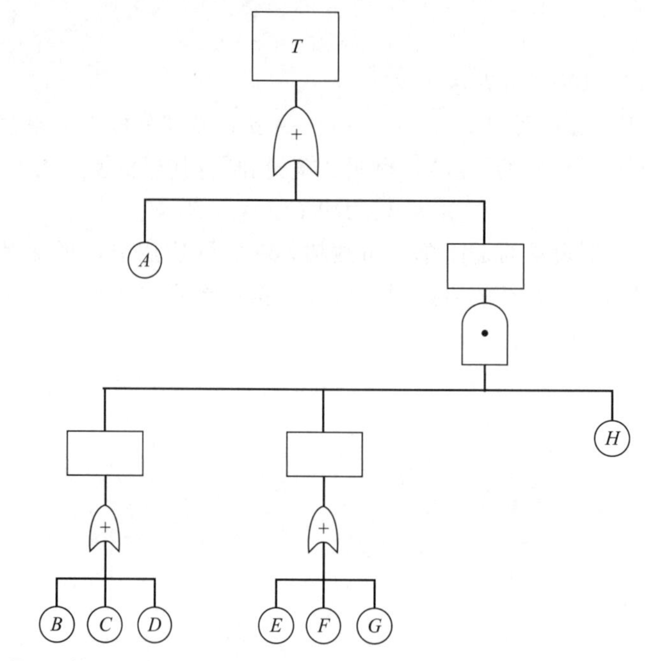

$$\begin{aligned}T&=A+(B+C+D)(E+F+G)H\\&=A+(BE+BF+BG+CE+CF+CG+DE+DF+DG)H\\&=A+BEH+BFH+BGH+CEH+CFH+CGH+DEH+DFH+DGH\end{aligned}$$

图 8-22　事故树逻辑表达式（3）

应用逻辑表达式进行事故树顶端事件概率计算的方法举例如下。

【例 1】 计算容器爆炸概率。在图 8-9 中，顶端事件是容器爆炸事故，基本事件有调节阀故障、调节器故障、安全阀故障，根据实验资料，各项数值如下：

调节阀故障率 $\lambda_1=0.5$ 次/年

调节器故障率 $\lambda_2=0.5$ 次/年

安全阀故障率 $\lambda_3=0.004$ 次/年

根据逻辑运算法则，可求得：

压力控制装置故障率 $\lambda_4=0.5+0.5=1$ 次/年

则容器发生爆炸的概率 $P=\lambda_3\lambda_4=0.001$ 次/年

$=1$ 次/250 年

【例 2】 计算氧化反应器爆炸概率。在氧化反应器中分别由流量控制系统输入燃料与氧化剂，当控制系统发生故障，导致输入燃料过高或输入氧化剂过低时，在反应器中便形成爆炸性混合物，遇到起爆源便可引起爆炸。氧化反应器的爆炸事故逻辑分析图见图 8-23。

由各个事件的故障率资料及其他有关统计资料，可按逻辑图的程序逐项运算，求出氧化

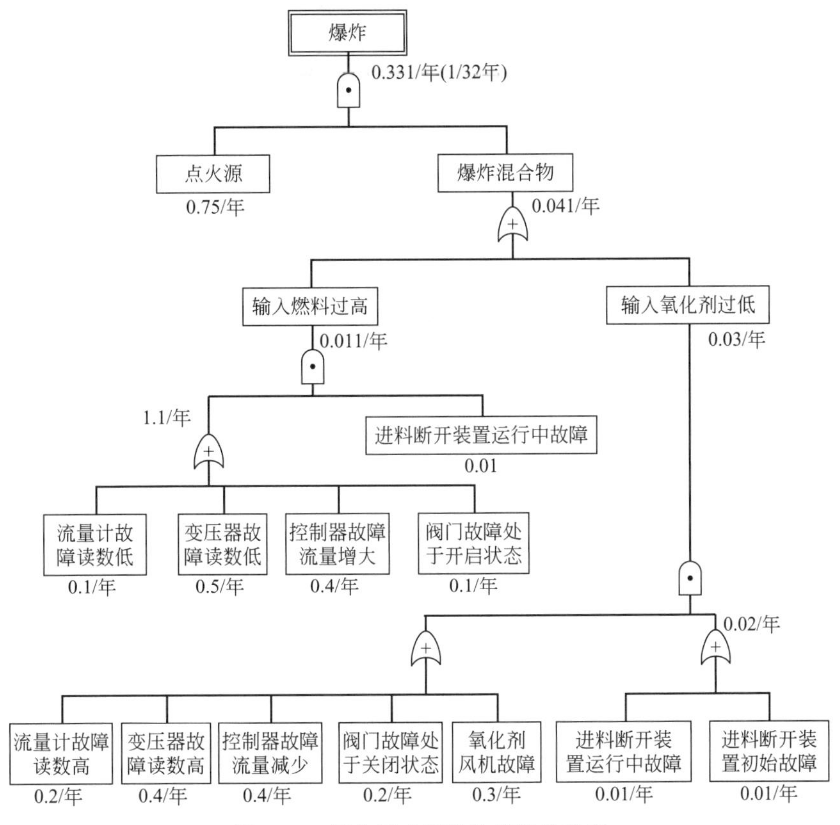

图 8-23 氧化反应器爆炸逻辑分析图

反应器发生爆炸的概率。

二、安全的评价方法

对工厂安全的评价，传统的方法是根据事故统计的结果，主要是以事故频率、事故严重率以及事故损失率作为指标来衡量，这种表示方法只能反映已经发生的事态。但是在安全问题上，如果仅仅是吸取以往的经验教训，或者在安全设计及采用预防事故的技术措施方面，只试图保证不再重复发生过去已经发生过的事故，那是很难达到预期效果的。反之，如果把危险程度扩大化，实际上并不存在的危险斗争，那也是对人力和财力的浪费。因此，为了保证生产的安全，必须从实际出发，应用科学的方法，具体地分析工艺过程、机械设备、装置、物资以及人身方面的危险性，对系统的安全性作出合理的评价。现代科学技术以及数量经济学的发展，在安全技术领域里，已经由以往主要研究和处理那些已经发生和必然发生的事件，发展为主要研究和处理那些还没有发生但是最可能发生的事件，并且把安全从抽象的概念具体化为一个数量指标，计算事故发生的概率，选择最优方案以及按既定程序和标准对生产过程进行定量评价等。20 世纪 60 年代以来，一些国家和企业根据各自的特点，提出不同类型的评价方法。归纳起来，基本有两大体系，一种是危险度评价法，另一种是事故概率评价法，下面分别加以说明。

(一) 危险度评价法

1964 年美国道化学公司发表了内部使用的对化工过程和生产装置的火灾和爆炸危险性

的评价及其相应安全措施的方法，受到了全世界的注意，此后进行了多次修订，其要点如图8-24所示，日本发表的，冈山方式（1次案）在道化学公司第二版的基础上又作了改进。

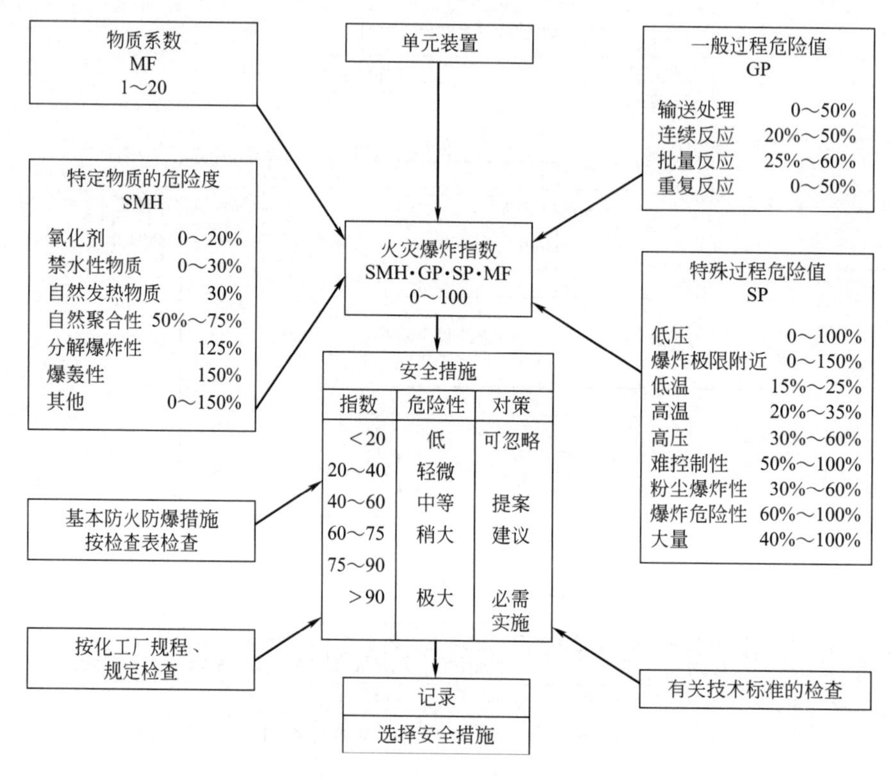

图8-24　道化学公司危险度评价要点

这种方法是以物质系数为基础，另外加上对特定物质、一般工艺或特定工艺的危指修正系数，求出火灾、爆炸指数，再根据指数的大小分成四个等级，按等级的要求采取相应的措施。

1. 物质系数MF

物质系数是表示物质及其混合物对燃烧或爆炸的敏感性的指数。数值范围为1～20，数值大表示危险性高。物质系数的确定标准见表8-10。

表8-10　物质系数的计算标准

种类	区分		相应的物质	物质系数
不燃性物质（固体、液体、气体）	1	不燃性物质	水、四氯化碳，氢、砂	1
可燃性固体	1	大量积存时不着火、能用水灭火的物质	镁块及其铸型	2
	2	与1相似，有可燃性	木材，砂糖、谷类、纸张、聚乙烯（无粉尘爆炸的物质）	3
	3	高闪点液体，有燃烧性	橡胶、树脂酸、樟脑 （温度在闪点以上） （温度在闪点的80%以上）	5 （10） （7.5）
	4	易着火和自燃，燃烧初期易用水扑灭	硝酸纤维、硫氢化钠	10
	5	粉尘状及微粒状物质，有着火、爆炸危险	聚乙烯粉、干爆木材锯末、镁粉、滨粉	10
	6	自燃、急速燃烧、禁水性物质	金属钠，电石	16

续表

种类	区分			相应的物质	物质系数
可燃性液体	1	闪点 260℃以上		桐油 (温度在闪点以上) (温度在闪点的 80%以上)	3 (10) (7.5)
	2	闪点 60～260℃		乙烯、乙二醇、动物油 (温度在闪点以上) (温度在闪点的 80%以上)	5 (10) (7.5)
	3	闪点 23～60℃	与水完全混合	醋酸 (温度在闪点以上) (温度在闪点的 80%以上)	7 (12) (10.5)
			上述以外的	溴代苯 (温度在闪点以上) (温度在闪点的 80%以上)	10 (15) (12)
	4	闪点 23℃以下 沸点 38℃以上	完全溶于水	丙酮、乙烯、乙醇	12
			其他	苯醋酸乙烯基乙醚	15
	5	闪点 23℃以下，沸点 38℃以下		在戊烷、乙烯基乙醚	18
	6	燃点 190℃以下，自燃性液体		二硫化碳、三异丁基铝	20
可燃性气体 爆炸性气体	1	燃烧热(HC)低 爆炸下限(LEL)高		氨 HC=440 LEL=1% 一氧化碳 HC=23.89 LEL=12.5%	6
	2	燃烧(HC)、高、爆炸范围(ER)广		氢 HC=28.38 ER=4.1%～75% 甲烷 HC=11.825 ER=5.3%～14% 氯乙烯 ER=4%～22%	18
	3	爆炸性分解		乙炔(分压 0.14MPa 以下)二氧化氯	20
氧化剂	1	与还原性物质接触发生火灾爆炸		氧、氯、高氯酸盐、二氧化锰、过氧化氢、有机过氧化物、硝酸盐	16
炸药	1	发生爆炸或爆轰		梯恩梯、黄色炸药	不适用 此标准

2. 火灾、爆炸危险指数

火灾、爆炸危险指数是表示化工工艺过程、生产装置及贮罐等危险程度的指标，是对化学工艺过程危险性进行定量评价的中心环节。它将评价工艺过程分为几个单元，分别计算其火灾、爆炸危险指数，确定危险程度，并据此确定安全技术措施。火灾、爆炸危险指数的计算由五个部分组成，即以物质系数为基数乘以特殊物质危险值，再次乘以一般过程、装置的危险值，特殊过程和装置危险指数。表 8-11 为计算的程序及内容。

表 8-11 中各项提案值中，有些项目含有上限与下限，在确定数值时，应由数名有经验的技术人员进行具体的分析研究，经权衡比较后加以确定。

火灾爆炸危险指数按其范围不同划分为四个等级。

(1) 低火灾爆炸指数　0～20，主体工程处理低程度的可燃物和爆炸感度的物质，可适当考虑措施；

(2) 中等火灾爆炸指数　20～40，工程处理中，高程度的可燃物或中程度爆炸感度的物质，应考虑采取措施；

表 8-11 火灾、爆炸危险指数

单位名称______________ 种类______________

物　　质______________

1. 物质系数(MF)			
2. 特殊物质危险值(SMH)	提案值	使用值	
(1)氧化剂	0～20		
(2)与水反应生成可燃气体的物质	0～30		
(3)自燃发热物质	30		
(4)易爆炸物质	(10～50)		
(5)分解爆炸物质	125		
SMH 合计			
〔(100+SMH 合计)/100〕×(MF)=($2^{\#}$ 合计)			
3. 一般过程、装置危险值(GPH)			
(1)输送及物理操作	0～50		
(2)机械操作	(0～50)		
(3)反应操作	25～50		
(4)高低压操作(kgf/cm^2)	(0～50)		
(5)高低温操作℃(直接火+20)	(0～30+20)		
(6)装置规模、形式中固有的危险	(0～50)		
GPH 合计			
〔(100+GPH 合计)/100〕×($2^{\#}$ 合计)=$3^{\#}$ 合计			
4. 特殊过程、装置危险值(SPH)			
(1)低压	0～100		
(2)高压	(0～30)		
(3)低温	(0～30)		
(4)高温(闪点以上,沸点以上,燃点以上)	10～20, 25,35		
(5)爆炸极限内或附近	0～150		
(6)粉尘或烟雾的危险	30～60		
(7)过程控制困难	50～100		
(8)过程防腐及材料强度困难	(～100)		
(9)伴随异常紧急操作的危险	(～100)		
(10)平均爆炸危险大的场所	60～100		
(11)由毗邻单元形成的危险	(～100)		
SMH 合计			沸点____℃ 闪点____℃ 燃点____℃ 着火能____毫焦 爆炸范围____～(　) 燃烧热(反应热)____ $\times10^2$ 千卡/公斤
〔(100+SPH 合计)/100〕×($3^{\#}$ 合计)=$4^{\#}$ 合计			
5. 反应热危险值(TMH)			
〔(100+TMH)/100〕×($4^{\#}$ 合计)=火灾爆炸指数			

（3）高火灾爆炸指数　90以上，各种危险因素的存在及积蓄，对工程发生影响，必须采取措施。

火灾爆炸危险性的分组如下：

第一组：主体工程发生火灾；

第二组：有可能发生火灾或爆炸；

第三组：有可能伴随火灾而发生爆炸；

第四组：仅有可能发生爆炸。

3. 基本防灾措施

在确定火灾爆炸指数后，应根据指数大小等级及火灾爆炸危险性分组，采取必需的、最基本的防灾措施。最基本的防灾措施包括：消防水的供给、建筑物及构筑物的防灾、水喷雾设施、观察窗、特殊操作设备、放空及冷却设备、装置内防爆设备、可燃气体检测、防止粉尘爆炸设施、消防水系统的防爆与防灾、隔离操作、防爆墙、换气设备及装置的分离等。表8-12及表8-13分别表示室外及室内装置防灾的基本措施举例。

表8-12　室外装置的基本防灾措施举例

防灾措施	组别	指数0～20	指数20～40	指数40～90	指数90以上
（1）消防水的供给	全部	根据有关防火规定设置	同左	同左	同左
（2）自动水喷雾装置及洒水器	1、2、3	由可燃物的种类及性质决定	同左	同左	同左
（3）特殊检测仪器	全部	通常不必要	有可燃物的截止阀或反应器（容器）的危险防止装置	采用双重的危险防止系统或安全阀	各单元采用
（4）放空、隔离、冷却设施	全部	通常不必要	有可燃物移动的场所必要设置	必要设置防护危险的放空、隔离及冷却设备	同左
（5）容器内的防爆措施	全部	火灾防止设施（如充惰性气体）或导除静电设施	设置保持在爆炸极限外的装置及惰性气体稀释或防爆装置	需设安全阀，其他同左	同左
（6）可燃气体检测器	全部	通常不必要	空气流通不良或有可燃物漏出的场所需设置	需设气体报警及自动灭火机	同左
（7）消防水系统的防爆防灾措施	1	通常不必要	由于爆炸等因素，需对消防水系统保护的分离、埋藏、遮蔽等	同左	同左
	2、3、4	由于爆炸等因素，需对消防水管道及消防栓实施保护的分离、埋藏、遮蔽等	同上	同上	同上

表 8-13　室内装置的基本防灾措施举例

防灾措施	组别	指数 0～20	指数 20～40	指数 40～90	指数 90 以上
(1)消防水的供给	全部	根据有关防火规定设置	同左	同左	同左
(2)建筑物等支柱的防火	1	通常不必要。对贮存氨、丙酮等特殊场所或有可燃物处，应根据贮存量，对容器的支柱采取耐火保护	根据可燃物贮量采取完全燃烧及承受火灾时负荷的耐火极限和保护措施	采取比指数 20～40 高一倍的耐火极限	同左
	2、3	比 1 组的耐火范围广	同左	同左	同左
	4	通常不必要	同左	同左	同左
(3)防止粉尘爆炸	全部	加料斗、管道等有发生粉尘爆炸的场所设置充惰性气体及导除静电装置	同左	同左	同左
(4)远距离操作	1	通常不必要	同左	对危险场所各个转置均应设置	同左
	2、3、4	远距离操作及设临测装置	同左	同上	同左
(5)防爆墙	1	通常不必要	同左	危险场所的各个装置均设置	同左
	2、3、4	特别危险的各个装置均设置	同左	同上	同上
(6)建筑物的换气	全部	设置 2 次/h 的换气装置	设置 10～15 次/h 的换气的装置	设置 15～30 次/h 以上的换气装置	同左

（二）灾害发生概率的评价

这种评价方法是从安全系统的最优化出发，通过危险分析和数学运算，求得发生灾害性事故的概率或导致死亡事故的概率，然后用既定的或容许的安全标准进行定量比较，从而对某一系统或作业的安全性做出评价。在一定的条件下，当事故发生概率低于该系统或作用的标准，就认为是安全的，如果高于安全标准，就是不安全的，而必须采取措施降低事故概率值，使之达到允许的安全标准。

1. 安全标准

在研究减少事故的发生以致消除对生命和财产的危害时，是同生产作业环境条件以及社会密切相关的。不能完全消除生产中的事故，但是确定一个关于危险性的水平，这个水平对社会来说是可以允许的，而且是可能采取可行的和有效的方法，达到这个水平。这个水平首先是以广泛的统计数字，即以已经发生的事故记录做为依据，而作为标准，又要超过这个记录，这个标准应在事故发生率、死亡以及费用等方面，得到社会的认可。

为取得社会容许的对危险性的评价标准，应当应用统计的观点和方法进行考察和分析。

英国各产业的死亡概率见表 8-1。

图 8-25 表示了危险率同利益之间的关系，因疾病造成的死亡率为 10^{-2}，其危险率的等

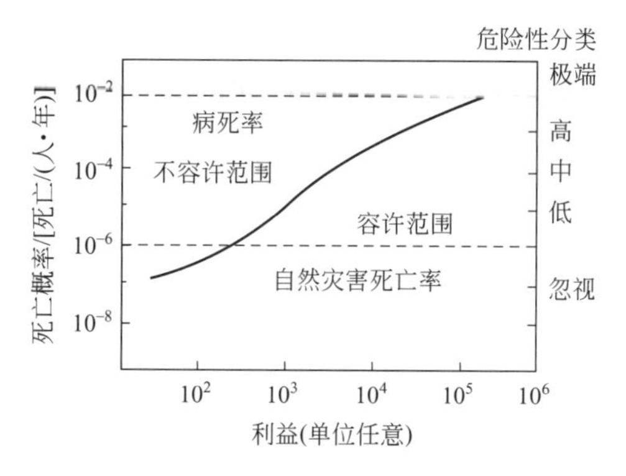

图 8-25 危险率与利益的关系

级属于极端危险，而自然灾害的死亡率为 10^{-6} 以下，其危险率很低，接近于可忽视的程度。

确定安全标准，实际上就是确定一个危险率或死亡率的目标值。在确定目标值时，应考虑以下几方面的问题。

① 在确定安全标准的数值时，应参照自然灾害（地震、台风、陨石等）的死亡概率及产业发生死亡的实际概率，并要低于该数值。

② 要以化工厂实际的平均死亡概率作为基础，并估计由于自然灾害可能引起的次生灾害的影响。

③ 对职业性灾害应比其他灾害的评价严格。

④ 要考虑合理的投资，既要降低危险性等级，又要减少费用。

根据以上的考虑，在安全标准方面有几种提案。

一种是以事故发生频率表示。表 8-14 美国 MILStd882 中提出的关于危险水平与发生频率的关系。

表 8-14 危险性水平与发生频率

危险水平	发生频率	危险水平	发生频率
安全	$<10^{-4}$	危险范围	$10^{-5}\sim10^{-7}$
允许范围	$10^{-4}\sim10^{-5}$	破坏状态	$>10^{-7}$

另一种是根据各种产业和非产业的 FAFR 值相比较，确定以 FAFR 值的 1/10 作为标准，如化学工业的 FAFR 为 3.5，则化工企业的安全标准定为 0.35～0.4。

英国 ICI 公司在设计环氧乙烷的高完整性保护系统时，确定了一个可以接受并能够达到的危险率指标值——工厂中平均每发生一次严重灾害的危险情况的出现率为 3×10^{-5}/年，或表示为每 33000 年发生一次。达到这一特定指标的危险率，指的是附加于一个具有潜在危险工厂的危险必须小于所有工厂平均危险率的 1/10。超过这个数的任何危险率必须首先加以排除。

2. 最优方案和最佳条件的选定

安全性评价涉及工程项目的设计、运行中装置的检验、作业时间及费用分析等方面。

通过安全分析与评价，发现不符合安全标准的情况是存在的，甚至是大量的。这就需要采取最优的处理方法，或是重设计，或是在原有设备和生产线的基础上加以改造，使之达到安全标准。通过计算顶端事故发生的概率，设想可能受到的损害，进行可靠性设计或改善作业条件，使事故的发生概率达到预定的标准，这是安全评价的基本目的之一。

下面以固定顶贮罐防火为例说明为达到安全标准，在人员接触机会方面可采用的最优选择。

设在固定顶贮罐内贮存可燃性液体，当罐内液位降低并吸入空气时，可燃性蒸气与空气形成爆炸性混合物，这种混合物可能由于静电或与火源接触而引起燃烧或爆炸。作为人员由于需要定期到罐上进行取样、清洗和检修、若在作业时发生可燃性气体的爆炸，就会导致作业人员的伤害。

设确定罐上作业发生死亡事故的概率为 0.35 作为安全标准，即

$$0.35\times10^{-8}=\frac{1}{3\times10^{8}}$$

以易燃性液体贮罐（固定顶）为例，设根据对 500 个、20 年的统计资料，其发生火灾爆炸的概率为 1/833 罐 · 年，或者表示为对一个罐来说，发生火灾（爆炸）的概率为 1/833年。

如作业人员要定期到罐上进行取样、清洗或维修，下面分析三种情况。

情况一：任何时间都有人在罐上，则每年在罐上的机会为

$$\frac{8760(\mathrm{h})}{8760(\mathrm{h})}=1$$

发生死亡的概率为

$$\frac{1}{833}\times1=\frac{1}{833\times8760}=\frac{1}{0.073\times10^{8}}\approx13.7\times10^{-8}$$

情况二：每天有一小时在罐上，则每年在罐上的机会为

$$\frac{365(\mathrm{h})}{8760(\mathrm{h})}=0.04$$

发生死亡的概率为

$$\frac{1}{838}\times\frac{4}{100}=\frac{1}{20825(\text{年})}\approx\frac{1}{20825\times8760(\mathrm{h})}\approx\frac{1}{1.8\times10^{8}}$$
$$\approx0.5\times10^{-8}$$

情况三：每天有 15min 在罐上，则每年在罐上的机会为

$$\frac{91(\mathrm{h})}{8760(\mathrm{h})}=0.01$$

发生死亡的概率为

$$\frac{1}{833}\times\frac{1}{100}=\frac{1}{83300(\text{年})}=\frac{1}{83300\times8760(\mathrm{h})}$$
$$\approx\frac{1}{7.3\times10^{8}}\approx0.14\times10^{-8}$$

根据以上三种情况的分析结果，各以其发生死亡的概率同安全标准 0.35×10^{-8} 相比较，可以看出情况三为允许的安全作业时间。

在确定最优方案时，还应从经济的观点，即对可能达到的安全水准和花费的费用进行综合和判断。在综合评价方面，有费用的有效性分析及费用——收益分析的方法。

费用的有效性分析，就是为达到预期的安全水准所花费的费用。图 8-26 表示的是事故-费用曲线，横坐标表示为减少事故所费的费用，纵坐标表示事故的发生概率，在曲线上有四

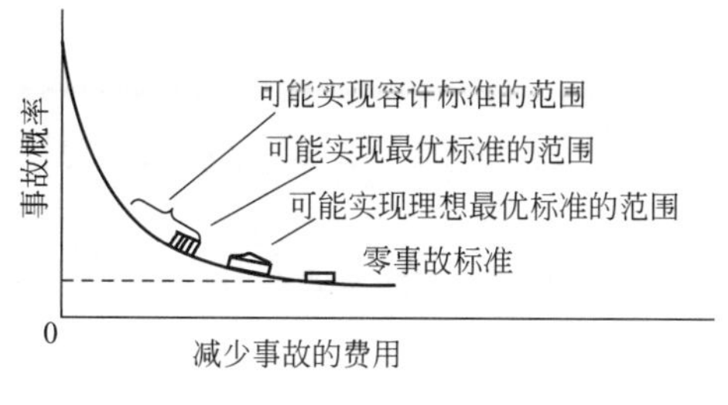

图 8-26　事故-费用曲线

个基点：

① 零事故标准；

② 可能实现零事故标准的范围；

③ 可能实现最优标准的范围；

④ 可能实现理想最优标准的范围。

对于一般的企业可选择②作为基点制定安全措施，而对于危险性很高的工业企业，则应按③或④作为基点制定安全措施。

费用-收益分析方法，首先是调查直接费用和间接费用之间的关系，直接费是指直接用于安全设计和措施的费用，间接费是指发生灾害的损失费用，然后再分析直接费与收益的关系。从图 8-27 中可以找出直接费加上间接费的总花费最少的 P 点，也就是确定一个最优的费用指标，其所花费的安全设计与措施费用最少，而损失也是最少的。

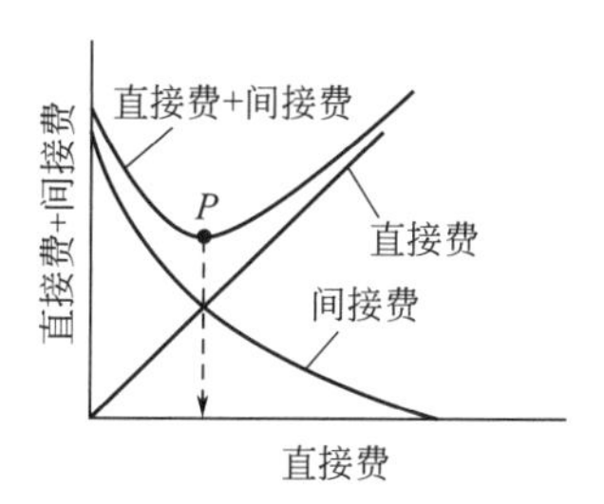

图 8-27　直接费同直接费＋间接费的关系

对系统的安全性和可靠性进行综合评价，无论在理论和方法方面，都是在探索和研究过程之中。根据系统分析的结果，研究和改进控制系统，从而控制危险，以保障系统的安全，这是安全系统工程应用的一个重要方面，也是未来的一个重要研究课题。

附录一　仓库中空气中有害气体、蒸气及粉尘的最高允许浓度

序号	物质名称	最高允许浓度/(mg/m^3)
	一、有毒物质	
1	一氧化碳	30
2	一甲胺	5
3	乙醚	500
4	乙腈	3
5	二甲胺	10
6	二甲苯	100
7	二甲基甲酰胺(皮)	10
8	二甲基二氯硅烷	2
9	二氧化硫	15
10	二氧化硒	0.1
11	二氯丙醇(皮)	5
12	二硫化碳(皮)	10
13	二异氰酸甲苯酯	0.2
14	丁烯	100
15	丁二烯	100
16	丁醛	10
17	三乙基氯化锡(皮)	0.01
18	三氧化三砷及五氧化二砷	0.3
19	三氯化铬、铬酸盐、重铬酸盐(换算成 Cr_2O_3)	0.05
20	三氯氢硅	3
21	己内酰胺	10
22	五氧化二磷	1
23	五氯酚及其钠盐	0.3
24	六六六	0.1
25	丙体六六六	0.05
26	丙酮	400
27	丙烯腈(皮)	2
28	丙烯醛	0.3
29	丙烯醇(皮)	2
30	甲苯	100

续表

序号	物质名称	最高允许浓度/(mg/m³)
31	甲醛	3
32	光气	0.5
	有机磷化合物	
33	内吸磷(E059)(皮)	0.02
34	对硫磷(E605)(皮)	0.05
35	甲拌磷(E3911)(皮)	0.01
36	马拉硫磷(4049)(皮)	2
37	甲基内吸磷(甲基 E6059)(皮)	0.2
38	甲基对硫磷(甲基 D6099)(皮)	0.1
39	乐戈(乐果)	1
40	敌百虫(皮)	1
41	敌敌畏(皮)	0.3
42	吡啶	4
43	金属汞	0.01
44	升汞	0.1
45	有机汞化合物(皮)	0.005
46	松节油	300
47	环氧氯丙烷(皮)	1
48	环氧乙烷	5
49	环己酮	50
50	环己醇	50
51	环己烷	100
52	苯(皮)	40
53	苯及其同系物的一硝基化合物(硝基苯及硝基甲苯等)(皮)	5
54	苯及其同系物的二及三硝基化合物(二硝基苯、三硝基甲苯等)(皮)	1
55	苯的硝基及二硝基氯化物(一硝基氯苯、二硝基氯苯等)(皮)	1
56	苯胺、甲苯胺、二甲苯胺(皮)	5
57	苯乙烯	40
58	五氧化二钒烟	0.1
59	五氧化二钒粉尘	0.5
60	钒铁合金	1
61	苛性碱(换算成 NaOH)	0.5
62	氟化氢及氟化物(换算成 F)	1
63	氮	30
64	臭氧	0.3
65	氧化氮(换算 NO_2)	5
66	氧化锌	5

续表

序号	物质名称	最高允许浓度/(mg/m^3)
67	氧化镉	0.1
68	铅烟	0.03
69	铅尘	0.05
70	四乙基铅(皮)	0.005
71	硫化铅	0.5
72	砷化氢	0.3
73	铍及其化合物	0.001
74	钼(可溶性化合物)	4
75	钼(不溶性化合物)	6
76	黄磷	0.03
77	酚(皮)	5
78	萘烷、四氢化萘	100
79	氰化氢及氢氰酸盐(换算成 HCN)(皮)	0.3
80	联苯-联苯醚	7
81	硫化氢	10
82	硫酸及三氧化硫	2
83	铀(可溶性化合物)	0.015
84	铀(不溶性化合物)	0.075
85	锆及其化合物	5
86	锰及其化合物(换算成 MnO_2)	0.2
87	氯	1
88	氯化氢及盐酸	15
89	氯苯	50
90	氯萘及氯联苯(皮)	1
91	氯化苦	1
92	二氯乙烷	25
93	三氯乙烯、氯乙烯	30
94	四氯化碳(皮)	25
95	氯丁二烯(皮)	2
96	溴甲烷(皮)、碘甲烷(皮)	1
97	溶剂汽油	350
98	滴滴涕	0.3
99	羰基镍	0.001
100	钨及碳化钨	6
101	醋酸甲酯、醋酸戊酯	100
102	醋酸乙酯、醋酸丙酯、醋酸丁酯	300
103	甲醇	50

续表

序号	物质名称	最高允许浓度/(mg/m³)
104	丙醇、丁醇	200
105	戊醇	100
106	糠醛	10
107	磷化氢	0.3
	二、生产性粉尘	
1	含有10%以上游离二氧化硅的粉尘(石英、石英岩等)[①]	2
2	石棉粉尘及含有10%以上石棉的粉尘	2
3	含有10%以下游离二氧化硅的滑石粉尘	4
4	含有10%以下游离二氧化硅的水泥粉尘	6
5	含有10%以下游离二氧化硅的煤尘	10
6	铝、氧化铝、铝合金粉尘	4
7	玻璃棉和矿渣棉粉尘	5
8	烟草及茶叶粉尘	3
9	其他粉尘[②]	10

① 含有80%以上游离二氧化硅的生产粉尘，宜不超过1mg/m³。

② 其他粉尘系指游离二氧化硅含量在10%以下，不含有毒物质的矿物性和动植物性粉尘。

附录二 液化气体的充装系数（GB 14193—2009）

表1 低压液化气体的饱和蒸气压力和充装系数

序号	气体名称	分子式	60℃时的饱和蒸气压（表压）/MPa	充装系数/（kg/L）
1	氨	NH_3	2.52	0.53
2	氯	Cl_2	1.68	1.25
3	溴化氢	HBr	4.86	1.19
4	硫化氢	H_2S	4.39	0.66
5	二氧化硫	SO_2	1.01	1.23
6	四氧化二氮	N_2O_4	0.41	1.30
7	碳酰二氯（光气）	$COCl_2$	0.43	1.25
8	氟化氢	HF	0.28	0.83
9	丙烷	C_3H_8	2.02	0.41
10	环丙烷	C_3H_6	1.57	0.53
11	正丁烷	C_4H_{10}	0.53	0.51
12	异丁烷	C_4H_{10}	0.76	0.49
13	丙烯	C_3H_6	2.42	0.42
14	异丁烯（2-甲基丙烯）	C_4H_8	0.67	0.53
15	丁烯-1	C_4H_8	0.66	0.53
16	丁二烯-1,3	C_4H_6	0.63	0.55
17	六氟丙烯（全氟丙烯）	C_3F_6	1.69	1.06
18	二氯二氟甲烷（F-12）	CF_2Cl_2	1.42	1.14
19	二氯氟甲烷（F-21）	$CHFCl_2$	0.42	1.25
20	二氟氯甲烷（F-22）	CHF_2Cl	2.32	1.02
21	二氯四氟乙烷（F-114）	$C_2F_4Cl_2$	0.49	1.31
22	二氟氯乙烷（F-142b）	$C_2H_3F_2Cl$	0.76	0.99
23	三氟乙烷（F-143）	$C_2H_3F_3$	2.77	0.66
24	偏二氟乙烷（F-152a）	$C_2H_4F_2$	1.37	0.79
25	二氟溴氯甲烷（F-12B1）	CF_2ClBr	0.62	1.62
26	三氟氯乙烯	C_2F_3Cl	1.49	1.10
27	氯甲烷（甲基氯）	CH_3Cl	1.27	0.81
28	氯乙烷（乙基氯）	C_2H_5Cl	0.35	0.80
29	氯乙烯	C_2H_3Cl	0.91	0.82
30	溴甲烷（甲基溴）	CH_3Br	0.52	1.50
31	溴乙烯	C_2H_3Br	0.35	1.28

续表

序号	气体名称	分子式	60℃时的饱和蒸气压(表压)/MPa	充装系数/(kg/L)
32	甲胺	CH_3NH_2	0.94	0.60
33	二甲胺	$(CH_3)_2NH$	0.51	0.58
34	三甲胺	$(CH_3)_3N$	0.49	0.56
35	乙胺	$C_2H_5NH_2$	0.34	0.62
36	二甲醚	C_2H_6O	1.35	0.58
37	乙烯基甲醚	C_3H_6O	0.40	0.67
38	环氧乙烷	C_2H_4O	0.44	0.79

表 2　高压液化气体的充装系数

序号	气体名称	分子式	由气瓶公称工作压力确定的充装系数/(kg/L) ≤			
			20.0MPa	15.0MPa	12.5MPa	8.0MPa
1	氙	Xe			1.23	
2	二氧化碳	CO_2	0.74	0.60		
3	氧化亚氮	N_2O		0.62	0.52	
4	六氟化硫	SF_6			1.33	1.77
5	氯化氢	HCl			0.57	
6	乙烷	C_2H_6	0.37	0.34	0.31	
7	乙烯	C_2H_4	0.34	0.28	0.24	
8	三氟氯甲烷	CF_3Cl			0.94	0.73
9	三氟甲烷	CHF_3			0.76	
10	六氟乙烷	C_2F_6			1.06	0.83
11	偏二氟乙烯	$C_2H_2F_2$			0.66	0.46
12	氟乙烯	C_2H_3F			0.54	0.47
13	三氟溴甲烷	CF_3Br			1.45	1.33

表 3　常用液化气体特性及其与金属材料的相容性

序号	气体名称	介质特性	与金属材料相容性
1	氨	可燃、毒、碱性腐蚀	不能用铜及其合金制部件
2	氯	氧化性、毒、强腐蚀的刺激性	不得用铝合金气瓶充装
3	溴化氢	不燃、毒、酸性腐蚀	不得用铝合金气瓶充装
4	硫化氢	可燃、剧毒、酸性腐蚀	
5	三氧化硫	不燃、毒、酸性腐蚀	
6	四氧化二氮	强氧化性、剧毒	
7	碳酰二氯	不燃、剧毒、酸性腐蚀	不得用铝合金气瓶充装
8	氟化氢	不燃、毒、酸性腐蚀	不得用铝合金气瓶充装
9	丙烷	可燃、无毒气体	

续表

序号	气体名称	介质特性	与金属材料相容性
10	环丙烷	可燃、无毒气体	
11	正丁烷	可燃、无毒气体	
12	异丁烷	可燃、无毒气体	
13	丙烯	可燃、无毒气体	
14	异丁烯	可燃、无毒气体	
15	丁烯-1	可燃、无毒气体	
16	丁二烯-1,3	可燃、不稳定性气体	
17	六氟丙烯	不燃、无毒气体	
18	二氯二氟甲烷	不燃、无毒气体	
19	二氯氟甲烷	不燃、无毒气体	
20	二氟氯甲烷	不燃、无毒气体	
21	二氯四氟乙烷	不燃、无毒气体	
22	二氟氯乙烷	可燃、无毒气体	
23	三氟乙烷	可燃、无毒气体	
24	偏二氟乙烷	可燃、无毒气体	
25	二氟溴氯甲烷	不燃、无毒气体	
26	三氟氯乙烯	可燃、不稳定性气体	
27	氯甲烷	可燃、无毒气体	不得用铝合金气瓶充装
28	氯乙烷	可燃、无毒气体	
29	氯乙烯	可燃、不稳定、毒性气体	
30	溴甲烷	可燃、剧毒性气体	不得用铝合金气瓶充装
31	溴乙烯	可燃、不稳定、毒性气体	
32	甲胺	可燃、毒、碱性腐蚀	
33	二甲胺	可燃、毒、碱性腐蚀	
34	三甲胺	可燃、毒、碱性腐蚀	
35	乙胺	可燃、毒、碱性腐蚀	
36	甲醚	可燃性气体	
37	乙烯基甲醚	可燃、不稳定性气体	
38	环氧乙烷	可燃、不稳定、毒性气体	
39	氙	不燃、无毒气体	
40	二氧化碳	不燃、窒息性气体	
41	氧化亚氮	不燃、麻醉用气体	
42	六氟化硫	不燃、无毒气体	
43	氯化氢	不燃、毒、酸性腐蚀	瓶阀应用耐酸不锈钢制造
44	乙烷	可燃、无毒气体	
45	乙烯	可燃、无毒气体	
46	三氟氯甲烷	不燃、无毒气体	

续表

序号	气体名称	介质特性	与金属材料相容性
47	三氟甲烷	不燃、无毒气体	
48	六氟乙烷	不燃、无毒气体	
49	偏二氟乙烯	可燃、不稳定性气体	
50	氟乙烯	可燃、不稳定性气体	
51	三氟溴甲烷	不燃、无毒气体	

附录三 常见气体的物理数据

气体名称	分子量 M	沸点	蒸发潜热	临界性质			
				温度	压力	密度	压缩系数
		t_b	(标准沸点下)r	t_c	p_c	ρ_c	Z_c
		℃	kcal/kg	℃	MPa	g/L	—
氨	17.03	−33.4	328	132.5	11.40	235	0.242
氯	70.91	−34.5	69	144	7.71	573	0.276
二氧化硫	64.06	−10.05	93	157.5	7.87	524	0.268
三氧化硫	80.06	44.8	118.5	218.3	8.45	633	0.262
二氧化氮	46.01	21.2	170	158.2	10.13	561	0.232
四氧化二氮	92.01	22.4		158.2	10.13	561	0.232
一氧化氮	30.01	−151.7	106.6	−94	6.58	520	0.232
氧化亚氮	44.02	−88.5		36.5	7.40	452	0.271
硫化氢	34.08	−60.3	131	100.4	9.07	373	0.268
氯化氢	36.46	−85.0	106	51.4	8.32	420	0.266
溴化氢	80.91	−66.7		91.9	8.56	801	0.282
碘化氢	127.92	−45.5		150.8	8.30	948	
氟化氢	20.01	19.4	372.76	187.8	6.48	290	0.223
氰化氢	27.03	25.7	223	183.5	5.05	200	0.197
甲烷	16.04	−161.5	138	−82.5	4.64	162	0.290
乙烷	30.07	−88.6	145.97	32.2	4.88	205	0.285
丙烷	44.09	−42.07	101.8	96.8	4.25	219	0.277
丁烷	58.1	−0.5	92.1	152	3.80	228	0.274
戊烷	72.15	36.1	85.35	196.6	3.37	232	
异丁烷	58.1	−11.7	87.67	134.9	3.65	221	0.283
异戊烷	72.15	27.85	81.06	187.8	3.32	234	
乙烯	28.05	−103.9	125	9.5	5.12	226	0.070
丙烯	42.08	−47.0	104.55	91.9	4.60	232	0.274
1-丁烯	56.11	−6.1	93.3	146.4	4.02	232	0.277
异丁烯	56.11	−6.9	91.16	144.7	4.00	234	0.270
顺-2-丁烯	56.11	3.9	99.4	163	4.15	239	
反-2-丁烯	56.11	1.05	96.87	155	4.15	239	
1-戊烯	70.13	29.97	83	201	4.04	238	
顺-2-丁烯	70.13	37.1	86.3	208	3.58	238	
反-2 戊烯	70.13	36.36	82	206	3.56	238	
2-甲基-1-丁烯	70.13	31.1	93	199	3.54	238	

续表

气体名称	分子量 M	沸点	蒸发潜热	临界性质			
		t_b	(标准沸点下)r	温度 t_c	压力 p_c	密度 ρ_c	压缩系数 Z_c
		℃	kcal/kg	℃	MPa	g/L	—
丙二烯	40.06	−34.5	121	120	5.47	247	
1,3-丁二烯	54.09	−4.4	97	152	4.32	246	0.271
1,2-丁二烯	54.09	10.3	101	171	4.50	247	
1,4-戊二烯	68.11	26.05	81	204	3.79	246	
2-甲基-1,3-丁二烯	68.11	34.08	85	211	3.85	246	
3-甲基-1,2-丁二烯	68.11	40	87	223	3.99	247	
反-1,3-戊二烯	68.11	42.3	88	223	3.99	246	
3,3-二甲基-1-丁烯	84.16	41.24		192	2.70	230	
氟甲烷	34.03	−78.2	124	44.6	60.79	275	
氯甲烷	50.5	−42.1	102.45	143.1	6.68	353	0.276
溴甲烷	94.95	2.56		194	5.22	567	
氯乙烷	64.5	12.27	91.5	187	5.44	330	
溴乙烷	108.95	38.4	59.5	231		513	
2-氯丙烷	78.54	34.8		212	4.72	341	
溴三氟甲烷	148.93			67	3.95	745	
一氟三氯甲烷(F-11)	137.37	23.8	43.51	198	4.52	554	
二氟二氯甲烷(F-12)	120.9	−29.86	39.98	111.9	4.11	558	0.273
一氟二氯甲烷(F-21)	102.9	8.9	57.86	178.5	5.17	522	0.271
二氟一氯甲烷(F-22)	86.47	−40.8	55.92	96	4.97	525	0.264
三氟氯甲烷(F-13)	104.47	−81.4		28.9	3.87	580	0.278
三氟甲烷(F-23)	70.02	−82.1		25.9	4.83	525	0.263
二氟溴氯甲烷(F-12B1)	165.38	−4.0		154	0.12	658	
三氟二氯乙烷(F-113)	187.38	47.6	35.07	214.1	3.53	576	
四氟二氯乙烷(F-114)	170.92	3.8	37.78	145.7	32.2	58.97	
二氟氯乙烷(F-142)	100.5	−9.8		138	4.12	435	0.258
三氟乙烷(F-143)	84.04	−47.6		73.1	3.90	434	0.280
偏二氟乙烷(F-116)	66.05	−25.0		114.0	4.50	392	0.278
六氟乙烷(F-116)	138.0	−78.2		19.7	2.98	608	0.283
氯乙烯	62.5	−13.4		156.5	5.59	371	
溴乙烯	106.96	15.8		200	7.08		0.275
氟乙烯	46.05	−72.1		54.7	5.23	322	0.269
偏二氟乙烯(乙烯叉二氟)	64.0	−85.7		30.1	4.47	417	0.284

续表

气体名称	分子量 M	沸点	蒸发潜热	临界性质			
		t_b	(标准沸点下)r	温度	压力	密度	压缩系数
				t_c	p_c	ρ_c	Z_c
		℃	kcal/kg	℃	MPa	g/L	—
四氟乙烯	100.02	−76.3		33.3	3.94	582	0.274
三氟氯乙烯	116.47	−27.9		105.8	3.95	555	0.270
顺-1-氯-1-丙烯	76.53	32.8		217.8	4.76	337	
反-1-氯-1-丙烯	76.53	37.4		225	47.9	333	
六氟丙烯	150.02	−29.6		85.0	3.25	600	
六氟化硫	146.06	−63.5		45.5	3.76	753	0.275
三氟化硼	67.8	−100		−12.3	4.98	591	
四氟化碳(F-14)	88.01	−128		−45.5	3.74	626	0.272
环氧乙烷	44.05	10.7	139	192	7.19	315	0.255
环氧丙烷	58.05	33.9	121	209	4.92	312	
环丙烷	42.08	−32.8	113.91	124.9	5.48	243	
甲醚	46.07	−23.7	111.6	126.9	5.27	271	0.285
甲乙醚	60.09			164.7	4.40	270	
乙醚	74.12	34.6	86	193.8	3.60	262	0.255
乙烯基甲醚	58.08	6.0		173.8	4.66	252	0.289
甲醛	30.03	−21	170	137	6.78	266	
乙醛	44.05	20.2	137	188	5.53	261	
光气	89.9	8.0	58.97	181.7	5.66	520	0.285
甲胺	31.06	−6.5	198.6	157	7.46	216	0.279
乙胺	45.09	16.5	149	183.6	5.67	248	0.274
二甲胺	45.08	6.9		164.6	5.14	256	0.280
三甲胺	59.11	2.9		161.0	4.15	233	0.287
乙二腈	52.04			126.5	5.88		
甲硫醇	48.11	6.8	122	196.8	7.23	322.9	0.276
乙硫醇	62.13	34.4	111	225.5	5.49	300.1	0.274
氧硫化碳	60.07	−50.2		105	0.66	448.3	0.260
二甲基硫醚	62.13	35.9	102	229.9	5.53	306	
环丁烷	56.1	11.5	108.1	196	5.06		
三氟溴甲烷(F-13B1)	148.93	−57.8		67	3.98	745	0.280
呋喃	68.07	31.36	95.3	241	5.32	312	
螺旋戊烷	68.11	38.98		193.6	3.33	220	
四氯化碳	153.82	77	52.1	283.1	4.56	558	
乙炔	26.04	−83.8(升)	198	36	6.28	231	0.274
乙腈	41	81.7		274.7	4.78	240	

续表

气体名称	分子量 M	沸点	蒸发潜热	临界性质			
		t_b	(标准沸点下)r	温度	压力	密度	压缩系数
				t_c	p_c	ρ_c	Z_c
		℃	kcal/kg	℃	MPa	g/L	—
空气	28.96	−192.3	47	−141	3.77	320	0.292
氧气	32	−183.0	50.92	−118.6	50.3	430	0.292
氢	2.016	−252.7	108.5	−239.9	1.30	31	0.304
氮	28.02	−195.8	47.58	−147.1	3.60	311	0.291
氩	39.95	−185.7	38.99	−122.3	4.90	531	0.290
氦	4.003	−268.9	4.66	−267.9	0.23	69	0.300
氖	20.18	−245.9		−288.7	2.72	483	0.296
氪	83.8	−152.9		63.8	5.49	910	0.291
氙	131.3	−108.0		16.6	5.88	1110	0.290
氟	38.0	−188.2	40.52	−129.0	5.57	372.5	0.292
一氧化碳	28.01	−192	50.5	−140.2	3.50	301	0.294
二氧化碳	44.01	−78.4	137.9	31.0	7.38	468	0.274

注：1kcal/kg=4.1840kJ/kg。

附录四　液氯、液氨特性表

表 1　流氯特性表

温度/℃	项目			
	饱和蒸气压 p /atm	液氯密度 ρ /(kg/L)	压缩系数 $a\times10^6$ /(1/atm)	膨胀系数 $\beta\times10^5$ /(1/℃)
0	3.64	1.4685	130	187
5	4.25	1.4545	139	192
10	4.96	1.4402	139	192
15	5.69	1.4257	160	205
20	6.57	1.4108	172	212
25	7.49	1.3955	185	219
30	8.60	1.3799	200	226
35	9.84	1.3640	216	234
40	11.14	1.3477	237	242
45	12.52	1.3311	256	250
50	14.14	1.3141	276	259
55	15.34	1.2967	300	268
60	17.59	1.2789	324	278

注：1atm＝101325Pa。

表 2　流氨特性表

温度/℃	项目			
	饱和蒸气压 p /atm	液氨密度 ρ /(kg/L)	压缩系数 $a\times10^6$ /(1/atm)	膨胀系数 $\beta\times10^5$ /(1/℃)
0	4.238	0.6386	111	204
10	6.0685	0.6247	122	217
20	8.4585	0.6103	137	234
30	11.512	0.6052	158	257
40	15.339	0.5795	185	285
50	20.059	0.5629	220	313
60	25.797	0.5452	262	338

附录五　防火间距

表 1　石油化工企业与相邻工厂或设施的防火间距

<table>
<tr><th colspan="2" rowspan="2">相邻工厂或设施</th><th colspan="5">防火间距/m</th></tr>
<tr><th>液化烃罐组（罐外壁）</th><th>甲、乙类液体罐组（罐外壁）</th><th>可能携带可燃液体的高架火炬（火炬中心）</th><th>甲、乙类工艺装置或设施（最外侧设备外缘或建筑物的最外轴线</th><th>全厂性或区域性重要设施（最外侧设备外缘或建筑物的最外轴线）</th></tr>
<tr><td colspan="2">民民区、公共福利设施、村庄</td><td>150</td><td>100</td><td>120</td><td>100</td><td>25</td></tr>
<tr><td colspan="2">相邻工厂（围墙或用地边界线）</td><td>120</td><td>70</td><td>120</td><td>50</td><td>70</td></tr>
<tr><td rowspan="2">厂外铁路</td><td>国家铁路线（中心线）</td><td>55</td><td>45</td><td>80</td><td>35</td><td>—</td></tr>
<tr><td>厂外企业铁路线（中心线）</td><td>45</td><td>35</td><td>80</td><td>30</td><td>—</td></tr>
<tr><td colspan="2">国家或工业区铁路编组站（铁路中心线或建筑物）</td><td>55</td><td>45</td><td>80</td><td>35</td><td>25</td></tr>
<tr><td rowspan="2">厂外公路</td><td>高速公路、一级公路（路边）</td><td>35</td><td>30</td><td>80</td><td>30</td><td>—</td></tr>
<tr><td>其他公路（路边）</td><td>25</td><td>20</td><td>60</td><td>20</td><td>—</td></tr>
<tr><td colspan="2">变配电站（围墙）</td><td>80</td><td>50</td><td>120</td><td>40</td><td>25</td></tr>
<tr><td colspan="2">架空电力线路（中心线）</td><td>1.5 倍塔杆高度</td><td>1.5 倍塔杆高度</td><td>80</td><td>1.5 倍塔杆高度</td><td>—</td></tr>
<tr><td colspan="2">Ⅰ、Ⅱ国家架空通信线路（中心线）</td><td>50</td><td>40</td><td>80</td><td>40</td><td>—</td></tr>
<tr><td colspan="2">通航江、河、海岸边</td><td>25</td><td>25</td><td>80</td><td>20</td><td>—</td></tr>
<tr><td rowspan="2">地区埋地输油管道</td><td>原油及成品油（管道中心）</td><td>30</td><td>30</td><td>60</td><td>30</td><td>30</td></tr>
<tr><td>液化烃（管道中心）</td><td>60</td><td>60</td><td>80</td><td>60</td><td>60</td></tr>
<tr><td colspan="2">地区埋地输气管道（管道中心）</td><td>30</td><td>30</td><td>60</td><td>30</td><td>30</td></tr>
<tr><td colspan="2">装卸油品码头（码头前沿）</td><td>70</td><td>60</td><td>120</td><td>60</td><td>60</td></tr>
</table>

注：1. 本表中相邻工厂指除石油化工企业和油库以外的工厂；

2. 括号内指防火间距起止点；

3. 当相邻设施为港区陆域、重要物品仓库和堆场、军事设施、机场等，对石油化工企业的安全距离有特殊要求时，应按有关规定执行；

4. 丙类可燃液体罐组的防火距离，可按甲、乙类可燃液体罐组的规定减少 25%；

5. 丙类工艺装置或设施的防火距离，可按甲、乙类工艺装置或设施的规定减少 25%；

6. 地面敷设的地区输油（输气）管道的防火距离，可按地区埋地输油（输气）管道的规定增加 50%；

7. 当相邻工厂围墙内为非火灾危险性设施时，其与全厂性或区域性重要设施防火间距最小可为 25m；

8. 表中“—”表示无防火间距要求或执行相关规范。

表 2 石油库与库外居住区、公共建筑物、工矿企业、交通线的安全距离（GB 50074—2014）

单位：m

序号	石油库设施名称	石油库等级	库外建(构)筑物和设施名称				
			居住区和公共建筑物	工矿企业	国家铁路线	工业企业铁路线	道路
1	甲 B、乙类液体地上罐组；甲 B、乙类覆土立式油罐；无油气回收设施的甲 B、乙 A 类液体装卸码头	一	100(75)	60	60	35	25
		二	90(45)	50	55	30	20
		三	80(40)	40	50	25	15
		四	70(35)	35	50	25	15
		五	50(35)	30	50	25	15
2	丙类液体地上罐组；丙类覆土立式油罐；乙 B、丙类和采用油气回收设施的甲 B、乙 A 类液体装卸码头；无油气回收设施的甲 B、乙 A 类液体铁路或公路罐车装车设施；其他甲 B、乙类液体设施	一	75(50)	45	45	26	20
		二	68(45)	38	40	23	15
		三	60(40)	30	38	20	15
		四	53(35)	26	38	20	15
		五	38(35)	23	38	20	15
3	覆土卧式油罐；乙 B、丙类和采用油气回收设施的甲 B、乙 A 类液体铁路或公路罐车装车设施；仅有卸车作业的铁路或公路罐车卸车设施；其他丙类液体设施	一	50(50)	30	30	18	18
		二	45(45)	25	28	15	15
		三	40(40)	20	25	15	15
		四	35(35)	18	25	15	15
		五	25(25)	15	25	15	15

注：1. 表中的工矿企业指除石油化工企业、石油库、油气田的油品站场和长距离输油管道的站场以外的企业。其他设施指油气回收设施、泵站、灌桶设施等设置有易燃和可燃液体、气体设备的设施。

2. 表中的安全距离，库内设施有防火堤的贮罐区应从防火堤中心线算起，无防火堤的覆土立式油罐应从罐室出入口等孔口算起，无防火堤的覆土卧式油罐应从贮罐外壁算起；装卸设施应从装卸车（船）时罐管口的位置算起；其他设备布置在房间内的，应从房间外墙轴线算起；设备露天布置的（包括设在棚内），应从设备外缘算起。

3. 表中括号内数字为石油库与少于 100 人或 30 户居住区的安全距离。居住区包括石油库的生活区。

4. Ⅰ、Ⅱ级毒性液体的贮罐等设施与库外居住区、公共建筑物、工矿企业、交通线的最小安全距离，应按相应火灾危险性类别和所在石油库的等级在本表规定的基础上增加 30%。

5. 特级石油库中，非原油类易燃和可燃液体的贮罐等设施与库外居住区、公共建筑物、工矿企业、交通线的最小安全距离，应在本表规定的基础上增加 20%。

6. 铁路附属石油库与国家铁路线及工业企业铁路线的距离，应按本规范表 5.1.3 铁路机车走行线的规定执行。

表 3 氢气站、供氢站、氢气罐与铁路、道路的防火间距（GB 50177—2005） 单位：m

铁路、道路		氢气站、供氢站	氢气罐
厂外铁路线(中线线)	非电力牵引机车	30	25
	电力牵引机车	20	20
厂内铁路线(中心线)	非电力牵引机车	20	20
	电力牵引机车		15
厂外道路(相邻侧路边)		15	15
厂内道路(相邻侧路边)	主要道路	10	10
	次要道路	5	5
围墙		5	5

注：防火间距应从氢气站、供氢站建筑物、构筑物的外墙、凸出部分外缘及氢气罐外壁计算。

表4　供氢站平面布置的防火间距表（GB 4962—2008）

名称		最小防火间距/m
其他建筑物耐火等级	一、二级	12
	三级	14
	四级	16
高层厂房（仓库）		13
甲类仓库		20
电力系统电压为（35～500）kV且每台变压器容量在10MVA以上的室外变、配电站以及工业企业的变压器总油量大于5t的室外降压变电站		25
民用建筑		25
重要公共建筑		50
明火或散发火花地点		30
湿式可燃气体贮罐（区）的总容积V/m^3	$V<1000$	12
	$1000\leqslant V<10000$	15
	$10000\leqslant V<50000$	20
	$50000\leqslant V<100000$	25
湿式氧气贮罐（区）的总容积V/m^3	$V\leqslant 1000$	10
	$1000<V\leqslant 50000$	12
	$V>50000$	14
甲、乙类液体贮罐（区）的总贮量V/m^3	$1\leqslant V<50$	12
	$50\leqslant V<200$	15
	$200\leqslant V<1000$	20
	$1000\leqslant V<5000$	25
丙类液体贮罐（区）的总贮量V/m^3	按$5m^3$丙类液体等于$1m^3$甲、乙类液体折算	
煤和焦炭贮量m/t	$100\leqslant m<5000$	6
	$m\geqslant 5000$	8
厂外铁路（中心线）		30
厂内铁路（中心线）		20
厂外道路（路边）		15
厂内主要道路（路边）		10
厂内次要道路（路边）		5
围墙		5

注：1. 建筑物之间的防火间距按相邻外墙的最近距离计算。如外墙有凸出的燃烧物件，则应从其凸出部分外缘算起；贮罐、变压器的防火间距应从距建筑物最近的外壁算起。

2. 供氢站与其他建筑物相邻面的外墙均为非燃烧体，且无门、窗、洞及无外露的燃烧体屋檐，其防火间距可按本表减少25%。

3. 固定容积可燃气体贮罐的总容积，按贮罐几何容积（m^3）和设计贮存压力（绝对压力，10^5Pa）的乘积计算，并按本表湿式可燃气体贮罐的要求执行。

4. 固定容积氧气贮罐的总容积，按贮罐几何容积（m^3）和设计贮存压力（绝对压力，10^5Pa）的乘积计算，并按本表湿式氧气贮罐的要求执行。

5. 液氧贮罐的总容积，应将贮罐容积按$1m^3$液氧折合成$800m^3$标准状态气氧计算，并按本表湿式氧气贮罐的要求执行。

6. 当甲、乙类液体和丙类液体贮罐布置在同一贮罐区时，其总贮量可按$1m^3$甲、乙类液体相当于$5m^3$丙类液体折算。

7. 供氢站与架空电力线的防火间距，不应小于电线杆高度的1.5倍。

表 5　甲类仓库之间及与其他建筑、明火或散发火花地点、铁路、道路等的防火间距

（GB 50016—2014）　　单位：m

名称		甲类仓库(贮量/t)			
		甲类贮存物品第3、4项		甲类贮存物品第1、2、5、6项	
		≤5	>5	≤10	>10
高层民用建筑、重要公共建筑		50			
裙房、其他民用建筑、明火或散发火花地点		30	40	25	30
甲类仓库		20	20	20	20
厂房和乙、丙、丁、戊类仓库	一、二级	15	20	12	15
	三级	20	25	15	20
	四级	25	30	20	25
电力系统电压为35～500kV且每台变压器容量不小于10MV·A的室外变、配电站，工业企业的变压器总油量大于5t的室外降压变电站		30	40	25	30
厂外铁路线中心线		40			
厂内铁路线中心线		30			
厂外道路路边		20			
厂内道路路边	主要	10			
	次要	5			

注：甲类仓库之间的防火间距，当第3、4项物品贮量不大于2t，第1、2、5、6项物品贮量不大于5t时，不应小于12m。甲类仓库与高层仓库的防火间距不应小于13m。

表 6　氧气站火灾危险性为乙类的建筑物及氧气贮罐与其他各类建筑物、构筑物之间的防火间距（GB 50030—2013）

建筑物、构筑物		氧气站的火灾危险性为乙类的建筑物	氧气贮罐总容积/m^3		
			≤1000	1000～50000	>50000
其他各类建筑物耐火等级	一、二级	10	10	12	14
	三级	12	12	14	16
	四级	14	14	16	18
民用建筑		25	18	20	25
明火或散发火花地点		25	25	30	35
重要公共建筑		50	50		
室外变、配电站（35～500kV且每台变压器为10000kV·A以上）以及总油量超过5t的总降压站		25	20	25	30
厂外铁路线中心线		25	25		
厂内铁路线中心线(氧气站专用线除外)		20	20		
厂外道路(路边)		15	15		
厂内道路(路边)	主要	10	10		
	次要	5	5		
电力架空线		1.5倍电杆高度	1.5倍电杆高度		

注：固定容积氧气贮罐的总容积按几何容量（m^3）和设计压力（绝对压力为10^5Pa）的乘积计算。液氧贮罐以1m^3液氧折合800m^3标准状态气氧计算，按本表氧气贮罐相应贮量的规定确定防火间距。

表 7　氢氧站、供氢站、氢气罐与建筑物、构筑物的防火间距表

（GB 50177—2005）　　单位：m

建筑物、构筑物		氢氧站或供氢站	氢气罐总容积/m^3			
			≤1000	1001～10000	10001～50000	＞5000
其他建筑物耐火等级	一、二级	12	12	15	20	25
	三级	14	15	20	25	30
	四级	16	20	25	30	35
民用建筑		25	25	30	35	40
重要公共建筑		50	50			
35～500kV 且每台变压器为 10000kV·A 以上室外变配电站以及总油量超过 5t 的总降压站		25	25	30	35	40
明火或散发火花的地点		30	25	30	35	40
架空电力线		≥1.5 倍电杆高度	≥1.5 倍电杆高度			

注：1. 防火间距应按相邻建筑物或构筑物的外墙、凸出部分外缘、贮罐外壁的最近距离计算。

2. 固定容积的氢气罐，总容积按其水容量（m^3）和工作压力（绝对压力 9.8×10^4Pa）的乘积计算。

3. 总容积不超过 $20m^3$ 的氢气罐与所属厂房的防火间距不限。

4. 与高层厂房之间的防火间距，应按本表相应增加 3m。

5. 氢气罐与氧气罐之间的防火间距，不应小于相邻较大罐直径。

表 8　氢氧站、供氢站、氢气罐与铁路、道路的防火间距表（GB 50177—2005）　单位：m

铁路、道路		氢氧站、供氢站	氢气罐
厂区铁路线(中心线)	非电力牵引机车	30	25
	电力牵引机车	20	20
厂内铁路线(中心线)	非电力牵引机车	20	20
	电力牵引机车		15
厂内道路(路边)	主要道路	10	10
	次要道路	5	5
围墙		5	5

注：防火间距应从氢气站、供氧站建筑物、构筑物的外墙、凸出部分外缘及氧气罐外壁算起。

表 9　独立的乙炔瓶库与其他建筑物之间的防火间距表（GB 50031—91）

独立的乙炔瓶库乙炔实瓶贮量/个	防火间距/m			
	各类耐火等级的其他建筑物			民用建筑，屋外变、配电站
	一、二级	三级	四级	
≤1500	12	15	20	25
＞1500	15	20	25	30

表10　甲类仓库之间及与其他建筑、明火或散发火花地点、铁路、道路等的防火间距

(GB 50016—2014)　　单位：m

名称		甲类仓库(贮量/t)			
		甲类贮存物品第3,4项		甲类贮存物品第1,2,5,6项	
		≤5	>5	≤10	>10
高层民用建筑、重要公共建筑		50			
裙房、其他民用建筑、明火或散发火花地点		30	40	25	30
甲类仓库		20	20	20	20
厂房和乙、丙、丁、戊类仓库	一、二级	15	20	12	15
	三级	20	25	15	20
	四级	25	30	20	25
电力系统电压为35～500kV且每台变压器容量不小于10MV·A的室外变、配电站，工业企业的变压器总油量大于5t的室外降压变电站		30	40	25	30
厂外铁路线中心线		40			
厂内铁路线中心线		30			
厂外道路路边		20			
厂内道路路边	主要	10			
	次要	5			

注：甲类仓库之间的防火间距，当第3、4项物品贮量不大于2t，第1、2、5、6项物品贮量不大于5t时，不应小于12m。甲类仓库与高层仓库的防火间距不应小于13m。

表11　乙、丙、丁、戊类仓库之间及与民用建筑的防火间距（GB 50016—2014）　　单位：m

名称			乙类仓库			丙类仓库				丁、戊类仓库			
			单、多层		高层	单、多层			高层	单、多层			高层
			一、二级	三级	一、二级	一、二级	三级	四级	一、二级	一、二级	三级	四级	一、二级
乙、丙、丁、戊类仓库	单、多层	一、二级	10	12	13	10	12	14	13	10	12	14	13
		三级	12	14	15	12	14	16	15	12	14	16	15
		四级	14	16	17	14	16	18	17	14	16	18	17
	高层	一、二级	13	15	13	13	15	17	13	13	15	17	13
民用建筑	裙房，单、多层	一、二级	25			10	12	14	13	10	12	14	13
		三级	25			12	14	16	15	12	14	16	15
		四级	25			14	16	18	17	14	16	18	17
	高层	一类	50			20	25	25	20	15	18	18	15
		二类	50			15	20	20	15	13	15	15	13

注：1. 单、多层戊类仓库之间的防火间距，可按本表的规定减少2m。

2. 两座仓库的相邻外墙均为防火墙时，防火间距可以减小，但丙类仓库，不应小于6m；丁、戊类仓库，不应小于4m。两座仓库相邻较高一面外墙为防火墙，或相邻两座高度相同的一、二级耐火等级建筑中相邻任一侧外墙为防火墙且屋顶的耐火极限不低于1.00h，且总占地面积不大于本规范第3.3.2条一座仓库的最大允许占地面积规定时，其防火间距不限。

3. 除乙类第6项物品外的乙类仓库，与民用建筑的防火间距不宜小于25m，与重要公共建筑的防火间距不应小于50m，与铁路、道路等的防火间距不宜小于GB 50016—2014中表3.5.1中甲类仓库与铁路、道路等的防火间距。

表 12　甲、乙、丙类液体贮罐（区），乙、丙类液体桶装堆场与其他建筑的防火间距

（GB 50016—2014）　　单位：m

类别	一个罐区或堆场的总容量 V/m^3	建筑物				室外变、配电站
		一、二级		三级	四级	
		高层民用建筑	裙房，其他建筑			
甲、乙类液体贮罐（区）	$1\leqslant V<50$	40	12	15	20	30
	$50\leqslant V<200$	50	15	20	25	35
	$200\leqslant V<1000$	60	20	25	30	40
	$1000\leqslant V<5000$	70	25	30	40	50
丙类液体贮罐（区）	$5\leqslant V<250$	40	12	15	20	24
	$250\leqslant V<1000$	50	15	20	25	28
	$1000\leqslant V<5000$	60	20	25	30	32
	$5000\leqslant V<25000$	70	25	30	40	40

注：1. 当甲、乙类液体贮罐和丙类液体贮罐布置在同一贮罐区时，罐区的总容量可按 $1m^3$ 甲、乙类液体相当于 $5m^3$ 丙类液体折算。

2. 贮罐防火堤外侧基脚线至相邻建筑的距离不应小于 10m。

3. 甲、乙、丙类液体的固定顶贮罐区或半露天堆场，乙、丙类液体桶装堆场与甲类厂房（仓库）、民用建筑的防火间距，应按本表的规定增加 25%，且甲、乙类液体的固定顶贮罐区或半露天堆场，乙、丙类液体桶装堆场与甲类厂房（仓库）、裙房、单、多层民用建筑的防火间距不应小于 25m，与明火或散发火花地点的防火间距应按本表有关四级耐火等级建筑物的规定增加 25%。

4. 浮顶贮罐区或闪点大于 120℃ 的液体贮罐区与其他建筑的防火间距，可按本表的规定减少 25%。

5. 当数个贮罐区布置在同一库区内时，贮罐区之间的防火间距不应小于本表相应容量的贮罐区与四级耐火等级建筑物防火间距的较大值。

6. 直埋地下的甲、乙、丙类液体卧式罐，当单罐容量不大于 $50m^3$，总容量不大于 $200m^3$ 时，与建筑物的防火间距可按本表规定减少 50%。

7. 室外变、配电站指电力系统电压为 35～500kV 且每台变压器容量不小于 10MV·A 的室外变、配电站和工业企业的变压器总油量大于 5t 的室外降压变电站。

表 13　甲、乙、丙类液体贮罐之间的防火间距（GB 50016—2014）　　单位：m

类别			固定顶贮罐			浮顶贮罐或设置充氮保护设备的贮罐	卧式贮罐
			地上式	半地下式	地下式		
甲、乙类液体贮罐	单罐容量 V/m^3	$V\leqslant1000$	$0.75D$	$0.5D$	$0.4D$	$0.4D$	≥0.8
		$V>1000$	$0.6D$				
丙类液体贮罐		不限	$0.4D$	不限	不限	—	

注：1. D 为相邻较大立式贮罐的直径（m），矩形贮罐的直径为长边与短边之和的一半。

2. 不同液体、不同形式贮罐之间的防火间距不应小于本表规定的较大值。

3. 两排卧式贮罐之间的防火间距不应小于 3m。

4. 当单罐容量不大于 $1000m^3$ 且采用固定冷却系统时，甲、乙类液体的地上式固定顶贮罐之间的防火间距不应小于 $0.6D$。

5. 地上式贮罐同时设置液下喷射泡沫灭火系统、固定冷却水系统和扑救防火堤内液体火灾的泡沫灭火设施时，贮罐之间的防火间距可适当减小，但不宜小于 $0.4D$。

6. 闪点大于 120℃ 的液体，当单罐容量大于 $1000m^3$ 时，贮罐之间的防火间距不应小于 5m；当单罐容量不大于 $1000m^3$ 时，贮罐之间的防火间距不应小于 2m。

表 14　湿式可燃气体贮罐与建筑物、贮罐、堆场等的防火间距（GB 50016—2014）

单位：m

名称		湿式可燃气体贮罐（总容积 V/m^3）				
		$V<1000$	$1000\leqslant V<10000$	$10000\leqslant V<50000$	$50000\leqslant V<100000$	$100000\leqslant V<300000$
甲类仓库 甲、乙、丙类液体贮罐 可燃材料堆场 室外变、配电站 明火或散发火花的地点		20	25	30	35	40
高层民用建筑		25	30	35	40	45
裙房，单、多层民用建筑		18	20	25	30	35
其他建筑	一、二级	12	15	20	25	30
	三级	15	20	25	30	35
	四级	20	25	30	35	40

注：固定容积可燃气体贮罐的总容积按贮罐几何容积（m^3）和设计贮存压力（绝对压力，10^5Pa）的乘积计算。

表 15　湿式氧气贮罐与建筑物、贮罐、堆场等的防火间距（GB 50016—2014）　　单位：m

名称		湿式氧气贮罐（总容积 V/m^3）		
		$V\leqslant1000$	$1000<V\leqslant50000$	$V>50000$
明火或散发火花地点		25	30	35
甲、乙、丙类液体贮罐，可燃材料堆场，甲类仓库，室外变、配电站		20	25	30
民用建筑		18	20	25
其他建筑	一、二级	10	12	14
	三级	12	14	16
	四级	14	16	18

注：固定容积氧气贮罐的总容积按贮罐几何容积（m^3）和设计贮存压力（绝对压力，10^5Pa）的乘积计算。

表 16　液化天然气气化站的液化天然气贮罐（区）与站外建筑等的防火间距（GB 50016—2014）

单位：m

名称	液化天然气贮罐（区）（总容积 V/m^3）							集中放散装置的天然气放散总管
	$V\leqslant10$	$10<V\leqslant30$	$30<V\leqslant50$	$50<V\leqslant200$	$200<V\leqslant500$	$500<V\leqslant1000$	$1000<V\leqslant2000$	
单罐容积 V/m^3	$V\leqslant10$	$V\leqslant30$	$V\leqslant50$	$V\leqslant200$	$V\leqslant500$	$V\leqslant1000$	$V\leqslant2000$	
居住区、村镇和重要公共建筑（最外侧建筑物的外墙）	30	35	45	50	70	90	110	45
工业企业（最外侧建筑物的外墙）	22	25	27	30	35	40	50	20
明火或散发火花地点，室外变、配电站	30	35	45	50	55	60	70	30
其他民用建筑，甲、乙类液体贮罐，甲、乙类仓库，甲、乙类厂房，秸秆、芦苇、打包废纸等材料堆场	27	32	40	45	50	55	65	25

续表

<table>
<tr><th colspan="2" rowspan="2">名称</th><th colspan="7">液化天然气贮罐(区)(总容积 V/m³)</th><th rowspan="3">集中放散装置的天然气放散总管</th></tr>
<tr><th>$V \leqslant 10$</th><th>$10 < V \leqslant 30$</th><th>$30 < V \leqslant 50$</th><th>$50 < V \leqslant 200$</th><th>$200 < V \leqslant 500$</th><th>$500 < V \leqslant 1000$</th><th>$1000 < V \leqslant 2000$</th></tr>
<tr><td colspan="2">单罐容积 V/m³</td><td>$V \leqslant 10$</td><td>$V \leqslant 30$</td><td>$V \leqslant 50$</td><td>$V \leqslant 200$</td><td>$V \leqslant 500$</td><td>$V \leqslant 1000$</td><td>$V \leqslant 2000$</td></tr>
<tr><td colspan="2">丙类液体贮罐，可燃气体贮罐，丙、丁类厂房，丙、丁类仓库</td><td>25</td><td>27</td><td>32</td><td>35</td><td>40</td><td>45</td><td>55</td><td>20</td></tr>
<tr><td rowspan="2">公路（路边）</td><td>高速，Ⅰ、Ⅱ级，城市快速</td><td colspan="3">20</td><td colspan="4">25</td><td>15</td></tr>
<tr><td>其他</td><td colspan="3">15</td><td colspan="4">20</td><td>10</td></tr>
<tr><td colspan="2">架空电力线(中心线)</td><td colspan="5">1.5 倍杆高</td><td colspan="2">1.5 倍杆高，但 35kV 及以上架空电力线不应小于 40m</td><td>2.0 倍杆高</td></tr>
<tr><td rowspan="2">架空通信线（中心线）</td><td>Ⅰ、Ⅱ级</td><td colspan="2">1.5 倍杆高</td><td colspan="2">30</td><td colspan="3">40</td><td>1.5 倍杆高</td></tr>
<tr><td>其他</td><td colspan="8">1.5 倍杆高</td></tr>
<tr><td rowspan="2">铁路（中心线）</td><td>国家线</td><td>40</td><td>50</td><td>60</td><td colspan="2">70</td><td colspan="2">80</td><td>40</td></tr>
<tr><td>企业专用线</td><td colspan="3">25</td><td colspan="2">30</td><td colspan="2">35</td><td>30</td></tr>
</table>

注：居住区、村镇指 1000 人或 300 户及以上者；当少于 1000 人或 300 户时，相应防火间距应按本表有关其他民用建筑的要求确定。

表 17　液化石油气供应基地的全压式和半冷冻式贮罐（区）与明火或散发火花地点和基地外建筑等的防火间距（GB 50016—2014）　　单位：m

<table>
<tr><th colspan="2" rowspan="2">名称</th><th colspan="7">液化石油气贮罐(区)(总容积 V/m³)</th></tr>
<tr><th>$30 < V \leqslant 50$</th><th>$50 < V \leqslant 200$</th><th>$200 < V \leqslant 500$</th><th>$500 < V \leqslant 1000$</th><th>$1000 < V \leqslant 2500$</th><th>$2500 < V \leqslant 5000$</th><th>$5000 < V \leqslant 10000$</th></tr>
<tr><td colspan="2">单罐容积 V/m³</td><td>$V \leqslant 20$</td><td>$V \leqslant 50$</td><td>$V \leqslant 100$</td><td>$V \leqslant 200$</td><td>$V \leqslant 400$</td><td>$V \leqslant 1000$</td><td>$V > 1000$</td></tr>
<tr><td colspan="2">居住区、村镇和重要公共建筑(最外侧建筑物的外墙)</td><td>45</td><td>50</td><td>70</td><td>90</td><td>110</td><td>130</td><td>150</td></tr>
<tr><td colspan="2">工业企业(最外侧建筑物的外墙)</td><td>27</td><td>30</td><td>35</td><td>40</td><td>50</td><td>60</td><td>75</td></tr>
<tr><td colspan="2">明火或散发火花地点，室外变、配电站</td><td>45</td><td>50</td><td>55</td><td>60</td><td>70</td><td>80</td><td>120</td></tr>
<tr><td colspan="2">其他民用建筑，甲、乙类液体贮罐，甲、乙类仓库，甲、乙类厂房，秸秆、芦苇、打包废纸等材料堆场</td><td>40</td><td>45</td><td>50</td><td>55</td><td>65</td><td>75</td><td>100</td></tr>
<tr><td colspan="2">丙类液体贮罐，可燃气体贮罐，丙、丁类厂房，丙、丁类仓库</td><td>32</td><td>35</td><td>40</td><td>45</td><td>55</td><td>65</td><td>80</td></tr>
<tr><td colspan="2">助燃气体贮罐，木材等材料堆场</td><td>27</td><td>30</td><td>35</td><td>40</td><td>50</td><td>60</td><td>75</td></tr>
<tr><td rowspan="3">其他建筑</td><td>一、二级</td><td>18</td><td>20</td><td>22</td><td>25</td><td>30</td><td>40</td><td>50</td></tr>
<tr><td>三级</td><td>22</td><td>25</td><td>27</td><td>30</td><td>40</td><td>50</td><td>60</td></tr>
<tr><td>四级</td><td>27</td><td>30</td><td>35</td><td>40</td><td>50</td><td>60</td><td>75</td></tr>
</table>

续表

名称		液化石油气贮罐(区)(总容积 V/m^3)						
		$30<V$ $\leqslant 50$	$50<V$ $\leqslant 200$	$200<V$ $\leqslant 500$	$500<V$ $\leqslant 1000$	$1000<V$ $\leqslant 2500$	$2500<V$ $\leqslant 5000$	$5000<V$ $\leqslant 10000$
单罐容积 V/m^3		$V\leqslant 20$	$V\leqslant 50$	$V\leqslant 100$	$V\leqslant 200$	$V\leqslant 400$	$V\leqslant 1000$	$V>1000$
公路 (路边)	高速,Ⅰ、Ⅱ级	20	25					30
	Ⅲ、Ⅳ级	15	20					25
架空电力线(中心线)		应符合本规范第10.2.1条的规定						
架空通信线 (中心线)	Ⅰ、Ⅱ级	30		40				
	Ⅲ、Ⅳ级	1.5倍杆高						
铁路 (中心线)	国家线	60	70		80			100
	企业专用线	25	30		35			40

注：1. 防火间距应按本表贮罐区的总容积或单罐容积的较大者确定。

2. 当地下液化石油气贮罐的单罐容积不大于 $50m^3$，总容积不大于 $400m^3$ 时，其防火间距可按本表的规定减少50%。

3. 居住区、村镇指1000人或300户及以上者；当少于1000人或300户时，相应防火间距应按本表有关其他民用建筑的要求确定。

表18　生产的火灾危险性分类（GB 50016—2014）

生产的火灾危险性类别	使用或产生下列物质生产的火灾危险性特征
甲	1. 闪点小于28℃的液体 2. 爆炸下限小于10%的气体 3. 常温下能自行分解或在空气中氧化能导致迅速自燃或爆炸的物质 4. 常温下受到水或空气中水蒸气的作用,能产生可燃气体并引起燃烧或爆炸的物质 5. 遇酸、受热、撞击、摩擦、催化以及遇有机物或硫黄等易燃的无机物,极易引起燃烧或爆炸的强氧化剂 6. 受撞击、摩擦或与氧化剂、有机物接触时能引起燃烧或爆炸的物质 7. 在密闭设备内操作温度不小于物质本身自燃点的生产
乙	1. 闪点不小于28℃,但小于60℃的液体 2. 爆炸下限不小于10%的气体 3. 不属于甲类的氧化剂 4. 不属于甲类的易燃固体 5. 助燃气体 6. 能与空气形成爆炸性混合物的浮游状态的粉尘、纤维、闪点不小于60℃的液体雾滴
丙	1. 闪点不小于60℃的液体 2. 可燃固体
丁	1. 对不燃烧物质进行加工,并在高温或熔化状态下经常产生强辐射热、火花或火焰的生产 2. 利用气体、液体、固体作为燃料或将气体、液体进行燃烧作其他用的各种生产 3. 常温下使用或加工难燃烧物质的生产
戊	常温下使用或加工不燃烧物质的生产

表 19 贮存物品的火灾危险性分类（GB 50016—2014）

贮存物品的火灾危险性类别	贮存物品的火灾危险性特征
甲	1. 闪点小于 28℃的液体 2. 爆炸下限小于 10%的气体，受到水或空气中水蒸气的作用能产生爆炸下限小于 10%气体的固体物质 3. 常温下能自行分解或在空气中氧化能导致迅速自燃或爆炸的物质 4. 常温下受到水或空气中水蒸气的作用，能产生可燃气体并引起燃烧或爆炸的物质 5. 遇酸、受热、撞击、摩擦以及遇有机物或硫黄等易燃的无机物，极易引起燃烧或爆炸的强氧化剂 6. 受撞击、摩擦或与氧化剂、有机物接触时能引起燃烧或爆炸的物质
乙	1. 闪点不小于 28℃，但小于 60℃的液体 2. 爆炸下限不小于 10%的气体 3. 不属于甲类的氧化剂 4. 不属于甲类的易燃固体 5. 助燃气体 6. 常温下与空气接触能缓慢氧化，积热不散引起自燃的物品
丙	1. 闪点不小于 60℃的液体 2. 可燃固体
丁	难燃烧物品
戊	不燃烧物品

表 20 厂房的层数和每个防火分区的最大允许建筑面积（GB 50016—2014）

生产的火灾危险性类别	厂房的耐火等级	最多允许层数	每个防火分区的最大允许建筑面积/m²			
			单层厂房	多层厂房	高层厂房	地下或半地下厂房（包括地下或半地下室）
甲	一级 二级	宜采用单层	4000 3000	3000 2000	— —	— —
乙	一级 二级	不限 6	5000 4000	4000 3000	2000 1500	— —
丙	一级 二级 三级	不限 不限 2	不限 8000 3000	6000 4000 2000	3000 2000 —	500 500 —
丁	一、二级 三级 四级	不限 3 1	不限 4000 1000	不限 2000 —	4000 — —	1000 — —
戊	一、二级 三级 四级	不限 3 1	不限 5000 1500	不限 3000 —	6000 — —	1000 — —

注：1. 防火分区之间应采用防火墙分隔。除甲类厂房外的一、二级耐火等级厂房，当其防火分区的建筑面积大于本表规定，且设置防火墙确有困难时，可采用防火卷帘或防火分隔水幕分隔。采用防火卷帘时，应符合本规范第 6.5.3 条的规定；采用防火分隔水幕时，应符合现行国家标准《自动喷水灭火系统设计规范》GB 50084 的规定。

2. 除麻纺厂房外，一级耐火等级的多层纺织厂房和二级耐火等级的单、多层纺织厂房，其每个防火分区的最大允许建筑面积可按本表的规定增加 0.5 倍，但厂房内的原棉开包、清花车间与厂房内其他部位之间均应采用耐火极限不低于 2.50h 的防火隔墙分隔，需要开设门、窗、洞口时，应设置甲级防火门、窗。

3. 一、二级耐火等级的单、多层造纸生产联合厂房，其每个防火分区的最大允许建筑面积可按本表的规定增加 1.5 倍。一、二级耐火等级的湿式造纸联合厂房，当纸机烘缸罩内设置自动灭火系统，完成工段设置有效灭火设施保护时，其每个防火分区的最大允许建筑面积可按工艺要求确定。

4. 一、二级耐火等级的谷物筒仓工作塔，当每层工作人数不超过 2 人时，其层数不限。

5. 一、二级耐火等级卷烟生产联合厂房内的原料、备料及成组配方、制丝、贮丝和卷接包、辅料周转、成品暂存、二氧化碳膨胀烟丝等生产用房应划分独立的防火分隔单元，当工艺条件许可时，应采用防火墙进行分隔。其中制丝、贮丝和卷接包车间可划分为一个防火分区，且每个防火分区的最大允许建筑面积可按工艺要求确定，但制丝、贮丝及卷接包车间之间应采用耐火极限不低于 2.00h 的防火隔墙和 1.00h 的楼板进行分隔。厂房内各水平和竖向防火分隔之间的开口应采取防止火灾蔓延的措施。

6. 厂房内的操作平台、检修平台，当使用人数少于 10 人时，平台的面积可不计入所在防火分区的建筑面积内。

7. “—”表示不允许。

表 21　仓库的层数和面积（GB 50016—2014）

贮存物品的火灾危险性类别		仓库的耐火等级	最多允许层数	每座仓库的最大允许占地面积和每个防火分区的最大允许建筑面积/m²						
				单层仓库		多层仓库		高层仓库		地下或半地下仓库（包括地下或半地下室）
				每座仓库	防火分区	每座仓库	防火分区	每座仓库	防火分区	防火分区
甲	3、4 项	一级	1	180	60	—	—	—	—	—
	1、2、5、6 项	一、二级	1	750	250	—	—	—	—	—
乙	1、3、4 项	一、二级	3	2000	500	900	300	—	—	—
		三级	1	500	250	—	—	—	—	—
	2、5、6 项	一、二级	5	2800	700	1500	500	—	—	—
		三级	1	900	300	—	—	—	—	—
丙	1 项	一、二级	5	4000	1000	2800	700	—	—	150
		三级	1	1200	400	—	—	—	—	—
	2 项	一、二级	不限	6000	1500	4800	1200	4000	1000	300
		三级	3	2100	700	1200	400	—	—	—
丁		一、二级	不限	不限	3000	不限	1500	4800	1200	500
		三级	3	3000	1000	1500	500	—	—	—
		四级	1	2100	700	—	—	—	—	—
戊		一、二级	不限	不限	不限	不限	2000	6000	1500	1000
		三级	3	3000	1000	2100	700	—	—	—
		四级	1	2100	700	—	—	—	—	—

注：1. 仓库内的防火分区之间必须采用防火墙分隔，甲、乙类仓库内防火分区之间的防火墙不应开设门、窗、洞口；地下或半地下仓库（包括地下或半地下室）的最大允许占地面积，不应大于相应类别地上仓库的量大允许占地面积。

2. 石油库区内的桶装油品仓库应符合现行国家标准《石油库设计规范》GB 50074 的规定。

3. 一、二级耐火等级的煤均化库，每个防火分区的最大允许建筑面积不应大于 12000m²。

4. 独立建造的硝酸铵仓库、电石仓库、聚乙烯等高分子制品仓库、尿素仓库、配煤仓库、造纸厂的独立成品仓库，当建筑的耐火等级不低于二级时，每座仓库的最大允许占地面积和每个防火分区的最大允许建筑面积可按本表的规定增加 1.0 倍。

5. 一、二级耐火等级粮食平房仓的最大允许占地面积不应大于 12000m²，每个防火分区的最大允许建筑面积不应大于 3000m²；三级耐火等级粮食平房仓的最大允许占地面积不应大于 3000m²，每个防火分区的最大允许建筑面积不应大于 1000m²。

6. 一、二级耐火等级且占地面积不大于 2000m² 的单层棉花库房，其防火分区的最大允许建筑面积不应大于 2000m²。

7. 一、二级耐火等级冷库的最大允许占地面积和防火分区的最大允许建筑面积，应符合现行国家标准《冷库设计规范》GB 50072 的规定。

8. “—”表示不允许。

附录六　可燃物质的自燃点

名称	自燃点/℃	名称	自燃点/℃	名称	自燃点/℃	名称	自燃点/℃
黄磷	30	蒽	470	丙烯醛	270	醋酸酐	400
电影胶片	120	萘	515	重油	300	氯乙醇	410
纸张	130	邻甲苯	559	二乙胺	315	汽油	415
赛璐珞	150	甲酚	574	戊醇	327	苯甲醇	435
棉花	150	对甲酚	626	亚麻仁油	350	异丙醇	455
蜡烛	190	二硫化碳	112	乙酸丁酯	371	丙酸甲酯	409
赤磷	200	乙醚	180	异丁胺	372	二氯乙烯	456
松香	240	乙醛	185	丙烯醇	378	丁酸乙酯	464
沥青	250	甲乙醚	180	二氯乙烷	378	甲醇	475
木材	260	丁烯醛	323	乙酸戊酯	279	丙酸乙酯	477
煤	320	缩醛	233	煤油	280	丙烯腈	480
木炭	250	松节油	235	甘油	290	醋酸乙酯	486
樟脑	275	石油醚	246	糠醛	393	丁醇	503
酒精	510	甲苯	552	酚	710	甲烷	537
甲乙酮	515	二甲苯	553	硫化氢	260	乙烯	543
氯化乙烷	519	丙酮	570	石油气	356	天然气	550
氢氰酸	538	吡啶	573	甲醛	430	氢	570
甲基吡啶	537	戊烷	579	丙烷	446	氨	780
丙醇	540	苯	580	异丁烷	462	氰	850
三聚乙醛	541	冰醋酸	599	乙炔	480		
氯苯	550	间甲苯酚	626	环丙烷	497		
乙苯	553	乙酸甲酯	654	乙烷	510		

参 考 文 献

[1] 蔡凤英等编著．化工安全工程．北京：科学出版社，2001.

[2] 邵辉编．化工安全．北京：冶金工业出版社，2012.

[3] 王德堂，孙玉叶主编．化工安全生产技术．天津：天津大学出版社，2009.

[4] 崔克清等编．化工安全设计．北京：化学工业出版社，2004.

[5] 张顺泽，吕清海，俞莉编著．化工安全概论．郑州：河南大学出版社，2006.

[6] 上海科学技术情报研究所编译，国外化工安全技术，上海科学技术情报研究所，1975.

[7] 李晋编著．化工安全技术与典型事故剖析．成都：四川大学出版社，2012.

[8] 田文德，张军编著．化工安全分析中的过程故障诊断．北京：冶金工业出版社，2008.

[9] 王忠康著．化工生产的防火安全．上海：上海科学技术出版社，1989.

[10] 崔克清，陶刚编．化工工艺及安全．北京：化学工业出版社，2004.

[11] 余志红编著．化工工人安全生产知识　图文版．北京：中国工人出版社，2011.

[12] 彭力主编．石油化工企业安全管理必读．北京：石油工业出版社，2004.

[13] 黄郑华等编．化工生产防火防爆安全技术．北京：中国劳动社会保障出版社，2006.

[14] 赵修从，施代权编．石油化工产品储运销售安全知识．北京：中国石化出版社，2001.

[15] 焦宇，熊艳主编．化工企业生产安全事故应急工作手册．北京：中国劳动社会保障出版社，2008.

[16] 范维澄，余明高主编．能源化工行业安全生产形势分析和关键技术．合肥：中国科学技术大学出版社，2002.

[17] 韩梅，张伟主编．煤化工企业安全质量标准化标准及考核评级办法．徐州：中国矿业大学出版社，2006.

[18] 李万春主编．煤化工生产安全操作技术　煤焦油、粗苯的回收与精制．北京：气象出版社，2006.